电网设备金属材料
实用手册

《电网设备金属材料实用手册》编委会 编

DIANWANG SHEBEI
JINSHU CAILIAO
SHIYONG SHOUCE

中国电力出版社
CHINA ELECTRIC POWER PRESS

内 容 提 要

近年来，电网中因设备金属材料失效而导致的故障、事故时有发生，严重影响企业供电服务的质量，对安全生产构成了重大隐患，已经引起了各级有关部门的高度重视。当前金属材料专业在电网设备技术监督及应用研发中尚处于起步阶段，国内目前还没有一本用于查阅电网设备选材的金属材料手册，给从业人员监督排查相关问题增加了困难，因此亟需一本适合专业人员查阅的金属手册来指导相关工作。

本书涵盖了电网主要设备所用的主要金属材料成分、性能、尺寸及中外常见牌号对比、检测方法等内容。采用电气设备的通用索引方式，降低了电力行业从业者的查阅难度。同时，该书内容丰富、文字简约，便于生产管理者、技术人员、一线员工开展工作。此外，也可供高校相关专业的师生以及科研院所研究人员参阅。

图书在版编目（CIP）数据

电网设备金属材料实用手册/《电网设备金属材料实用手册》编委会编 .—北京：中国电力出版社，2019.11

ISBN 978 - 7 - 5198 - 3669 - 6

Ⅰ.①电… Ⅱ.①电… Ⅲ.①电网－电力设备－金属材料－手册 Ⅳ.①TM241 - 62

中国版本图书馆 CIP 数据核字（2019）第 202457 号

出版发行：中国电力出版社
地　　址：北京市东城区北京站西街 19 号（邮政编码 100005）
网　　址：http://www. cepp. sgcc. com. cn
责任编辑：崔素媛（010 - 63412392）
责任校对：黄 蓓 李 楠
装帧设计：张俊霞
责任印制：杨晓东

印　　刷：三河市万龙印装有限公司
版　　次：2019 年 11 月第一版
印　　次：2019 年 11 月北京第一次印刷
开　　本：787 毫米×1092 毫米　16 开本
印　　张：26.75
字　　数：655 千字
定　　价：138.00 元

编 委 会 名 单

前　言

　　随着国家电网有限公司"三型两网、世界一流"战略目标的提出，更需要电网专业人员专业专注，严把电网设备部件质量关，提升电网运行健康水平。但是电网设备金属材料涉及的品种、牌号、规格繁多，而电气专业从业人员对金属材料学知识的掌握十分有限，以致在设备的验收、安装、运维阶段难以及时发现金属材料相关的问题，为电网安全运行埋下了隐患。因此，亟需一本系统地介绍电网设备所用金属材料的实用手册，指导在工程设计、制造施工及运维检修中正确合理地选用材料、加工材料，这对电网的安全生产运行具有重要意义。

　　本手册以电网主要设备的金属部件为索引方式，引用了最新的国家标准和行业标准，力求内容上新、准、实用，结构上层次分明，叙述上简明扼要。本书涵盖了目前电网设备主要金属材料的成分、性能、尺寸及中外常见牌号对比，并介绍了部分应用于特高压、柔性直流输电等重点工程的电工新材料，是一本针对电网设备金属材料的综合性工具书。为了更好地服务读者，附录 D 特别选用了两个电网设备失效分析案例，展示了如何在电网设备失效分析等情景下使用本手册。此外，本手册还列出了相关材料的国家标准等文献，方便读者进一步了解相关内容。

　　本手册的主要编写单位为国网福建省电力有限公司电力科学研究院，参编单位有福州大学、国网福建省电力有限公司三明供电公司、国网福建省电力有限公司漳州供电公司、国网福建省电力有限公司泉州供电公司等。在编写过程中，南京航空航天大学郑勇、厦门大学姜春海、福建工程学院戴品强、福州大学邵振国、上海电力大学张俊喜等专家对本手册做出了大量贡献，在此对他们致以衷心感谢。同时，本手册的编写还得到了杭州应敏科技有限公司和福建智达力胜电力科技有限公司的大力支持和帮助。在此对上述各有关单位领导、专家表示衷心的感谢！

　　由于编者的经验和水平有限，加上金属材料学科不断发展，书中难免存在不妥或疏漏之处，恳请广大读者批评指正。

编者

2019 年 10 月

目 录

第1章　金属材料基本概况

金属材料是金属和金属合金的总称，是指金属元素或以金属元素为主构成的具有金属特性材料的统称。包括纯金属、合金、金属间化合物和特种金属材料等。金属材料是工业产品设计中使用最为广泛的材料之一，具有其他材料所无法获得的优异性能，因而在电网设备制造中同样得到普遍应用。金属材料具有如下优点：

（1）具有相对良好的反射能力，金属光泽及不透明性。

（2）具有良好的力学性能，强度、硬度高，耐磨性好。广泛用于制造承载结构部件，如电网设备中的杆塔、横担、导线钢芯、紧固件等。

（3）具有良好的导热、导电性能，一般纯金属的导电性能优于合金材料，且导电性能随温度升高而增强，部分金属具有超导性，是制造导线（体）的首选材料。

（4）具有良好的工艺性能和优异的延展性，可采用铸造、锻造、焊接和切削等多种手段进行加工。可用于制造种类繁多形状各异的电力金具和设备外壳。

金属材料相对其他造型材料也存在一些缺点，如密度一般较大，绝缘性能较差，表面易氧化或腐蚀生锈，一般需要进行表面处理，缺乏色彩，加工设备及费用相对较高等。

1.1　金属材料的分类

（1）金属材料通常分为黑色金属、有色金属和特种金属材料。黑色金属又称钢铁材料，包括含铁 90%[1]以上的工业纯铁，含碳 2%～4% 的铸铁，含碳小于 2% 的碳钢，以及各种用途的结构钢、不锈钢、耐热钢、高温合金不锈钢、精密合金等。广义的黑色金属还包括铬、锰及其合金。有色金属是指除铁、铬、锰以外的所有金属及其合金，通常分为轻金属、重金属、贵金属、半金属、稀有金属和稀土金属等。有色合金的强度和硬度一般比纯金属高，并且电阻大、电阻温度系数小。特种金属材料包括不同用途的结构金属材料和功能金属材料。其中有通过快速冷凝工艺获得的非晶态金属材料，以及准晶、微晶、纳米晶金属材料等；还有隐身、抗氢、超导、形状记忆、耐磨、减振阻尼等金属材料。

（2）金属材料按其组成元素可分为纯金属和合金。纯金属是由单一金属元素构成的材料；合金以一种金属元素为基础，加入另一种或几种金属或非金属元素而组成的具有金属

---

[1]　此处指质量分数，余同。

特性的材料。合金根据组元的数目又可分为二元合金、三元合金及多元合金。例如，钢铁材料是由铁和碳组成的二元合金，青铜是铜和锡的二元合金，而硬铝是由铝、镁、铜组成的三元合金。

（3）金属材料按其化学组成可分为钢铁材料和非铁金属材料。钢铁材料包括铁和以铁为基体的合金，如纯铁、碳素钢、合金钢、铸铁、铁合金等；非铁金属材料主要指除铁以外的金属及其合金，一般具有较为绚丽的外观色泽，如铝及铝合金、铜及铜合金、钛及钛合金等。

1.1.1 钢铁材料的分类

钢铁是钢和生铁的统称。钢和铁都是以铁和碳为主要元素组成的合金。钢铁材料是工业中应用最广、用量最大的金属材料。钢铁材料分为生铁、铸铁和钢三类。

1. 生铁的分类

碳的质量分数大于 2% 的铁碳合金称为生铁。按用途可将生铁分为炼钢生铁和铸造生铁；按化学成分可将生铁分为普通生铁和特种生铁（包括天然合金生铁和铁合金）。

2. 铸铁的分类

碳的质量分数超过 2%（一般为 2.5%～3.5%），Si、P 的含量较高，并含有其他元素的铁碳合金，因有共晶转变，只能采用铸造方法生产，故称为铸铁。一般用铸造生铁经冲天炉等设备重熔，用于浇注机器零件。按断口颜色可将铸铁分为灰铸铁、白口铸铁和麻口铸铁；按化学成分可将铸铁分为普通铸铁和合金铸铁；按生产工艺和组织性能可将铸铁分为普通灰铸铁、孕育铸铁、可锻铸铁、球墨铸铁和特殊性能铸铁。

（1）白口铸铁：碳绝大部分以渗碳体形式存在，断口呈白色，硬度高，脆性大。

（2）灰口铸铁：碳大部分或全部以片状石墨形式存在，断口呈灰黑色。

（3）蠕墨铸铁：碳大部分或全部以蠕虫状石墨形式存在。

（4）球墨铸铁：碳大部分或全部以球状石墨形式存在。

（5）可锻铸铁：碳大部分或全部以絮状石墨形式存在。

（6）合金铸铁：加入各种合金元素，具有特殊性能，用于耐磨、耐热和耐蚀等专门用途。

3. 钢的分类

碳的质量分数不超过 2% 的铁碳合金称为钢。按用途可将钢分为结构钢、工具钢、特殊钢和专业用钢；按化学成分可将钢分为碳素钢和合金钢；按 GB/T 13304—2008《钢分类》的规定，将钢分为非合金钢、低合金钢和合金钢。

（1）按用途分类。

1）结构钢可分为建筑及工程用结构钢和机械制造用结构钢。前者简称建造用钢，是指用于建筑、桥梁、船舶、锅炉或其他工程上制作金属结构件的钢。这类钢大多为低碳钢，因为它们多要经过焊接施工，含碳量不宜过高，一般都是在热轧供应状态或正火状态下使用。属于这一类型的钢主要是普通碳素结构钢。低合金钢按用途又分为低合金结构钢、耐腐蚀用钢、低温用钢、钢筋钢、钢轨钢、耐磨钢以及特殊用途的专用钢。

2）机械制造用结构钢是指用于制造机械设备上结构零件的钢。这类钢基本上都是优质钢或高级优质钢，它们往往要经过热处理、冷塑成形和机械切削加工后才能使用。属于这一类型的钢主要有优质碳素结构钢、合金结构钢、易切结构钢、弹簧钢和滚动轴承钢。优质碳素结构钢和合金结构钢按其工艺特征分为调质结构钢、表面硬化结构钢和冷塑性成形用钢（如冷冲压钢、冷镦钢、冷挤压用钢等）。表面硬化结构钢又分为渗碳钢、渗氮钢、液体碳氮共渗钢和表面淬火用钢。

3）工具钢是指用于制造各种工具的钢。这类钢按其化学成分，通常分为碳素工具钢、合金工具钢和高速钢。按照用途又可分为刃具钢、模具钢（包括冷作模具钢和热作模具钢）和量具钢。

4）特殊钢是指用特殊方法生产、具有特殊物理、化学性能或力学性能的钢。属于这一类型的钢主要有不锈耐酸钢、耐热不起皮钢、高电阻合金、低温用钢、耐磨钢、磁钢（包括硬磁钢和软磁钢）、抗磁钢和超高强度钢（指 $R_m \geqslant 1400$MPa 的钢）。还有各个工业部门专业用途的钢。例如，农机用钢、机床用钢、重型机械用钢、汽车用钢、航空用钢、宇航用钢、石油机械用钢、化工机械用钢、锅炉用钢、电工用钢和焊条用钢等。

（2）按化学成分分类。按化学成分可将钢分为碳素钢和合金钢。

1）碳素钢是指含碳量低于 2%，并含有少量锰、硅、硫、磷、氧等杂质元素的铁碳合金。按其含碳量的不同可分为工业纯铁（含碳量≤0.02%）、低碳钢（含碳量≤0.25%）、中碳钢（含碳量 0.25%～0.60%）和高碳钢（含碳量＞0.60%）。

2）合金钢是指在碳素钢的基础上，为了改善钢的性能，在冶炼时特意加入一些合金元素（如铬、镍、硅、锰、钼、钨、钒、钛、硼等）而炼成的钢。按其合金元素的种类不同，可分为铬钢、锰钢、铬锰钢、铬镍钢、铬钼钢、硅锰钢、硅锰钼钒钢、铬镍钼钢和锰钒硼钢等。目前常用的合金元素有十几个，分属于周期表中不同周期，表 1-1 为合金钢中常用添加元素在元素周期表中的位置。

表 1-1　　　　　　　　合金钢中常用添加元素在元素周期表中的位置

									B	C	N
									Al	Si	P	S
	Ti	V	Cr	Mn	Fe	Co	Ni	Cu			
Y	Zr	Nb	Mo								
La		Ta	W								

合金元素加入钢中，由于合金元素和铁、碳及合金元素之间的相互作用，改变了钢中各相的稳定性，并产生了许多稳定的新相，从而改变了原有钢的组织和结构，并使其性能得以改善。

合金钢按其合金元素的总含量可分为低合金钢（合金元素总含量≤5%）、中合金钢（合金元素总含量 5%～10%）和高合金钢（合金元素总含量＞10%）。

按照钢中主要合金元素的种类，又可分为：

1）三元合金钢：指除铁、碳以外，还含有另一种合金元素的钢，如锰钢、铬钢、硼钢、钼钢、硅钢、镍钢等；

2）四元合金钢：指除铁、碳以外，还含有另外两种合金元素的钢，如硅锰钢、锰硼钢、铬锰钢、铬镍钢等；

3）多元合金钢：指除铁、碳以外，还含有另外三种或三种以上合金元素的钢，如铬锰钛钢、硅锰钼钒钢等。

（3）按质量等级分类。

1）普通钢。S：≤0.055%；P：≤0.055%。

2）优质钢。结构钢：S：≤0.045%；P：≤0.040%。

3）工具钢。S：≤0.030%；P：≤0.035%。

4）高级优质钢。S：≤0.020%；P：≤0.030%。

（4）按金相组织分类。

1）按退火组织分为亚共析钢、共析钢、过共析钢、莱氏体钢。

2）按正火组织分为珠光体钢、贝氏体钢、马氏体钢、奥氏体钢。

（5）按加热和冷却时有无相变及室温组织分类。

1）铁素体钢：加热和冷却时始终为铁素体。

2）奥氏体钢：加热和冷却时始终为奥氏体。

3）半铁素体钢：加热和冷却时，只有部分发生 α/γ 相变，其他部分始终保持铁素体组织。

4）半奥氏体钢：加热和冷却时，只有部分发生 α/γ 相变，其他部分始终保持奥氏体组织。

1.1.2 有色金属材料的分类

钢铁以外的金属材料都为有色金属材料。可分为轻金属（相对密度小于 3.5，如铝、镁、铍、锂等）、重金属（相对密度大于 3.5，如铜、锌、铅、镍等）、贵金属（如金、银、铂等）、稀有金属（如钨、钼、钒、钛、铌、锆、锂）以及放射性金属（铀、钍、镭）。

有色金属材料的主要特性为相对密度小、导电性好、耐高温、耐腐蚀等。

1. 按生产方法和用途分类

（1）有色冶炼产品：指以冶炼方法得到的各种纯金属或合金产品。纯金属冶炼产品一般分为工业纯度及高纯度两类，按照金属的不同，可分为纯铜、纯铝、纯镍、纯锡等。合金冶炼产品是按铸造有色合金的成分配比而生产的一种原始铸锭，如铸造黄铜锭、铸造青铜锭、铸造铝合金锭等。

（2）有色加工产品（或称变形合金）：指以压力加工方法生产出来的各种管、棒、线、型、板、箔、条、带等有色半成品材料，它包括纯金属加工产品和合金加工产品两部分。按照有色金属和合金系统，可分为纯铜加工产品、黄铜加工产品、青铜加工产品、白铜加工产品、铝及铝合金加工产品、锌及锌合金加工产品、钛及钛合金加工产品等。

（3）铸造有色合金：指以铸造方法，用有色金属材料直接浇铸各种形状的机械零件，其中最常用的有铸造铜合金（包括铸造黄铜和铸造青铜）、铸造铝合金、铸造镁合金和铸造锌合金等。

（4）轴承合金：指制作滑动轴承轴瓦的有色金属材料，按其基体材料的不同，可分为锡基、铅基、铜基、铝基、锌基、镉基和银基等轴承合金。实质上，它也是一种铸造有色合金，但因其属于专用合金，故通常都把它划分出来，单独列为一类。

（5）硬质合金：指以难熔硬质金属化合物（如碳化钨、碳化钛）作基体，以钴、铁或镍作黏结剂，采用粉末冶金法（也有铸造的）制作而成的一种硬质工具材料。其特点是具有比高速工具钢更好的红硬性和耐磨性。常用的硬质合金有钨钴合金、钨钴钛合金和通用硬质合金三类。

2. 按化学成分分类

分成纯有色金属和有色合金。纯金属如铜（纯铜）、铝、钛、镁、镍、锌、铅、锡等；铜合金如黄铜、青铜和白铜，黄铜和青铜主要通过压力加工和铸造成型，白铜通过压力加工成型；铝合金可分为变形铝合金和铸造铝合金；以及钛合金、镁合金、镍合金、锌合金、铅合金、轴承合金和硬质合金等。

（1）铜合金。

1）黄铜是以锌为主要元素的铜合金。最简单的黄铜是铜锌二元合金称为简单黄铜或普通黄铜。在二元铜锌合金的基础上加入一种或几种其他合金元素的黄铜称为复杂黄铜或特殊黄铜，如铝青铜、硅青铜、锰青铜、铍青铜、锆青铜、铬青铜、镉青铜、镁青铜等。

2）铜锡合金称为青铜。锡青铜在大气海水等介质中具有良好的耐蚀性。锡青铜中除了锡为主加元素外，还分别加入磷（改善铸造性能、提高疲劳强度极限和耐磨性）、锌（改善流动性，提高铸件气密性）和铅（改善切削加工性耐磨性）等合金元素。

3）白铜分普通白铜（铜镍合金）和特殊白铜（含有其他合金元素的白铜如锰白铜、铁白铜、锌白铜、铝白铜等）。

4）特殊青铜是铜与除锌、锡、镍以外的其他合金元素组成的合金。如铜与铝形成的合金称为铝青铜。

（2）铝合金。

1）变形铝合金是铸锭经过冷热压加工后形成的各种型材，具有优良的冷热加工工艺性能，组织中不允许有过多的脆性第二相。变形铝合金按其成分和性能特点又可分为不能热处理强化的铝合金和可热处理强化铝合金。不能热处理强化铝合金具备好的耐蚀性，故称为防锈铝。可热处理强化铝合金的合金元素含量比防锈铝要高一些，热处理后能显著提高力学性能，这类铝合金包括硬铝和锻铝。

2）铸造用可热处理强化的铝合金包括硬铝（铝、铜、镁或铝、铜、锰合金）、锻铝（铝、铜、镁、硅合金）、超硬铝（铝、铜、镁、锌合金）等，以及铸造用铝硅合金、铝铜合金、铝镁合金、铝锌合金、铝稀土合金等，具有良好的铸造性能，足够的力学性能。

（3）钛合金。钛合金主要由钛与铝、钼等合金元素组成的合金，包括压力加工用钛合金和铸造用合金。

（4）镁合金。包括压力加工用镁铝合金、镁锰合金、镁锌合金等和铸造用镁锌合金、镁铝合金、镁稀土合金等。

（5）镍合金。包括压力加工用镍硅合金、镍锰合金、镍铬合金、镍铜合金、镍钨合金等。

（6）锌合金。包括压力加工用锌铜合金、锌铝合金和铸造用锌铝合金。

（7）铅合金。主要有压力加工用铅锑合金等。

（8）轴承合金。包括铅基轴承合金、锡基轴承合金、铜基轴承合金、铝基轴承合金等。

（9）硬质合金。包括钨钴合金、钨钛钽（铌）钴合金、钨钛钴合金、碳化钛镍钼合金等。

1.2 金属材料的性能

金属材料的性能主要包括工艺性能、力学性能、物理性能和化学性能。

1.2.1 金属材料的工艺性能

金属材料的工艺性能是指材料在加工过程中呈现的接受加工的难易程度。工艺性能直接影响到制造零件的加工工艺和质量，也是选择金属材料时必须考虑的重要因素之一。

例如钢铁材料的加工工艺性能优良，而且造型方法很多，可铸造、可焊接、可切削加工、可锻压等。能够依照设计者的构思实现工业品多种造型，广泛应用于工业产品造型设计中，制造出多种工业产品和日用品。

又如青铜铸造成型的古代钟鼎、佛像，形体多样、形态逼真、工艺精细，体现了我国古代造型技术的高超。但是青铜只能用铸造法成型，属于加工成型性不好的材料，在工业造型设计中的应用受到局限。

（1）铸造性。它是指金属材料能用铸造的方法获得合格铸件的性能。铸造性主要包括流动性、收缩性和偏析。流动性是指液态金属充满铸模的能力；收缩性是指铸件凝固时，体积收缩的程度；偏析是指金属在冷却凝固过程中，因结晶先后差异而造成金属内部化学成分和组织的不均匀性。铸造性能主要决定于金属材料熔化后即金属液体的流动性，冷却时的收缩率和偏析倾向等。不同的金属材料其铸造性差异很大。一般说来，共晶成分的合金的铸造性较好。金属材料中，铸铁、铝硅合金等具有良好的铸造性，铸钢的铸造性低于铸铁。

（2）可锻性。它是指金属材料在锻造过程中承受压力加工能改变形状而不产生裂纹的塑性变形能力，包括在热态或冷态下能够进行锤锻、轧制、拉伸和挤压等加工。可锻性好的金属材料易于锻造成型而不发生破裂。可锻性指标通常用金属材料在一定塑性变形方式下表面开始出现裂纹时的变形量来表示，这个变形量称为临界变形量。可锻性同许多因素有关，一方面受化学成分、相组成、晶粒大小等内在因素影响；另一方面又受温度、变形方式和速度、材料表面状况和周围环境介质等外部因素影响。

（3）机械加工性。这是表示对材料进行切削加工后而成为合格工件的难易程度，它可用切削抗力的大小、加工的表面质量、排屑的难易程度以及切削刀具的使用寿命等指标来衡量。它与金属材料的化学成分、力学性能、导热性及加工硬化程度等诸多因素有关。通常是用硬度和韧性作为切削加工性好坏的大致判断。一般来说，材料过硬，切削加工性不好；软的、黏的材料排屑困难，也不易切削。添加使切屑形成不连续的断屑的合金元素，可使材料的切削加工性得以改善，如易切削钢和易切削黄铜等。

（4）焊接性。是指金属材料对焊接加工的适应性能。主要是指在一定的焊接工艺条件下，获得优质焊接接头的难易程度。

焊接性能包括两方面的内容，一是接合性能，即金属材料在一定焊接工艺条件下，形成焊接缺陷的敏感性。决定接合性能的因素有工件材料的物理性能，如熔点、热导率和膨胀率，工件和焊接材料在焊接时的化学性能和冶金作用等。当某种材料在焊接过程中经历物理、化学和冶金作用而形成没有焊接缺陷的焊接接头时，这种材料就被认为具有良好的接合性能。二是使用性能，即金属材料在一定的焊接工艺条件下其焊接接头对使用要求的适应性，也就是焊接接头承受载荷的能力，如承受静载荷、冲击载荷和疲劳载荷等，以及焊接接头的抗低温性能、高温性能和抗氧化、耐腐蚀性能等。

（5）热处理工艺性。热处理是改变金属材料结构，控制其性能的重要工艺。它包括的指标有淬硬性、淬透性，淬火变形与淬裂，表面氧化与脱碳，过热与过烧，回火稳定性与回火脆性等。

1）退火。是指金属材料加热到适当的温度，保持一定的时间，然后缓慢冷却的热处理工艺。常见的退火工艺有再结晶退火，去应力退火，球化退火，完全退火等。退火的目的主要是降低金属材料的硬度，提高塑性，以利切削加工或压力加工，减少残余应力，提高组织和成分的均匀化，或为后道热处理做好组织准备等。

2）正火。是指金属材料经加热和保温后，在静止的空气中冷却的热处理的工艺。正火的目的主要是提高材料的力学性能，改善切削加工性，细化晶粒，消除组织缺陷，为后道热处理做好组织准备等。

3）淬火。是指金属材料经加热和保温后，在水、油、熔盐、水溶液等冷却介质中以适当的冷却速度，获得马氏体（或贝氏体）组织的热处理工艺。常见的淬火工艺有盐浴淬火、马氏体分级淬火、贝氏体等温淬火、表面淬火和局部淬火等。淬火的目的是使钢件获得所需的马氏体组织，提高工件的硬度、强度和耐磨性，为后道热处理做好组织准备等。

4）回火。是指钢件经淬硬后，再加热到相变点以下的某一温度，保温一定时间，然后冷却到室温的热处理工艺。常见的回火工艺有低温回火，中温回火，高温回火和多次回火等。回火的目的主要是消除钢件在淬火时所产生的应力，使钢件具有高的硬度和耐磨性外，并具有所需要的塑性和韧性等。

5）调质。是指将钢材或钢件进行淬火加回火的复合热处理工艺。使用于调质处理的钢称调质钢，它一般是指中碳结构钢和中碳合金结构钢。调质可以使钢的性能，材质得到很大程度的调整，令其强度、塑性和韧性都较好，即具有良好的综合力学性能。

6）化学热处理。是指金属或合金工件置于一定温度的活性介质中保温，使一种或几种元素渗入它的表层，以改变其化学成分、组织和性能的热处理工艺。常见的化学热处理工艺有渗碳、渗氮、碳氮共渗、渗铝、渗硼等。化学热处理的目的主要是提高钢件表面的硬度、耐磨性、耐蚀性、抗疲劳强度和抗氧化性等。化学热处理是利用化学反应，有时兼用物理方法改变钢件表层化学成分及组织结构，以便得到比均质材料更好的使用性能和经济效益的金属热处理工艺。

7）固溶处理。是指将合金加热到高温单相区恒温保持，使过剩相充分溶解到固溶体中后快速冷却，以得到过饱和固溶体的热处理工艺。固溶处理的目的主要是改善钢和合金的塑性和韧性，为沉淀硬化处理做好准备等。

8）沉淀硬化（析出强化）。是指金属在过饱和固溶体中溶质原子偏聚区和（或）由之脱溶出微粒弥散分布于基体中而导致硬化的一种热处理工艺。如奥氏体沉淀不锈钢在固溶处理后或经冷加工后，在 400～500℃ 或 700～800℃ 进行沉淀硬化处理，可获得很高的强度。

9）时效处理。是指合金工件经固溶处理，冷塑性变形或铸造，锻造后，在较高的温度放置或室温保持，其性能、形状、尺寸随时间而变化的热处理工艺。若采用将工件加热到较高温度，并较长时间进行时效处理的时效处理工艺，称为人工时效处理，若将工件放置在室温或自然条件下长时间存放而发生的时效现象，称为自然时效处理。时效处理的目的是消除工件的内应力，稳定组织和尺寸，改善力学性能等。一般地讲，经过时效，硬度和强度有所增加，塑性韧性和内应力则有所降低。

10）二次硬化。是指某些铁碳合金（如高速钢）须经多次回火后，才能进一步提高其硬度。这种硬化现象，称为二次硬化，它是由于特殊碳化物析出和（或）由于参与奥氏体转变为马氏体或贝氏体所致。

11）回火脆性。指淬火钢在某些温度区间回火或从回火温度缓慢冷却通过该温度区间的脆化现象。回火脆性可分为第一类回火脆性和第二类回火脆性。第一类回火脆性又称不可逆回火脆性，主要发生在回火温度为 250～400℃ 时，在重新加热脆性消失后，重复在此区间回火，不再发生脆性。第二类回火脆性又称可逆回火脆性，发生的温度在 400～650℃，当重新加热脆性消失后，应迅速冷却，不能在 400～650℃ 区间长时间停留或缓冷，否则会再次发生催化现象。回火脆性的发生与钢中所含合金元素有关，如锰、铬、硅、镍会增强回火脆性倾向，而钼，钨有减弱回火脆性倾向。

1.2.2 金属材料的力学性能

金属零件受一定外力作用时，对金属材料有一定的破坏作用。因此要求金属材料具有抵抗外力的作用而不被破坏的性能，这种性能称为力学性能。金属材料的力学性能主要包括强度、塑性、硬度、冲击韧性和疲劳强度等。它们的具体数值是在专门的试验机上测定出来的。

（1）强度。金属材料在承受静载荷下抵抗外力产生塑性变形和破坏作用的能力，称为强度。由于外力作用的方式不同，材料所表现出的强度也不同，其指标主要有抗拉强度（R_m）、屈服强度（R_{eL}）、抗压强度（R_{mc}）等。通常使用较多的强度指标主要有两个，一是抗拉强度，二是屈服强度。它们是将标准拉伸试样在试验机上经拉伸试验后测出的。

1）抗拉强度是试样拉断前的最大拉应力，抗拉强度表示大量均匀变形的抗力指标。

2）屈服强度是材料开始发生明显塑性变形时的应力，是设计结构和零件时选用材料的主要依据。

（2）塑性。塑性是金属材料在外力作用下产生了永久变形而不破坏的能力。金属材料大部分为多晶体的塑性变形，除了各晶粒内部的变形（晶内变形）外，各晶粒之间也存在变形（晶间变形）。

常用的塑性指标，一是断面收缩率（Z），二是断后伸长率（A），这两个指标用百分数（%）表示。

1）断面收缩率是试样拉断后，断口面积与原横截面积之比的百分数。

2）断后伸长率表示材料断裂前经受塑性变形的能力。断后伸长率越大或断面收缩率越高，说明材料的塑性越好。

（3）弹性。弹性是指金属材料在外力作用下产生变形，当外力去除后又恢复到原来形状和大小的一种特性。在弹性变形范围内，材料所受的外力与变形量成正比。

弹性极限是材料在弹性变形范围内所能承受的最大应力，弹性模量（E）是指材料承受外力时抵抗弹性变形的能力，是工程技术上衡量材料刚度的指标，E 值越大，材料在弹性范围内能够承受的外力越大。换句话说，刚度越大，则材料在一定应力作用下产生的弹性变形越小。

（4）硬度。硬度是指材料表面抵抗塑性变形或破裂的能力。硬度值的物理意义随试验方法的不同而不一样，在应用最广泛的压入法试验中，硬度表示材料表面抵抗其他物体压入的能力。因硬度试验设备简单，操作方便，不需特制试样，在实际生产中得到普遍采用。

硬度试验根据其测试方法的不同可分为静压法、划痕法、回跳法及显微硬度、高温硬度等多种方法。

按试验方法不同硬度可以分为布氏硬度（HB）、洛氏硬度（HR）、维氏硬度（HV）和肖氏硬度（HS），工程上常用的有布氏硬度（HB）和洛氏硬度（HR）。

（5）冲击韧性。这是在冲击负荷作用下，金属材料抵抗变形和断裂的能力。该指标通过摆锤冲击试验折断试样时所需要的总能量（亦即吸收能量）KV 或 KU 来表示，其中 V 或 U 代表缺口的几何形状。吸收能量越大，材料的冲击韧性越好。吸收能量的大小除了取决于材料本身以外，还受热处理工艺、环境温度、试样尺寸、缺口形状和加载速度等因素的影响。所以，在分析冲击试验结果时，一定要注意试验条件及试样的型式。不同型式试样的冲击吸收能量，不能相互换算和直接比较。

冲击吸收能量对于检查金属材料在不同温度下的脆性转化最为敏感，而实际服役条件下的灾难性破断事故，往往与材料的冲击吸收能量及服役温度有关。冲击韧性在材料方面的影响因素有成分、晶粒大小和显微组织等。

（6）疲劳强度。疲劳强度是指金属材料承受无限次交变载荷作用而不发生断裂破坏的最大应力。

所谓交变载荷是指载荷的大小和方向做周期性变化的载荷。如材料被反复弯曲所出现的拉、压交变载荷等。

所谓无限次循环周期，实际上是不可能进行无限次试验的。一般对各种材料规定一应力循环基数 N，超过这个交变载荷循环周期基数的应力作为疲劳强度，称疲劳极限，用 σ_N 表示。按照国家标准，钢铁的循环基数为 107，而有色金属材料的循环基数为 108。

此外，材料的屈服强度和疲劳极限之间有一定的关系，材料的屈服强度越高，疲劳强度也越高。同时，影响材料疲劳强度的因素还有组织晶粒度和表面粗糙度。对于同一材料来说，细晶粒组织比粗晶粒组织具有更高的疲劳强度；材料表面粗糙度越小，应力集中越小，疲劳强度也越高。

1.2.3 金属材料的物理性能

如温度、电磁等作用所引起的反应，即在金属原子组成不改变时所呈现的性质。它包括密度、熔点、沸点、导电性、导热性和热膨胀性等。工件用途不同，对金属材料的物理性能要求不一样。

1.2.4 金属材料的化学性能

金属材料的化学性能是指金属材料与环境介质接触时抵抗活泼介质与其发生化学反应的能力。主要包括耐腐蚀性和抗氧化性。

1.3 常用金属材料的命名方式

1.3.1 钢铁的命名方式

1. 普通碳素结构钢

常见牌号：Q195F、Q215AF、Q235Bb、Q255A、Q275。

（1）钢号冠以"Q"，后面的数字表示钢材的屈服点值（MPa）。例如：Q235 表示其屈服强度为 235MPa。

（2）必要时钢号后面可标出表示质量等级和脱氧方法的符号。质量等级符号分为 A、B、C、D。脱氧方法符号 F—沸腾钢；b—半镇静钢；Z—镇静钢；TZ—特殊镇静钢。例如：Q235Bb，表示 B 级半镇静钢。

（3）专门用途的碳素钢。例如：桥梁钢等，基本上采用碳素结构钢的表示方法，但在钢号最后附加表示用途的字母。

2. 优质碳素结构钢

常见牌号：08Al、45、20A、40Mn、70Mn、20g。

（1）钢号开头的两位数字表示钢的碳含量，以平均碳含量×100 表示，例如平均碳含量为 0.45% 的钢，钢号为"45"。

（2）锰含量较高的优质碳素结构钢，应标出"Mn"，例如 50Mn。用 Al 脱氧的镇静钢应标出"Al"，例如 08Al。

（3）镇静钢不加"Z"，沸腾钢、半镇静钢及专门用途的优质碳素结构钢应在钢号最后特别标出。例如平均碳含量为 0.10% 的半镇静钢，其钢号为 10b。

（4）高级优质碳素结构钢在钢号后加"A"，特级优质碳素结构钢在钢号后加"E"。

3. 低合金高强度结构钢

常见牌号：Q295、Q345A、Q390B、Q420C、Q460E。

（1）钢号冠以"Q"，和碳素结构钢的现行钢号相统一。后面的数字表示钢材的屈服强度值，分为五个强度等级。

（2）在强度等级系列中又有 A、B、C、D 四个质量等级。例如：Q345-D 表示 D 级低合金高强度结构钢。

（3）对专业用低合金高强度钢，应在钢号最后附加表示用途的字母。如：Q345q

（GB/T 714—2000）表示用于桥梁的专用钢种。

4. 碳素工具钢

常见牌号：T7、T12A、T8Mn。

（1）钢号冠以“T”，后面的数字以平均碳含量×10表示，例如：“T8”表示平均碳含量为0.8%；

（2）锰含量较高者，在钢号的数字后标出“Mn”。高级优质碳素工具钢的磷、硫含量较低，在钢号最后加注“A”。例如：T8Mn、T8MnA。

5. 易切削结构钢

常见牌号：Y12、Y30、Y40Mn、Y12P、Y45Ca。

（1）钢号冠以“Y”，以区别于优质碳素结构钢。后面的数字表示碳含量，以平均碳含量×100表示，例如平均碳含量为0.3%的易切削钢，其钢号为“Y30”。

（2）锰含量较高者，亦在钢号的数字后标出“Mn”，例如：“Y40Mn”。

（3）加铅或加钙易切削钢，应在钢号后缀分别标出“Pb”或“Ca”。例如：Y12Pb，Y45Ca。但加硫易切削钢的钢号则不标出S。

6. 合金结构钢

常见牌号：25Cr2MoVA、30CrMnSi。

（1）钢号开头的两位数字表示钢的碳含量，以平均碳含量×100表示。

（2）钢中主要合金元素，除个别微量合金元素外，一般以质量分数百分之几表示。当平均含量小于1.5%时，钢号中一般只标出元素符号，而不标明含量。但在特殊情况下易致混淆者，在元素符号后亦可标以数字“1”，例如钢号“12CrMoV”和“12Cr1MoV”，前者铬含量为0.4%～0.6%，后者为0.9%～1.2%，其余成分全部相同。当合金元素平均含量≥1.5%、≥2.5%、≥3.5%……时，在元素符号后面应标明含量，可相应表示为2、3、4等。例如：36Mn2Si。

（3）钢中的钒、钛、铝、硼、稀土等合金元素，均属微量合金元素，虽然含量很低，仍应在钢号中标出。例如：20MnVB钢中，钒含量为0.07%～0.12%，硼含量为0.001%～0.005%。

（4）高级优质钢应在钢号最后加“A”，以区别于一般优质钢。例如：18Cr2Ni4WA。

（5）专门用途的合金结构钢，钢号冠以（或后缀）代表该钢种用途的符号。例如，铆螺专用的30CrMnSi钢，钢号表示为Ml30CrMnSi。又如，保证淬透性钢，在钢号后缀标出“H”。

7. 弹簧钢

常见牌号：50CrVA、55Si2Mn

弹簧钢按化学成分可分为碳素弹簧钢和合金弹簧钢两类，前者钢号表示方法基本上与优质碳素结构钢相同，后者基本上与合金结构钢相同。

8. 不锈钢和耐热钢

常见牌号：2Cr13、0Cr13Ni9、11Cr17、03Cr19Ni10、01Cr19Ni11。

（1）不锈钢和耐热钢钢号由合金元素符号和数字组成。对钢中主要合金元素含量以百分之几表示，而对钛、铌、锆、氮等则按照合金结构钢对微量合金元素的表示方法标出。

（2）对钢号中碳含量的表示方法，一般用一位数字表示平均碳含量的千分之几；当碳含量上限小于 0.1％时，以"0"表示。例如：平均碳含量为 0.20％，铬含量为 13％的不锈钢，其钢号为 2Cr13；碳含量≤0.08％，平均铬含量为 18％，镍含量为 9％的不锈钢，其钢号为 0Cr18Ni9。

（3）当钢中平均碳含量≥1.00％时采用二位数字表示；当碳含量上限不大于 0.03％而大于 0.01％时，以 03 表示（超低碳）；当碳含量上限不大于 0.01％时，以 01 表示（极低碳）。例如：平均碳含量为 1.01％，铬含量为 17％的高铬不锈钢，其钢号为 11Cr17；碳含量上限为 0.03％，平均铬含量为 19％，镍含量为 11％的超低碳不锈钢，其钢号为 01Cr19Ni10；碳含量上限为 0.01％，平均铬含量为 19％，镍含为 11％的极低碳不锈钢，其牌号为 01Cr19Ni11。

（4）耐热钢钢号的表示方法和不锈钢相同。

（5）易切削不锈钢和易切削耐热钢钢号冠以 Y，字母后面的钢号表示方法和不锈钢相同。

9. 合金工具钢

常见牌号：4CrW2Si、CrWMn、9Mn2V、Cr06。

（1）合金工具钢钢号的平均碳含量大于或等于 1.0％ 时，不标出碳含量；当平均碳含量小于 1.0％ 时，以碳含量×10 表示。例如 CrWMn、9Mn2V。

（2）钢中合金元素含量的表示方法，基本上与合金结构钢相同。但对铬含量较低的合金工具钢钢号，以铬含量×10 表示，并在表示含量的数字前加"0"，以便把它和一般元素含量按百分之几表示的方法区别开来。例如 Cr06。

10. 高速工具钢

常见牌号：W18Cr4V、W12Cr4V5Co5。

高速工具钢的钢号一般不标出碳含量，只标出各种合金元素平均含量的百分之几。例如 "18-4-1" 钨系高速钢的钢号表示为 "W18Cr4V"。钢号冠以 C，表示其碳含量高于未冠 C 的通用钢号。

11. 轴承钢

常见牌号：GCr15、GCr18Mo、GCrMo、G20CrNiMo、9Cr18Mo、10Cr14Mo4。

（1）高碳铬轴承钢。其钢号冠以"G"，碳含量不标出，铬含量以平均含量表示，例如：GCr15。

（2）渗碳轴承钢。其钢号基本上和合金结构钢钢号相同，但钢号亦冠以"G"，例如：G20CrNiMo。

（3）高碳铬不锈轴承钢与不锈钢钢号表示方法相同，钢号前不必冠以"G"，例如：9Cr18Mo。

（4）高温轴承钢。与耐热钢钢号表示方法相同，钢号前也不冠以"G"，例如：10Cr14Mo4。

12. 焊接用钢

常见牌号：H08、H18A、H08Mn2Si、H1Cr18Ni9、H08E、H08C。

(1) 焊接用钢包括焊接用碳素钢、焊接用低合金钢、焊接用合金结构钢、焊接用不锈钢等，其钢号均沿用各自钢类的钢号表示方法，同时需在钢号前冠以字母"H"，以示区别。例如 H08，H08Mn2Si、H1Cr18Ni9。

(2) 某些焊丝再按硫、磷含量分等级时，用钢号后缀表示，例如 H18A，H18E，H18C。后缀 A 表示 S 和 P 的含量小于或等于 0.030%；E 表示 S 和 P 的含量小于或等于 0.020%；C 表示 S 和 P 的含量小于或等于 0.015%；未加后缀者表示 S 和 P 的含量小于或等于 0.035%。

13. 电工用热轧硅钢薄钢板

常见牌号：DR510 - 50、DR1750G - 35。

$$\underset{①}{DR} \underset{②}{***} \underset{③}{G} \underset{④}{-**}$$

①代表电工用热轧硅钢；②为最大允许铁损值×100；③如果钢板是在高频率（400Hz）下检验的，应在铁损值的数字后加字母"G"；若在频率50Hz下检验的，则不加"G"；④代表公称厚度（mm）×100。

14. 电工用冷轧晶粒取向、无取向磁性钢带

常见牌号：30Q130、35W300、27QG100。

电工用冷轧无取向硅钢和取向硅钢，在其钢号中间分别标出字母"W"（表示无取向）或"Q"（表示取向），在字母之前为产品公称厚度（mm）×100 的数字，在字母之后为铁损值×100 的数字。例如：30Q130，35W300。取向高磁感硅钢，其钢号应在字母"Q"和铁损值数字之间加字母"G"。例如 27QG100。

15. 高温合金

常见牌号：GH1040、GH140、GH2302、GH3044、K213、K403、K417。

(1) 变形高温合金的牌号采用字母"GH"加 4 位数字组成。第 1 位数字表示分类号，其中"1"为固溶强化型铁基合金，"2"为时效硬化型铁基合金，"3"为固溶强化型镍基合金，"4"为时效硬化型镍基合金。第 2～4 位数字表示合金的编号，与旧牌号（GH 加 2 或 3 位数字）的编号一致。

(2) 铸造高温合金的牌号采用字母"K"加 3 位数字组成。第 1 位数字表示分类号，其含义同上。第 2～3 位数字表示合金的编号，与旧牌号（K 加 2 位数字）的编号一致。

16. 耐蚀合金

常见牌号：NS312、NS411、HNS112、ZNS113。

(1) 耐蚀合金牌号采用前缀字母加 3 位数字组成，NS 表示变形耐蚀合金，例如 NS312；HNS 表示焊接用耐蚀合金，例如：HNS112；ZNS 表示铸造耐蚀合金，例如 ZNS113。

(2) 牌号前缀字母后的 3 位数字含义如下，第 1 位数字表示分类号，与变形高温合金相同；第 2 位数字表示合金系列，其中"1"表示 NiCr 系合金，"2"表示 NiMo 系合金，"3"表示 NiCrMo 系合金，"4"表示 NiCrMoCu 系合金；第"3"位数字表示合金序号。

17. 铸铁

铸铁牌号的头两个代号由表示该铸铁特征的汉语拼音第一个字母组成，代表铸铁组织

特征或特殊性能的汉语拼音第一个字母排列其后。合金化元素用元素符号表示，元素含量及力学性能用阿拉伯数字表示。各种铸铁名称及牌号表示方法，见表表 1-2。

表 1-2 铸铁名称及牌号示例

名称		代号	牌号示例	名称		代号	牌号示例
灰铸铁	灰铸铁	HT	HT250，HT Cr-300	可锻铸铁	可锻铸铁	KT	
	奥氏体灰铸铁	HTA	HTA Ni20Cr2		白心可锻铸铁	KTB	KTB350-04
	冷硬灰铸铁	HTL	HTL Cr1Ni1Mo		黑心可锻铸铁	KTH	KTH350-10
	耐磨灰铸铁	HTM	HTM Cu1CrMo		珠光体可锻铸铁	KTZ	KTZ650-02
	耐热灰铸铁	HTR	HTR Cr	白口铸铁	白口铸铁	BT	
	耐蚀灰铸铁	HTS	HTS Ni2Cr		抗磨白口铸铁	BTM	BTM Cr15Mo
球墨铸铁	球墨铸铁	QT	QT400-18		耐热白口铸铁	BTR	BTR Cr16
	奥氏体球墨铸铁	QTA	QTA Ni30Cr3		耐蚀白口铸铁	BTS	BTS Cr28
	冷硬球墨铸铁	QTL	QTL CrMo	蠕墨铸铁		RuT	RuT420
	抗磨球墨铸铁	QTM	QTM Mn8-300				
	耐热球墨铸铁	QTR	QTR Si5				
	耐蚀球墨铸铁	QTS	QTS Ni20Cr2				

（1）以力学性能和化学成分表示。该方法是在铸铁代号之后添加化学成分中的合金元素符号及其含量，力学性能指标排列在最后，如图 1-1 所示。常用的力学性能指标为抗拉强度，单位为 MPa。

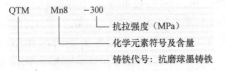

图 1-1 力学性能和化学成分表示的牌号

（2）以化学成分表示。该方法是在铸铁代号之后添加化学成分中的合金元素符号及其名义含量，如图 1-2 所示。合金化元素的含量大于或等于 1％时，在牌号中用整数标注，小于 1％时，一般不标注，只有对该合金特性有较大影响时，才标注其合金化元素符号。合金化元素按其含量递减次序排列，含量相等时按元素符号的字母顺序排列。

（3）以力学性能表示。该方法是在铸铁代号之后添加力学性能指标，如图 1-3 所示。代号后面有一组数字时，表示抗拉强度值，单位为 MPa；当有两组数字时，第一组表示抗拉强度值，单位为 MPa，第二组表示伸长率值，单位为％，两组数字间用"-"隔开。

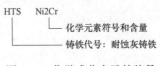

图 1-2 化学成分表示的牌号

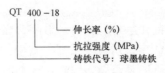

图 1-3 力学性能表示的牌号

1.3.2　有色金属材料的命名方式

有色金属及合金产品牌号的命名，规定以汉语拼音字母或化学元素符号作为主题词代号，表示其所属大类，如用 L 或 AL 表示铝，T 或 Cu 表示铜。主题词以后，用成分数字顺序结合产品类别来表示。即主题词之后的代号可以表示产品的状态、特征或主要成份，如 LF 为防（F）锈的铝（L）合金；LD 为锻（D）造用的铝（L）合金；LY 为硬（Y）的铝（L）合金，这三种合金的主题词是铝合金（L）。又如 QSn 为青（Q）铜中主要添加元素为锡（Sn）的一类合金；QAL9-4 为青（Q）铜中含有铝（Al）的合金，其成分中添加元素铝含量为 9%，其他添加元素含量为 4%，这两种合金的主题词都是青铜（Q）。因此，产品牌号是由主题词汉语拼音字母、化学元素符号及阿拉伯数字相结合的方法来表示。

有色金属及合金产品的状态、加工方法、特征代号，采用规定的汉语拼音字母表示。如热加工的 R（热），淬火的 C（淬），不包铝的 B（不），细颗粒的 X（细）等。但也有少数例外，如优质表面 O（形象化表示完美无缺）。

1. 铝及铝合金加工产品

表 1-3 为铝及铝合金加工产品牌号表示方法。

表 1-3　　　　　　　　　铝及铝合金加工产品牌号表示方法举例

组别	牌号系列	举　　例
纯铝	1×××	1050 1060　1070 1035 1050A 1070A　1A85 1A90　1A99
铝铜	2×××	2004 2014　2024 2124　2014A　2017A　2A02　2A11 2A12
铝锰	3×××	3003　3103　3004　3005　3105 3A21
铝硅	4×××	4004　4032　4043　4043A　4047　4047A
铝镁	5×××	5005　5019 5050　5154A　5A02　5B05
铝镁硅	6×××	6061　6063　6063A 6A51　6A02　6B02
铝锌	7×××	7003　7005 7075　7475　7A09　7A10
其他元素	8×××	8011　8090 8A06
备用合金组	9×××	

（1）非热处理强化变形铝合金。

特点：经过不同的压力加工方式生产成材，比强度高。采用固溶强化和冷加工强化，成分和组织单一。

典型合金如：

LF21，在大气和海水中耐蚀性和纯铝相当，有良好的工艺性能。主要用于制造承受深冲加工而受力不大的零件。

LF2～LF12 铝镁防锈铝合金（含 Mg 量为 2%～9%），是我国主要的防锈铝合金，在大气和海水中耐蚀性优于 LF21 合金，在酸性和碱性介质中比 LF21 稍差。

（2）热处理强化变形铝合金。

特点：强度高。通过固溶强化和时效强化，铝合金强度显著提高。

硬铝：Al‐Cu‐Mg 为主，牌号用 LY 加序号表示。

锻铝：Al‐Mg‐Si 为主，牌号用 LD 加序号表示。

超硬铝：Al‐Zn‐Mg‐Cu 为主，牌号用 LC 加序号表示。

典型合金：LY12、LD10、LC4。

（3）铸造铝及铝合金。

铸造铝及铝合金牌号由字母"Z"、基体元素符号"Al"和合金元素符号以及元素含量百分比的数字构成。

典型牌号：ZAl99.5、ZAlSi7Mg。

2. 铜及其合金

（1）纯铜的牌号。

1）无氧铜 TU1，TU2。

2）锰脱氧铜 TMU，用作电真空器件。

3）磷脱氧铜 TUP，用作焊接铜材，制作热交换器、冷凝管等。

4）含氧铜（含氧量大于 0.01%）T1、T2，含氧较低，用于导电合金；T3、T4，含氧较高，用于一般铜材。

（2）黄铜的牌号。

1）普通黄铜的牌号用"黄"字的汉语拼音字母"H"后面加铜含量表示。如 H80 表示铜含量 80% 的普通黄铜。

2）特殊黄铜的牌号用"H"加主添加元素的化学符号表示。如 HPb59‐1 表示铅含量为 1%，铜含量为 59% 的特殊黄铜。

3）铸造用黄铜在牌号前加"铸"字的汉字拼音字母"Z"表示。如 ZHAl67‐2.5 表示铝含量为 2.5%，铜含量为 67% 的铸造特殊黄铜。

（3）青铜的牌号。用青字的汉语拼音字头"Q"后面加主添元素的化学符号再加主添元素的含量和辅加元素的含量表示。铸造青铜在编号前加"Z"表示，如 QSn4‐3 表示锡含量为 4%，锌含量为 3% 的锡青铜。QAl5 表示铝含量为 5% 的铝青铜。QBe2 表示铍含量为 2% 的铍青铜。

（4）白铜。以镍为主要合金元素的铜合金称为白铜。用白字的汉语拼音字头"B"后面加镍含量表示，如普通白铜 B0.6（镍含量为 0.6%），可制作铂铑‐铂热电偶补偿导线。

3. 镁合金的牌号

按生产工艺区分为变形镁合金和铸造镁合金两大类。许多镁合金既可以铸造，又可以变形。

（1）变形镁合金牌号：例如：MB1，MB2，MB15 等。

（2）铸造镁合金牌号：例如：ZM1，ZM3，ZM5 等。

4. 钛合金的牌号

（1）α 型钛合金。退火组织为单相 α 固溶体（或含微量的化合物），没有相变，可通过冷形变和退火控制 α 相晶粒大小。

牌号：TA1～TA8，共 8 个牌号。其中 TA1～TA3 为工业纯钛。

（2）α＋β 型合金。退火组织为 α＋β 相混合组织，是目前最重要，使用最广泛的钛合金。

牌号：TC1～TC10，共 10 个牌号。

（3）β 型钛合金。退火组织为单相 β 固溶体。

牌号：TB1，TB2。

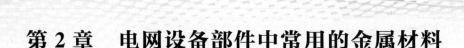

第2章　电网设备部件中常用的金属材料

2.1　线圈类设备部件及常用的金属材料

在电力系统中，常见的线圈类设备包括主变压器、配电变压器、干式变压器（站用变压器、接地变压器、消弧线圈）、电压互感器（电磁式电压互感器、电容式电压互感器）、电流互感器、电抗器、箱式变电站等。本小节将重点介绍几类电网常用线圈类设备部件及金属材料，并给出推荐材料（牌号）、适用标准和验收指标等。

2.1.1　变压器部件及常用金属材料

变压器是负责在不同电压等级系统之间进行能量转移的常见电网设备，按照电压等级（容量）可划分为主变压器、配电变压器、特高压变压器，按照冷却介质可划分为油浸式变压器和干式变压器。主变压器指的是额定电压在 35kV 以上的电力变压器（通常为油浸式变压器）。配电变压器是指由较高电压降至最末级配电电压，直接向终端用户供电的电力变压器。其电压等级在 10～35kV，容量在 6300kVA 及以下，特高压变压器包含电压等级在 ±800kV 以上直流换流变压器和 1000kV 以上的交流电力变压器。变压器由铁芯、绕组、引线、油箱、储油柜、冷却装置、套管、分接开关、紧固件等部件组成。变压器金属材料的选用一方面应考虑材料本身的使用性能、工艺性能、耐腐性能、经济性和环保性，另一方面还需兼顾变压器的结构形式、使用环境、设计寿命、施工条件和运维检修。变压器部件的金属材料选材原则如下：

（1）导电部件。满足相应电压等级变压器所需的导电性和热稳定性要求，还应具有一定的力学性能和防腐性能（耐油性、耐水性）。

（2）磁性部件。磁性材料选用需考虑工作磁场强度、工作状态，重点关注磁性能（磁感应强度、磁导率和铁损）。

（3）绝缘部件。考虑电绝缘性、耐电晕性、耐热和防水性。

（4）结构支撑部件。满足一定的力学性能要求，同时具备良好的防腐性能，在沿海或重腐蚀地区宜增加钢结构受力部件的厚度，且表面采用油漆等涂层进行防腐；部分结构支撑部件应考虑磁性能，如铁芯附件、套管的升高座等，应选用低磁材料防止在漏磁作用下产生过热。

（5）户外部件。暴露在空气中的金属部件应根据大气腐蚀等级考虑防腐蚀性能或采取防腐蚀措施。重腐蚀环境中的不锈钢、黄铜、铝合金、镀锌钢等部件应进行涂装，防腐涂料应具有耐油性，金属材料的质量等级要与服役环境温度相匹配。

（6）连接部件。不同金属材料的连接部件应考虑防腐蚀性能，接触处应防止产生接触腐蚀。

此外，变压器金属材料的选用应进行材料牌号、化学成分、力学性能等质量验证，并验证合格，具备产品合格证或质量证明书，质量证明书有缺项或数据不全的应补检，检验方法、范围及数量应符合相关标准。选用进口材料应按合同规定验收，除应符合相关国家技术法规、标准和合同规定的技术条件外，还应有报关单、商检合格证明书。代用材料在使用情况下，各项主要性能指标不低于原设计要求，应得到设计单位和使用单位的许可，并由设计单位出具设计变更单。采用新型材料、新工艺和差异化设计时，应对主要性能指标进行试验验证。金属材料的质量等级要与服役环境温度相匹配。

1. 铁芯

变压器铁芯的金属部件主要包括铁芯本体、夹件、拉杆、拉带、垫脚、撑板、磁屏蔽材料和电屏蔽材料等。

（1）冷轧晶粒取向硅钢片。冷轧晶粒取向硅钢片（简称电工钢）广泛应用于主变压器、配电变压器和特高压变压器的铁芯之中。主变压器铁芯应为冷轧晶粒取向硅钢片，硅钢片的选取应应从磁性能、几何特性及技术特性等方面考虑（详见 GB/T 2521.2 中 8.2 条款），特高压变压器铁芯的选取还应符合 Q/GDW 11744 和 Q/GDW 11481 要求。根据变压器用途不同，电工钢的选材不尽相同，其推荐牌号见表 2-1。

表 2-1　　　　　　　　　　　　主变压器铁芯材料推荐牌号

铁芯类型	电工钢分类	适用变压器	推荐牌号
冷轧晶粒取向硅钢片	普通取向电工钢	配电变压器，电抗器及磁放大器，小型电源变压器仪器变压器、动车牵引变压器、特种变压器	23Q110、23Q120、27Q120、30Q120
	高磁极化强度级取向电工钢	大、中小型变压器，配电变压器，电抗器及磁放大器，小型电源变压器，仪器变压器，动车牵引变压器，特种变压器	23QG085、23QG090、23QG095、23QG100、27QG090、27QG095、27QG100、27QG110、30QG105、30QG110、30QG120
	磁畴细化取向电工钢	大、中小型变压器，特高压、直流变压器、配电变压器，串抗器及磁放大器，小型电源变压器、动车牵引变压器、特种变压器	23QH080、23QH085、23QH090、23QH100、27QH085、27QH090、27QH095、27QH100、30QH100、30QH110

此外，除国标规定的牌号外，现在已有 23QH75、20QH75、20QH70、18QH70、18QH65 等超低损耗取向电工钢产品，目前多用于节能配电变压器。

1）磁性能。磁畴细化高磁感硅钢片应采用单片测试仪（详见 GB/T 13789 第 5.4 条款）测量硅钢片磁性能，其他类型的硅钢片采用爱泼斯坦方圈测量法（详见 GB/T 3655 第 3 条款）或单片测试仪测量硅钢片磁性能。应保证整卷宽度及长度内的任意部位铁损值均小于牌号保证值，最高值将作为该钢卷认定的铁损值。

普通变压器用硅钢片铁损 $P1.7/50$（磁化强度 1.7T，频率 50Hz 条件下）要求不大于 1.1W/kg（0.7～1.1W/kg），磁极化强度应不小于 1.88T（$H=800A/m$）；特高压变压器用硅钢片铁损 $P1.7/50$ 不大于 1.05W/kg（0.8～1.05W/kg），磁极化强度应不小于 1.90T（$H=800A/m$）。

2）几何特性。硅钢片宽度大于 150mm 应测镰刀弯，任意 2000mm 长的镰刀弯不超过 0.9mm，不平度不超过 1.5%，底边与支撑板距离不超过 35mm。硅钢片毛刺高度不应大于 0.02mm。硅钢片公称厚度不大于 0.3mm，厚度允许偏差符合表 2-2 要求。

表 2-2   **硅钢片厚度允许偏差**   (mm)

公称厚度	普通变压器	特高压直流变压器	特高压交流变压器
0.23	±0.020	±0.020	—
0.27	±0.025	±0.020	±0.015
0.30	±0.025	±0.020	±0.015

3）技术特性。硅钢片表面应平整干净，不应有锈蚀，表面涂层应光滑、均匀无脱落，不得有影响使用的裂纹、孔洞、重皮、气泡、分层等缺陷。硅钢片表面绝缘层应均匀、无脱落，绝缘层应有良好的附着性，根据 GB/T 2522 中所规定的方法，硅钢片附着性应不低于 C 级。硅钢片的钢带表面应光滑、无裂纹、锈蚀、孔洞、重皮、折印、气泡、分层等缺陷。

硅钢片应按同批次卷数的 5% 对尺寸、绝缘膜、导磁性能、单位铁耗等参数进行抽样检查，抽样数量最低不少于 3 卷，检测项目及检测方法符合标准要求，部分性能参数见表 2-3。

表 2-3   **硅钢片部分性能参数**

性能参数	普通变压器	特高压变压器
约定密度	7.65kg/dm³	7.65kg/dm³
最小叠装系数	0.945～0.960	0.955～0.960
涂层绝缘	根据需方决定（推荐 T1 或 T2 无机灰涂层）	漆膜应光滑、清洁无污点，应能耐绝缘漆、变压器油、机械油等的浸蚀。在剪切过程和规定的热处理条件下进行热处理时，涂层不得有脱落现象，但是在剪切边缘上，涂层的轻微碎裂则允许存在
绝缘层附着力	不低于 C 级，弯曲直径 30mm 无脱落	特高压直流变压器 0.23mm 厚度规格电工钢的表面涂层附着性级别应尽量高，最低应为 C 级。且每批次钢卷抽检试样的涂层附着性达到 B 级水平的应占 60% 以上，剪切后无白边；0.27mm、0.30mm 厚度规格电工钢的表面涂层附着性级别应尽量高，最低应为 C 级。且每批次钢卷抽检试样的涂层附着性达到 B 级水平的应占 40% 以上，剪切后无白边
绝缘层电阻	根据需要要求，经供需双方协商可进行绝缘电阻检测，检测方法依据 GB/T 2521.2 规定	钢带中测得的绝缘涂层电阻（总面积为 6.45cm，10 个电极）应满足单侧 5 次测量的最小值：≥测量的最小值

续表

性能参数	普通变压器	特高压变压器
层间电阻	用于检验绝缘涂层的质量，对取向冷轧硅钢带，要求层间电阻不低于 $5\Omega\cdot cm^2$/片，检测方法依据 GB/T 2521.2 规定	特高压直流换流变压器最小电阻不低 $15\Omega\cdot cm^2$/片，平均值不低于 $30\Omega\cdot cm^2$/片；特高压交流变压器绝缘涂层的电阻不应小于 $30\Omega\cdot cm^2$/片

（2）非晶合金硅钢片。部分配电变压器铁芯由非晶合金制成。非晶合金材料选取时不应有褶皱、凹坑、破裂等缺陷（详见 GB/T 19345.1 中 7.2 条款要求），配电变压器用非晶合金铁芯推荐牌号见表 2-4。

表 2-4　　　　　　　　　　　配电变压器铁芯材料推荐牌号

铁芯	分类	推荐牌号
非晶合金材料	S 型（普通型）	FA25S08、FA25S12、FA25S16、FA30S08、FA30S12、FA30S16、FA30S20
	P 型（高磁感型）	FA25P08、FA25P12、FA25P16、FA30P08、FA30P12、FA30P16

1）磁性能。非晶合金材料硅钢片磁性能（热处理后）应参照表 2-5 执行。

表 2-5　　　　　　　　　非晶合金材料硅钢片磁性能（热处理后）

牌号	磁性能（磁化强度 1.3T，频率 50Hz 条件下）
FA30P08、FA25P08、FA25S08	铁损 $P_{1.3/50}\leqslant 0.08$W/kg
FA30P12、FA25P16、FA25S12	铁损 $P_{1.3/50}\leqslant 0.12$W/kg
FA30P16、FA30S16	铁损 $P_{1.3/50}\leqslant 0.16$W/kg
FA30S20	铁损 $P_{1.3/50}\leqslant 0.20$W/kg

2）几何特性。非晶合金带材的几何特性要求见 2-6。

表 2-6　　　　　　　　　　非晶合金带材的几何特性要求　　　　　　　　　　（mm）

尺寸范围	厚度	0.020、0.025、0.03
	宽度范围	10～300
厚度允许偏差		±0.002
宽度允许偏差	宽度＜100	±0.30
	宽度≥100	±0.50
	厚度	0.020、0.025、0.03
	宽度范围	10～300
重量		带材按实际重量交货

3) 技术特性。非晶合金材料带材带材应平整光滑，不应有影响使用的波浪形、皱褶等缺陷。边缘不应有裂口和毛刺。表面不应有锈蚀、油脂、连续可见的氧化色以及尺寸大于 1.0mm 的针孔。透光可见的针孔在每平方厘米上不应多于一个。弯曲韧性试验后不应产生破裂或裂纹。包装过程中则要求带材中心应衬硬纸质、塑料或金属芯轴。

2. 铁芯附件

变压器铁芯使用的附件包括夹件、拉杆、拉带、垫脚和撑板等，主要起结构支撑作用，其金属材料应具备一定的强度，可以选用碳素钢或低合金钢。为避免产生较大的铁损和涡流，附件金属材料推荐考虑用低磁钢（20Mn23AlV）或其他低磁高性能材料。低磁钢是指对磁性无感应的钢，磁导率低于 1.5。

3. 屏蔽装置

变压器屏蔽装置金属部件包括电屏蔽、磁屏蔽和均压环等。

（1）电屏蔽。变压器铁芯使用的电屏蔽主要是铝板、铜板，电屏蔽应采用不低于 T2 的纯铜、1 系纯铝或石墨，其性能应满足 GB/T 3880.1、GB/T 3880.3 要求。

（2）磁屏蔽。应采用冷轧晶粒取向钢带或冷轧晶粒无取向钢带，其技术指标应符合 GB/T 2521 的规定，常见材料选用要求可参考表 2-7。

表 2-7 磁屏蔽材料选用要求

磁屏蔽材料	铁损	$P_{1.5/50} \leqslant 3.5 \text{W/kg}$
	磁极化强度	$\leqslant 1.60\text{T}$（$H = 500\text{A/m}$）
	公称厚度	$\leqslant 0.5\text{mm}$
	最小叠装系数	0.945～0.960
	最小弯曲次数	$\geqslant 1$
	绝缘层附着力	不低于 C 级，弯曲直径 30mm 无脱落
	绝缘层电阻	根据需要要求，经供需双方协商可进行绝缘电阻检测，检测方法依据 GB/T 2521.2 规定

（3）均压环。采用铝合金的，支撑架应采用牌号不低于 1050A 的铝合金，环体与支架如采用焊接方式连接时，焊缝应均匀一致，不应存在裂纹等肉眼可见缺陷。

4. 绕组

变压器绕组构成变压器的电路部分，绕组的金属部件为电磁线，绕组线应采用半硬铜导线。绕组线可分为漆包圆铜线、漆包扁铜线、玻璃丝包扁铜线和纸包铜圆线等，根据变压器不同类型和用途，采用不同类型绕组线。绕组线应按批次线盘数量的 10% 对电阻率、拉伸率、延伸率、屈服强度、外形尺寸及偏差等性能参数进行抽样检查，抽样数量最低不少于 3 盘，检测项目及检测方法参照 GB/T 228（非比例屈服强度 $R_{p0.2}$）、GB/T 4074（规格尺寸、延伸率、拉力力）、GB/T 3048.2（电阻率）执行。

绕组线表面应光滑、清洁，不应有擦伤、毛刺、油污、金属末和氧化层等，圆角与平面的连接处应光滑，不应有突起和尖角。

110kV 及以上变压器低压绕组应自粘性换位导线，$R_{p0.2}$ 不小于 150MPa。

（1）纸包铜圆线。纸包铜圆线绕组的选用应符合 GB/T 7673.1、GB/T 7673.2、GB/T 7969、GB/T 3952 标准要求，推荐采用 QA-1、QA-2 型铜圆线，导体表面应无金属粉末及其他杂质。绝缘纸应连续、紧密适度、均匀、平整地绕包在线芯上，纸带应不缺层、断层，绕包过程中不应有起皱和开裂等缺陷，各层纸带应不存在金属末、油污、粉尘及其他异物。纸包铜圆线的性能指标见表 2-8。

表 2-8　　　　　　　　　　　　　纸包铜圆线的性能指标

部件名称	性能指标		
纸包铜圆线绕组	尺寸要求	符合 GB/T 7673.1 圆导体标称直径要求	
	电阻	电阻最小值（$\rho_{min}=1/59$，$\rho_{max}=1/58$，q 为导体截面积）	$R_{min}=\rho_{min}\times q_{max}^{-1}$
		电阻最大值	$R_{max}=\rho_{max}\times q_{min}^{-1}$
	力学性能	1.00mm$\leqslant d \leqslant$3.00mm（d 为导体直径）	伸长率≥25%
		3.15mm$\leqslant d \leqslant$5.00mm	伸长率≥30%
	柔韧性和附着性	试棒卷绕后，绝缘层应不开裂、漏缝（0.30$\leqslant\delta\leqslant$0.80，试棒直径=100mm；0.80$\leqslant\delta\leqslant$4.25，试棒直径=150mm；δ 为纸绝缘厚度）	

（2）纸包铜扁线。纸包铜扁线绕组的选用应符合 GB/T 3952 、GB/T 7673.1、GB/T 7673.3、GB/T 5584.1、GB/T 5584.2、GB/T 7969 标准要求，铜线推荐采用 TBR 型铜扁线，应采用间隙绕包，基同一绕包层相邻的纸带边不互相搭压的绕包形式无金属粉末及其他杂质。宽窄比 b/a>8 的规格不推荐使用，纸包铜扁线绕组性能指标见表 2-9。

表 2-9　　　　　　　　　　　　　纸包铜扁线的性能指标

部件名称	性能指标		
纸包铜扁线绕组	尺寸要求	符合 GB/T 7673.1 宽边标称和窄边标称尺寸要求	
	电阻	电阻 $R\leqslant\rho_{20}/S_{min}$（$\rho_{20}$ 为铜导体电阻率，电阻率为20℃时≤0.01724Ω·mm^2/m；S_{min} 为最小截面积）	
	力学性能	0.80mm$\leqslant a \leqslant$2.50mm（a 为导体窄边标称尺寸）	伸长率≥25%
		2.65mm$\leqslant a \leqslant$5.60mm	伸长率≥32%
	回弹性	回弹角≤5°	
	击穿电压	外包电缆纸击穿电压：工频击穿电压≥8.0kV/mm	

（3）漆包圆绕组。配电变压器常用的绕组为漆包圆绕组，推荐采用 QA-1、QA-2 型铜圆线，漆包圆绕组的选用应符合 GB/T 6109.1、GB/T 6109.7 标准要求，漆包圆绕组外观要求为卷绕在线盘上或线轴上的漆包线，用正常视力检查时，漆膜应光滑、连续、无斑纹、无气泡和杂质。漆包圆绕组性能指标见表 2-10。

表 2 - 10　　　　　　　　　　　　漆包圆绕组的性能指标

部件名称		性能指标		
漆包圆绕组	尺寸要求	导体直径 $d=0.018\sim2.50$mm，允许偏差应符合 GB/T 6109.1 标称直径要求		
	电阻（Ω/m）		标称直径	最小值	最大值
		$d{\leqslant}0.063$mm	0.025	31.34	38.31
			0.032	19.13	23.38
			0.036	15.16	18.42
			0.040	12.28	14.92
			0.050	7.922	9.489
			0.056	6.316	7.565
			0.063	5.045	5.922
		$d{>}0.063$mm（不作规定或经供需双方协商）	标称直径	最小值	最大值
			0.100	2.034	2.333
			0.200	0.5237	0.5657
			0.355	0.1674	0.1782
			0.400	0.1316	0.1407
			0.500	0.08462	0.08959
			0.630	0.05335	0.05638
			0.710	0.04198	0.04442
			0.900	0.02612	0.02765
			1.000	0.02116	0.02240
	力学性能	0.018mm$\leqslant d\leqslant$0.090mm（d：导体标称直径）	伸长率$\geqslant$15%	
		0.100mm$\leqslant d\leqslant$0.63mm	伸长率$\geqslant$27%	
		0.63mm$\leqslant d\leqslant$5.00mm	伸长率$\geqslant$36%	
	回弹性	回弹角$\leqslant$5°		
	柔韧性和附着性	圆棒上卷绕后，漆层应不开裂		
	热冲击	最小热冲击温度为 200℃，圆棒弯曲试验后漆层应不开裂		
	击穿电压	5 个试样中至少有 4 个在规定的电压下不击穿		

（4）漆包扁绕组。主变压器常用的绕组为漆包扁绕组，推荐采用 TBR 型铜扁线，漆包扁绕组的选用应符合 GB/T 7095.1、GB/T 7095.2、GB/T 7095.3、GB/T 5584.1、GB/T 5584.2 标准要求，漆包扁绕组外观要求为卷绕在线盘上或线轴上的漆包线，用正常视力检查时，漆膜应光滑、连续、无斑纹、无气泡和杂质。

750kV 及以下的变压器用自黏漆包线黏结强度应不小于 8MPa，1000kV 变压器用自黏漆包线黏结强度应不小于 10MPa，20℃时电阻率不大于 0.01754$\Omega \cdot$ mm^2/m，根据绕组的抗短路能力确定电磁线的规定非比例屈服强度 $R_{p0.2}$，技术指标应符合 DL/T 1387 的规定。

特高压变压器绕组线的裸导体不可焊接，如果漆包线每轴质量超过线盘最大承载质量时，每根漆包线允许有一个接头，相邻漆包线接头处应错开至少 500mm。焊接点应牢固可靠，焊接处经修理后尺寸应符合 GB/T 7673.1 规定。

漆包扁绕组性能指标见表 2-11。

表 2-11　　　　　　　　　　　漆包扁绕组的性能指标

部件名称	性能指标		
漆包扁绕组	尺寸要求	窄边 $a=0.80\sim5.60$mm	
		宽边 $b=2.00\sim16.0$mm	
		允许偏差符合 GB/T 7095.1 宽边和窄边标称尺寸要求	
	电阻	电阻 $R\leqslant\rho_{20}/S_{min}$（$\rho_{20}$ 为铜导体电阻率，20℃时≤0.01754Ω·mm²/m；S_{min} 为最小截面积，采用的测量方法准确度应为 0.5%）	
	力学性能	$a\leqslant2.50$mm（a 为导体窄边标称尺寸）	伸长率≥30%
		2.50mm<$a\leqslant5.60$mm	伸长率≥32%
	回弹性	回弹角≤5°	
	柔韧性和附着性	圆棒弯曲试验后，绝缘应不开裂	
	热冲击	最小热冲击温度为 200℃，圆棒弯曲试验后漆层应不开裂	
	击穿电压	漆膜 1 级	最小击穿电压 1000V
		漆膜 2 级	最小击穿电压 2000V

（5）双玻璃丝包扁铜线。双玻璃丝包扁铜线主要用在大功率变压器中，铜线推荐采用 TBR 型铜扁线，双玻璃丝包扁铜线的选用应符合 GB/T 7672.1、GB/T 7672.4 标准要求，双玻璃丝包扁铜线外观要求为用正常视力检查时，绕于线盘上的玻璃丝包铜扁绕组线产品，其玻璃丝绕包应平滑、连续、没有物理损失和杂质。双玻璃丝包扁铜线性能指标见表 2-12。

表 2-12　　　　　　　　　　　双玻璃丝包扁铜线的性能指标

部件名称	性能指标		
双玻璃丝包扁铜线	尺寸要求	窄边 $a=0.80\sim5.60$mm	
		宽边 $b=2.00\sim16.0$mm	
		允许偏差符合 GB/T 7672.1 宽边和窄边标称尺寸要求	
	技术要求	电阻 $R\leqslant\rho_{20}/S_{min}$（$\rho_{20}$：铜导体电阻率，20℃时≤0.01754Ω·mm²/m；S_{min}：最小截面积，采用的测量方法准确度应为 0.5%）	
	力学性能	$a\leqslant2.50$mm（a：导体窄边标称尺寸）	伸长率≥30%
		2.50mm<$a\leqslant5.60$mm	伸长率≥32%
	回弹性	回弹角≤5°	
	柔韧性和附着性	圆棒弯曲试验后，绕包层应不开裂	

（6）铜带、铜箔。绕制变压器用铜带、铜箔推荐采用牌号为 T2、TU1 的纯铜，铜带、铜箔选用应符合 GB/T 18813、GB/T 5213 标准要求，表面质量要求带材边部不应有粗糙或凸出的边棱，带材表面应光滑、清洁，不允许有分层、裂纹、起皮、起刺、气泡、压折、夹杂和绿锈，带材表面允许有轻微的、局部的、不使带材厚度超出允许偏差的划伤、斑点、凹坑等缺陷。铜带、铜箔性能参考指标见表 2-13。

表 2-13　　　　　　　　　　　　铜带、铜箔性能参考指标

部件名称	性能指标	
铜带、铜箔	尺寸要求	带材宽度、厚度在允许偏差范围内
	力学性能	抗拉强度　　　195～260MPa
		伸长率　　　≥35%
		维氏硬度　　　45～65HV
	技术要求	20℃ 时电阻系数≤0.017241Ω·mm²/m

5. 引线

变压器的引线、等电位连接线及接地引线均采用金属材料，常用引线的金属材料有铜棒、铜管、软铜绞线、铜编织线及铜带等。引线导体表面应光滑、清洁，不应有擦伤、毛刺、油污、金属末、氧化层等，圆角与平面的连接处不应有突起和尖角。引线的焊接应满足工艺要求的搭接面积，焊面应饱满，表面无氧化皮、尖角、毛刺。

（1）铜棒。铜棒材料应为不低于 T2 型的纯铜，推荐牌号为 T2、T3、TU1、TU2、TP1 和 TP2，铜棒选用应符合 GB/T 4423、GB/T5231 标准要求。棒材表面应光滑、清洁，不允许有裂纹、起皮、气泡、夹杂物和有手感的环状痕等缺陷；棒材表面允许有局部的、不使棒材直径超出允许偏差的划伤、凹坑、斑点和压入物等缺陷，轻微的矫直痕、细划痕、氧化色、发暗和水迹、油迹不作为报废依据。

1）力学性能。力学性能应符合表 2-14 的要求。

表 2-14　　　　　　　　　　　　铜棒的力学性能

铜棒形状	状态软（M）		状态硬（Y）		
圆形棒、方形棒和六角形棒	抗拉强度	≥200MPa	直径 3～40mm	抗拉强度	≥275MPa
				断后伸长率	≥10%
			直径 40～60mm	抗拉强度	≥245MPa
				断后伸长率	≥12%
	断后伸长率	≥40%	直径 60～80mm	抗拉强度	≥210MPa
				断后伸长率	≥16%
矩形棒	抗拉强度	≥196MPa	抗拉强度	≥245MPa	
	断后伸长率	≥36%	断后伸长率	≥9%	

2）电导率。作为导电部件，铜棒对导电性要求较高，20℃的直流电阻率不应大于 0.0202835Ω·mm²/m，电导率应不小于 85%IACS。

3）外形尺寸。铜棒外形尺寸应符合表 2 - 15 的要求。

表 2 - 15 　　　　　　　　　　　　铜棒的外形尺寸　　　　　　　　　　　　（mm）

铜棒形状	标称	允许偏差	
	直径	高精级	普通级
圆形棒	3＜d≤6	±0.02	±0.04
	6＜d≤10	±0.03	±0.05
	10＜d≤18	±0.03	±0.06
	18＜d≤30	±0.04	±0.07
	30＜d≤50	±0.08	±0.10
	50＜d≤80	±0.10	±0.12
	对边距	高精级	普通级
方形棒和六角形棒	3＜d≤6	±0.04	±0.07
	6＜d≤10	±0.04	±0.08
	10＜d≤18	±0.05	±0.10
	18＜d≤30	±0.06	±0.10
	30＜d≤50	±0.12	±0.13
	50＜d≤80	±0.15	±0.24
	宽度或高度	高精级	普通级
矩形棒	3＜d≤6	±0.08	±0.10
	6＜d≤10	±0.08	±0.10
	10＜d≤18	±0.11	±0.14
	18＜d≤30	±0.18	±021
	30＜d≤50	±0.25	±0.30
	50＜d≤80	±0.30	±0.35

（2）铜管。铜管材料的选用应符合 GB/T 1527、GB/T 5231 的标准，铜管应为不低于 T2 型的纯铜，推荐牌号为 T2、T3、TU1、TU2、TP1 和 TP2，管材内外表面应光滑、清洁，不应有分层、针孔、裂纹、起皮、气泡、粗拉道和夹杂等影响使用的缺陷。铜管扩口试验时，定心锥度为 45°，扩口率应不低于 30%。进行压板试验时，压扁后内壁间距应等于壁厚。

1）力学性能。铜管的力学性能应符合表 2 - 16 的要求。

表 2 - 16 　　　　　　　　　　　　铜管的力学性能

铜管	状态软（M）		状态半硬（Y₂）		状态硬（Y）	
壁厚＞5.0mm	抗拉强度	200～255MPa	抗拉强度	240～290MPa	抗拉强度	270～320MPa
	断后伸长率	≥40%	断后伸长率	≥15%	断后伸长率	≥6%

2）电导率。作为导电部件，铜管对导电性要求较高，20℃ 的直流电阻率不应大于 0.0202835Ω·mm²/m，电导率 IACS 应大于等于 85%。

（3）软铜绞线。软铜绞线材料的选用应符合 GB/T 12970.1、GB/T 12970.2 的标准，软铜绞线推荐采用 TJR1 型，铜线推荐使用 TR 型软铜线。软铜线外层的绞向应为右向，相邻层的绞向应相反，绞合应紧密整齐，不应有断股和缺股。复绞线中的股线可整股钎焊或熔焊，但任何两个接头距离应不小于 1mm 且不影响绞线的外径和柔软性。软铜绞线表面应光洁，不应有与良好工业产品不相称的各种缺陷。引线导体外表面应光滑、清洁，不应有擦伤、毛刺、油污、金属末、氧化层等，圆角与平面的连接处不应有突起和尖角。

（4）铜编织线。铜编织线材料的选用应符合 JB/T 6313.1、JB/T 6313.2 的标准，推荐采用 TZ、TZX 型铜编织线，其标称截面积符合表 2-17 的要求。

表 2-17　　　　　　　　　　铜编织线标称截面积　　　　　　　　　　（mm²）

铜编织线型号	标称截面积
TZ-20、TZX-20	16~800
TZ-15、TZX-15	4~120
TZ-07、TZX-07	4~10

铜编织线要求直径 4mm 及以下，编织密度应不小于 70%；直径 4mm 以上，编织密度应不小于 80%，凡有厚度要求的斜编织线均应压成扁带。引线导体外表面应光滑、清洁，不应有擦伤、毛刺、油污、金属末、氧化层等，圆角与平面的连接处不应有突起和尖角。

作为导电部件，铜编织线对导电性要求较高，20℃ 的直流电阻率不应大于 0.0202835Ω·mm²/m，电导率 IACS 应大于等于 85%。

（5）铜带。铜带材料的选用应符合 GB/T 2059、GB/T 11091 的标准要求，铜带推荐采用不低于 T2 型的纯铜，带材两边应切齐，无毛刺、裂变和卷边。带卷任意相邻两层的不齐度应不超过 1mm，任意两层的不齐度应不超过 5mm。带材表面应光滑，清洁断面不应有氧化变色，同时不允许有影响使用的缺陷，每卷带材应有内衬，且应卷紧、卷齐。

铜带外形尺寸符合表 2-18 要求。

表 2-18　　　　　　　　　　铜带的外形尺寸　　　　　　　　　　（mm）

厚度	厚度允许偏差	宽度	宽度允许偏差
0.07~0.30	±0.008	15~100	±0.10
0.30~0.50	±0.012	100~305	±0.15
0.50~0.80	±0.020		

1）力学性能。铜带力学性能应符合表 2-19 的要求。

表 2-19　　　　　　　　　　铜带的力学性能

抗拉强度 R_m/MPa	断后伸长率 A（%）	维氏硬度 HV
220~260	≥35	50~60

2）电导率。作为导电部件，铜带对导电性要求较高，20℃ 的直流电阻率不应大于 0.0175935Ω·mm²/m，电导率 IACS 应不低于 98%。

（6）电工用铜母线。电工用铜母线的选用应符合 GB/T 5585.1 的标准要求，电工用铜母线应采用不低于 T2 型的纯铜，推荐 TMY 型铜母线，成品铜和铜合金母线不允许有接头，表面应光洁、平整，不应有与良好工业产品不相称的任何缺陷；圆角、圆边不应有飞边、毛刺和裂口。铜母线应按批次对尺寸及偏差、圆角、圆边平直度、抗拉强度、伸长率、硬度、弯曲、电阻率、表面质量等性能参数进行抽检，性能参数应符合相关标准要求。铜母线外形尺寸符合表 2-20 要求。

表 2-20　　　　　　　　　　　　　　铜母线外形尺寸范围

窄边尺寸 a/mm	宽边尺寸 b/mm	允许偏差
$2.24 \leqslant a \leqslant 50.00$	$16.00 \leqslant b \leqslant 400.00$	符合 GB/T 5585.1 规定

1）力学性能。电工用铜母线力学性能应符合表 2-21 的要求。

表 2-21　　　　　　　　　　　　　　电工用铜母线力学性能

抗拉强度 R_{m}/MPa	断后伸长率 A（%）	布氏硬度 HB
220～260	$\geqslant 35$	$\geqslant 65$

2）电导率。作为导电部件，铜带对导电性要求较高，20℃的直流电阻率不应大于 0.01777Ω·mm²/m，电导率 IACS 应大于等于 97%。考虑母线的热胀冷缩不影响正常运行，要求铜母线线膨胀系数为 0.000017℃⁻¹，电阻温度系数为 0.00381℃⁻¹。

（7）聚氯乙烯绝缘电缆。聚氯乙烯绝缘电缆的选用应符合 GB/T 5023.1 标准要求，电缆铜线金属材料的化学成分应符合退火铜线化学成分的要求，铜皮软件可使用铜合金单线。导体中单线可以不镀锡或镀锡。电缆应卷绕整齐，端头应可靠密封，聚氯乙烯绝缘电缆应有足够的介电强度和绝缘电阻，经电缆电性试验合格。填充物应为非硫化型橡皮或塑料混合物、天然或合成纺纤、纸。内护层采用非硫化型橡皮或塑料混合物，护套则为聚乙烯混合物。

绝缘电缆在正常温度范围内，应具有足够的机械强度和弹性（老化前），聚氯乙烯绝缘电缆力学性能要求参考表 2-22。

表 2-22　　　　　　　　　　　　聚氯乙烯绝缘电缆力学性能

力学性能	混合物的型号		
	PVC/C	PVC/D	PVC/E
抗拉强度 R_{m}/MPa	12.5	10.0	15.0
断后伸长率 A（%）	$\geqslant 125$	$\geqslant 150$	$\geqslant 150$

6. 油箱

变压器油箱充注变压器油，容纳器身并起到绝缘和冷却的作用。油箱按结构可分为上盖、底座和箱体三个部分，油箱的选材必须要有足够的强度和密封性，能承受运输、内部故障时的振动和冲击，同时还符合变压器在现场干燥及真空注油的强度要求。变压器油箱（壳体）的金属部件主要为油箱本体、蝶阀、爬梯等。油箱的某些部分（如大电流引线附近），采用低磁钢板拼焊的办法，以防止油箱的局部发热。一般电流在 800A 及以上时，即在套管安装孔间采用非导磁材料，如耐酸性不锈钢或铜来隔断磁力线。

（1）油箱本体。油箱应选用碳素钢、低合金钢、不锈钢和低磁钢等，油箱的本体箱体和上盖均由钢板制成，钢板金属材料的选用应符合 GB/T 247、GB/T 700、GB/T 1591、GB/T 3280、GB/T 4237、GB/T 5213 标准要求，钢材质量等级宜在 B 级以上，推荐牌号见表 2-23。

表 2-23　　　　　　　　　　　油箱钢板材料推荐牌号

油箱钢板材料	推荐牌号
碳素钢钢板	Q235
低合金高强度钢钢板	Q345
不锈钢钢板	06Cr19Ni10、06Cr18Ni11Ti
低磁钢	20Mn23AlV

油箱防腐涂层至少包含一层底漆和两层面漆。漆膜应均匀，无流挂、发花、针孔、开裂和剥落。表层面漆应能耐受温度变化，不剥落，不褪色，不粉化。变压器的内壁和外壁用涂料应符合 HG/T 4770 的要求，禁止使用喷砂或喷丸。大气腐蚀等级为 C1～C3 时，底漆厚度不小于 $40\mu m$，大气腐蚀等级为 C4～CX 时，底漆厚度不小于 $50\mu m$。涂层干膜厚度不小于表 2-24 要求，涂层附着力不小于 5MPa，新设备按照涂层设计使用年限不低于 10 年防腐。

表 2-24　　　　　　　　　　　有机防腐涂层的干膜厚度

有机防腐涂层的设计使用年限 t/年	有机防腐涂层最小干膜厚度/μm				
	C2	C3	C4	C5	CX
$2\leqslant t<5$	120	140	160	180	200
$5\leqslant t<10$	160	180	200	220	240
$10\leqslant t<15$	200	220	240	260	280
$t\geqslant 15$	280	300	320	340	360

油箱应具有一定的机械强度，密封良好，不渗漏，应逐个进行密封性试验和机械强度试验，压力强度应不小于 0.05～0.1MPa。油箱密封性试验应在装配完毕的产品上进行，对于可拆卸的储油柜、净油器，机械强度试验包括真空强度和正压机械强度试验。油箱机械强度试验宜在不装器身的单独油箱上进行，试验的邮箱应无焊接与密封缺陷，油箱材料的力学性能验收参考表 2-25 执行。

表 2-25　　　　　　　　　　　油箱材料力学性能

钢板材料	钢板厚度/mm	屈服强度/MPa	断后伸长率 A（%）	抗拉强度/MPa
碳素钢钢板	<16	≥235	≥26	370～500
	16～40	≥225	≥25	
低合金高强度钢钢板	<16	≥355	≥25	470～630
	16～40	≥345	≥25	
不锈钢钢板		≥515	≥35	≥515

油箱表面不应有气泡、结疤、裂纹、折叠、夹杂和压入氧气铁皮等影响使用的有害缺陷，钢板不应有目视可见的分层。钢板表面允许有不妨碍检查表面缺陷的薄层氧化铁皮、铁锈及由于压入氧化铁皮和轧辊所造成的不明显的粗糙、网纹、麻点、划痕及其他局部缺欠，但其深度不应大于钢板厚度公差的一半，并应保证钢板允许的最小厚度。钢板表面缺陷允许用修磨等方法清除，清理处应平滑无棱角，清理深度不应大于钢板厚度的负偏差，并应保证钢板允许的最小厚度。

油箱的焊接质量应符合 NB/T 47003.1 的规定，焊缝应 100% 进行目视检测，焊缝表面应饱满，无裂纹、气孔、焊瘤、夹渣，承重部位的焊缝高度应符合图纸要求。油箱角焊缝应进行磁粉检测或渗透检测，抽检比例不低于焊缝总长度的 50%，检测标准依据 NB/T 47013.4 和 NB/T 47013.5，Ⅰ 级合格。油箱对接焊接应全焊透，超声波检测的抽检比例不低于焊缝总长度的 50%，检测标准依据 GB/T 11345，验收等级 2 级合格。

（2）底座。油箱底座采用型钢制造，型钢包括圆钢和槽钢，油箱底座金属材料的选用应符合 GB/T 247、GB/T 2101、GB/T 1591 标准要求，钢材质量等级宜在 B 级以上，推荐牌号见表 2 - 26。

表 2 - 26 油箱底座材料推荐牌号

油箱底座材料	推荐牌号
碳素钢型钢	Q235
低合金高强度钢型钢	Q345

底座表面应喷漆，喷漆厚度应大于 $100\mu m$ 且禁止使用喷砂或喷丸。底座型钢表面不应有气泡、结疤、裂纹折叠、夹杂和压入氧气铁皮等影响使用的有害缺陷，不应有目视可见的分层，不得有锈蚀严重的缺陷。力学性能验收参考表 2 - 27 执行。

表 2 - 27 油箱底座力学性能

油箱底座材料	钢板厚度/mm	屈服强度/MPa	断后伸长率（%）	抗拉强度/MPa
碳素钢	<16	≥235	≥26	370~500
	16~40	≥225	≥25	
低合金高强度钢	<16	≥355	≥25	470~630
	16~40	≥345	≥25	

（3）油管。油箱的导油管采用钢管，钢管金属材料的选用应符合 GB/T 247、GB/T 2101、GB/T 1591 标准要求，推荐牌号见表 2 - 28。

表 2 - 28 油箱钢管材料推荐牌号

油箱钢管材料	推荐牌号
碳素钢钢管	Q235
低合金高强度钢钢管	Q345

钢管表面应喷漆，内部喷漆厚度应大于 $20\mu m$；外喷漆厚度应大于 $120\mu m$，附着力不应小于 5MPa，且禁止使用喷砂或喷丸。钢管应具有一定的机械强度，密封良好，不渗漏，

应逐个进行密封性试验和机械强度试验，压力强度应不小于 0.05～0.1MPa。钢管表面不应有气泡、结疤、裂纹折叠、夹杂和压入氧气铁皮等影响使用的有害缺陷，不应有目视可见的分层，不应有锈蚀严重缺陷，钢材质量等级推荐在 B 级以上。钢管力学性能验收参考表 2-29 执行。

表 2-29   油箱钢管材料的力学性能

钢管材料	钢板厚度/mm	屈服强度/MPa	断后伸长率（%）	抗拉强度/MPa
碳素钢	<16	≥235	≥26	370～500
	16～40	≥225	≥25	
低合金高强度钢钢板	<16	≥355	≥25	470～630
	16～40	≥345	≥25	

（4）蝶阀。变压器蝶阀通常安装在油浸式变压器的油箱和散热片之间，用于控制变压器油箱和散热片之间的油流。当大型电力变压器出厂时，散热器通常是单独包装以缩小运输尺寸。此时蝶阀关闭，防止外部空气或水分进入变压器油箱内部，当变压器被运输到安装现场后，将散热器逐一安装在蝶阀上。当散热器安装完毕后就可以开启蝶阀，让变压器油箱和散热器之间的油流可以流通，从而起到散热的作用。

变压器蝶阀金属材料推荐使用碳素钢或不锈钢，蝶阀金属材料选用应符合 JB/T 5345、GB/T 2101、GB/T 1591、GB/T 3280、GB/T 4237 要求，推荐牌号见表 2-30。

表 2-30   变压器蝶阀材料推荐牌号

蝶阀材料	推荐牌号
碳素钢蝶阀	Q235
不锈钢蝶阀	06Cr19Ni10、06Cr18Ni11Ti

蝶阀碳钢阀体表面应进行喷漆防腐处理，喷漆厚度应大于 100μm，且禁止使用喷砂或喷丸。阀体安装紧固宜采用热浸镀锌紧固件。阀体外露部分应有防雨水、尘土、杂质等防护措施，并应有必要的临时防漏设计；阀体的密封试验及其他要求应符合相关规程要求。阀体与密封圈的接触面应光滑平整，不允许有裂纹、气孔、疏松和浇注不足等缺陷；阀体表面不应有气泡、结疤、裂纹折叠、夹杂和压入氧气铁皮等影响使用的有害缺陷，不应有目视可见的分层，不得有锈蚀严重缺陷。

蝶阀采用的钢材质量等级应在 B 级以上。蝶阀力学性能验收参考表 2-31 执行。

表 2-31   蝶阀力学性能

蝶阀材料	钢板厚度/mm	屈服强度/MPa	断后伸长率（%）	抗拉强度/MPa
碳素钢	<16	≥235	≥26	370～50
	16～40	≥225	≥25	
不锈钢	—	≥515	≥35	≥515

（5）爬梯。变压器爬梯是变压器检修维护的重要辅助部件，变压器爬梯又可分为固定式爬梯和拆卸式爬梯两类，爬梯的金属材料选用应重点考虑力学性能和防腐性能，爬梯金

属材料应符合 JB/T 5345、GB/T 2101、GB/T 1591、GB/T 3280、GB/T 4237 要求。爬梯材料的牌号推荐见表 2-32。

表 2-32 变压器爬梯材料推荐牌号

爬梯材料	推荐牌号
碳素钢爬梯	Q235
不锈钢爬梯	06Cr19Ni10、06Cr18Ni11Ti

爬梯表面不应有气泡、结疤、裂纹、折叠、夹杂和压入氧气铁皮等影响使用的有害缺陷，不应有目视可见的分层，不得有锈蚀严重缺陷，表面应喷漆，喷漆厚度应大于 $100\mu m$，且禁止使用喷砂或喷丸。

爬梯采用的钢材质量等级应在 B 级以上。爬梯力学性能验收参考表 2-33 执行。

表 2-33 爬梯力学性能

爬梯材料	钢板厚度/mm	屈服强度/MPa	断后伸长率（%）	抗拉强度/MPa
碳素钢	＜16	≥235	≥26	370～500
	16～40	≥225	≥25	
不锈钢	—	≥515	≥35	≥515

7. 储油柜

储油柜俗称油枕，安装在变压器油箱上部，用弯曲联管与变压器油箱相连接。装设储油柜后能容纳变压器因温度升高而膨胀增加的变压器油，限制变压器油与空气的接触面，减少油受潮和氧化的程度。在运行中，通过储油柜向变压器注油能防止气泡进入变压器中。储油柜主要有波纹式、胶囊式和隔膜式三种形式。波纹式变压器储油柜的金属部件为柜体、波纹管和支架等。

储油柜的焊接质量应符合 NB/T 47003.1 的规定，焊缝应 100% 进行目视检测，焊缝表面应饱满，无裂纹、无气孔、无焊瘤、无夹渣，承重部位的焊缝高度应符合图纸要求。储油柜角焊缝应进行磁粉检测或渗透检测，抽检比例不低于焊缝总长度的 50%，检测标准依据 NB/T 47013.4 和 NB/T 47013.5，Ⅰ级合格。储油柜对接焊接应全焊透，超声波检测的抽检比例不低于焊缝总长度的 50%，检测标准依据 GB/T 11345，验收等级 2 级合格。

（1）本体。储油柜由薄钢板制成，呈圆桶形，横向用支架固定在变压器箱盖上，储油柜均为开启式。必要时可拆下盖板，便于清洗内腔。钢板金属材料的选用应符合 GB/T 247、GB/T 700、GB/T 1591、GB/T 2101 标准要求，钢材质量等级宜在 B 级以上，推荐牌号见表 2-34。

表 2-34 储油柜钢板材料推荐牌号

储油柜钢板材料	推荐牌号
碳素钢钢板	Q235
不锈钢钢板	06Cr19Ni10、06Cr18Ni11Ti

储油柜防腐涂层至少包含一层底漆和两层面漆。漆膜应均匀，无流挂、发花、针孔、开裂和剥落。表层面漆应能耐受温度变化，不剥落，不褪色，不粉化，禁止使用喷砂或喷丸。大气腐蚀等级为 C1~C3 时，底漆厚度不小于 $40\mu m$，大气腐蚀等级 C4~CX 时，底漆厚度不小于 $50\mu m$。涂层干膜厚度不小于表 2-24 要求，涂层附着力不小于 5MPa，新设备按照涂层设计使用年限不低于 10 年防腐。

柜体（防护罩）在焊接前，柜壁、柜盖联管、支架等零件应清除内外表面的铁锈、油污、泥污等。储油柜内应无焊渣、沙尘等杂物，内外表面的涂漆颜色、品种和技术要求应与变压器油箱相同，与变压器油接触的表面应进行脱氢处理。储油柜钢板表面不应有气泡、结疤、裂纹折叠、夹杂和压入氧气铁皮等影响使用的有害缺陷，钢板不应有目视可见的分层、锈蚀，柜体焊缝表面应平整、无尖角、毛刺，表面不应有凹坑、连续气孔、咬边、夹渣等缺陷。

储油柜应密封良好且具备一定的强度，储油柜钢板力学性能参考表 2-35 执行。

表 2-35　　　　　　　　　　储油柜钢板力学性能

钢板材料	钢板厚度/mm	屈服强度/MPa	断后伸长率（%）	抗拉强度/MPa
碳素钢钢板	<16	≥235	≥26	370~500
不锈钢钢板	—	≥515	≥35	≥515

（2）波纹管。储油柜波纹管是由可伸缩的金属波纹芯体构成的可变容器，主要作用是使变压器油与空气完全隔离，从而防止变压器油受潮氧化，延缓老化过程。另外，变压器内的波纹芯通过伸缩，改变储油柜油腔大小，实现对变压器油体积的补偿。

波纹管推荐采用不锈钢材料，推荐牌号见表 2-36。波纹管金属材料的选用应符合 GB/T 3280、GB/T 4237 标准规定。

表 2-36　　　　　　　　　　波纹管材料推荐牌号

波纹管材料	推荐牌号
不锈钢	06Cr19Ni10、06Cr18Ni11Ti、06Cr19Ni10N、07Cr19Ni11Ti

波纹管芯体外观表面及焊缝应平整光滑，无划伤、压痕、咬边和对口错边等缺陷，芯体材料力学性能参考表 2-37 执行。

表 2-37　　　　　　　　　　波纹管芯体材料力学性能

波纹管芯体材料	断后伸长率（%）	抗拉强度/MPa
不锈钢钢板	≥35	≥515

（3）净油器。容量在 3150kVA 及以上的变压器应装净油器。净油器又称为油再生器、温差滤过器，俗称热虹吸。它是用来改善运行中的绝缘油的特性，防止绝缘油继续老化的装置。

净油器安装前，必须将净油器拆开，用干燥清洁的变压器油进行清洗，然后装入吸湿剂（硅胶），最后装于变压器上。

净油器主要金属部件为联管，联管金属材料推荐采用碳素钢，推荐牌号 Q235。联管材料选用应符合 GB/T 247、GB/T 2101、GB/T 700、GB/T 1591 标准要求。联管表面应喷漆，内部喷漆厚度应大于 $20\mu m$；外喷漆厚度应大于 $100\mu m$ 且禁止使用喷砂或喷丸。联管表面不应有气泡、结疤、裂纹折叠、夹杂和压入氧气铁皮等影响使用的有害缺陷，不应有目视可见的分层、锈蚀。净油器焊缝表面应平整、无尖角、毛刺，表面不应有凹坑、连续气孔、咬边、夹渣等缺陷。选用钢材的质量等级宜在 B 级以上。

净油器联管和其他金属部件力学性能参考表 2-38 执行。

表 2-38　　　　　　　净油器联管和其他金属部件力学性能

金属材料	屈服强度/MPa	断后伸长率（%）	抗拉强度/MPa
碳素钢	≥235	≥26	370～500

（4）吸湿器。吸湿器吊装于变压器储油柜上，供过滤和干燥用，在变压器"呼吸"时进入储油柜的空气中的灰尘和水分，以保持变压器油的绝缘强度。当变压器由于负载或环境温度的变化而使变压器油体积发生膨胀和收缩，迫使储油柜内的气体通过吸湿器产生吸气和排气作用。

吸湿器的使用和维护。填充在净油器中硅胶的多少，是根据变压器总油重（包括变压器油箱、储油柜、散热器等所有变压器油）的 2%，如使用活性氧化铝，用量取油重的 1%；吸湿器应包装良好、密封可靠的硅胶，可不经干燥直接使用，但必须在装入时才能打开包装，在其装入前用干燥清洁的变压器油清洗干净。

吸湿器主要金属部件为防雨罩，防雨罩应采用 304 不锈钢，且防腐性能不低于 06Cr19Ni10，防雨罩材料选用符合 GB/T 3280 标准要求。

8. 套管

变压器的绝缘套管将变压器内部的高、低压绕组的出线头引到油箱外部，既起到引线对地绝缘的作用，也使引线与外电路起到连接的作用。配电变压器套管常用复合瓷绝缘式、单体瓷绝缘式和有附加绝缘式；主变压器套管多为注油式和电容式。套管都用瓷套支撑，瓷套外表面做成一圈一圈的伞裙，以增大外绝缘沿面的爬电距离。绝缘套管的选材必须具有规定的电气强度和机械强度，同时套管中间的导电体也是载流元件，运行中长期通过负载电流，因此必须具有良好的热稳定性，还需能承受短路时的瞬间过热。综上，绝缘套管应具有外形小、绝缘好、重量轻、通用性强、密封性能好和维护检修方便等要求。

套管金属部件包括出线屏蔽铜管、导电杆、升高座、末屏、二次引出线、二次接线盒，套管的金属材料应具备一定的电气性能和力学性能。

变压器套管可分为复合瓷绝缘式、单体瓷绝缘式、有附加绝缘式、注油式和电容式套管，选材原则重点考虑运行环境、海拔、污秽等级、环境温度、工作压力和布置方式。

（1）法兰。套管的法兰可采用碳素钢或铝合金铸造铝合金，推荐牌号见表 2-39。法兰的材料选用应参照 JB/T 2376、DL/T 1539、GB/T 700 执行。

表 2-39　　　　　　　套管法兰推荐牌号

套管法兰材料	推荐牌号
碳素钢	Q235
铸造铝合金	ZL102

法兰表面应喷漆处理，喷漆厚度不小于 $100\mu m$，法兰表面不允许有影响使用的缺陷。

（2）绝缘子。绝缘子采用材料为电瓷（瓷质的电绝缘材料）或硅橡胶，绝缘子的选用应参照 JB/T 2376、DL/T 1539 标准执行。

（3）出线屏蔽铜管、导电杆。出线屏蔽铜管、导电杆采用金属材料为铜管、铜棒，执行标准参照 JB/T 2376、DL/T 1539、GB/T 4423、GB/T 12970，推荐牌号为不低于 T2 型的纯铜，技术指标应符合 GB/T 19850 的规定。铜及铜合金与铜材料搭接表面应镀锡，镀层应均匀、连续、完整，色泽一致，无裂纹、脱皮，镀层厚度不小于 $12\mu m$。出线屏蔽铜管、导电杆的电气强度和机械强度必须符合相关规定且经绝缘耐压试验和密封试验合格。出线屏蔽铜管、电导杆电阻和电导率应符合标准要求。

出线屏蔽铜管、导电杆不允许有接头，表面应光洁、平整，不应有与良好工业产品不相称的任何缺陷。铜管的圆角和圆边不应有飞边、毛刺和裂口。

（4）升高座。套管升高座可采用碳素钢或铝合金铸造铝合金，推荐牌号见表 2 - 40。升高座的材料的选用应参照 JB/T 2376、DL/T 1539、GB/T 700 执行。

表 2 - 40   升高座材料推荐牌号

升高座材料	推荐牌号
碳素钢	Q235
铸造铝合金	ZL101、ZL102

升高座表面应喷漆处理，外喷漆厚度不小于 $100\mu m$，表面不允许有影响使用的缺陷。

（5）末屏。末屏铜编织线应选用 TZ 或 TZX，表面应平整、无油污，编织层不应缺股、跳股、漏编或股线断裂，股线接头处应修剪平整。

（6）储油柜。套管储油柜应选用防腐性能不低于 ZL102 铸铝合金或 06Cr19Ni10 不锈钢的材料，波纹管储油柜的芯体推荐选用 06Cr19Ni10 不锈钢。

（7）端子板。端子板应具有良好的力学性能，表面平整。110（66）kV 及以上电压等级变压器套管接线端子（抱箍线夹）的铜含量应不低于 90%，且应采用热挤压成型，不得采用黄铜材质或铸造成型的抱箍线夹，金相组织应根据 GB/T 13298 检验。

9. 分接开关

分接开关是调整变压器输出电压的重要原件，分接开关通过改变变压器绕组匝数以调整电压。一般双绕组变压器中只在高压侧装设，三绕组变压器中在高、中压侧装设。分接开关的操作柄装在变压器箱顶上。按照调压方式，分为无励磁调压和有载调压分接开关，金属部件包括触头、顶部法兰、头盖、传动杆、轴销、轴齿、支座、连接导线等。分接开关的选材要综合考虑电气性能和力学性能。

（1）动静触头、连接导线。主触头材质应选用电导率不低于 80%IACS 的铜合金，弧触头材质应采用铜钨合金，技术指标应符合 GB/T 8320 的要求。连接导线宜采用不低于 T2 型的纯铜。

动静触头、连接导线的电气强度和机械强度必须符合相关规定且外露的金属部件应具有良好的防腐性能。动静触头、接线端子电阻和导电率应符合 GB/T 5273、GB/T 4423、GB/T 12970、DL/T 1424 标准规定。

铜及铜合金与铜材料搭接表面应镀锡，镀层应均匀、连续、完整、色泽一致，无裂纹、脱皮，镀层厚度不小于 $12\mu m$。触头表层应镀银，镀银质量应符合要求，户外主变分接开关触头镀银层厚度不低于 $20\mu m$，且硬度应大于 120HV；户内主变分接开关触头镀银层厚度不低于 $8\mu m$，重腐蚀环境下镀银层厚度应不小于 $22\mu m$。

（2）机构箱。机构箱的选材参照 DL/T 1424，重点考虑其防腐性能。机构箱应采用锰含量不大于 2% 的奥氏体不锈钢，且公称厚度不小于 2mm。

封闭箱体内的机构零部件宜电镀锌，电镀锌后应钝化处理，镀锌层技术指标符合 GB/T 9799 的要求，机构零部件电镀层厚度不宜小于 $18\mu m$，紧固件电镀层厚度不宜小于 $6\mu m$。

（3）顶部法兰、头盖和底部支座。有载分接开关的顶部法兰、头盖、底部支座等部件应选用铸造铝合金，顶部法兰宜使用低压铸造工艺。推荐牌号见表 2-41。顶部法兰、头盖、底部支座的材料的选用应参照 GB/T 15115、GB/T 1173 执行。

表 2-41　　　　　　顶部法兰、头端盖和底部支座材料推荐牌号

顶部法兰、头盖和底部支座材料	推荐牌号
铸造铝合金	ZL101、ZL102、ZL302

法兰、端盖和底部支座表面应喷漆处理，外喷漆厚度不小于 $100\mu m$，表面不允许有影响使用的缺陷。

采用热浸镀锌钢材料时，镀锌层厚度应符合 GB/T 2694 标准要求，见表 2-42，镀锌层表面应完整连续，不应有酸洗、起皮、漏镀、结瘤、积锌和锐点等缺陷。

表 2-42　　　　　　　　镀锌层厚度和镀锌层附着量

镀件厚度/mm	厚度最小值/μm	最小平均值	
		附着量/（g/m²）	厚度/μm
$T \geqslant 5$	70	610	86
$T < 5$	55	460	65

注　锌层一般呈灰色或暗灰色，在镀锌层的厚度大于规定值的条件下，被镀制件表面可存在发暗或浅灰色的色彩不均匀。

（4）传动部分（传动杆、轴销、轴齿）。传动部分（传动杆、轴销、轴齿）金属材料的选用应满足 DL/T 1424 标准要求，可采用热镀锌钢、铸造铝合金、变形铝合金或不锈钢，推荐牌号见表 2-43。

表 2-43　　　　　传动部分（传动杆、轴销、轴齿）金属材料推荐牌号

传动部分材料	推荐牌号
热浸镀锌钢	Q235
铸造铝合金	ZL101、ZL102、ZL302
变形铝合金	5083、6063
不锈钢	06Cr19Ni10、06Cr19Ni11Ti

传动轴应有足够的刚度和强度，并采取可靠的防腐措施。传动机构的拐臂、连杆、轴

齿、弹簧等部件应有良好的防腐性能，不锈钢材质部件宜采用锻造工艺。户外主变分接开关使用的连杆、拐臂等传动件应采用装配式结构，传动杆部件不应采用焊接结构，不得在现场切焊配装。

传动杆、凸轮、齿轮等承受冲击载荷的部件采用结构钢时，金相组织中不应存在带状组织。带状组织的评定依照 GB/T 34474.2 标准要求进行。

镀锌层厚度应符合 GB/T 2694 标准要求，见表 2-42，镀锌层表面应完整连续，不应有酸洗、起皮、漏镀、结瘤、积锌和锐点等缺陷。

10. 散热器

散热器是变压器冷却系统的重要组成部分。变压器内的热油进入散热器的上部，其热量经冷却管散发后，油的温度下降，密度增加，并向下沉降，新的热油又补充入散热器的上部，形成油的自然循环，使变压器得到冷却。

变压器的冷却方式分为油浸自冷（ONAN）、油浸风冷（ONAF），散热器又分圆管散热器和扁管散热器、自冷/风冷散热器、片式散热器、膨胀式散热器几种型式。变压器的拆卸式散热器的框内，可装上冷却风扇，构成风冷式散热器。当散热管内的油循环时，依靠风扇的强烈吹风，使管内流动的热油迅速得到冷却，比自然冷却的效果要好。在设计时，风冷散热器一般应取当风扇全部停止且散热器在自然冷却的方式下运行时，其散热能力应不小于吹风冷却时的 60%，这相当于变压器额定容量 66% 左右负载时，仍能保证变压器正常运行。冷却装置的选材重点考虑力学性能、耐腐蚀性能。

散热器金属材料的焊接质量应符合 NB/T 47003.1 的规定，焊缝应 100% 进行目视检测，焊缝表面应饱满，无裂纹、无气孔、无焊瘤、无夹渣，承重部位的焊缝高度应符合图纸要求。角焊缝应进行磁粉检测或渗透检测，抽检比例不低于焊缝总长度的 50%，检测标准依据 NB/T 47013.4 和 NB/T 47013.5，Ⅰ 级合格。对接焊接应全焊透，超声波检测的抽检比例不低于焊缝总长度的 50%，检测标准依据 GB/T 11345，验收等级 2 级合格。

（1）散热片。散热片应选用 DC01、DC03 型普通碳素钢板或更高性能材料，选材应符合 GB/T 5213、GB/T 3091、GB/T 700、JB/T5347 标准规定。

散热片防腐涂层至少包含一层底漆和两层面漆。漆膜应均匀，无流挂、发花、针孔、开裂和剥落。表层面漆应能耐受温度变化，不剥落、不褪色、不粉化。变压器的散热片用涂料应符合 HG/T 4770 的要求，禁止使用喷砂或喷丸。大气腐蚀等级为 C1~C3 时，底漆厚度不小于 $40\mu m$，大气腐蚀等级为 C4~CX 时，底漆厚度不小于 $50\mu m$。涂层干膜厚度不小于表 2-24 要求，涂层附着力不小于 5MPa，新设备按照涂层设计使用年限不低于 10 年防腐。重腐蚀环境散热片表面宜采用锌铝合金镀层，镀层厚度不小于 $60\mu m$，附着力不小于 5MPa。

在最低气温 -20℃ 以下的地区应使用 B 级或者更高要求的钢材，散热片力学性能应满足表 2-44 的要求。

表 2-44　　　　　　　　　　　　　散热片力学性能

散热片型号	抗拉强度/MPa	断后伸长率（%）
DC01	270~410	A≥28
DC03	270~370	A≥34

散热片的压力承受能力、结构尺寸、表面情况等技术要求应符合相关标准。散热片板面应保持平直，整体不能有明显的歪扭现象，散热器两片缝合处不应有张口现象。散热器内部应保证清洁，无焊渣、氧化皮、药皮、磷化残液或其他异物。散热片表面不应有结疤、裂纹、夹杂、分层等缺陷。重腐蚀环境应采用热浸镀锌对散热片进行防腐处理，且镀锌层厚度应满足表 2-42 的要求。

（2）集油管。集油管应选用普通碳素钢管（Q215、Q235）或更高性能钢管，选材满足 GB/T 5213、GB/T 3091、GB/T 700 标准规定，集油管表面应喷漆，喷漆厚度应大于 $120\mu m$，附着力不应小于 5MPa。集油管在最低气温−20℃以下的地区应使用 B 级或者更高要求的钢材；压力承受能力、结构尺寸、表面情况等技术要求应符合相关标准，密封良好，不渗漏。

（3）法兰。法兰应选用普通碳素钢（Q235）或更高性能材料，选材满足 GB/T 5213、GB/T 3091、GB/T 700 标准规定，集油管表面应喷漆，喷漆厚度应大于 $120\mu m$，附着力不应小于 5MPa。法兰在最低气温−20℃以下的地区应使用 B 级或者更高要求的钢材；法兰强度应符合相关标准要求，且应密封良好，不渗漏。

（4）风扇。散热风扇的扇叶、电机、紧固件、轴承金属材料可采用碳素钢（Q235），应满足 GB/T 5213、JB/T 9642 标准规定，风扇表面应涂漆，漆膜应均匀、光泽、附着力强，不允许有脱皮、气泡、斑点、流痕等缺陷。风扇电动机轴承精度至少为 E 级，绕组所用的绝缘材料的绝缘耐热等级至少为 F 级（155℃）。

风扇用铆焊件的表面应平整，无裂纹、明显的锤痕、划伤、凸台或凹坑等缺陷，焊接处应清除焊渣、焊珠、焊瘤等焊痕缺陷；加工表面应去毛刺，未加工表面应进行表面处理。

（5）油泵。油泵的叶轮应采用耐磨材料。油泵电动机绕组应采用高强度耐变压器油的漆包线，绕组所用绝缘材料的绝缘耐热等级至少为 E 级 120℃，油泵电机轴承精度至少为 E 级，轴承在正常使用情况下，寿命至少为 5 年。泵体明显位置应用箭头标志油泵叶轮旋转方向，轴流式及混流式油泵应同时标志液流方向，箭头标志应牢固可靠。

油泵应有接地装置并应有相应的接地标志，油泵的内部清洁度、外观和表面处理等技术要求应符合标准要求；与变压器油解除的零部件表面在油泵装配前应进行防护处理，应清洗干净，严禁粉尘、水分、金属颗粒等残存在油泵内部。油泵焊接处应清除焊渣、焊珠、焊瘤等焊痕缺陷。

11. 非电量保护

非电量保护装置通过监视变压器内部气体、油位等变化情况，保障变压器的稳定运行。变压器的非电量保护装置包括气体继电器、压力释放阀、油压继电器和油位计等。非电量装置的选材除满足力学性能、耐腐蚀性能外，还应综合考虑配合相应的继电保护装置，保证非电量保护的正确、可靠动作。

（1）气体继电器。容量较大的变压器应配置气体继电器。它是当变压器内部发生故障（如绝缘击穿、匝间短路、铁芯事故等）而产生气体或油面过度降低（油箱漏油等）时，会使其继电器上的水银或干簧触点接通，发出报警信号。严重时将变压器电源切断。变压器安装气体继电器，要求油箱顶部有 1%～1.5% 的坡度，以保证变压器内部产生的气体能顺利地流向气体继电器一侧。在地震活动地区，气体继电器应采用防震型，防止地震时发生误动作。

气体继电器壳体应选用铝合金或铸铝等材料，接线端子应选用不低于 T2 型的纯铜，化学成分应满足 DL/T 991 标准规定。气体继电器技术指标应符合 JB/T 9647 的规定。为满足气体继电器的动作特性（流速范围为 0.7～1.5m/s，气体容积为 250～300mL），气体继电器应经绝缘耐压试验和密封试验合格。

（2）压力释放阀。压力释放阀是变压器故障时的压力释放安全通道，当达到动作压力时，动作标志杆升起，突出护盖，表明压力释放阀已动作当油箱中压力减少到关闭压力时，弹簧带动膜盘复位密封，由于标志杆仍在动作位置上，可手动复位。

压力释放阀的安装法兰、膜盘、外罩等金属材料应具有良好的可塑性、耐蚀性，技术指标符合 JB/T 7065 的规定，推荐采用 304 不锈钢（06Cr19Ni10、06Cr19Ni10N），化学成分应满足 DL/T 991 标准规定。

压力释放阀为密封式结构，不与大气相通，可防止油的氧化变劣，底部密封圈应装配良好。压力释放阀应经绝缘耐压试验和密封试验合格；应经 500 次常温、低温、高温、时效开启压力试验；密封试验试压强度不低于 0.3MPa。释放阀关闭时，向释放阀施加规定的密封压力（高于关闭压力，低于开启压力且能保证释放阀可靠密封的最大压力）历时 2h，应无渗漏。

（3）温度计。温度计是用来测量油箱里面变压器上层油温的，温度计按变压器容量的大小可分为水银温度计、信号温度计和电阻温度计（包括绕组温度模拟计）三种类型，前者为直接显示，后两者为间接显示。

温度计的选材应满足 JB/T 6302 标准规定，温度计外壳推荐采用铸造铝合金（ZL102），护套建议采用不锈钢（06Cr19Ni10），化学成分应满足 DL/T 991 标准规定。油温计的感温包、毛细管应使用青铜、不锈钢材质等材料，推荐选用 06Cr19Ni10，技术指标应符合 JB/T 6302 的规定。感温包在安装前应在变压器器安装孔内注满变压器油，然后慢慢插入感温包。温度计金属材料密封性应良好。

（4）油位计。油表用来监视变压器的油位变化，又称为油位计。油表应标出相当于变压器在冷态时气温为 -30、20℃ 和 40℃ 的三个油面线标志（划红线或在管上套红线）。

油位计壳体齿轮等传动部件应采用铜或不锈钢等材料，不锈钢宜选用 06Cr19Ni10，化学成分应满足 DL/T 991 标准规定。技术指标应符合 JB/T 10692 的规定。

油位计紧固件推荐采用不锈钢（06Cr19Ni10）。油位计本体及外接线盒喷涂无机灰色涂层。管式油表用在中、大型电力变压器的储油柜上，观察油位可通过玻璃管进行。板式油表可用在小型电力变压器的储油柜和充油套管的储油器上。

油位计密封性应良好，除管式以外的油位计应能承受 0.2MPa 的气压试验，历时 20min 无渗漏、变形。顶装管式油位计能承受 0.1MPa 的气压试验，历时 20min 无渗漏。油位计外表应保持清洁且涂覆完好。油位计应能直观、清晰地显示运行中变压器的油位变化。

（5）速动油压继电器。速动油压继电器选材应满足 JB/T 10430 标准规定，油压继电器壳体应选用铝合金或铸铝等材料接，化学成分应满足 DL/T 991 标准规定。线端子应选用不低于 T2 型的纯铜。油压继电器微动开关接线端子间及导电部分对地应能承受工频耐压 2000V 无绝缘体发热、击穿、闪络现象。

12. 中性点成套装置

中性点成套装置的选材需考虑防腐性能、机械强度和电气性能等。

（1）触头。中性点接地开关触头应采用不低于 T2 型的纯铜，应符合 GB/T 5273、GB/T 4423、GB/T 12970、DL/T 1424 标准规定。铜及铜合金与铜材料搭接表面应镀锡，镀层应均匀、连续、完整，色泽一致，无裂纹、脱皮，镀层厚度不小于 12μm。触头表层应镀银，镀银质量应符合要求，户外主变压器分接开关触头镀银层厚度不低于 20μm，且硬度应大于 120HV；户内主变压器分接开关触头镀银层厚度不低于 8μm，重腐蚀环境下镀银层厚度应不小于 22μm。镀银层表面应为银白色，呈无光泽或半光泽，镀层表面应结晶细致、平滑、均匀、连续。

触头的电气强度和机械强度必须符合相关规定，电阻和电导率应符合标准要求。外露的金属部件应具有良好的防腐性能。触头表面无裂纹、起泡、脱落、缺边、掉角、毛刺、针孔、色斑、腐蚀锈斑和划伤、碰伤等缺陷。

（2）机构箱。机构箱的选材应满足 DL/T 1424 标准要求，推荐采用锰含量不大于 2% 的奥氏体不锈钢，推荐牌号见表 2-45，机构箱的公称厚度应不小于 2mm。

表 2-45　　　　　　　　　　机构箱金属材料推荐牌号

机构箱金属材料	推荐牌号
锰含量不大于 2% 的奥氏体不锈钢	06Cr19Ni10、06Cr18Ni11Ti、07Cr19Ni11Ti

（3）法兰、头盖和底部支座。法兰、头盖、底部支座可采用热镀锌钢、碳素钢、铸造铝合金、变形铝合金等金属材料，选材应满足 GB/T 15115、GB/T 1173、GB/T 700 标准规定，推荐牌号参照表 2-41。外喷漆厚度应大于 100μm，且表面不允许有影响使用的缺陷。

（4）传动部件。传动部分（传动轴、齿轮）金属材料的选用应满足 DL/T 1424 标准要求，可采用热镀锌钢、铸造铝合金、变形铝合金或不锈钢，推荐牌号参照表 2-43。传动轴应有足够的刚度和强度，并采取可靠防腐措施。

13. 紧固件

变压器的紧固件主要有螺钉、螺母、螺栓、垫圈和铆钉等，紧固件的选用应符合 GB/T 3098、GB/T 67、GB/T 5782、GB/T 5783、GB/T 6170、GB/T 6172.1、GB/T 93、GB/T 97.1、GB/T 97.2、GB/T 1972、GB/T 13912、GB/T 5779、GB/T 15519、GB/T 12599 标准规定。紧固件标识应清晰，符合 GB/T 3098.1 和 GB/T 3098.2 规定。

（1）外部紧固件。M8 以上的外部紧固件应采用热浸镀锌钢，技术指标应符合 GB/T 3098.1、GB/T3098.2 的规定。热浸镀锌层表面应光洁，无漏镀面、滴瘤、黑斑，无溶剂残渣、氧化皮夹杂物等和损害零件使用性的缺陷。热浸镀锌层应均匀附着在基体金属表面，均匀性测定采用硫酸铜溶液浸蚀的试验方法，试验时耐浸蚀次数不少于 4 次。热浸镀锌层应牢固地附着在基体金属表面，不得存在影响使用功能的锌层脱落。

紧固件的热浸镀锌层的局部厚度应不小于 $40\mu m$，平均厚度不小于 $50\mu m$。暴露在大气中的紧固螺栓，大气腐蚀等级为 C1～C3 时表面应热镀锌处理，大气腐蚀等级为 C4 时宜热镀铝处理，大气腐蚀等级为 C5 及 CX 时热镀锌铝合金处理镀层厚度应符合表 2 - 46 的规定。

表 2 - 46　　　　　　　　　　　　外部紧固件镀层厚度

防护镀层	腐蚀环境	最小平均厚度/μm	最小局部厚度/μm
热浸镀锌层	C1～CX	50	40
热浸镀铝层	C4～CX	40	30
热浸锌铝合金层	C5～CX	45	30

M8 及以下的外部紧固件应采用不锈钢，技术指标应符合 GB/T 3098.6 的规定。不锈钢紧固件表面应进行清洁和抛光，为提高耐腐蚀性，推荐采用钝化处理。

（2）内部紧固件。内部紧固件采用发黑（发蓝）紧固件、不锈钢紧固件或黄铜紧固件。发黑紧固件技术指标应符合 GB/T 3098.1、GB/T 3098.2、GB/T 15519，不锈钢紧固件技术指标应符合 GB/T 3098.6 的规定，铜紧固件技术指标应符合 GB/T 3098.10 的规定。

（3）电气连接紧固件。电气连接部分紧固件则采用铜，并按标准要求镀锡。镀层应均匀、连续、完整、色泽一致，无裂纹、脱皮，镀层厚度不小于 $12\mu m$。

14. 附属装置

变压器附属装置主要包括操作箱、控制箱、端子箱、铭牌、标识牌、防雨罩、线槽、线管、接线盒、阀门和基础槽钢等。

变压器控制箱、端子箱、铭牌标示牌是变压器日常运行维护、倒闸操作必不可少的部件，其材料选用重点考虑耐腐蚀性能。附属装置金属材料的化学成分应满足 DL/T 991 标准规定。

（1）操作箱、控制箱和端子箱。操作箱、控制箱和端子箱的箱体应采用锰含量不大于 2%的奥氏体不锈钢，推荐牌号见表 2 - 47，耐盐雾性能经 48h 试验后、耐湿热性能经 10d 试验后、耐霉菌性能经 28d 试验后应符合相关标准规定。

表 2 - 47　　　　　　　　操作箱、控制箱和端子箱材料推荐牌号

操作箱、控制箱和端子箱金属材料	推荐牌号
锰含量不大于 2%的奥氏体不锈钢	06Cr19Ni10、06Cr19Ni10N、06Cr18Ni11Ti、07Cr19Ni11Ti

操作箱、控制箱和端子箱的箱体公称厚度应不小于 2mm，箱体表面如进行喷漆防腐处理，外层漆颜色与厚度应与变压器本体外壳颜色一致。箱体表面如不喷漆，可不处理或亚光、拉丝处理，表面不应有裂纹、擦伤、锈斑、斑点、暗影等缺陷。

（2）蝶阀。蝶阀也称为板式阀门，在大、中型变压器的箱壳上，都装有许多可拆卸式的散热器，这些散热器都是通过蝶阀与变压器的内部连通的，蝶阀的金属材料选用应考虑力学性能和耐腐蚀性能。

蝶阀碳钢阀体表面应进行喷漆防腐处理，蝶阀表面不应有裂纹、擦伤、锈斑斑点、暗

影等缺陷。阀体安装紧固件采用热浸镀锌紧固件，镀锌层厚度满足表 2-46 要求。

（3）铭牌、标识牌。铭牌、标识牌应采用 06Cr19Ni10 不锈钢板，公称厚度不应小于 2mm。固定铭牌用螺钉应采用同等材质。

铭牌、标识牌周边应平直，不应有明显的毛刺和齿形及波形，正面应平整、光洁。表面不应有裂纹、擦伤、锈斑、斑点、暗影等缺陷。涂层不应有气孔、气泡、雾状、皱纹、剥落迹象和明显的颗粒杂质。

（4）防雨罩。防雨罩应选用 ZL102 铸造铝合金或 06Cr19Ni10 不锈钢，紧固件采用同等材质。罩体表面可进行喷漆防腐处理，也可以保持原光泽，不喷漆。防雨罩公称厚度不宜小于 2mm。表面不应有裂纹、擦伤、锈斑、斑点、暗影等影响使用的缺陷。

（5）线槽、接线盒。线槽、接线盒应选用 6063 铝合金或 06Cr19Ni10 不锈钢，线槽表面应光滑，无尖角、毛刺。线槽、接线盒表面可进行喷漆防腐处理，也可以保持原光泽，不喷漆。

2.1.2　干式变压器部件及常用金属材料

电力系统的干式变压器通常包括站用变压器、接地变压器。干式变压器的金属部件包括铁芯、绕组、壳体、引线和附件等。

（1）铁芯。铁芯建议采用冷轧晶粒取向硅钢片，推荐牌号和磁性能见表 2-48，干式变压器铁芯材料的选取可参考主变压器铁芯金属材料执行。

表 2-48　　　　　　　　　干式变压器铁芯材料推荐牌号和磁性能

干式变压器铁芯	冷轧晶粒取向硅钢片	非晶合金硅钢片
推荐牌号	27QG090、27QG100、30QG105、30QG110、27QH100、30QH100、30QH110	FA25S12、FA25S16、FA30S12、FA25P12、FA25P16、FA30P12、FA30P16
铁损	$P_{1.7/50} < 1.1 \text{W/kg}$	铁损 $P_{1.3/50} \leqslant 16 \text{W/kg}$
最小磁极化强度	1.90T（$H = 800 \text{A/m}$）	—

（2）绕组。绕组建议采用漆包铜绕组线，如 200 级聚酯亚胺/聚酰胺酰亚胺复合漆包铜扁线 Q（ZY/XY）B-2/200，温度指数为 200 级，20℃时电阻率不超过 0.01724$\Omega \cdot \text{mm}^2/\text{m}$，室温击穿电压不低于 2000V，干式变压器绕组选取可参照主变压器绕组金属材料执行。

（3）壳体。干式变压器壳体金属材料的选取参照主变压器箱体金属材料执行，推荐材料和牌号见表 2-49。

表 2-49　　　　　　　　　干式变压器壳体推荐材料和牌号

干式变压器壳体材料	推荐牌号
碳素钢钢板	Q235
低合金高强度钢钢板	Q345
不锈钢钢板	06Cr19Ni10、06Cr18Ni11Ti

（4）引线。干式变压器引线金属材料的选取参照主变压器引线金属材料选用原则。

（5）附件（支座、机构箱、紧固件）。干式变压器附件包括夹件、压梁、底座和紧固件，其金属材料选用应考虑力学性能和防腐性能。紧固件推荐采用热浸镀锌钢或不锈钢，镀锌层厚度满足表 2-45，非紧固件支架宜采用钢构件和铝合金构件。大气腐蚀性等级为 C1、C2、C3 时，支架宜采用热浸镀锌钢，镀锌层应符合 DL/T 1425 的要求；大气腐蚀性等级为 C4、C5、CX 时，支架宜更换为铝合金或不锈钢结构件，不得采用 2 系或未经防腐处理的 7 系铝合金；使用锌铝合金镀层或铝锌合金镀层保护的钢构件，对运输和安装中出现镀锌层少量损坏部位，可采用含锌量大于 70% 的富锌涂料修复，修复层的厚度应比镀锌层要求的最小厚度厚 30μm 以上。锌铝合金镀层的厚度应满足表 2-50 要求。

表 2-50   非紧固件锌铝合金镀层厚度

镀件厚度/mm	最小平均厚度/μm	最小局部厚度/μm
≥5	80	70
<5	65	55

机构箱的选材参照 DL/T 1424，重点考虑其防腐性能。机构箱应采用锰含量不大于 2% 的奥氏体不锈钢，且公称厚度不小于 2mm。

2.1.3 电流互感器部件及常用金属材料

电流互感器使测量和控制电路与被测量的高压电路安全的分开，在电力系统中起到变流和电气隔离作用，它将一次系统的电流按变比变成二次侧电流向继电保护装置、测控装置传送，实现保护和计量测量功能。

电流互感器按绝缘介质可分为：

1）干式电流互感器：由普通绝缘材料经浸漆处理作为绝缘。

2）浇注式电流互感器：用环氧树脂或其他树脂混合材料浇注成型的电流互感器。

3）油浸式电流互感器：由绝缘纸和绝缘油作为绝缘，一般为户外型。

4）气体绝缘电流互感器：主绝缘由 SF_6 气体构成。

按安装方式可分为：

1）贯穿式电流互感器：用来穿过屏板或墙壁的电流互感器。

2）支柱式电流互感器：安装在平面或支柱上，兼作一次电路导体支柱用的电流互感器。

3）套管式电流互感器：没有一次导体和一次绝缘，直接套装在绝缘的套管上的一种电流互感器。

4）母线式电流互感器：没有一次导体但有一次绝缘，直接套装在母线上使用的一种电流互感器。

电流互感器的金属部件包括铁芯、绕组、油箱（壳体）、出线端子、接地端子和附件等，由于电流互感器采用电磁感应原理，因此电流互感器中的金属材料选择重点考虑磁性能、铁损等因素，与传统的铁芯材料硅钢和坡莫合金相比较，铁基纳米晶合金具有高磁导率、低损耗的明显优势，在 0.2、0.2S、0.1 精度等级的精密电流互感器、环氧灌封套管式电流互感器、气体绝缘或油浸开关设备以及其他的电力传输和配电系统设备中广泛应用。电流互感器金属材料选择还应根据安装和运行环境综合考虑力学性能、导电性能和耐腐蚀性能。

（1）铁芯。铁芯建议采用非晶合金材料（常用铁基纳米晶合金），推荐牌号和磁性能见表 2-51，铁芯材料选取应满足 GB1208、DL/T 725、DL/T 866 标准规定。

表 2-51　　　　　　　　　　电流互感器铁芯材料推荐牌号和磁性能

铁芯材料	分类	推荐牌号	50Hz 下相对幅值磁导率 μ_{50}	剩余磁通密度
非晶纳米晶合金	H 型（高磁导率型）	FN22H60、FN26H60、FN30H60	80000～180000	—
	L 型（低磁导率型）	FN22L01、FN26L01、FN30L01	1000～2000	≤0～2

（2）绕组。电流互感器一次绕组可采用漆包铜绕组线，二次绕组则采用不低于 T2 型的纯铜，二次绕组电阻值应试验合格，满足相关标准要求，且绕组应经温升试验合格。

（3）油箱（壳体）。电流互感器油箱（壳体）金属材料的选取可参照变压器油箱金属材料执行，电流互感器应具有保证绝缘油与外界空气不直接接触的措施或完全隔离装置。35kV 及以上电流互感器应具有油面（油位）指示装置。油箱应具备良好的密封性能和足够的机械强度。

（4）出线端子、接地端子。出线端子和接地端子采用铜或铜合金，铜及铜合金与铜材料搭接表面应镀锡，镀层应均匀、连续、完整，色泽一致，无裂纹、脱皮，镀层厚度不小于 12μm。一、二次接线端子应有防松动转动措施，接线板应有防潮性能。

树脂浇注的电流互感器表面应光洁、平整、色泽均匀，一、二次接线端子应标志清晰。

接地连接处应有直径不小于 8mm 的接地螺栓，螺栓连接处或接地处应有平坦的金属表面，连接零件和接地零件均应有可靠的防锈镀层。

（5）附件。电流互感器附件金属材料的选取参照干式变压器附件金属材料的选用原则。

2.1.4　电压互感器部件及常用金属材料

电压互感器的作用是将电力系统的一次高电压按一定的变比转换为要求的二次低电压，提供各种仪表、继电保护装置用的电压，并将二次系统与高压系统隔离。电压互感器可分为：

（1）电磁式电压互感器：电力变压器型，原理和普通变压器相似，适用于 6～110kV 系统，容量大、误差小。

（2）电容式电压互感器电容分压型，适用于 110～500kV 系统、容量小，误差大。

电压互感器的种类和形式应根据安装地点和使用技术条件来选择，建议如下：

（1）3～20kV 屋内配电装置，宜采用油浸式绝缘结构，也可采用树脂浇注结构的电磁式电压互感器；

（2）35kV 配电装置，宜采用油浸绝缘结构的电磁式电压互感器；

（3）110～220kV 配电装置，用电容式或串级电磁式电压互感器。为避免铁磁谐振，当容量和准确度级满足要求时，宜优先采用电容式电压互感器；

（4）330kV 及以上配电装置，宜采用电容式电压互感器；

（5）全封闭组合电器应采用电磁式电压互感器。

电流互感器部件的常用金属材料如下：

（1）铁芯。电压互感器铁芯建议采用冷轧晶粒取向硅钢片，铁芯材料选取应满足 GB 1207、DL/T 725、DL/T 726、DL/T 866、DL/T 12516 的规定，电压互感器铁芯金属材料可参考主变压器铁芯金属材料的选取执行。

（2）绕组。电压互感器一次绕组可采用漆包铜绕组线，二次绕组则采用不低于 T2 型的纯铜，二次绕组电阻值应试验合格，满足相关标准要求，且绕组应经温升试验合格。

（3）油箱（壳体）。电压互感器油箱（壳体）金属材料的选取可参照变压器油箱金属材料执行，电压互感器应具有保证绝缘油与外界空气不直接接触的措施或完全隔离装置。35kV 及以上电压互感器应具有油面（油位）指示装置。油箱应具备良好的密封性能和足够的机械强度。

（4）出线端子、接地端子。出线端子和接地端子采用铜或铜合金，铜及铜合金与铜材料搭接表面应镀锡，镀层应均匀、连续、完整，色泽一致，无裂纹、脱皮，镀层厚度不小于 12μm。一、二次接线端子应有防松动转动措施，接线板应有防潮性能。

树脂浇注的电压互感器表面应光洁、平整、色泽均匀，一、二次接线端子的标志应清晰。

接地连接处应有直径不小于 8mm 的接地螺栓，螺栓连接处或接地处应有平坦的金属表面，连接零件和接地零件均应有可靠的防锈镀层。

（5）附件。电压互感器附件金属材料的选取参照干式变压器附件金属材料的选用原则。

2.1.5 电抗器部件及常用金属材料

电抗器类似于电感器，一个导体通电时就会在其所占据的一定空间范围产生磁场，所以所有能载流的电导体都有一般意义上的感性。然而通电长直导体的电感较小，所产生的磁场不强，因此实际的电抗器是导线绕成螺线管形式，称空心电抗器；为了让这只螺线管具有更大的电感，在螺线管中插入铁芯，称铁芯电抗器。电抗器可按具体用途细分，例如，限流电抗器、滤波电抗器、平波电抗器、功率因数补偿电抗器、串联电抗器、平衡电抗器、接地电抗器、消弧线圈、进线电抗器、出线电抗器、串联谐振电抗器和并联谐振电抗器等。

并联电抗器在电力系统中较为常见，主要用于补偿线路容型充电功率，降低线路损耗提高功率因数，削弱空载或轻载时长线的容升效应以及稳定系统电压。并联电抗器根据电压等级和使用的方式不同，可分为高压并联电抗器和低压并联电抗器，低压并联电抗器主要指用于电力系统中，接在 6～66kV 电网侧的并联电抗器。

电抗器金属部件的材料选用应综合考虑材料的服役环境、受力情况、导电性能要求、导磁性能要求、预期服役寿命、使用成本。其中，大气腐蚀性分类按 GB/T 19292.1 规定分为 C1、C2、C3、C4、C5、CX 六个等级，金属部件选材及表面防腐处理根据大气腐蚀性等级不同而分类要求。暴露在户外大气环境中使用的铝合金材料不应选用 2 系和未经防腐处理的 7 系铝合金，不锈钢材料应选用耐腐蚀性不低于 06Cr19Ni10 的奥氏体不锈钢。凡在设计上不承担导磁功能，而实际运行中有磁感应线集中穿过的金属部件，应选用非磁性材料。

（1）空心电抗器。空心电抗器的金属部件主要包括电磁线、星形支架、支柱绝缘子附件、支座、紧固件等。

1）电磁线。电磁线用导电线宜采用连续软铝线。软圆铝线、软铝扁线的技术要求及质量检验应分别符合 GB/T 3955、GB/T 5584.3 的要求。电磁线与支架连接应采用氩弧焊焊接，焊缝外观应无裂纹、未熔合、根部未焊透、气孔、夹渣等缺陷。

2）星形支架。星形支架应采用耐剥蚀性能良好的铝合金，不得使用 2 系或未经防腐处理的 7 系铝合金，其化学成分应符合 GB/T 3190 的要求，室温下的拉伸力学性能应符合 GB/T 3880.2 或 GB/T 6892 的要求，星形支架应具有良好的导电性，20℃时直流电阻率应不大于 $0.040\Omega \cdot mm^2/m$。星形支架表面应光洁、平整，圆角处不应有飞边、毛刺和裂口等缺陷。

3）支柱绝缘子附件。支柱绝缘子附件应采用非导磁材料，宜采用无磁不锈钢件或铸铝件，采用铸铝制造时，铸造铝合金的化学成分应符合 GB/T 1173 的要求。支柱绝缘子附件表面应光洁、平整，不允许有裂纹等缺陷。

4）支座。支座应采用非导磁材料，宜采用铸铝件（ZL102）。

5）紧固件。磁回路中的紧固件应采用非导磁性材料，采用不锈钢螺栓时应选择奥氏体不锈钢，紧固件力学性能应符合 GB/T 3098.1 和 GB/T 3098.6 的要求。

（2）铁芯电抗器。铁芯电抗器的金属部件主要包括电磁线、铁芯、夹件等。

1）电磁线。电磁线用导电线应采用连续软铜线，软铜线 20℃时直流电阻率≤$0.017241\Omega \cdot mm^2/m$。软圆铜线、软铜扁线的技术要求及质量检验应分别符合 GB/T3953 和 GB/T 5584.2 的要求。

2）铁芯。铁芯宜采用冷轧取向和无取向电工钢片制造，电工钢片的技术要求及质量检验应符合 GB/T 2521 的要求，取向电工钢片剪切毛刺高度不应超过 0.025mm，无取向电工钢片剪切毛刺高度不应超过 0.035mm。电工钢片表面应光滑、清洁，不应有锈蚀，不允许有妨碍使用的孔洞、重皮、折印、分层、气泡等缺陷。铁损 $P_{1.7/50}$ 不超过 1.3W/kg（磁化强度 1.7T，频率 50Hz 条件下），最小磁极化强度不小于 1.78T（$H=800A/m$）。铁芯金属材料可参考主变压器铁芯金属材料的选取执行。

3）夹件。穿心螺杆应采用无磁钢，强度满足设计要求。普通金属件、法兰、螺栓、螺母的选材应符合 Q/GDW 11717 的要求。

2.1.6　并联电容器部件及常用金属材料

并联电容器在电力系统中的作用是用于补偿电力系统感性负荷的无功功率，以提高功率因数，改善电压质量，降低线路损耗，提高系统或变压器的输出功率，从而改善供电质量，达到系统稳定运行的目的。常用的并联电容器按其结构不同，可分为单台铁壳式、箱式、集合式、半封闭式、干式和充气式等。

并联电容器装置的金属部件主要包括极板、箱壳、引线、导电杆及接线线夹、母线、放电线圈及支架等。电容器金属部件的材料选用应综合考虑材料的服役环境、受力情况、导电性能要求、导磁性能要求、预期服役寿命和使用成本。其中，大气腐蚀性分类按 GB/T 19292.1 规定分为 C1、C2、C3、C4、C5、CX 六个等级，金属部件选材及表面防腐处理根据大气腐蚀性等级不同而分类要求。暴露在户外大气环境中使用的铝合金材料不应选用 2 系和未经防腐处理的 7 系铝合金，不锈钢材料应选用耐腐蚀性不低于 06Cr19Ni10 的奥氏体不锈钢。凡在设计上不承担导磁功能，而实际运行中有磁感应线集中穿过的金属部件，应选用非磁性材料。

（1）极板。极板宜采用铝箔，铝箔的技术要求和质量检验应符合 GB/T 22642 的要求，极板端面应整齐，不允许有毛刺、碰伤、擦划伤等缺陷。极板表面不允许有影响使用的缺陷，如开裂、擦伤、划伤、杂质等缺陷。

（2）箱壳。户外敞开电容器单元的箱壳应采用耐腐蚀性不低于 06Cr19Ni10 的奥氏体不锈钢，其技术要求和质量检验应符合 GB/T 3280 的要求。集合式电容器的箱壳采用碳素结构钢时，箱壳应喷砂并涂覆防腐涂层，防腐涂层平均厚度应不小于 $120\mu m$，附着力不小于 5MPa。重腐蚀环境下涂层干膜厚度应满足表 2-24 的要求。电容器单元的箱壳厚度应满足耐爆试验要求，箱壳所能承受的爆破能量不应小于 18kW·s。

箱壳接地点部位禁止涂覆油漆，箱壳焊缝外观应无裂纹、未熔合、气孔、深度大于 1mm 的咬边缺陷。

（3）引线。引线用铜带应为铜含量不低于 T2 的纯铜，铜带的技术要求及质量检验应符合 GB/T 2059 的要求。引线用软铜绞线的技术要求及质量检验应符合 GB/T 12970.1 和 GB/T 12970.2 的要求。引线弯曲处不应有肉眼可见的裂纹，引线表面应光滑、清洁，不允许有分层、裂纹、起刺、气泡、压折等缺陷。

（4）导电杆及接线线夹、动静触点。导电杆及接线线夹应采用铜质材料，其化学成分符合 GB/T 5231 的要求。导电杆的力学性能应符合 DL/T 840 的要求。导电杆及接线线夹表面应镀镍，铜及铜合金导体表面应镀锡或镀镍，镀锡层厚度应不小于 $12\mu m$；大气腐蚀性等级为 C1、C2、C3 时，镀镍层厚度应不小于 $6\mu m$。大气腐蚀性等级为 C4、C5、CX 时，镀镍层厚度应不小于 $12\mu m$。

接地开关的动静触点应镀银，参考变压器中性点成套装置的触点要求。

（5）母线。电容器母线可采用铜母线或铝母线。铜母线的技术要求及质量检验应符合 GB/T 5585.1 的要求；铝母线的技术要求及质量检验应符合 GB/T 5585.2 的要求。

铜母线表面应镀锡，镀锡层厚度应不小于 $12\mu m$。成品铜母线不允许有接头，铜母线的化学成分中铜加银的含量应不小于 99.9%。铜母线在 20℃ 的电导率应大于 97%IACS。

铝母线与铜绞线连接处应安装铜铝复合片或覆铜过渡片。铝母线的化学成分中铝含量应不小于 99.50%。铝母线在 20℃ 的电导率应大于 59.5%IACS。

母线表面应光洁、平整，圆角处不应有飞边、毛刺和裂口。母线的宽边弯曲 90°，表面应不出现裂纹，弯曲圆柱的直径应分别满足 GB/T 5585.1、GB/T 5585.2 要求。

（6）支架。支架宜采用钢构件和铝合金构件。大气腐蚀性等级为 C1、C2、C3 时，支架宜采用热浸镀锌钢，镀锌层应符合 DL/T 1425 的要求；大气腐蚀性等级为 C4、C5、CX 时，支架宜更换为铝合金或不锈钢结构件，不得采用 2 系或未经防腐处理的 7 系铝合金；使用锌铝合金镀层或铝锌合金镀层保护的钢构件，对运输和安装中出现镀锌层少量损坏部位，可采用含锌量人于 70% 的富锌涂料修复，修复层的厚度应比镀锌层要求的最小厚度厚 30μm 以上。锌铝合金和铝锌合金镀层的厚度应满足表 2-50 要求。

（7）放电线圈。放电线圈用于电力系统中与高压并联电容器连接，使电容器组从电力系统中切除后的剩余电荷迅速泄放。因此，安装放电线圈是变电站内并联电容器的必要技术安全措施，可以有效地防止电容器组再次合闸时，由于电容器仍带有电荷而产生危及设备安全的合闸过电压和过电流，并确保检修人员的安全。放电线圈金属材料选用参考变压器绕组金属材料执行。

（8）标识牌、铭牌、机构箱和传动机构。电容器的标识牌、铭牌、机构箱和传动机构选材参照变压器标识牌、铭牌、机构箱和传动机构金属材料执行。

2.2　开关类设备部件及常用金属材料

开关设备主要指用于与发电、输电、配电和电能转换有关的开关装置以及其同控制、测量、保护及调节设备的组合，包括由这些装置和设备以及相关联的内部连接、辅件、外壳和支撑件组成的总装（GB/T 2900.20—2016）。

常见的开关设备按照结构特点可分为下列四大类。

（1）断路器：指能够关合、承载和开断正常回路条件下的电流并能在规定的时间内关合、承载和开断异常回路条件下的电流的开关装置。断路器包括瓷柱式断路器及罐式断路器，其金属部件包括灭弧室触点、操动机构、支架、接线端子、接地装置等，其中触点包括主触点、弧触点等，操动机构包括分合闸弹簧、拐臂、拉杆、传动轴、凸轮和机构箱等。

（2）敞开式隔离开关和接地开关：是一种主要用于隔离电源、倒闸操作、用以连通和切断小电流电路，无灭弧功能的开关器件。隔离开关在分位置时，触点间有符合规定要求的绝缘距离和明显的断开标志；在合位置时，能承载正常回路条件下的电流及在规定时间内异常条件（例如短路）下的电流的开关设备。敞开式隔离开关和接地开关金属部件包括导电部件、传动结构、操动机构和支架，其中导电部件包括触点、导电杆和接线座，传动结构包括拐臂、连杆、轴销和轴齿等。

（3）气体绝缘金属封闭开关设备（GIS）：是全部或部分采用六氟化硫气体而不是大气压下的空气作为绝缘介质的气体绝缘金属封闭开关设备。气体绝缘金属封闭开关设备的主要金属部件是指壳体、导体、触点、绝缘子的金属嵌件、金属波纹管补偿器、端子板、支座及接地排。

（4）开关柜：除外部连接外，全部装配完成并封闭在接地金属外壳内的开关设备和控制设备。开关柜的主要金属部件包括柜体、母线、触点、弹簧和接地导体等。

电力工业中常用的开关类设备产品包括 SF_6 断路器、真空断路器、罐式断路器、敞开式隔离开关、接地开关、快速接地开关、GIS、HGIS、PASS、开关柜和环网柜等。开关类设备产品中导电部件所用的金属材料以有色金属为主，绝大部分为铜、银、钨及其合金，主要起载流作用；开关类设备产品外壳、传动机构件所用的金属材料以黑色金属、铝合金为主，主要起防护、支撑作用。

2.2.1 断路器部件及常用金属材料

断路器指能够关合、承载和开断正常回路条件下的电流并能在规定的时间内关合、承载和开断异常回路条件下的电流的开关装置，在电网中主要起着两方面的作用：控制作用。根据电力系统运行的需要，将部分或全部电气设备，以及部分或全部线路投入或退出运行；保护作用，当电力系统某一部分发生故障时，它和保护装置、自动装置相配合，将该故障部分从系统中迅速切除，减少停电范围，防止事故扩大，保护系统中各类电气设备不受损坏，保证系统无故障部分安全运行。

根据灭弧原理，断路器可分成油断路器（多油和少油）、压缩空气断路器、SF_6 断路器、真空断路器、磁吹断路器等。目前电网中应用较多的是 SF_6 断路器和真空断路器，其中真空断路器一般用于金属封闭开关设备（10kV、35kV 开关柜）中，SF_6 断路器主要用于 110（66）kV 及以上电压等级。

SF_6 断路器包括瓷柱式断路器及罐式断路器两类，其金属部件包括灭弧室触头、操动机构、支座、机构箱体、接线端子和接地装置等，其中触头包括主触头、弧触头等，操动机构包括分合闸弹簧、拐臂、拉杆、传动轴和凸轮等。

（1）触头及触头座。触头是断路器的主要开断器件，用来进行关合、承载和开断正常工作电流和故障电流，主要包括主触头、弧触头等。其中，主触头（main contact）指开关装置主回路中的触头，在合闸位置时承载主回路的电流；弧触头（arcing contact）指在其上形成电弧的触头，可兼作主触头，也可把弧触头设计成一个单独的触头，使其比其他触头后开断和先关合，以保护其他触头免受电弧伤害。

1）外观。主触头外观应符合设计及采购技术标准要求。

弧触头表面应无裂纹和无肉眼可见的凹陷、鼓泡、缺边、掉角、毛刺、腐蚀锈斑等缺陷，且铜钨烧结面不应有裂纹，凹面不大于 2mm。

触头座选用铸造铝合金时，按照 GB/T 9438—2013《铝合金铸件》要求，表面不允许有冷隔、裂纹、缩孔、穿透性缺陷及严重的残缺类缺陷（如浇不足、机械损伤等）；选用变形铝合金时，按照 GB/T 6892—2015《一般工业用铝及铝合金挤压型材》要求，表面应清洁，不准有裂纹和腐蚀斑点的存在。

2）材质选择。主触头一般采用牌号不低于 T2 的纯铜，其化学成分应符合 GB/T 5231—2012《加工铜及铜合金牌号和化学成分》要求，常用材料牌号为 T2 等。

弧触头应使用符合 GB/T 8320—2017《铜钨及银钨电触头》要求的铜钨电触头，铜钨电触头的技术性能指标应符合表 2-52 的要求，常用材料牌号为 CuW（50）、CuW（60）、CuW（70）、CuW（80）、CuW（90）等。

表 2-52　　　　　　　　　　弧触头化学成分和力学物理性能

电触头产品名称		代表符号	化学成分（质量分数）（%）				力学物理性能				
			Cu	Ag	杂质总和（不大于）	W	密度/(g/cm³)（不小于）	硬度HB（不小于）	电阻率/(μΩ·cm)（不小于）	电导率（%）IACS（不小于）	抗弯强度/MPa（不小于）
铜钨系列	铜钨（50）	CuW（50）	50±2.0	—	0.5	余量	11.85	115	3.2	54	—
	铜钨（55）	CuW（55）	45±2.0	—	0.5	余量	12.30	125	3.5	49	—
	铜钨（60）	CuW（60）	40±2.0	—	0.5	余量	12.75	140	3.7	47	—
	铜钨（65）	CuW（65）	35±2.0	—	0.5	余量	13.30	155	3.9	44	—
	铜钨（70）	CuW（70）	30±2.0	—	0.5	余量	13.80	175	4.1	42	790
	铜钨（75）	CuW（75）	25±2.0	—	0.5	余量	14.50	195	4.5	38	885
	铜钨（80）	CuW（80）	20±2.0	—	0.5	余量	15.15	220	5.0	34	980
	铜钨（85）	CuW（85）	15±2.0	—	0.5	余量	15.90	240	5.7	30	1080
	铜钨（90）	CuW（90）	10±2.0	—	0.5	余量	16.75	260	6.5	27	1160

　　自力式中间触头材质一般选用铬铜、黄铜，其化学成分应符合 GB/T 5231—2012《加工铜及铜合金牌号和化学成分》要求，常用材料牌号为 TCr0.5、H62 等。

　　自力式静触头材质一般选用铬铜，其化学成分应符合 GB/T 5231—2012《加工铜及铜合金牌号和化学成分》要求，常用材料牌号为 TCr0.5 等。

　　静触头触指材质一般选用牌号不低于 T2 的纯铜，其化学成分应符合 GB/T 5231—2012《加工铜及铜合金牌号和化学成分》要求，常用材料牌号为 T2 等。

　　弹簧触指材质一般选用铍铜、铬铜，其化学成分应符合 GB/T 5231—2012《加工铜及铜合金牌号和化学成分》要求，常用材料牌号为 $CuCo_2Be$、CrZrCu，详见表 2-53、表 2-54 的要求。

表 2-53　　　　　　　　　　　$CuCo_2Be$ 化学成分

牌号	化学成分（质量分数）（%）				
	Cu	Be	Co	Fe+Ni	杂质总和
$CuCo_2Be$	余量	0.4~0.7	0.08	≤0.5	0.5

表 2-54　　　　　　　　　　　CrZrCu 化学成分

牌号	化学成分（质量分数）（%）				
	Cr	Zr	Fe	Si	Cu
CrZrCu	0.71	0.23	0.01	0.02	余量

　　触头座宜选用铝合金，选用铸造铝合金应满足 GB/T 1173—2013《铸造铝合金》要求，选用变形铝合金应符合 GB/T 3190—2008《变形铝及铝合金化学成分》要求，常用材料牌号为 ZL101、ZL101A、6A02 等。

　　3）电导率。主触头用铜合金的电导率应符合《电网设备金属材料选用导则　第 3 部分：开关设备》要求，不低于 80％IACS。

弧触头用铜钨合金的电导率应符合 GB/T 8320—2017《铜钨及银钨电触头》要求，详见表 2-1。

4）布氏硬度。主触头和弧触头的硬度应符合设计及采购技术标准要求。

5）弯曲。主触头和弧触头的弯曲应符合设计及采购技术标准要求。

6）镀银层。主触头表面应镀银，宜选用电镀纯银方式，不应采用钎焊银片的方式替代镀银。

镀银层应为银白色，呈无光泽或半光泽，不应为高光亮镀层，镀层应结晶细致、平滑、均匀、连续；表面无裂纹、起泡、脱落、缺边、掉角、毛刺、针孔、色斑、腐蚀锈斑和划伤、碰伤等缺陷。

镀银厚度应不小于 8μm，硬度应不小于 120HV。

镀银层的附着力、耐蚀性等应符合 Q/GDW 11717—2017《电网设备金属技术监督导则》要求。

7）金相组织。铜钨电触头产品的金相组织各相应分布均匀，钨颗粒尺寸由供需双方协商确定，其金相组织图例按 GB/T 26872—2011《电触头材料金相图谱》进行检测。

（2）操动机构。断路器触头的分合动作是通过操动机构来带动的，常用的操动机构有电磁操动机构、弹簧操动机构、压缩空气气动操动机构和液压操动机构，目前应用较多的是弹簧操动机构、液压操动机构等。操作机构包括分合闸弹簧、拐臂、拉杆、传动轴、凸轮等，其材质一般选用镀锌钢、不锈钢或铝合金。由于断路器多用于户外，其金属部件一般均要求采取相应的耐腐措施。

1）外观。分合闸弹簧表面不允许有划痕、碰磨、裂纹等缺陷；内外径、自由高度、垂直度、直线度、总圈数、节距均匀度等符合设计及 GB/T 23934—2015《热卷圆柱螺旋压缩弹簧 技术条件》要求。

拐臂、连杆、传动轴、凸轮表面不应有划痕、锈蚀、变形等缺陷。

机构箱体表面不应有划痕、锈蚀、变形等缺陷。

2）材质选择。分合闸弹簧应选用符合 GB/T 1222—2016《弹簧钢》要求的弹簧钢或 ISO 683—2014 规定的材料，常用材料牌号为 60Si2MnA、60Si2CrVA、50CrVA 等，其化学成分见表 2-55。

表 2-55　　　　　　　　　　弹簧钢化学成分

统一数字代码	牌号	化学成分（质量分数）（%）											
		C	Si	Mn	Cr	V	W	Mo	B	Ni	Cu	P	S
A11603	60Si2MnA	0.56~0.64	1.50~2.00	0.70~1.00	≤0.35	—	—	—	—	≤0.35	≤0.25	≤0.25	≤0.20
A28603	60Si2CrVA	0.56~0.64	1.40~1.80	0.40~0.70	0.90~1.20	0.10~0.20	—	—	—	≤0.35	≤0.25	≤0.25	≤0.20
A23503	50CrVA	0.46~0.54	0.17~0.37	0.50~0.80	0.80~1.10	0.10~0.20	—	—	—	≤0.35	≤0.25	≤0.25	≤0.20

操动机构选用铸铝材质时，铸件性能应符合 GB/T 9438—2013《铝合金铸件》的Ⅱ类铸件要求；选用铸钢材质时，铸件性能应符合 GB/T 11352—2009《一般工程用铸造碳钢件》的相关要求；焊接结构用铸钢件技术指标应符合 GB/T 7659—2010《焊接结构用铸钢件》的相关要求。

拐臂、连杆、传动轴、凸轮材质宜为镀锌钢、不锈钢或铝合金，其化学成分应符合 GB/T 700—2006《碳素结构钢》、GB/T 699—1999《优质碳素结构钢》、GB/T 3077—2015《合金结构钢》、GB/T 20878—2007《不锈钢和耐热钢 材料及其成分》、GB/T 3190—2008《变形铝及铝合金化学成分》要求，常用材料牌号为 35CrMo、42CrMo、45CrMo、30CrNi3、20Cr、40Cr、20CrNiMo、20CrMnTi 等。

暴露在大气环境中的传动机构连杆、关节轴承应选用 Cr 含量不小于 18%、Ni 含量不小于 8% 的经固溶处理的奥氏体不锈钢，常用材料牌号为 06Cr19Ni10 等。

3）弹簧特性。分合闸弹簧的永久变形和弹簧特性应符合 GB/T 23934—2015《热卷圆柱螺旋压缩弹簧 技术条件》要求，其永久变形不得大于自由高度的 0.5%；指定负荷下的变形量宜在全变形量的 20%～80% 之间（指定负荷不超过试验负荷的 80%，试验负荷详见 GB/T 23934—2015 附录 A）；指定高度下的变形量宜在全变形量的 20%～80% 之间；弹簧轴向刚度由全变形量 30%～70% 之间两点负荷差与其对应变形量之比确定。

分合闸弹簧热处理后的硬度应根据其使用条件、材料和尺寸确定，详见 GB/T 23934—2015 附录 B。

4）金相组织。传动轴、凸轮、齿轮等承受冲击载荷的部件采用合金钢或工具钢时，应进行金相组织复验，金相组织中不应存在带状组织。带状组织的评定依照 GB/T 34474.2—2018《钢中带状组织的评定 第 2 部分：定量法》标准要求进行。

拐臂等球墨铸铁件应无影响铸件使用性能的裂纹、冷隔、缩孔、夹渣等铸造缺陷，石墨金相组织以球状为主，球化级别应不低于 GB/T 9441 规定的球化级别 4 级，其力学性能应符合 GB/T 1348 的要求。

5）覆盖层。分合闸弹簧表面宜采用磷化前处理、电泳底漆的工艺防腐处理，涂层总厚度应不小于 90μm，涂层附着力不小于 5MPa。

传动轴如采用表面渗氮等表面强化工艺处理时，设计时应明确渗层的厚度、硬度、部件的芯部硬度要求及对应检测试验方法，在部件安装前应对渗氮层的厚度、芯部硬度进行复验。

封闭箱体内的机构零部件宜电镀锌，电镀锌后应钝化处理，镀锌层的技术指标应符合 GB/T 9799—2011《金属及其他无机覆盖层 钢铁上经过处理的锌电镀层》要求。镀锌层表面不应有明显可见的镀层缺陷，如起泡、孔隙、粗糙、裂纹或局部无镀层；机构零部件电镀层厚度不宜小于 18μm，紧固件电镀层厚度不宜小于 6μm。

6）其他。操动机构不应采用 10.9 级及以上强度等级的螺栓。

（3）机构箱体。密闭箱体包括开关设备及附属设备用于控制、操作、供电等功能的全封闭箱式结构。

1）外观。机构箱体表面不应有划痕、锈蚀、变形等缺陷。

2）化学成分。户外箱体的材质应选用锰含量不大于 2% 的奥氏体型不锈钢或耐腐蚀铝合金材料，常用材料牌号为 06Cr19Ni10、3 系、5 系、6 系铝合金等，不应使用 2 系和未经防腐处理的 7 系铝合金。

箱体与箱门之间的接地连接应采用截面积应不小于 4mm² 的多股铜线，其化学成分应符合 GB/T 5231—2012《加工铜及铜合金牌号和化学成分》要求，常用材料为电解铜。

3）厚度。箱体选用不锈钢板时公称厚度应不小于 2mm，如采用双层设计，其单层厚度不得小于 1mm；风沙地区的箱体公称厚度应不小于 3mm；选用铝合金材料时厚度通过计算确定。

4）覆盖层。机构箱体涂层应符合 DL/T 1424—2015《电网金属技术监督规程》要求，涂层厚度应不小于 120μm，附着力不小于 5MPa。

（4）接线端子。接线端子主要用于实现导线和设备的连接，同时需要满足回路的正常载流要求，一般采用铜、铝及其合金等材质制成。

1）外观。接线端子外观应符合 GB/T 5273—2016《高压电器端子尺寸标准化》要求，表面应清洁，不得有裂纹、明显伤痕、毛刺、腐蚀斑痕、凹凸缺陷及其他影响电接触和通流能力的缺陷。

紧固螺栓公称直径应不小于 12mm。

2）化学成分。接线端子材质应选用牌号为 5 系或 6 系铝合金，且表面应进行氧化处理，其化学成分应符合 GB/T 3190—2008《变形铝及铝合金化学成分》要求，户外运行时不应选用 2 系铝合金材料和未经表面防腐处理的 7 系铝合金。

二次回路的接线螺栓应无磁性，宜采用铜质或 A2、A3、A4、A5 组别的奥氏体不锈钢螺栓。铜质螺栓的化学成分应符合 GB/T 5231—2012《加工铜及铜合金牌号和化学成分》要求，不锈钢螺栓的化学成分应符合 GB/T 20878—2007《不锈钢和耐热钢 材料及其成分》要求。用于存在晶界腐蚀的环境中时，宜采用稳定型的 A3 和 A5 组别或者含碳量不超过 0.3％的 A2 和 A4 组不锈钢螺栓。奥氏体型不锈钢的组别及化学成分见表 2-56。

表 2-56 不锈钢组别与化学成分

类别	组别	化学成分（质量分数）（%）										
		C	Si	Mn	P	S	N	Cr	Mo	Ni	Cu	W
奥氏体	A1	0.12	1	6.5	0.2	0.15～0.35	—	16～19	0.7	5～10	1.75～2.25	—
	A2	0.10	1	2	0.05	0.03	—	15～20	—	8～19	4	
	A3	0.08	1	2	0.045	0.03	—	17～19	—	9～12	1	
	A4	0.08	1	2	0.045	0.03	—	16～18.5	2～3	10～15	4	
	A5	0.08	1	2	0.045	0.03	—	16～18.5	2～3	10.5～14	1	

3）覆盖层。接线端子表面镀银时，镀银层的技术指标应符合《电网设备金属材料选用导则 第 3 部分：开关类设备》和 DL/T 1424—2015《电网金属技术监督规程》要求。铝合金材料的接线端子表面镀银层应有中间锌、铜过渡镀层，其中铜过渡层的厚度应不小于 5μm。中间过渡镀层的厚度和均匀性应满足设计要求。对于表面镀银的变电站引线端子，与之相连的设备端子表面应镀银，镀银层厚度应不低于 8μm。

紧固螺钉或螺栓应使用热镀锌工艺，热镀锌层的外观、厚度、均匀性、附着强度等技术指标应符合 DL/T 1424—2015《电网金属技术监督规程》和 DL/T 284—2012《输电线路杆塔及电力金具用热浸镀锌螺栓与螺母》要求。镀锌层表面应光洁，无漏镀面、滴瘤、黑斑，无溶剂残渣、氧化皮夹杂物和损害零件使用性能的其他缺陷；镀锌层局部厚度应不小于 $40\mu m$，平均厚度不小于 $50\mu m$；镀锌层应均匀附着在基体金属表面，硫酸铜试验时耐浸蚀次数应不少于 4 次；镀锌层应牢固地附着在基体金属表面，不得存在影响使用功能的锌层脱落。

(5) 支座及接地。支座用于承载设备的全部重量，需要具备足够的机械强度，同时也需要具有良好的防腐性能，一般选用热浸镀锌钢。接地线主要用于将故障电流或雷电流快速地释放到大地中，以达到保护人身安全和电气设备安全的目的，一般采用电解铜材质。

1) 外观。支座外观应无局部变形、破损、裂纹等缺陷。接地线外观应完好，无锈蚀、破损等缺陷。

2) 规格。支座用支撑钢结构件的最小厚度不应小于 8mm。

接地线的截面积应满足通流和耐环境腐蚀要求。

3) 化学成分。支座材质应为热浸镀锌钢或锰含量不大于 2% 的奥氏体型不锈钢。热浸镀锌钢材质一般为碳素结构钢，其化学成分应符合 GB/T 700—2006《碳素结构钢》要求；奥氏体型不锈钢化学成分应符合 GB/T 20878—2007《不锈钢和耐热钢 材料及其成分》要求。常用材料牌号一般为 Q235、06Cr19Ni10 等。

断路器接地线材质一般采用铜排或镀锌扁钢，铜排的化学成分应符合 GB/T 5231—2012《加工铜及铜合金牌号和化学成分》要求，镀锌扁钢的化学成分应符合 GB/T 700—2006《碳素结构钢》。常用材料一般为电解铜、Q235 等。

4) 镀锌层。支座选用热浸镀锌钢时，镀锌层的外观、厚度、均匀性、附着力应符合 GB/T 2694—2010《输电线路铁塔制造技术条件》要求。

镀锌层表面应连续完整并具有实用性光滑，不应有过酸洗、起皮、漏镀、结瘤、积锌和锐点等缺陷。

镀锌层厚度和附着量应满足表 2‐57 要求。

表 2‐57　　　　　　　　　　　镀锌层厚度和附着量

镀件厚度/mm	厚度最小值/μm	最小平均值	
		附着量/(g/m^2)	厚度/μm
$T \geqslant 5$	70	610	86
$T < 5$	55	460	65

镀锌层应均匀，做硫酸铜试验，耐浸蚀次数应不少于 4 次，且不露铁。

镀锌层应与金属基体结合牢固，应保证在无外力作用下没有剥落或起皮现象；经落锤试验，镀锌层不凸起、不剥离。

2.2.2　敞开式隔离开关及接地开关部件及常用金属材料

敞开式隔离开关及接地开关是使用量最大的高压开关设备。

隔离开关是保证主断路器处于正常分闸位置时绝缘距离符合安全要求的开关设备，主要起隔离电源、倒闸操作、连通和切断小电流等作用，没有开合负荷电流和故障电流的能力。它一般无灭弧装置，只能用于分、合很小的电容电流或电感电流。根据额定电流大小及机械操作稳定次数等差别，隔离开关分为 M0、M1 级及 M2 级。

接地开关是释放被检修设备和回路的静电荷以及为保证停电检修时检修人员人身安全的一种机械接地装置，通常属于隔离开关的一部分。它可以在异常情况下（如短路）耐受一定时间的电流，但在正常情况下不通过负荷电流。接地开关分为 E0、E1 级及 E2 级：E0 级是符合输配电系统一般要求的常用类型，E1 级是能关合短路电流的接地开关，E2 级是用于 40.5kV 及以下配电系统中而维护工作量最少的接地开关。

敞开式隔离开关和接地开关金属部件包括导电部件、传动结构、操动机构、支架及接地等。

（1）导电部件。主要用于承受负荷电流，以及短时承受故障短路电流，一般包括触头、导电杆和接线座。触头材质一般选用铜及铜合金，且在接触部位镀银，以获得较小的接触电阻，从而减少运行中的发热缺陷。触头弹簧一般采用优质不锈钢材料制造，具有防锈、压紧力稳定等特点，且置于触片外侧，有效避免弹簧分流。导电杆（臂）一般选用用铝合金管，具有通流能力大、散热面积大、结构简单可靠等优点。

1）外观。触头、导电臂、接线板、静触头横担铝板外观应无变形、裂纹、破损等缺陷。

触头弹簧表面不允许有划痕、碰磨、裂纹等缺陷；内外径、自由高度、垂直度、直线度、总圈数、节距均匀度等符合设计及 GB/T 23934—2015 要求。

2）材质选择。非自力式触头的材质应为铜含量不低于 T2 的纯铜，自力式触头材质宜选用铜铬合金 TCr0.5，其化学成分应符合 GB/T 5231—2012《加工铜及铜合金牌号和化学成分》要求，常用材料牌号为 T2、TCr0.5 等。

触头弹簧材质宜采用低磁不锈钢或经过防腐处理的合金钢，不锈钢的化学成分应符合 GB/T 20878—2007《不锈钢和耐热钢 材料及其成分》要求，合金钢的化学成分应符合 GB/T 1591—2008《低合金高强度结构钢》要求，常用材料牌号为 06Cr19Ni10、60Si2MnA、130M 等，$\phi \leqslant 16$ 的弹簧宜采用组别为 A2 的奥氏体不锈钢弹簧。

导电臂、接线板、静触头横担铝板，应采用 5 系或 6 系铝合金，不应采用 2 系和 7 系铝合金，其化学成分应符合 GB/T 3190—2008《变形铝及铝合金化学成分》要求，常用材料牌号为 5083、6063、ZL101、ZL101A、ZL102 等。

上、下导电臂之间的中间接头、导电臂与导电底座之间应采用叠片式软导电带连接，采用铝制软导电带时应有奥氏体不锈钢片保护。

3）电导率。导电臂、接线板、静触头横担铝板用铝合金材质的电导率见表 2-58。

表 2-58　　　　　　　　　　铝和铝合金导体的电导率

牌号	状态	电导率（%）IACS	牌号	状态	电导率（%）IACS
1050	O	61	7A03	T6	39
1R35	O	62	7A04	T6	41
1060	O	62	7050	O	47

牌号	状态	电导率（%）IACS	牌号	状态	电导率（%）IACS
1060	H18	61	7075	T6	33
1100	O	61	ZL101	—	36
1350	O	61	ZL101A	—	39
2A11	O	50	ZL102	—	40
2A12	O	50	ZL104	—	37
2024	O	50	ZL105	—	36
5005	O	52	ZL109	—	29
5056	O	29	ZL114A	—	40
5A02	O	35	ZL201	—	29
6061	O	47	ZL202	—	33
6061	T6	43	ZL203	—	39
6063	O	58	ZL301	—	18
6063	T6	51	ZL303	—	26
6101	T6	55			

4）硬度。触头的布氏硬度应符合设计及采购技术标准要求。触指弹簧热处理后的硬度应根据其使用条件、材料和尺寸确定，详见 GB/T 23934—2015 附录 B。

5）弹簧特性。触指弹簧的弹簧特性要求同 2.2.1 节操动机构中对弹簧的要求。

6）触指压力。应符合设计及采购技术标准要求。

7）镀银层。触头滑动接触部位应镀银，宜选用电镀纯银方式，不应采用钎焊银片的方式替代镀银。所有环境下镀银层均应做钝化和防变色处理。

镀银层应为银白色，呈无光泽或半光泽，不应为高光亮镀层，镀层应结晶细致、平滑、均匀、连续；表面无裂纹、起泡、脱落、缺边、掉角、毛刺、针孔、色斑、腐蚀锈斑和划伤、碰伤等缺陷。

镀银层厚度应不小于 $20\mu m$；当设备运行环境腐蚀等级为 C5 及以上或是在特殊污染区域，镀银层厚度应不小于 $22\mu m$。纯银镀层的硬度应不小于 120HV，石墨镀银层的硬度应不小于 80HV。镀银层的附着力、耐蚀性等应符合 Q/GDW 11717—2017《电网设备金属技术监督导则》要求。

8）覆盖层。弹簧宜采用磷化＋电泳工艺进行防腐处理，涂层干膜厚度应不低于 $90\mu m$，附着力应不小于 5MPa；经防腐处理的弹簧经 480h 中性盐雾试验后，漆膜应无异常变化；露天使用的弹簧经 720h 中性盐雾试验后，漆膜应无异常变化。

9）操动机构。操动机构通过手动、电动、气动、液压向隔离开关的动作提供能源，包括拐臂、连杆、传动轴和凸轮等，一般选用镀锌钢、不锈钢或铝合金等材质，并采取必要的防腐措施。

操动机构部件用金属材料的技术指标同断路器 2.2.1 操动机构要求。

（2）传动机构。传动机构接受操动机构的力矩，并通过拐臂、连杆、轴齿和操作绝缘子等，将运动传动给触头，以完成隔离开关的分、合闸动作，主要组成部件包括拐臂、连杆、轴销和轴齿等。

1）外观。拐臂、连杆、轴齿等表面不应有划痕、锈蚀、变形等缺陷。

2）材质选择。隔离开关和接地开关的传动不锈钢部件不应采用铸造件，铸铝合金传动部件不应采用砂型铸造。

拐臂、轴齿宜为镀锌钢、不锈钢或铝合金，其化学成分应符合 GB/T 699—1999、GB/T 700—2006、GB/T 3077—2015、GB/T 20878—2007 或 GB/T 3190—2008 要求，常用材料牌号为 35CrMo、42CrMo、45CrMo、30CrNi3、20Cr、40Cr、20CrNiMo、20CrMnTi 等。

传动连杆材质应是满足机械强度和刚度要求的多棱型钢、无缝钢管。

轴销及开口销的材质应为 06Cr19Ni10 的奥氏体不锈钢，其化学成分应符合 GB/T 20878—2007 要求，不宜采用不锈钢轴销配不锈钢轴套或钢制镀锌轴销配黄铜轴套。

连杆万向节的关节滑动部位材质应为 06Cr19Ni10 的奥氏体不锈钢，螺杆外套可采用热浸镀锌钢，且采用锻造工艺加工。

3）硬度。硬度应符合设计及采购技术标准要求。

4）镀锌层。传动连杆用型钢或钢管材质为碳钢时，应进行热浸镀锌，镀锌层的技术指标要求见 2.2.1 节中对覆盖层的要求，镀锌层的厚度要求见表 2-59。

表 2-59　　　　　　非紧固件不同腐蚀环境防护镀层厚度

防护镀层	镀件公称厚度/mm	最小平均镀层厚度/μm	最小局部镀层厚度/μm	最小平均镀层厚度/μm	最小局部镀层厚度/μm
热浸镀锌层（纯锌）	≥5	C1～C3：86	C1～C3：70	C4～CX：115	C4～CX：100
	<5	C1～C3：65	C1～C3：55	C4～CX：95	C4～CX：85
热浸镀铝层	≥5	—	—	C4～CX：80	C4～CX：70
	<5	—	—	C4～CX：65	C4～CX：55
热浸镀锌铝合金层	≥5	—	—	C4～CX：80	C4～CX：70
	<5	—	—	C4～CX：65	C4～CX：55

（3）机构箱体。机构箱体用金属材料的技术指标同 2.2.1 节中（3）的要求。

（4）支架及接地。支架及接地用金属材料的技术指标同 2.2.1 节中（5）的要求。

2.2.3　气体绝缘全封闭组合电器部件及常用金属材料

气体绝缘全封闭组合电器是指至少有一部分采用高于大气压的气体作为绝缘介质的金属封闭电气设备，包括气体绝缘金属封闭开关（GIS）、气体绝缘金属封闭输电线路（GIL）、气体绝缘金属封闭复合开关设备（HGIS）、敞开式罐式断路器（GCB）等。其具有体积小、不受环境影响、运行可靠性高、维护工作量少等优点，在 110kV 及以上电网中广泛采用。

气体绝缘全封闭组合电器是由断路器、母线、隔离开关、电流互感器、电压互感器、避雷器、套管等 7 种电器元件组合而成。其主要金属部件有壳体、导体、触头、绝缘子的金属嵌件、金属波纹管补偿器、端子板、支座及接地排。

（1）壳体。壳体主要起保护和隔离的作用，应能承受运行中出现的正常和瞬时压力。

1）外观。壳体表面应无毛刺、飞边、凹陷、缩孔、变形、穿透性及严重残缺等缺陷。

2）材质选择。壳体一般选择碳素结构钢、优质碳素结构钢、低合金高强钢、奥氏体不锈钢、铝合金等材料，铝合金壳体技术指标应符合 GB/T 28819—2012《充气高压开关设备用铝合金外壳》相关规定，材料选用依照 GB/T 28819—2012，常用材料牌号为 5083、5052、5A02、6005A、ZL101H - T6、AlSi7Mg - Eu、16MnR、Q235B、Q345B、06Cr19Ni10 等。

铝合金壳体应选用 5 系、6 系铝合金或铸铝，不应采用 2 系和 7 系铝合金。

壳体部件选用铸铝件时，铸件性能应符合 GB/T 9438—2013《铝合金铸件》的 I 类铸件要求。

3）厚度。铝合金壳体的最小厚度按照 GB/T 28819—2012《充气高压开关设备用铝合金外壳》及 DL/T 617—2010《气体绝缘金属封闭开关设备技术条件》确定，在设计压力和下述耐受时间内外壳不烧穿为依据：①电流等于或大于 40kA，0.1s；②电流小于 40kA，0.2s。

4）静压力。静压力符合 GB/T 7674—2008《额定电压 72.5kV 及以上气体绝缘金属封闭开关设备》中第 7.101 条要求在验证实验中，外壳应能够承受 k 倍的设计压力（焊接钢与铝外壳 $k=1.3$；铸造铝及铝合金外壳；$k=2$）。

5）覆盖层。壳体应进行防腐处理，壳体为钢制件时，防腐涂层厚度内腔应不小于 $50\mu m$、外部应不小于 $120\mu m$；壳体材料为铝合金时，防腐涂层厚度内腔宜不小于 $50\mu m$、外部应不小于 $90\mu m$；涂层的附着力应不小于 5MPa。

（2）触头。触头材质一般选用纯铜，且在接触部位镀银，以获得较小的接触电阻，从而减少运行中的发热缺陷。

GIS 内部断路器触头用金属材料的技术指标同 2.2.1 节中（1）的要求。

GIS 内部隔离开关触头用金属材料的技术指标同 2.2.2 节中（1）的要求。

（3）导体。母线主要用于承载负载电流，以及短时承受故障短路电流，一般选用纯铜、铸铜、6 系铝合金或高电导率铸铝等材料。

1）外观。导电杆表面应光洁，无变形、毛刺等缺陷。

2）材质选择。导体材质宜选用加工纯铜、铸造纯铜、6 系铝合金或高电导率铸铝，其化学成分应符合 GB/T 5231—2012《加工铜及铜合金牌号和化学成分》、GB/T 1176—2013《铸造铜及铜合金》、GB/T 3190—2008《变形铝及铝合金化学成分》、GB/T 1173—2013《铸造铝合金》要求，常用材料牌号为 T2、ZL101H - T6、6063、6A02 - T6 等。

3）电导率。导体的电导率应符合 GB/T 5585.1—2005《电工用铜、铝及其合金母线 第 1 部分：铜和铜合金母线》、GB/T 5585.2—2018《电工用铜、铝及其合金母线 第 2 部分：铝和铝合金母线》要求，纯铜的电导率应不低于 97% IACS，铝合金的电导率见表 2 - 58。

4）镀银层。导体接触面应镀银，镀银层应为银白色，呈无光泽或半光泽，不应为高光亮镀层，镀层应结晶细致、平滑、均匀、连续；表面无裂纹、起泡、脱落、缺边、掉角、毛刺、针孔、色斑、腐蚀锈斑和划伤、碰伤等缺陷，镀银层厚度应不小于 $8\mu m$。

（4）密闭箱体。

1）外观。汇控柜、机构箱体外观应完好，无锈蚀、变形等缺陷。

2）材质选择。户外密闭箱体的材质应为 06Cr19Ni10 的奥氏体不锈钢或耐蚀铝合金，不能使用 2 系或 7 系铝合金；户内密闭箱（汇控柜）应采用敷铝锌钢板弯折后拴接而成或采用优质防锈处理的冷轧钢板制成。

3）厚度。密闭箱体公称厚度不应小于 2mm，厚度偏差应符合 GB/T 3280—2015《不锈钢冷轧钢板和钢》或 GB/T 2518—2008《连续热镀锌钢板及钢带》的规定，如采用双层设计，其单层厚度不得小于 1mm。风沙地区的户外箱体公称厚度应不小于 3mm。

4）覆盖层。锌铝合金镀层表面应光滑连续完整，没有剥落或起皮现象；其厚度可通过中性点盐雾实验确定，其耐盐雾性能不应小于 1000h。

（5）支架及接地。

1）外观。接地线、不带金属法兰的盆式绝缘子跨接排、相间汇流排外观应完好，无锈蚀、破损等缺陷。

2）材质选择。接地线、不带金属法兰的盆式绝缘子跨接排、相间汇流排材质应选择电解铜，其化学成分应符合 GB/T 5231—2012 要求，常用材料牌号为 T2 等。

3）覆盖层。不带金属法兰的盆式绝缘子跨接排、相间汇流排的电气搭接面应采取镀银或镀锡等措施并采用可靠防腐措施和防松措施。

4）接地回路用螺栓。接地回路用螺栓应采用公称直径不小于 M12 热浸镀锌螺栓，其镀锌层的外观、厚度、均匀性、附着强度等技术指标应符合 DL/T 1424—2015《电网金属技术监督规程》和 DL/T 284—2012《输电线路杆塔及电力金具用热浸镀锌螺栓与螺母》要求。镀锌层表面应光洁，无漏镀面、滴瘤、黑斑，无溶剂残渣、氧化皮夹杂物和损害零件使用性能的其他缺陷；镀锌层局部厚度应不小于 $40\mu m$，平均厚度不小于 $50\mu m$；镀锌层应均匀附着在基体金属表面，硫酸铜试验时耐浸蚀次数应不少于 4 次；镀锌层应牢固地附着在基体金属表面，不得存在影响使用功能的锌层脱落。

（6）其他部件。除壳体、触头、导体外，气体绝缘全封闭组合电器还包括金属波纹管补偿器、绝缘子内部金属嵌件、吸附剂罩等部件。金属波纹管补偿器主要用于补偿热胀冷缩产生的应力，绝缘子内部金属嵌件用于连接绝缘子与导体，吸附剂罩用于隔离吸附剂，阻止吸附剂颗粒落入设备内部。

1）外观。金属波纹管补偿器表面无毛刺、划痕、变形、锈蚀等缺陷。

2）材质选择。波纹管用材料应按工作介质、外部环境和工作温度等工作条件选用。波纹管应选用无磁不锈钢材料，其化学成分应符合 GB/T 20878—2007 要求，常用材料牌号为 06Cr19Ni10 等；拉杆不应采用马氏体不锈钢。

绝缘子内部金属嵌件应选用与之相连的导体相同材料，并采用奥氏体不锈钢螺栓或磷化螺栓紧固。

吸附剂罩的材质应选用不锈钢或其他耐老化的高强度材料，不应采用塑料材质。

GIS 充气口保护封盖的材质应与充气口材质相同。

接线端子用金属材料的技术指标同 2.2.1 节（4）的要求。

2.2.4　开关柜部件及常用金属材料

开关柜在我国是一种应用范围广泛的电力设备。根据我国国家标准，开关柜的正式名称为金属封闭开关设备（Metalclad switchgear）。它将断路器、负荷开关、接触器、隔离开关、熔断器、互感器、避雷器、电容器、母线以及相应的量测装置、控制装置、保护装置、监测诊断装置、信号装置、联锁装置以及通信系统等集中于一个长方体金属外壳内。金属封闭开关设备主要分为 4 大类：

（1）通用型空气绝缘高压金属封闭开关设备；

（2）气体绝缘高压金属封闭开关设备（C‑GIS）；

（3）环网柜（RMU）；

（4）高压负荷开关—熔断器和熔断器—接触器柜（F‑C）。

电网中使用最多的主要是额定电压为 12kV 和 40.5kV 的通用型大气绝缘高压开关柜。根据断路器能否从金属封闭开关设备的柜体中方便地移出进行检修或更换，可分为移开式和固定式两种，前者具有检修方便的优点，后者结构简单，价格较低。其中，12kV 级多采用固定式和移开式，40.5kV 级多采用移开式。

按内部结构不同开关柜可分为铠装式、间隔式和箱式等 3 种类型。铠装式金属封闭开关设备中的主要组成元件如断路器、电源侧的进线母线、馈电线路的电缆接线处、继电器等都安装在由金属隔板相互隔开的不同小室中。间隔式金属封闭开关设备与铠装式大致相同，只是隔板中具有一个或多个非金属隔板。铠装式和间隔式以外的金属封闭开关设备统称为箱式金属封闭开关设备，它的隔室数量少于铠装式和间隔式甚至不分隔室，一般只有金属封闭的外壳，其运行可靠性远不如铠装式和间隔式。

我国生产的金属封闭开关设备主要有户内铠装、固定式金属封闭开关设备（KGN 型）和户内铠装、间隔移开式金属封闭开关设备（KYN 型和 JYN 型），目前电网中应用较多的为 KYN 型。

户内金属铠装移开式开关设备（KYN 型）分为柜体和可移开部件（简称小车），主要金属部件包括柜体、母线、触头、接地导体等。

1. 柜体

柜体主要起保护、隔离作用，一般采用敷铝锌钢板弯折后拴接而成或采用优质防锈处理的冷轧钢板制成。

（1）外观。柜体表面漆膜应完好，无变形、裂纹等缺陷。

（2）材质选择。柜体应采用敷铝锌钢板弯折后拴接而成或采用优质防锈处理的冷轧钢板制成，且应有可靠措施防止外壳涡流发热。

盖板和门不得使用网状的金属编织物、拉制的金属网或类似的材料。

（3）厚度。柜体的公称厚度应不小于 2mm。

（4）覆盖层。锌铝合金镀层表面应光滑连续完整，没有剥落或起皮现象；其厚度可通过中性点盐雾实验确定，其耐盐雾性能不应小于 1000h。

2. 母线

母线主要用于承载负荷电流，以及短时承受故障短路电流，一般选用铜及铜合金。

(1) 外观。母线表面应光洁、平整，不应有与良好工业产品不相称的任何缺陷；母线圆角、圆边处不应有飞边、毛刺及裂口。

主母线支撑绝缘子支架应无局部变形、破损、裂纹等缺陷。

(2) 材质选择。母线应采用铜或铜合金材料，其技术指标应符合 GB/T 5585.1—2005《电工用铜、铝及其合金母线 第 1 部分：铜和铜合金母线》要求，不应采用铜包铝母线、铝或铝合金母线。

主母线支撑绝缘子支架材质选用热浸镀锌碳素钢，其化学成分应符合 GB/T 700—2006《碳素结构钢》要求，常用材料牌号为 Q235 等。

(3) 电导率。铜及铜合金母线的导电率应符合 GB/T 5585.1—2005《电工用铜、铝及其合金母线 第 1 部分：铜和铜合金母线》要求，应不低于 97%IACS，技术指标见表 2-60。

表 2-60 铜和铜合金母线电导率

型号	20℃直流电阻率/（Ω·mm²/m）	电导率（%）IACS
TMR、THMR	≤0.017241	≥100
TMY、THMY	≤0.01777	≥97

(4) 力学性能。铜及铜合金母线的力学性能应符合 GB/T 5585.1—2005《电工用铜、铝及其合金母线 第 1 部分：铜和铜合金母线》要求，技术指标见表 2-61。

表 2-61 铜和铜合金母线抗拉强度、伸长率和硬度

型号	铜和铜合金母线全部规格		
	抗拉强度/（N/mm²）	伸长率 A（%）	布氏硬度 HB
TMR、THMR	≥206	≥35	—
TMY、THMY	—	—	≥65

(5) 弯曲。母线的宽边弯曲 90°，表面应不出现裂纹，弯曲圆柱的直接应按厚度的尺寸选定，应符合表 2-62 的规定；如需弯曲母线窄边，其弯曲角度和弯曲半径由供需双方协商规定。

表 2-62 宽边弯曲直径

厚度 a/mm	弯曲直径/mm
a≤2.80	4
2.80<a≤4.75	8
4.75<a≤10.00	16
10.00<a≤25.00	32
25.00<a	64

(6) 覆盖层。铜排搭接面应采用压花、镀银工艺，镀银层应为银白色，呈无光泽或半光泽，不应为高光亮镀层，镀层应结晶细致、平滑、均匀、连续；表面无裂纹、起泡、脱落、缺边、掉角、毛刺、针孔、色斑、腐蚀锈斑和划伤、碰伤等缺陷，镀银层厚度应不小于 8μm。

主母线支撑绝缘子支架镀锌层的技术指标同 2.2.1（2）覆盖层的要求。

3. 触头

梅花触头材质一般选用纯铜，且在接触部位镀银，以获得较小的接触电阻，从而减少运行中的发热缺陷。触头弹簧用于保证触头接触良好，一般采用优质不锈钢材料制造。

（1）外观。梅花触头、触头座外观应符合设计及采购技术标准要求。触指压紧弹簧外观应完好，节距均匀，无锈蚀、局部变形等缺陷。

（2）材质选择。梅花触头材质应为不低于 T2 的纯铜，其化学成分应符合 GB/T 5231—2012《加工铜及铜合金牌号和化学成分》要求，常用材料牌号为 T2 等。触指托架及铆钉应采用非导磁材料。

紧固弹簧及触头座应选用无磁不锈钢（即奥氏体不锈钢），其化学成分应符合 GB/T 20878—2007《不锈钢和耐热钢 材料及其成分》要求，常用材料牌号为 06Cr19Ni10 等。

（3）电导率。梅花触头的电导率应符合设计及采购技术标准要求。

（4）镀银层。触头、触指材质接触部位应镀银，宜选用电镀纯银方式，不应采用钎焊银片的方式替代镀银。镀银层应为银白色，呈无光泽或半光泽，不应为高光亮镀层，镀层应结晶细致、平滑、均匀、连续；表面无裂纹、起泡、脱落、缺边、掉角、毛刺、针孔、色斑、腐蚀锈斑和划伤、碰伤等缺陷；镀银厚度应不小于 $8\mu m$，硬度应不小于 120HV；镀银层的附着力、耐蚀性等应符合 Q/GDW 11717—2017《电网设备金属技术监督导则》要求。

4. 接地

外壳接地、二次接地线外观应完好，无锈蚀、破损等缺陷。开关柜外壳接地材料应选用截面积不小于 $240mm^2$ 的铜排，常用材料为电解铜。二次接地线应选用多股铜线，常用材料为电解铜。二次接地线端头应进行浸锡处理。

2.3　线缆类常用金属材料

电线电缆的广义定义为：用以传输电（磁）能、信息和实现电磁能转换的线材产品。我国的电线电缆产品按照用途可分为下列五大类：

（1）裸电线与导体制品：指仅有导体无绝缘层的产品，其中包括铜、铝等各种金属导体和复合金属圆单线、各种结构的架空输电线以及软接线、型线和型材等。

（2）绕组线：以绕组的形式在磁场中切割磁力线感应产生电流，或通以电流产生磁场所用的电线，故又称电磁线，其中包括具有各种特性的漆包线、绕包线、无机绝缘线等。

（3）通信电缆和通信光缆：用于各种信号传输及远距离通信传输的线缆产品，主要包括通信电缆、射频电缆、通信光缆、电子线缆等。

（4）电力电缆：在电力系统的主干（及支线）线路中用以传输和分配大功率电能的电缆产品，其中包括 $1\sim500kV$ 的各种电压等级、各种绝缘形式的电力电缆，包括超导电缆、海底电缆等。

（5）电气装备用电线电缆：从电力系统的配电终端把电能直接传送到各种用电设备、

工器具的电源连接线路用电线电缆。

电力工业中常用的电线电缆类产品包括各类导线、地线、绕组线、通信光缆、电力电缆、架空绝缘导线、各类电气连接线和信号连接线等。电线电缆产品中所用的金属材料以有色金属为主，绝大部分为铜、铝、铅及其合金，主要用作导体、屏蔽和护层。黑色金属在线缆产品中以钢丝和钢带为主体，主要用作导地线等受力线缆的主体和电缆中的铠装以及架空线缆的加强芯部分。

2.3.1　电力电缆

电力电缆是电力系统中传输和分配大功率电能的电缆产品，其中金属部件包括导体、金属护套、铠装和金属屏蔽。

1. 导体

电缆的导体可分为四种：第 1 种、第 2 种、第 5 种和第 6 种。第 1 种和第 2 种用于固定敷设的电缆中，第 5 种和第 6 种用于软电缆和软线中，也可用于固定敷设。

第 1 种：实心导体，一般指的是单根单丝构成的导体。

第 2 种：绞合导体，按照生产工艺可分为非紧压绞合圆形导体和紧压绞合圆形导体，一般是由多根圆铜线、圆铝线或者成型铝线绞合而成的导体。

第 5 种：软导体，一般是由多根圆铜线构成。

第 6 种：特软导体，一般是由多根圆铜线构成，是比第 5 种更柔软的导体。

导体使用的材料应为以下类型之一：①不镀金属或镀金属的退火铜线；②铝或铝合金导线。

（1）铜导体（圆铜线）。铜导体可用作所有电压等级的电缆导体。电缆中使用的铜导体一般为圆铜线形式，按其软硬程度分为软圆铜线（TR）、硬圆铜线（TY）及特硬圆铜线（TYT）三种，软圆铜线（TR）和硬圆铜线（TY）的规格为 0.020～14.00mm，特硬圆铜线（TYT）的规格为 1.50～5.00mm。绞合铜导体和软导体的同一导体内不同单线的直径之比不应大于 2，同一导体中的单丝应具有相同的标称直径。导体中的最少单线根数应大于 GB/T 3956—2008《电缆的导体》中表 2 的要求。圆铜线的性能参考标准为 GB/T 3953—2009《电工圆铜线》。

1）外观。圆铜线表面应光洁无毛刺，不应有与良好工业产品不相称的任何缺陷。

2）型号规格、标称直径及其偏差范围（GB/T 3952—2016）。圆铜线的型号、规格见表 2-63，标称直径及其偏差见表 2-64。圆铜线垂直于轴线的同一截面上的最大和最小直径之差应不超过标称直径偏差的绝对值。

表 2-63　　　　　　　　　　　圆铜线的型号和规格

名称	型号	规格范围/mm
软圆铜线	TR	0.020～14.00
硬圆铜线	TY	0.020～14.00
特硬圆铜线	TYT	1.50～5.00

表 2 - 64 圆铜线偏差要求

标称直径 d/mm	偏差/mm
0.020～0.025	±0.002
0.026～0.125	±0.003
0.126～0.400	±0.004
0.401～14.00	±1%d

3）力学性能（GB/T 3952—2016）。圆铜线的抗拉强度及伸长率应符合表 2 - 65 规定。

表 2 - 65 圆铜线力学性能要求

标称直径/nm	TR	TY		TYT	
	伸长率（%）	抗拉强度/MPa	伸长率（%）	抗拉强度/MPa	伸长率（%）
			不小于		
0.020	10	421	—	—	—
0.100	10	421	—	—	—
0.200	15	420	—	—	—
0.290	15	419	—	—	—
0.300	15	419	—	—	—
0.380	20	418	—	—	—
0.480	20	417	—	—	—
0.570	20	416	—	—	—
0.660	25	415	—	—	—
0.750	25	414	—	—	—
0.850	25	413	—	—	—
0.940	25	412	0.5	—	—
1.030	25	411	0.5	—	—
1.120	25	410	0.5	—	—
1.220	25	409	0.5	—	—
1.310	25	408	0.6	—	—
1.410	25	407	0.6	—	—
1.500	25	406	0.6	116	0.6
1.560	25	405	0.6	445	0.6
1.600	25	404	0.6	445	0.6
1.700	25	403	0.6	444	0.6
1.760	25	403	0.7	443	0.7
1.830	25	402	0.7	442	0.7
1.900	25	401	0.7	441	0.7
2.000	25	400	0.7	440	0.7

标称直径/nm	TR	TY		TYT	
	伸长率（%）	抗拉强度/MPa	伸长率（%）	抗拉强度/MPa	伸长率（%）
		不小于			
2.120	25	399	0.7	439	0.7
2.240	25	398	0.8	438	0.8
2.360	25	396	0.8	436	0.8
2.500	25	395	0.9	435	0.8
2.620	25	393	0.9	434	0.9
2.650	25	393	0.9	433	0.9
2.730	25	392	0.9	432	0.9
2.800	25	391	0.9	432	0.9
2.850	25	391	0.9	431	0.9
3.000	25	389	1.0	430	1.0
3.150	30	388	1.0	428	1.0
3.350	30	386	1.0	426	1.0
3.550	30	383	1.1	423	1.1
3.750	30	381	1.1	421	1.1
4.000	30	379	1.2	419	1.1
4.250	30	376	1.3	416	1.3
4.500	30	373	1.3	413	1.3
4.750	30	370	1.4	411	1.4
5.000	30	368	1.4	408	1.4
5.300	30	365	1.5	—	—
5.600	30	361	1.6	—	—
6.000	30	357	1.7	—	—
6.300	30	354	1.8	—	—
6.700	30	349	1.8	—	—
7.100	30	345	1.9	—	—
7.500	30	341	2.0	—	—
8.000	30	335	2.2	—	—
8.500	35	330	2.3	—	—
9.000	35	325	2.4	—	—
9.500	35	319	2.5	—	—
10.00	35	314	2.6	—	—
10.60	35	307	2.8	—	—
11.20	35	301	2.9	—	—

标称直径/nm	TR	TY		TYT	
	伸长率（%）	抗拉强度/MPa	伸长率（%）	抗拉强度/MPa	伸长率（%）
	不小于				
11.80	35	294	3.1	—	—
12.50	35	287	3.2	—	—
13.20	35	279	3.4	—	—
14.00	35	271	3.6	—	—

4）电性能（GB/T 3952—2016）。圆铜线 20℃时的电阻率及电阻温度系数见表 2-66。

表 2-66   圆铜线的电阻率及电阻温度系数

型号	电阻率 ρ_{20}（$\mu\Omega \cdot$ m 不大于）		电阻温度系数/℃$^{-1}$	
	2.00mm 以下	2.00mm 及以上	2.00mm 以下	2.00mm 及以上
TR	17.241	17.241	0.00393	0.00393
TY	17.96	17.77	0.00377	0.00381
TYT	17.96	17.77	0.00377	0.00381

5）计算用物理参数（GB/T 3952—2016）。计算时，20℃的物理数据应取下列数值：

圆铜线的计算密度为 8.89g/cm^3；

线膨胀系数为 17×10^{-6}℃$^{-1}$。

6）原材料性能要求。圆铜线应采用符合 GB/T 3952—2016《电工用铜线坯》规定的圆铜杆制造，原料圆铜杆的牌号、状态和规格应符合表 2-67 的规定。

表 2-67   圆铜杆的牌号、状态和规格

牌号	状态	直径/mm
T1、T2、T3	热轧（M20）	6.0～35.0
TU1、TU2	铸造（M07）	6.0～12.0
	拉拔（硬）（H80）	

T1、TU1 圆铜杆的化学成分见表 2-68，其中，T1 的氧含量应不大于 0.040%，TU1 的氧含量应不大于 0.0010%。

表 2-68   T1、TU1 牌号铜线坯的化学成分

元素组	杂质元素	化学成分（质量分数）（%）（不大于）	元素组总质量分数（%）（不大于）	
1	Se	0.0002	0.0003	0.0003
	Te	0.0002		
	Bi	0.0002		

续表

元素组	杂质元素	化学成分（质量分数）（%）（不大于）	元素组总质量分数（%）（不大于）
2	Cr	—	0.0015
	Mn	—	
	Sb	0.0004	
	Cd		
	As	0.0005	
	P		
3	Pb	0.0005	0.0005
4	S	0.0015	0.0015
5	Sn	—	0.0020
	Ni	—	
	Fe	0.0010	
	Si	—	
	Zn	—	
	Co	—	
6	Ag	0.0025	0.0025
杂质总量，质量分数（%），不大于		0.0065	

注 杂质总量为表中所列元素实测值之和。

T2、TU2 圆铜杆的化学成分见表 2-69，其中，T2 的氧含量应不大于 0.045%，TU2 的氧含量应不大于 0.0020%。

表 2-69 **T2、TU2 牌号铜线坯的化学成分**

化学成分（质量分数）（%）										
Cu+Ag 不小于	杂质元素，不大于									
	As	Sb	Bi	Fe	Pb	Sn	Ni	Zn	S	P
99.95	0.0015	0.0015	0.0005	0.0025	0.002	0.0010	0.0020	0.002	0.0025	0.001

注 表中 Cu+Ag 含量为直接测得值。

T3 圆铜杆的化学成分见表 2-70，其中，T3 的氧含量应不大于 0.05%。

表 2-70 **T3 牌号铜线坯的化学成分**

化学成分（质量分数）（%）												
Cu+Ag 不小于	杂质元素，不大于											
	As	Sb	Bi	Fe	Pb	Sn	Ni	Zn	S	P	Cd	Mn	杂质总量
99.90	—	—	0.0025	—	0.005	—	—	—	—	—	—	—	0.06

注 1. 杂质总量为表中所列杂质元素实测值之和。

2. 表中 Cu+Ag 含量为直接测得值。

电缆用铜线坯的主要性能应符合表 2-71 的要求。

表 2-71　　　　　　　　　　　电缆用铜线坯的主要性能

牌号	状态	直径/mm	抗拉强度/MPa	伸长率（%）	20℃电阻率/（Ω·mm²）
T1、TU1	R 热轧	6.0～35	—	40	0.01707
T2、TU2			—	37	0.017241
T3			—	35	
TU1、TU2	Y 拉拔硬化	6.0～7.0	370	2.0	TU1 0.01750 TU2 0.01777
		7.0～8.0	345	2.2	
		8.0～9.0	335	2.4	
		9.0～10.0	325	2.8	
		10.0～11.0	315	3.2	
		11.0～12.0	290	3.6	

（2）铝及铝合金导体。铝和铝合金导线一般用于制造额定电压 0.6～1kV 电缆。电缆中使用的截面积 10～35mm² 的实心铝导体和实心铝合金导体应为圆形截面。对于单芯电缆，更大尺寸的导体应是圆形截面，而对多芯电缆，可以是圆形或成形截面。绞合成型的导体，同一导体内不同单线的直径之比不大于 2，每根导体中的单丝应具有相同的标称直径。最少单线根数应大于 GB/T 3956—2008 的要求。

1）外观。圆铝线及铝合金线表面应光洁无毛刺，不应有与良好工业产品不相称的任何缺陷。

2）型号规格、标称线径及其偏差范围（GB/T 3955—2016）圆铝线的型号、规格见表 2-72，标称直径及其偏差见表 2-73。圆铝线垂直于轴线的同一截面上的最大和最小直径之差应不超过标称直径偏差的绝对值。

表 2-72　　　　　　　　　　　圆铝线的型号、规格

名称	型号/状态代号	直径范围/mm
软圆铝线	LR/0	0.30～10.00
H4 状态硬圆铝线	LY4/H4	0.30～6.00
H6 状态硬圆铝线	LY6/H6	0.30～10.00
H8 状态硬圆铝线	LY8/H8	0.30～5.00
H9 状态硬圆铝线	LY9/H9	1.25～5.00

表 2-73　　　　　　　　圆铝线的标称直径及其偏差范围　　　　　　　　（mm）

标称直径 d	偏差
0.300～0.900	±0.013
0.910～2.490	±0.025
2.50 及以上	±1%d

电缆导体用铝合金线的型号、规格见表 2-74，标称直径及其偏差见表 2-75。

表 2-74　　　　　　　　　　　电缆导体用铝合金线的型号、规格

型号	标称直径或标称等效单线直径 d/mm
DLH1、DLH2、DLH3、DLH4、DLH5、DLH6	0.300～5.000

表 2-75　　　　　　电缆导体用铝合金线的直径及其允许偏差　　　　　　（mm）

标称直径或标称等效单线直径 d	允许偏差
$0.300 \leqslant d < 0.900$	±0.013
$0.900 \leqslant d < 2.500$	±0.023
$2.500 \leqslant d < 5.000$	±1%d

3）力学性能。圆铝线的力学性能应符合表 2-76 规定。

表 2-76　　　　　　　　　　　圆铝线的力学性能

编号	直径/mm	抗拉强度/（N/mm²）		断裂伸长率（最小值）（%）	卷绕
		最小	最大		
LR	0.30～1.00	—	98	16	—
	1.01～10.00	—	98	20	—
LY4	0.30～6.00	95	125	—	在自身直径的圈棒上卷绕8圈，退6圈后再重新紧绕，铝线应不断裂，但允许表面有轻微裂纹
LY6	0.30～6.00	125	165	—	在自身直径的圈棒上卷绕8圈，退6圈后再重新紧绕，铝线应不断裂，但允许表面有轻微裂纹
	6.01～10.00	125	165	3	—
LY8	0.30～5.00	160	205	—	在自身直径的圈棒上卷绕8圈，退6圈后再重新紧绕，铝线应不断裂，但允许表面有轻微裂纹
LY9	1.25 及以下	200	—	—	在自身直径的圈棒上卷绕8圈，退6圈后再重新紧绕，铝线应不断裂，但允许表面有轻微裂纹
	1.26～1.50	195			
	1.51～1.75	190			
	1.76～2.00	185			
	2.01～2.25	180			
	2.26～2.50	175			
	2.51～3.00	170			
	3.01～3.50	165			
	3.51～5.00	160			

电缆用铝合金线的力学性能应符合表 2-77 规定。

表 2-77 电缆用铝合金线的力学性能

状态	抗拉强度/MPa	伸长率（%）
R（热轧）	98～159	≥10
Y（拉拔硬化）	≥185	≥1.0

4）电性能。圆铝线的电性能应符合表 2-78 的规定。

表 2-78 圆铝线的电性能

型号	20℃时直流电阻率 ρ_{20}（最大值）/（Ω·mm²/m）	电阻温度系数/℃⁻¹
LR	0.02759	0.00413
LY4		
LY6	0.028264	0.00403
LY8		
LY9		

电缆用铝合金线的电性能应符合表 2-79 规定。

表 2-79 电缆用铝合金线的电性能

状态	20℃时直流电阻率 ρ_{20}/（μΩ·m）	电阻温度系数/℃⁻¹
R（热轧）	≤0.028264	0.00403
Y（拉拔硬化）	≤0.028976	0.00393

5）计算时物理系数。计算时，20℃的物理数据应取下列数值：

圆铝线的计算密度为 2.703g/cm³，电缆用铝合金线的计算密度为 2.710g/cm³。

圆铝线的线膨胀系数为 23.0×10^{-6}℃⁻¹，电缆用铝合金线的线膨胀系数为 23.0×10^{-6}℃⁻¹。

6）原材料性能要求。圆铝线应使用符合 GB/T 3954—2014《电工圆铝杆》规定的圆铝杆制造，原料电工圆铝杆的技术性能指标应符合表 2-80 的规定。

表 2-80 电工圆铝杆技术性能

材料牌号	规格	状态	抗拉强度/MPa	断后伸长率（%）	电阻率/（Ω·mm²/m）
1B90		O	35～65	35	27.15
1B93					
1B95	7.5	H14	60～90	15	27.25
1B97	9.5				
	12.5	O	60～90	25	27.55
	15.0	H12	80～110	13	27.85
1A60	19.0	H13	95～115	11	28.01
1R50	24.0	H14	110～130	8	28.01
		H16	120～150	6	28.01

材料牌号	规格	状态	抗拉强度/MPa	断后伸长率（%）	电阻率/ $(\Omega \cdot mm^2/m)$
1350		O	60～95	25	27.90
		H12	85～115	12	28.03
		H14	105～135	10	28.08
		H16	120～150	8	28.12
1370	7.5 9.5 12.5 15.0 19.0 24.0	O	60～95	25	27.90
		H12	85～115	11	28.01
		H13	105～13	8	28.03
		H14	115～150	6	28.05
		H16	130～160	5	28.05
6101		T4	150～200	10	34.50
6201		T4	160～220	10	34.50
8A07		H15	95～135	7	28.64
		H17	120～160	6	31.25
8030		H14	105～155	10	29.73

电缆导体用铝合金线的原材料化学成分见表 2-81。

表 2-81 　　　　　　　　　　　**电缆导体用铝合金线的原材料化学成分**

成分代号	化学成分（质量分数）（%）								Al
	Si	Fe	Cu	Mg	Zn	B	其他		
							单个	合计	
1	0.10	0.55～0.8	0.10～0.20	0.01～0.05	0.05	0.04	0.03[a]	0.10	余量
2	0.10	0.30～0.8	0.15～0.30	0.05	0.05	0.001～0.04	0.03	0.10	
3	0.10	0.6～0.9	0.04	0.08～0.22	0.05	0.04	0.03	0.10	
4	0.15[b]	0.40～1.0[b]	0.05～0.15	—	0.10	—	0.03	0.10	
5	0.03～0.15	0.40～1.0	—	—	0.10	—	0.05[c]	0.15	
6	0.10	0.25～0.45	0.04	0.04～0.12	0.05	0.04	0.03	0.10	

注 　1. 表中规定的化学成分除给定范围外，仅显示单个数据值，表示该单个数据为最大允许值。

　　　2. 对于脚注中的特定元素，仅在需要时测量。

[a] 该成分的铝合金中 Li 元素的质量分数应不大于 0.003%。

[b] 该成分的铝合金应该满足（Si＋Fe）元素的质量分数不大于 1.0%。

[c] 该成分的铝合金中的 Ga 元素的质量分数应不大于 0.03%。

2. 金属护套

金属护套多见于 110（66）kV 及以上的高压电力电缆，采用铅套、铝套等密封金属套筒，表面应无铅渣或铝渣等杂物，主要作用是：

（1）屏蔽作用：金属套应能传导额定短路电流。在大多数电力电缆线路中，电缆金属套可以在发生接地或短路故障时作回流导线使用。金属套应具有良好的热稳定性，以满足电力系统对短路电流承载能力和短路持续时间的要求，保证电力系统的安全性。

（2）防潮作用：金属套可防止水或者潮气进入电缆内部而引发水树枝生成和生长，降低电缆绝缘水平，从而延长电缆的使用寿命。

（3）机械保护作用：防止外力对电缆产生的压力破坏以及绝缘发热而产生的热膨胀损害。铜套和铝套在安装施工过程中具有很大的抗挤压、抗剪切及其侧面支撑能力，因此都能对电缆芯部产生良好的机械保护作用。在电缆接头和终端部位，铜套和铝套还可承受很大的夹持力，而铅套和综合护层则不具备这种机械保护作用。

目前，流行的高压交联电缆金属套有以下几种形式：

（1）挤压型：平滑铅套、平滑铝套、波纹铝套；

（2）焊接型：平滑铝套、波纹铝套、平滑铜套、波纹铜套；

（3）铝塑综合护层，由铜丝屏蔽和与外护套粘接的铝带或者铜带组成。

上述各类金属套都可以附加圆形或者扁形的金属线以增大金属套的短路容量。

其中，应用最广泛的是积压型平滑铅套和波纹铝套、焊接型波纹铝套和铝塑综合护套四种，其余的护套使用很少。四种金属套的主要性能比较见表2-82。

表2-82　　　　　　　　　四种金属套主要性能的比较

金属套型式	优点	缺点
挤压平滑铅套	无需设计内壁间隙； 内部结构紧密； 纵向防水性能最好； 化学稳定性和耐腐蚀性好； 电缆柔软； 接头处可直接搪铅	设备投资大成本高； 电阻率是铝的7.5倍； 电缆质量比铝套重6倍； 截面积比铝套大得多； 机械强度小、抗振性能差； 成本比铝套高
挤压波纹铝套	质量轻； 短路热稳定容量大； 机械强度大； 防水密封性能好	容易受腐蚀； 不如铅套柔软； 电缆弯曲后不易自行变直
焊接波纹铝套	设备投资小、成本低； 制造工艺简单； 质量轻； 短路热稳定容量大； 机械强度大； 防水密封性能好	容易受腐蚀； 不如铅套柔软； 电缆弯曲后不易自行变直； 不能直接搪铅； 焊接温度导致晶粒结构变化； 圆周上的力学性能不均匀
铝塑综合护层	质量轻； 电缆直径尺寸小； 成本低	只能用于短路容量不大的系统； 耐腐蚀能力较差； 机械强度小

（1）铅套。铅套的化学稳定性和耐腐蚀性强，纵向防水性能在传统金属套中最好，故多用于海底电力电缆线路、地下水位较高和腐蚀性较强的场合。铅套由铅合金挤包制成，铅合金应含有（质量分数）0.4%～0.8%锑和0.02%～0.06%铜，余量为铅（简称铅锑铜合金或 Pb－Sb－Cu 合金）；或含有 0.2%～0.4% 的锡、0、02%～0.06% 的铜，余量为铅（简称铅锡锑铜合金或 Pb－Sn－Sb－Cu 合金），也可采用性能等同于或者优于上述铅合金性能的其他铅合金。在铅合金中，除以上有效成分外，其他杂质含量应符合表 2-83 的要求。

表 2-83　　　　　　　　　　铅套用铅合金杂质含量要求

杂质成分	Ag	Cu	Bi	As	Sb	Sn	Zn	Fe	Cd	Ni	总和
含量（%）（不大于）	0.0080	0.005	0.060	0.0010	0.0010	0.0010	0.0005	0.0020	0.0020	0.0020	0.060

注　当合金成分含表中所列元素时，则该元素的含量按照合金成分约定。

（2）铝套。铝套质量轻、强度大、防水密封性能好，除了在必须使用铅套的场合外，一般直埋敷设时，可选择平滑或波纹铝套。挤压型铝套只允许使用纯铝，因此很容易发生腐蚀，需要采取特殊的保护措施或者采用其他防腐材料制成复合保护层。而焊接型铝套允许使用铝合金，可以大大提高铝的耐腐蚀性，但要求对焊缝质量进行严格检验。焊接性铝套的牌号、厚度及尺寸偏差应符合 GB/T 3880 的规定，带材抗拉强度不小于 60MPa，断后伸长率不小于 23%；挤包铝套用的原料圆铝杆性能要求应符合 GB/T 3954 的规定，抗拉强度不小于 80MPa，断后伸长率不小于 13%，20℃时电阻率不大于 27.85Ω·mm²/m。

3. 金属屏蔽

35kV 及以下电力电缆采用金属屏蔽，金属屏蔽的作用是减少外电磁场对线路的干扰，也有防止线路向外辐射电磁能的作用。金属屏蔽层应良好接地，以将干扰信号接地导出。金属屏蔽应由一根或多根金属带、金属丝的同心层或金属丝和金属带的组合结构组成。常见的金属屏蔽采用铜丝或铜带。

金属屏蔽用铜丝应符合表 2-63～表 2-65 的要求。

金属屏蔽用铜带的牌号、厚度及尺寸偏差应符合 GB/T 11091 的规定，化学成分应符合 GB/T 5121 的规定；抗拉强度大于 220MPa，非比例延伸强度大于 70MPa，断后伸长率 ≥30%，维氏硬度为 50～65，20℃电阻系数为 0.017593Ω·mm²/m。

4. 铠装

35kV 及以下电力电缆采用铠装。铠装一般选用镀锌钢带、不锈钢带及镀锌或锌合金钢丝编织网；海底电缆应采用镀锌或锌合金钢丝；严重腐蚀地区直埋电缆应选用不锈钢带。

（1）镀锌钢带。钢带应采用碳素结构钢制造，钢带的牌号应符合 GB/T 710 的规定，化学成分应符合 GB/T 912 的规定，化学成分及允许偏差符合 GB/T 222 的规定。

钢带厚度的允许偏差应符合表 2-84 的要求。

表 2-84　　　　　　　　　　　铠装钢带厚度允许偏差　　　　　　　　　　　　（mm）

公称厚度	允许偏差
≤0.20	±0.02
0.30	+0.02
	−0.03
0.50	+0.03
	−0.05
0.80	+0.04
	−0.06

注　钢带厚度不包括镀锌层的厚度，钢带的尺寸允许偏差相邻较大尺寸的规定。

镀锌钢带用锌锭成分应符合表 2-85 要求，镀锌钢带的镀层质量厚度应不小于表 2-86 的规定。

表 2-85　　　　　　　　　　　　镀锌钢带用锌锭成分

镀锌钢带种类	化学成分（质量分数）（%）							
	Zn 不小于	杂质，不大于						
		Pb	Cd	Fe	Cu	Sn	Al	总和
电镀锌用锌锭	99.995	0.003	0.002	0.001	0.001	0.001	0.001	0.005
热镀锌用锌锭	99.99	0.005	0.003	0.003	0.002	0.001	0.002	0.01
	99.95	0.030	0.01	0.02	0.002	0.001	0.01	0.05

表 2-86　　　　　　　　　　　　镀锌钢带锌层厚度　　　　　　　　　　　　（μm）

代号	三点试验平均值	三点试验最小值	
	双面	双面	单面
R200	14.2	12.07	2.414
D40	2.84	—	—

注　1. R200，镀锌钢带锌层质量平均值为 200g/m² 的热镀锌钢带。

　　　2. D40，镀锌钢带锌层质量平均值为 40g/m² 的电镀锌钢带。

（2）不锈钢带。不锈钢带应采用经固溶处理的奥氏体型不锈钢，以减少铠装的涡流损耗。其化学成分应符合 GB/T 20878 的规定，化学成分允许偏差符合 GB/T 222 的规定，尺寸允许偏差和力学性能应符合 GB/T 3280 的规定。

（3）镀锌低碳钢丝。电缆铠装用镀锌低碳钢丝用钢丝盘条应符合 GB/T701 规定，牌号由双方商定。

钢丝的尺寸和偏差应符合表 2-87 的规定。

表 2-87　　　　　　　　　　　　　　　钢丝尺寸和偏差　　　　　　　　　　　　　　（mm）

公称直径	允许偏差	公称直径	允许偏差
0.8~1.2	±0.04	3.2~4.2	±0.10
1.2~1.6	±0.05	4.2~6.0	±0.13
1.6~2.5	±0.05	6.0~8.0	±0.15
2.5~3.2	±0.08		

电缆铠装用镀锌低碳钢丝的力学性能见表 2-88。

表 2-88　　　　　　　　　　　　　　　钢丝的力学性能

公称直径	抗拉强度	断裂伸长率		扭转（不断裂）		缠绕（不断裂）	
		%（不小于）	标距/mm	次数/360°（不小于）	标距/mm	芯棒直径与钢丝公称直径之比	缠绕卷数
0.8~1.2		10		24		—	—
1.2~1.6		10		22			
1.6~2.5		10		20			
2.5~3.2	345~495	10	250	19	150	1	8
3.2~4.2		10		15			
4.2~6.0		10		10			
6.0~8.0		9		7			

电缆铠装用镀锌低碳钢丝热镀锌用锌锭成分应符合表 2-89 要求，镀层质量应符合表 2-90 要求。

表 2-89　　　　　　　　电缆铠装用镀锌低碳钢丝热镀锌锌锭成分

Zn 不小于	化学成分（质量分数）（%）						
	杂质（不大于）						
	Pb	Cd	Fe	Cu	Sn	Al	总和
99.995	0.003	0.002	0.001	0.001	0.001	0.001	0.005
99.99	0.005	0.003	0.003	0.002	0.001	0.002	0.01

表 2 - 90　　　　　　　　　　　电缆铠装用镀锌低碳钢丝镀锌层质量

公称直径/mm	一组			二组		
	镀层质量/(g/m²)(不小于)	缠绕试验		镀层质量/(g/m²)(不小于)	缠绕试验	
		芯棒直径为钢丝直径的倍数	缠绕卷数		芯棒直径为钢丝直径的倍数	缠绕卷数
0.9	112	2		150	2	
1.2	150			200		
1.6	150	4		220	4	
2.0	190			240		
2.5	210			260		
3.2	240		6	275		6
4.0	270	5		290	5	
5.0						
6.0						
7.0	280			300		
8.0						

2.3.2　导线

输电线路中的导线一般指的是架空输电线路上用来传导电流、输送电能的裸金属导线或者架空绝缘导线。

架空裸导线一般为每相一根，220kV 及以上线路由于输送容量大，同时为了减少电晕损失和电晕干扰而采用相分裂线，即每相采用两根以上的导线（即分裂导线）。导线在运行过程中必须承受各种自然条件的考验，必须在具备导电性能良好、机械强度高的前提下，综合考虑质量、价格、和耐腐蚀性等因素。架空导线在每个档距内只准有一个接头，在跨越公路、河流、铁路、重要建筑、其他电力线和通信线等重要跨越，导线不得有接头。

架空裸导线一般有圆线同心绞架空导线、型线同心绞架空导线、扩径导线几种结构形式。

1. 圆线同心绞架空导线

圆线同心绞架空导线是最常见的一种架空裸导线形式。圆线同心绞架空导线是由圆硬铝线、圆铝合金线、圆镀锌钢线及圆铝包钢线中之一或者两种单线在一根中心线周围螺旋绞上一层或者多层而组成的，其相邻层绞向应相反。常见型号见表 2 - 91。

表 2 - 91 导线的名称和型号

名称	型 号
铝绞线	JL
铝合金绞线	JLHA1、JLHA2、JLHA3、JLHA4
钢芯铝绞线	JL/G1A、JL/G2A、JL/G3A JL1/G1A、JL1/G2A、JL1/G3A JL2/G1A、JL2/G2A、JL2/G3A JL3/G1A、JL3/G2A、JL3/G3A
耐腐型钢芯铝绞线	JL/G1AF、JL/G2AF、JL/G3AF JL1/G1AF、JL1/G2AF、JL1/G3AF JL2/G1AF、JL2/G2AF、JL2/G3AF JL3/G1AF、JL3/G2AF、JL3/G3AF
钢芯铝合金绞线	JLHA1/G1A、JLHA1/G2A、JLHA1/G3A JLHA2/G1A、JLHA2/G2A、JLHA2/G3A JLHA3/G1A、JLHA3/G2A、JLHA3/G3A JLHA4/G1A、JLHA4/G2A、JLHA4/G3A
耐腐型钢芯铝合金绞线	JLHA1/G1AF、JLHA1/G2AF、JLHA1/G3AF JLHA2/G1AF、JLHA2/G2AF、JLHA2/G3AF JLHA3/G1AF、JLHA3/G2AF、JLHA3/G3AF JLHA4/G1AF、JLHA4/G2AF、JLHA4/G3AF
铝合金芯铝绞线	JL/JLHA1、JL1/JLHA1、JL2/JLHA1、JL3/JLHA1 JL/JLHA2、JL1/JLHA2、JL2/JLHA2、JL3/JLHA2
铝包钢芯铝绞线	JL/LB14、JL1/LB14、JL2/LB14、JL3/LB14 JL/LB20A、JL1/LB20A、JL2/LB20A、JL3/LB20A
铝包钢芯铝合金绞线	JLHA1/LB14、JLHA2/LB14、 JLHA1/LB20A、JLHA2/LB20A
耐腐型铝包钢芯铝合金绞线	JLHA1/LB14F、JLHA2/LB14F、 JLHA1/LB20AF、JLHA2/LB20AF
钢绞线	JG1A、JG2A、JG3A、JG4A、JG5A
铝包钢绞线	JLB14、JLB20A、JLB27、JLB35、JLB40

各类绞线的结构尺寸及力学性能和直流电阻应符合 GB/T 1179—2017 的要求。

绞制导线用到的各类圆线名称、型号见表 2 - 92。

表 2-92   绞线用单线名称、型号

名称	型号	名称	型号
硬铝线	L	架空绞线用镀锌钢线	G1A
	L1		G2A
	L2		G3A
	L3		G4A
铝合金线	LHA1	铝包钢线	G5A
	LHA2		LB14
	LHA3		LB20A
	LHA4		LB27
耐热铝合金线	NRLH1		LB35
	NRLH2		
	NRLH3		LB40
	NRLH4		

（1）架空绞线用硬铝圆线。架空绞线用硬铝圆线是用来绞制圆线铝绞线、圆线钢芯铝绞线等导线的原材料。硬铝圆线分为四个电阻等级，分别用 L、L1、L2、L3 来表示。

1）硬铝圆线的尺寸。硬铝圆线的直径及直径偏差见表 2-93。

表 2-93   硬铝圆线的直径及直径偏差   （mm）

标称直径 d	直径偏差
$d \leqslant 3.00$	± 0.03
$d > 3.00$	$\pm 1\% d$

注　测量直径时应在同一截面相互垂直的方向上测量两次。

2）硬铝圆线的成分。硬铝圆线应由铝含量不小 99.5％纯度的铝制成，以保证力学性能和电气性能达到要求。

3）硬铝圆线的电性能及其他物理参数。硬铝圆线的电性能见表 2-94。

表 2-94   20℃ 时的直流电阻及电阻温度系数

型号	20℃时的直流电阻，最大值/（Ω·mm²/m）（％IACS）	20℃时的电阻温度系数/℃$^{-1}$
L	0.028264（61.0）	0.00403
L1	0.028034（61.5）	0.00407
L2	0.027808（62.0）	0.00410
L3	0.027586（62.5）	0.00413

计算时，硬铝圆线 20℃的物理数据应取下列数值：

密度：2.703kg/dm³；

线膨胀系数：23×10^{-6}℃$^{-1}$。

4）硬铝圆线的力学性能。硬铝圆线的力学性能见表 2-95。

表 2-95 硬铝圆线的力学性能

型号	标称直径 d/mm	抗拉强度最小值/MPa	卷绕试验
L L1	d=1.25	200	在直径与硬铝圆线直径相同的芯轴上卷绕8圈，然后退绕6圈，再重新紧密卷绕，硬铝圆线应不断裂
	1.25<d≤1.50	195	
	1.50<d≤1.75	190	
	1.75<d≤2.00	185	
	2.00<d≤2.25	180	
	2.25<d≤2.50	175	
	2.50<d≤3.00	170	
	3.00<d≤3.50	165	
	3.50<d≤5.00	160	
L2 L3	1.25<d≤3.00	170	
	3.00<d≤3.50	165	
	3.50<d≤5.00	160	

（2）架空绞线用铝合金圆线。架空绞线用铝合金圆线是用来绞制铝合金绞线、钢芯铝合金绞线以及作为铝合金芯铝绞线的加强芯的原材料。铝合金圆线可分为四个各级：LHA1、LHA2、LHA3、LHA4。

1）铝合金圆线的尺寸。铝合金圆线的直径及直径偏差见表 2-96。

表 2-96 铝合金圆线的直径及直径偏差 （mm）

标称直径 d	直径偏差
d≤3.00	±0.03
d>3.00	±1%d

注 测量直径时应在同一截面相互垂直的方向上测量两次。

2）铝合金圆线的成分。关于铝合金圆线的成分目前没有明确要求，各厂家的配方可能有所差异。LHA1、LHA2铝合金圆线应由热处理的铝-镁-硅合金材料制成，四类铝合金导线的成分都应适应规定的力学和电气性能。

3）铝合金圆线的电性能及其他物理参数。铝合金圆线的电性能见表 2-97。

表 2-97 铝合金圆线电性能

型号	20℃时的直流电阻，最大值/（Ω·mm²/m）（%IACS）	20℃时的电阻温度系数/℃⁻¹
LHA1	0.032840 (52.5)	0.00360
LHA2	0.032530 (53.0)	0.00360
LHA3	0.027808 (58.5)	0.00390
LHA4	0.027586 (57.0)	0.00380

计算时，铝合金圆线 20℃的物理数据应取下列数值：

密度：2.703kg/dm³；

线膨胀系数：23×10^{-6}（1/℃）。

4）铝合金圆线的力学性能。铝合金圆线的力学性能见表 2-98。

表 2-98　　　　　　　　　　　铝合金圆线的力学性能

型号	标称直径 d/mm	抗拉强度最小值/MPa	伸长率（%）	卷绕试验
LHA1	$d \leqslant 3.50$	325	3.0	在直径与铝合金圆线直径相同的芯轴上卷绕 8 圈，铝合金圆线应不断裂
LHA1	$d > 3.50$	315	3.0	
LHA2	—	295	3.5	
LHA3	$2.00 < d \leqslant 3.00$	250	3.5	
LHA3	$3.00 < d \leqslant 3.50$	240		
LHA3	$3.50 < d \leqslant 4.00$	240		
LHA3	$4.00 < d \leqslant 5.00$	230		
LHA4	$2.00 < d \leqslant 3.00$	290		
LHA4	$3.00 < d \leqslant 3.50$	275		
LHA4	$3.50 < d \leqslant 4.00$	265	3.0	
LHA4	$4.00 < d \leqslant 5.00$	255		

（3）架空绞线用镀锌钢线。架空绞线用镀锌钢线是用来绞制钢绞线和作为钢芯铝绞线、钢芯铝合金绞线的加强芯的原材料。镀锌钢线分为 5 个强度等级，分别用 1 级、2 级、3 级、4 级和 5 级表示。镀锌层分为两个等级，分别为 A 级和 B 级。

1）镀锌钢线的尺寸及力学性能。各强度等级镀锌钢线的力学性能见表 2-99~表 2-103。

表 2-99　　　　1 级强度镀锌钢线的力学性能、扭转要求和卷绕试验芯轴直径

标称直径 d/mm		直径偏差/mm	1%伸长时的应力最小值/MPa	抗拉强度最小值/MPa	伸长率最小值（%）	卷绕试验芯轴直径/mm	扭转试验扭转次数最小值
大于	不大于						
A 级镀锌层							
1.24	2.25	±0.03	1170	1340	3.0	$1d$	18
2.25	2.75	±0.04	1140	1310	3.0	$1d$	16
2.75	3.00	±0.05	1140	1310	3.5	$1d$	16
3.00	3.50	±0.05	1100	1290	3.5	$1d$	14
3.50	4.25	±0.06	1100	1290	4.0	$1d$	12
4.25	4.75	±0.06	1100	1290	4.0	$1d$	12
4.75	5.50	±0.07	1100	1290	4.0	$1d$	12

续表

标称直径 d/mm		直径偏差/ mm	1%伸长时的 应力最小值/ MPa	抗拉强度 最小值/ MPa	伸长率 最小值 （%）	卷绕试验 芯轴直径/ mm	扭转试验 扭转次数 最小值
大于	不大于						
B 级镀锌层							
1.24	2.25	±0.03	1100	1240	4.0	1d	
2.25	2.75	±0.04	1070	1210	4.0	1d	
2.75	3.00	±0.05	1070	1210	4.0	1d	
3.00	3.50	±0.05	1000	1190	4.0	1d	扭转试验不 适用于 B 级镀 锌钢线
3.50	4.25	±0.06	1000	1190	4.0	1d	
4.25	4.75	±0.06	1000	1190	4.0	1d	
4.75	5.50	±0.07	1000	1190	4.0	1d	

表 2 - 100　2 级强度镀锌钢线的力学性能、扭转要求和卷绕试验芯轴直径

标称直径 d/mm		直径偏差/ mm	1%伸长时的 应力最小值/ MPa	抗拉强度 最小值/ MPa	伸长率 最小值 （%）	卷绕试验 芯轴直径/ mm	扭转试验 扭转次数 最小值
大于	不大于						
A 级镀锌层							
1.24	2.25	±0.03	1310	1450	2.5	3d	16
2.25	2.75	±0.04	1280	1410	2.5	3d	16
2.75	3.00	±0.05	1280	1410	3.0	4d	16
3.00	3.50	±0.05	1240	1410	3.0	4d	14
3.50	4.25	±0.06	1170	1380	3.0	4d	12
4.25	4.75	±0.06	1170	1380	3.0	4d	12
4.75	5.50	±0.07	1170	1380	3.0	4d	12
B 级镀锌层							
1.24	2.25	±0.03	—	—	2.5	3d	
2.25	2.75	±0.04	—	—	2.5	3d	
2.75	3.00	±0.05	—	—	3.0	4d	
3.00	3.50	±0.05	—	—	3.0	4d	扭转试验不 适用于 B 级镀 锌钢线
3.50	4.25	±0.06	—	—	3.0	4d	
4.25	4.75	±0.06	—	—	3.0	4d	
4.75	5.50	±0.07	—	—	3.0	4d	

表 2 - 101　　　3 级强度镀锌钢线的力学性能、扭转要求和卷绕试验芯轴直径

标称直径 d/mm		直径偏差/ mm	1%伸长时的 应力最小值/ MPa	抗拉强度 最小值/ MPa	伸长率 最小值 （%）	卷绕试验 芯轴直径/ mm	扭转试验 扭转次数 最小值
大于	不大于						
A 级镀锌层							
1.24	2.25	±0.03	1450	1620	2.0	4d	14
2.25	2.75	±0.04	1410	1590	2.0	4d	14
2.75	3.00	±0.05	1410	1590	2.5	4d	12
3.00	3.50	±0.05	1380	1550	2.5	4d	12
3.50	4.25	±0.06	1340	1520	2.5	4d	10
4.25	4.75	±0.06	1340	1520	2.5	4d	10
4.75	5.50	±0.07	1270	1500	2.5	4d	10

表 2 - 102　　　4 级强度镀锌钢线的力学性能、扭转要求和卷绕试验芯轴直径

标称直径 d/mm		直径偏差/ mm	1%伸长时的 应力最小值/ MPa	抗拉强度 最小值/ MPa	伸长率 最小值 （%）	卷绕试验 芯轴直径/ mm	扭转试验 扭转次数 最小值
大于	不大于						
A 级镀锌层							
1.24	2.25	±0.03	1580	1870	3.0	4d	12
2.25	2.75	±0.04	1580	1820	3.0	4d	12
2.75	3.00	±0.05	1550	1820	3.5	4d	12
3.00	3.50	±0.05	1550	1770	3.5	4d	12
3.50	4.25	±0.06	1500	1720	3.5	4d	10
4.25	4.75	±0.06	1480	1720	3.5	4d	8

表 2 - 103　　　5 级强度镀锌钢线的力学性能、扭转要求和卷绕试验芯轴直径

标称直径 d/mm		直径偏差/ mm	1%伸长时的 应力最小值/ MPa	抗拉强度 最小值/ MPa	伸长率 最小值 （%）	卷绕试验 芯轴直径/ mm	扭转试验 扭转次数 最小值
大于	不大于						
A 级镀锌层							
1.24	2.25	±0.03	1600	1960	3.0	4d	12
2.25	2.75	±0.04	1600	1910	3.0	4d	12
2.75	3.00	±0.05	1580	1910	3.5	4d	12
3.00	3.50	±0.05	1580	1870	3.5	4d	12
3.50	4.25	±0.06	1550	1820	3.5	4d	10
4.25	4.75	±0.06	1500	1820	3.5	4d	8

在测量直径时，应在同一截面且互相垂直的方向上测量两次，取平均值作为镀锌钢线

的直径。考虑到镀锌层表面,尤其是热镀法生产的锌层表面不是很光洁、平整,因此以上直径偏差适用于测量镀锌钢线均匀区内的直径。

2)镀锌钢线的镀锌层试验。镀锌钢线的镀锌层试验有镀锌层质量试验、镀锌层附着性试验和镀锌层连续性试验。

镀锌钢线的镀锌层质量用每单位面积锌层的重量来表示。镀锌层的质量可用气体容积法和重量法测定。在对结果有异议时,应采用重量法作为仲裁试验方法。

镀锌层质量要求见表 2-104。

表 2-104 镀锌层质量要求

标称直径 d/mm		镀锌层单位面积质量最小值/(g/m^2)	
大于	不大于	A 级	B 级
1.24	1.50	185	370
1.50	1.75	200	400
1.75	2.25	215	430
2.25	3.00	230	460
3.00	3.50	245	490
3.50	4.25	260	520
4.25	4.75	275	550
4.75	5.50	290	580

镀锌层附着性试验要求从每个镀锌钢线试样上截取一个试件,以不超过 15r/min 的速度在圆形芯轴上紧密卷绕 8 圈,镀锌钢线标称直径为 3.50mm 及以下时,芯轴直径为镀锌钢线标称直径的 4 倍;镀锌钢线标称直径为 3.50mm 以上时,芯轴直径为镀锌钢线标称直径的 5 倍。卷绕后镀锌层应牢固地附着在钢线上而不开裂,或用手指摩擦锌层不会产生脱落的起皮。

镀锌层连续性试验要求用肉眼观察镀锌层应没有孔隙。镀锌层应较光洁、厚度均匀,并与良好的商品实践相一致。

(4)铝包钢丝。铝包钢丝是由一根圆钢芯外包一层均匀连续的铝层构成的圆线。按照电导率组别可将铝包钢丝分为 14AC、20AC、23AC、27AC、30AC、33AC、35AC、40AC,分别对应的电导率为:14% IACS、20% IACS、23% IACS、27% IACS、30% IACS、33%IACS、35%IACS、40%IACS。

1)铝包钢丝的尺寸。铝包钢丝的尺寸及允许偏差见表 2-105。

表 2-105 铝包钢丝的尺寸及允许偏差 (mm)

公称直径 d	允许偏差
<2.67	±0.04
≥2.67	±1.5%d

铝包钢丝的不圆度应不大于直径公差的二分之一。

2)铝包钢丝的材料。铝包钢丝的基体金属应是钢,采用电炉或转炉冶炼。钢的化学成分应该满足 GB/T 24242.4 的规定，并使成品铝包钢丝具有符合以下力学性能的特性。钢的牌号由厂家决定。

3）铝包钢丝的力学性能和电阻率性能。铝包钢丝的力学性能和电阻率性能见表 2 - 106。

表 2 - 106　　　　　　　　　　　铝包钢丝的力学性能和电阻率性能

电导率组别	公称直径	抗拉强度/ MPa （不小于）	1%伸长时应力/ MPa	断后伸长率 （%） （L_0＝250mm）	扭转次数 （次/360°） （L＝100D）	20℃时电阻率/ （nΩ·m） （最大值）
14AC	2.25＜d≤3.00	1590	1410			123.15
	3.00＜d≤3.50	1550	1380			
	3.50＜d≤4.75	1520	1340			
	4.75＜d≤5.50	1500	1270			
20AC	1.24＜d≤3.25	1340	1200	断后≥1.0 （或断裂时≥1.5）	≥20	84.80
	3.25＜d≤3.45	1310	1180			
	3.45＜d≤3.65	1270	1140			
	3.65＜d≤3.95	1250	1100			
	3.95＜d≤4.10	1210	1100			
	4.10＜d≤4.40	1180	1070			
	4.40＜d≤4.60	1140	1030			
	4.60＜d≤4.75	1100	1000			
	4.75＜d≤5.50	1070	1000			
23AC	2.50＜d≤5.00	1220	—			74.96
27AC	2.50＜d≤5.00	1080	—			63.86
30AC	2.50＜d≤5.00	880	—			57.47
33AC	2.50＜d≤5.00	850	—			52.24
35AC	2.50＜d≤5.00	810	—			49.26
40AC	2.50＜d≤5.00	680	—			43.10

注　电导率组别为 14AC、20AC 的 1%伸长应力仅适用于铝包钢芯铝绞线用铝包钢丝。

4）铝层厚度。铝包钢丝在任一截面的铝层厚度见表 2 - 107。

表 2 - 107　　　　　　　　　铝包钢丝铝层厚度

电导率组别	铝层厚度/mm	
	最小值	平均值
14AC	5%R	6.7%R
20AC	公称直径 d＜1.80mm，8%R	13.4%R
	公称直径 d≥1.80mm，10%R	
23AC	11%R	16.3%R
27AC	14%R	20.5%R

续表

电导率组别	铝层厚度/mm	
	最小值	平均值
30AC	15%R	24.5%R
33AC	17%R	29.2%R
35AC	20%R	30.7%R
40AC	25%R	38.4%R

5）铝包钢丝的其他物理常量。铝包钢丝的其他物理常量见表 2-108。

表 2-108　　　　　铝包钢丝的物理常量参考值

电导率组别	弹性模量（计算值）/MPa	线膨胀系数（计算值）（10^{-6}/℃）	电阻温度系数/℃$^{-1}$	密度（20℃）/（g/cm³）
14AC	170000	12.0	0.0034	7.14
20AC	162000	13.0	0.0036	6.59
23AC	149000	12.9	0.0036	6.27
27AC	140000	13.4	0.0036	5.91
30AC	132000	13.8	0.0038	5.61
33AC	124000	14.4	0.0039	5.25
35AC	122000	14.5	0.0039	5.15
40AC	109000	15.5	0.0040	4.64

（5）架空绞线用耐热铝合金线。随着超高压和特高压工程的建设，大容量、高运行温度的线路要求使用耐热铝合金线绞制耐热导线。耐热铝合金线的运行温度要高于传统的铝镁硅系合金线以及硬铝线，分为 4 个等级：NRLH1、NRLH2、NRLH3、NRLH4 耐热温度见表 2-109。

表 2-109　　　　　耐热铝合金线耐热温度

名称	型号	运行最高温度/℃
耐热铝合金线	NRLH1	150
高强度耐热铝合金线	NRLH2	150
超耐热铝合金线	NRLH3	210
特耐热铝合金线	NRLH4	230

1）耐热铝合金线的尺寸。耐热铝合金线的尺寸及偏差见表 2-110。

表 2-110　　　　　耐热铝合金线的尺寸及偏差　　　　　（mm）

标称直径 d	直径偏差
$d\leqslant3.00$	±0.03
$d>3.00$	±1%d

2）耐热铝合金线的成分。耐热铝合金线应由适当成分的铝－锆合金组成，其力学、电气和耐热性能都应适应 4 个等级的耐热铝合金线要求。

3）耐热铝合金线的力学性能。耐热铝合金导线的力学性能见表 2 - 111。

表 2 - 111　　　　　　　　　　　　耐热铝合金导线的力学性能

类型	标称直径/mm		抗拉强度/MPa	伸长率（%）	卷绕试验
	大于	不大于	不小于	不小于	
NRLH1	—	2.60	169	1.5	
	2.60	2.90	166	1.6	
	2.90	3.50	162	1.7	
	3.50	3.80		1.8	
	3.80	4.00	159	1.9	
	4.00	4.50		2.0	
NRLH2	—	2.60	248	1.5	
	2.60	2.90	245	1.6	
	2.90	3.50	241	1.7	
	3.50	3.80		1.8	
	3.80	4.00	238	1.9	
	4.00	4.50	225	2.0	以不超过 60r/min 的速度在同等直径的芯棒上卷绕 8 圈，不应出现断裂
NRLH3	—	2.30	176	1.5	
	2.30	2.60	169		
	2.60	2.90	166	1.6	
	2.90	3.50	162	1.7	
	3.50	3.80		1.8	
	3.80	4.00	159	1.9	
	4.00	4.50		2.0	
NRLH4	—	2.60	169	1.5	
	2.60	2.90	165	1.6	
	2.90	3.50	162	1.7	
	3.50	3.80		1.8	
	3.80	4.00	159	1.9	
	4.00	4.50		2.0	

4）耐热铝合金线的运行参数。耐热铝合金线的部分物理性能参数和运行参数见表 2-112。

表 2-112 耐热铝合金线的运行参数

型号	NRLH1	NRLH2	NRLH3	NRLH4
20℃时直流电阻率/（Ω·mm^2/m）不大于（电导率，%IACS）	0.028735（60.0）	0.031347（55.0）	0.028735（60.0）	0.029726（58.0）
20℃电阻温度系数/（1/℃）	0.0040	0.0036	0.0040	0.0038
20℃密度（kg/dm^3）	2.703	2.703	2.703	2.703
允许连续运行温度（40年）/℃	150	150	210	230
400h允许运行温度/℃	180	180	240	310
线膨胀系数/（1/℃）	23×10^{-6}	23×10^{-6}	23×10^{-6}	23×10^{-6}

5）耐热铝合金线的耐热性。耐热铝合金线在按照表 2-113 所列持续温度及时间加热后的强度保持率应不小于室温时初始测量值的 90%。

表 2-113 确认耐热性能的加热持续温度及时间

持续时间/h	温度/℃	NRLH1	NRLH2	NRLH3	NRLH4
1	加热温度	230	230	280	400
	温度公差	+5 −3	+5 −3	+5 −3	+10 −6
400	加热温度	180	180	240	310
	温度公差	+10 −6	+10 −6	+10 −6	+10 −6

2. 型线同心绞架空导线

型线同心绞架空导线由铝型线、铝合金型线、圆形镀锌线、铝包钢丝或硬铝圆线制成。型线的生产工艺有三种：①单线在一个工艺过程中被成型，绞合是在另一个工艺过程中进行；②单线成型和单线绞合在一次操作中完成；③先绞合一层圆单线，然后将此层紧压层圆形截面。圆形单线的其他层可被绞合和紧压或成型单线的其他层可被绞合在紧压的芯线上。

在型线同心绞架空导线的型线单线性能中，引入了一个等效单线直径的概念，即与已定相同材料的型线具有相同横截面积、质量及电阻的圆单线的直径。绞合前的单线应符合圆线同心绞架空导线中圆单线的性能。绞合前成型的单线应具有基于他们的等效圆单线直径所计算的性能。

（1）架空绞线用硬铝型线。架空绞线用硬铝型线是用来绞制成型铝绞线、钢芯成型铝绞线等导线的原材料。成型硬铝线分为 4 个电阻等级，分别用 L、L1、L2、L3 来表示。

1）硬铝型线的尺寸。硬铝型线的推荐截面形状分为"X1""X2"两种类型，其中"X1"代表梯形截面，"X2"代表 Z（或 S）形截面。硬铝型线的等效直径及等效直径偏差见表 2-114。

表 2 - 114　　　　　　**硬铝型线的等效直径及等效直径偏差**　　　　　　（mm）

标称直径 d	直径偏差
2.00～6.00	$\pm 2\%d$

注　硬铝型线的等效直径的测量方法参照 GB/T 4909.2—2009 的规定进行。

2）硬铝型线的成分。硬铝型线应由铝含量不小 99.5% 纯度的铝制成，以保证力学性能和电气性能达到要求。

3）硬铝型线的电性能及其他物理参数。硬铝型线的电性能见表 2 - 115。

表 2 - 115　　　　　　**20℃时的直流电阻及电阻温度系数**

型号	20℃时的直流电阻，最大值/（Ω·mm²/m）（%IACS）	20℃时的电阻温度系数/℃$^{-1}$
LX1、LX2	0.028264（61.0）	0.00403
L1X1、L1X2	0.028034（61.5）	0.00407
L2X1、L2X	0.027808（62.0）	0.00410
L3X1、L3X2	0.027586（62.5）	0.00413

计算时，硬铝型线 20℃的物理数据应取下列数值：

密度：2.703kg/dm³；

线膨胀系数：23×10^{-6}（1/℃）。

4）硬铝型线的力学性能。硬铝型线的力学性能见表 2 - 116。

表 2 - 116　　　　　　**硬铝型线的力学性能**

型号	标称直径 d/mm	抗拉强度最小值/MPa
LX1、LX2 L1X1、L2X2	$d=2.0$	185
	$2.00<d\leqslant2.25$	180
	$2.25<d\leqslant2.50$	175
	$2.50<d\leqslant3.00$	170
	$3.00<d\leqslant3.50$	165
	$3.50<d\leqslant6.00$	160
L2X1、L2X2 L3X1、3X2	$2.00<d\leqslant3.00$	170
	$3.00<d\leqslant3.50$	165
	$3.50<d\leqslant6.00$	160

（2）架空绞线用软铝型线。

1）软铝型线的尺寸。软铝型线的等效直径及等效直径偏差见表 2 - 117。软铝型线的推荐截面形状分为"X1""X2"两种类型，其中"X1"代表梯形截面，"X2"代表 Z（或 S）形截面。

表 2 - 117　　　　　　**软铝型线的等效直径及等效直径偏差**　　　　　　（mm）

标称直径 d	直径偏差
2.00～6.00	$\pm 2\%d$

注　软铝型线的等效直径的测量方法参照 GB/T 4909.2—2009 的规定进行。

2）软铝型线的成分。软铝型线应使用符合 GB/T 3954—2014《电工圆铝杆》规定的圆铝杆成型制造。

3）软铝型线的电性能及其他物理参数。软铝型线的电性能见表 2 - 118。

表 2 - 118   **20℃时的直流电阻及电阻温度系数**

型号	20℃时的直流电阻，最大值/（Ω·mm²/m）（%IACS）	20℃时的电阻温度系数/℃⁻¹
LRX1、LRX2	0.02737（63.0）	0.00416

计算时，软铝型线 20℃的物理数据应取下列数值：

密度：2.703kg/dm^3；

线膨胀系数：23×10^{-6}（1/℃）。

4）软铝型线的力学性能。软铝型线的力学性能见表 2 - 119。

表 2 - 119   **软铝型线的力学性能**

型号	标称直径 d/mm	抗拉强度/MPa
LRX1、LRX2	2.00～6.00	60～95

（3）架空绞线用铝合金型线。架空绞线用铝合金型线为 LHA2 或 LHA1 铝合金圆线通过绞前成型而成。成型前的铝合金圆线性能应满足本章第 1 部分中关于铝合金圆线的性能要求。

3．扩径导线

扩径导线一般用于超高压和特高压工程。为了减小导线质量，减少铁塔荷载和结构重量，采用铝制空心管扩大导线外径，从而降低线路造价。扩径导线一般分为站用导线和线路用导线，区别是线路用扩径导线必须考虑拉力和弧垂等因素，扩径较小且有钢芯。站用扩径导线一般不考虑弧垂、张力等问题，故扩径较大且不需要钢芯。

扩径导线分为大内径铝管支撑型扩径导线、小内径铝管填充型扩径导线、疏绞型扩径导线和高密度聚乙烯支撑型扩径导线四种类型。其中比较常见的扩径导线为铝管支撑型耐热铝合金扩径导线和疏绞型扩径钢芯铝绞线。

（1）铝管支撑型耐热铝合金扩径导线。铝管支撑型耐热铝合金扩径导线由耐热铝合金线在螺旋形支撑用铝管上绞合组成。耐热铝合金线的性能应满足 3.3.2 中耐热铝合金线的性能要求。铝管由符合 GB/T 3880—2012 标准中 1060 牌号的铝带成型制成。铝管的具体性能要求见表 2 - 120。

表 2 - 120   **铝管支撑型耐热铝合金扩径导线用铝管性能要求**

铝管外径/mm	铝管外径偏差	铝管厚度/mm	厚度偏差/mm	铝管轧纹节距/mm	轧纹深度/mm	铝管抗拉强度/MPa	铝管电阻率/（Ω·mm²/m）
≤45	0%～1%d	1.5	±0.02	17～19	3.5±0.5	80	0.028264
>45		2.0	±0.03	20～25			

（2）疏绞型扩径钢芯铝绞线。疏绞型扩径钢芯铝绞线由硬铝圆线或铝型线与镀锌钢线

绞合而成。绞合前所有单线的性能应满足 3.3.2 中硬铝圆线、铝型线与镀锌钢线的性能要
求。铝型线的横截面形状应为 X1 型梯形截面。

4. 架空绝缘导线

架空绝缘导线是为了增加导线的防污秽性能和防止线路异常接地而对普通的架空绞线
进行了绝缘层包覆形成的导线,一般只用于较低电压等级输电线路(35kV 以下)。一般由
铝及铝合金单丝和型线绞制而成。所用的金属单丝材料可参考圆线绞架空同心绞线和型线
绞架空同心绞线。

2.4　结构类设备部件及常用金属材料

电网结构类材料是用以支撑导线传输电(磁)能、信息或起到支撑设备作用的产品。
电力工业中常用的结构类设备包括杆塔、紧固件、金具、支架等。电网结构类所用的金属
材料以黑色金属为主,绝大部分为铁及其合金。黑色金属防腐性能较差,一般通过在表面
进行热镀锌处理,增加防腐性能。

2.4.1　输电铁塔

输电铁塔构件主要采用角钢或钢管等钢材制造、紧固件联结或焊接,用于支撑输电线
路的塔状结构,主要由角钢塔、防腐蚀保护涂装、地脚螺栓与螺母等组成。

1. 角钢铁塔(GB/T 36130—2018)

角钢铁塔可分为一般铁塔、热浸镀锌铁塔、耐候铁塔和高强高塑性铁塔。角钢铁塔用
钢牌号及分类见表 2-121。

表 2-121　　　　　　　　　　　　角钢铁塔钢牌号及分类

类别	牌　　号
一般铁塔用钢	Q290T、Q355T、Q390T、Q420T、Q460T
热浸镀锌铁塔用钢	Q355TX、Q390TX、Q420TX、Q460TX
耐候铁塔用钢	Q355TNH、Q390TNH、Q420TNH、Q460TNH
高强高塑铁塔用钢	Q440TL

注　1. 热浸镀锌用途铁塔用钢是指专门适用于热浸镀锌的钢材,其他类型的铁塔用钢也可用于热浸镀锌。
　　2. 耐候铁塔用钢在制造铁塔之前需进行特殊的表面处理,以达到简化涂装甚至免涂装的效果。

角钢铁塔化学成分见表 2-122。

表 2-122　　　　　　　　　　角钢铁塔化学成分(熔炼分析)

牌号	化学成分(质量分数)(%)										
	C	Si	Mn[a]	P	S	Alt	B	Cr	Ni	Cu	其他[b]
Q290T	≤0.21	≤0.40	≤1.35[c]	≤0.030	≤0.030	≥0.020	—	—	—	—	d
Q355T	≤0.23	≤0.40	≤1.35[b]	≤0.030	≤0.030	≥0.020	—	≤0.30	≤0.50	≤0.40	d
Q390T	≤0.25	≤0.40	≤1.35[b]	≤0.030	≤0.030	≥0.020	—	≤0.30	≤0.80	≤0.40	d

牌号	化学成分（质量分数）（%）										
	C	Si	Mn[a]	P	S	Alt	B	Cr	Ni	Cu	其他[b]
Q420T	≤0.26	≤0.40	≤1.35[b]	≤0.030	≤0.030	≥0.020	—	≤0.30	≤0.80	≤0.40	d
Q460T	≤0.23	≤0.40	≤1.35[b]	≤0.030	≤0.030	≥0.020	—	≤0.30	≤0.80	≤0.40	d
Q355TX	≤0.18	≤0.05	≤1.50	≤0.030	≤0.030	≥0.020	—	≤0.30	≤0.50	≤0.40	d
Q390TX	≤0.18	≤0.05	≤1.50	≤0.030	≤0.030	≥0.020	—	≤0.30	≤0.80	≤0.40	d
Q420TX	≤0.18	≤0.05	≤1.60	≤0.030	≤0.030	≥0.020	—	≤0.30	≤0.80	≤0.40	d
Q460TX	≤0.18	≤0.60	≤1.70	≤0.030	≤0.030	≥0.020	—	≤0.30	≤0.80	≤0.40	d
Q355TNH	≤0.18	≤0.60	≤1.30	≤0.030	≤0.030	≥0.020	—	0.30～1.25	≤0.65	0.25～0.55	e
Q390TNH	≤0.16	≤0.60	≤1.30	≤0.030	≤0.030	≥0.020	—	0.30～1.25	≤0.65	0.25～0.55	e
Q420TNH	≤0.12	≤0.65	≤1.50	≤0.030	≤0.030	≥0.020	—	0.30～1.25	0.12～0.65	0.25～0.55	e
Q460TNH	≤0.12	≤0.65	≤1.50	≤0.030	≤0.030	≥0.020	—	0.30～1.25	0.12～0.65	0.25～0.55	e
Q440TL	≤0.12	≤0.40	≤2.00	≤0.030	≤0.030	≥0.020	≤0.0002	—	—	—	f

[a] 当厚度大于10mm时，Mn的熔炼分析最小值为0.80%，厚度不大于10mm时，Mn的熔炼分析最小值为0.50%，Mn/C≥2：1。

[b] 可添加其他微量元素，其含量应符合GB/T 1591—2008的规定。

[c] 当规定的最大C含量值每减少0.01%时，允许Mn含量在规定最大值上增加0.06%，最大增加到1.6%。

[d] 为改善钢的性能，可单独加入或复合加入Nb、V、Ti等微合金元素，但应确保Nb+V+Ti≤0.22%，并在质量证明书中注明。

[e] 在苛刻腐蚀环境下，经供需双方协商，可以添加其他耐腐蚀合金元素。

[f] 对于Q440TL，Nb+V≤0.15%，也可加其他合金元素单在质量证明书中注明。

角钢铁塔拉伸和弯曲性能见表2-123。

表 2-123 角钢铁塔拉伸和弯曲性能

牌号	拉伸试验				180°弯曲试验[c]	
	上屈服强度[a,b] R_{Eh}/MPa 不小于	抗拉强度 R_m/MPa	断后伸长率 A_{50mm}（%）不小于		钢板厚度/mm	
			钢板厚度/mm			
			3.0～16	>16	≤16	>16
Q290T	≥290	≥420	24		$D=2.0a$	$D=3.0a$
Q355T	≥355	≥450	22		$D=2.0a$	$D=3.0a$
Q390T	≥390	≥490	20		$D=2.0a$	$D=3.0a$
Q420T	≥420	≥520	19		$D=2.0a$	$D=3.0a$
Q460T	≥460	≥550	17		$D=2.0a$	$D=3.0a$
Q355TX	≥355	≥450	22		$D=2.0a$	$D=3.0a$
Q390TX	≥390	≥520	20		$D=2.0a$	$D=3.0a$
Q420TX	≥420	≥520	19		$D=2.0a$	$D=3.0a$

牌号	拉伸试验				180°弯曲试验c	
	上屈服强度a,b R_{Eh}/MPa 不小于	抗拉强度 R_{m}/MPa	断后伸长率 $A_{50\text{mm}}$（％）不小于		钢板厚度/mm	
			钢板厚度/mm			
			3.0～16	＞16	≤16	＞16
Q460TX	≥460	≥550	17		$D=2.0a$	$D=3.0a$
Q355TNH	≥355	≥450	22		$D=2.0a$	$D=3.0a$
Q390TNH	≥390	≥520	20		$D=2.0a$	$D=3.0a$
Q420TNH	≥420	≥520	19		$D=2.0a$	$D=3.0a$
Q460TNH	≥460	≥570	17		$D=2.0a$	$D=3.0a$
Q440TL	≥440	590～740	19	26	$D=2.0a$	$D=3.0a$

a 为满足焊管成品性能要求，经供需双方协商，上屈服强度下限可相应提高 5MPa～10MPa。

b 当屈服现象不明显时，可用规定塑性屈服强度 $R_{\text{P0.2}}$ 代替。

c a 为试样厚度，D 为弯曲压头直径，b 为试样宽度，一般情况下 $b≥20$mm，伸裁时采用 $b=35$mm。

2. 防腐蚀保护涂装（DL/T 1453—2015）

铁塔防腐蚀保护涂装之前宜开展腐蚀评估，根据腐蚀评估的结果进行防腐涂层设计和涂装工作。铁塔的腐蚀评估包括腐蚀环境评估、铁塔表面状态评估和腐蚀程度评估。新建铁塔应进行腐蚀环境评估，在役铁塔应进行腐蚀环境评估、铁塔表面状态评估和腐蚀程度评估。腐蚀环境评估决定涂层体系的整体设计，铁塔表面状态评估决定涂料体系中底漆的选择，腐蚀程度评估决定涂料涂装防腐的时机。腐蚀评估的程序由调查、检测和评定三部分组成，根据调查和检测结果进行综合评定。若同一对象评估结果存在不一致时，应以最严重的腐蚀评估结果为依据。

（1）铁塔的腐蚀评估。

1）腐蚀环境评估。铁塔大气腐蚀环境等级分为 C1、C2、C3、C4、C5、CX 五类，大气腐蚀环境分类见表 2-124。

表 2-124　　　　　　　　　　　大气腐蚀环境分类

腐蚀分类	单位面积质量损失/厚度损失（第一年暴露后）				温和气候下典型环境案例
	低碳钢		锌		
	质量损失 g/m²	厚度损失/μm	质量损失/（g/m²）	厚度损失/μm	
C1 很低	≤10	≤1.3	≤0.7	≤0.1	空气洁净的室内
C2 低	10～200	1.3～25	0.7～5	0.1～0.7	低污染水平的大气，部分是乡村地区
C3 中等	200～400	25～50	5～15	0.7～2.1	城市和工业大气，中等二氧化硫污染区以及低盐度沿海区
C4 高	400～650	50～80	15～30	2.1～4.2	中等含盐度的工业区和沿海区
C5 很高	650～1500	80～200	30～60	4.2～8.4	高湿度和恶劣大气的工业区，高盐度的沿海和海上区域

腐蚀分类	单位面积质量损失/厚度损失（第一年暴露后）				温和气候下典型环境案例
	低碳钢		锌		
	质量损失 g/m²	厚度损失/μm	质量损失/（g/m²）	厚度损失/μm	
CX 极高	1500～5500	200～700	60～180	8.4～25	几乎永久性冷凝或长时间暴露于极端潮湿和/或高污染的生产空间，如湿热地区有室外污染物（包括空气中氯化物和促进腐蚀物质）渗透的不通风工作间；亚热带和热带地区（潮湿时间非常长），极重污染（$SO_2 > 250\mu g/m^2$）包括间接和直接因素和/或氯化物有强烈作用的大气环境，如极端工业区，海岸与近海地区及偶尔与盐雾接触的地区

大气腐蚀环境等级可由表2-124中平板试样的一年期挂片腐蚀速率直接测定，测试方法按 GB/T 19292.4 执行。当标准碳钢试样和标准锌试样的评定结果不一致时，应取较重的腐蚀等级。

在需要短时间内确定大气腐蚀环境等级时，可由污染物沉积率和潮湿时间判断，按 GB/T 19292.1 执行。污染物沉积率的测试方法应符合 GB/T 19292.3 的要求，宜测试9、10、11月三个月的数据取平均值。潮湿时间用温度大于0℃且相对湿度大于80%的时间相加来估算，可由气象部门获取当地的温度和相对湿度等气候特征参数进行估算，应符合 GB/T 19292.1 的要求。

腐蚀环境评估可先根据线路路径区域内类似工程结构的腐蚀历史情况，简单判定环境腐蚀性。对新铁塔或类似钢结构在10年以内即发生重腐蚀的地区可判定为 C5 腐蚀环境，对新铁塔或类似钢结构在15年以内发生重腐蚀的地区可判定为 C4 及以上腐蚀环境。

110kV 及以上输电线路应至少选取线路路径区域内一个地点进行腐蚀环境评估，测点的选取应具有代表性，且覆盖范围尽可能广。若以往铁塔由于腐蚀达不到设计服役寿命，或铁塔附近存在明显腐蚀源如位于化工厂旁、工业区、沿海盐雾区等，或对大气腐蚀环境等级的判定存在争议时，应进行腐蚀环境定量检测评估。

新建铁塔应在设计选址阶段开展腐蚀环境评估，在役铁塔应在腐蚀改造之前开展腐蚀环境评估。根据评估结果对防腐涂层采取不同的差异化设计和涂装策略，适应腐蚀环境的要求。新建铁塔的选址应尽量避开 C4 和 C5 的重腐蚀区域。

2）铁塔表面状态评估。铁塔腐蚀表面状态分为镀层完好、锌层泛锈、全面泛绣、带旧漆膜四类，四类表面状态的具体文字描述如下：

a）锌层完好状态：铁塔涂镀锌层基本完好，红锈总体覆盖面积不超过10%的表面状态。

b）锌层泛锈状态：铁塔涂镀锌层局部失效，局部出现红锈，红锈总体覆盖面积超过10%但不超过40%时的表面状态。

c）全面泛锈状态：铁塔表面涂镀层普遍失效，红锈总体覆盖面积超过40%时的表面状态。

　　d) 带旧漆膜状态：铁塔表面曾涂刷涂料进行防腐，有机涂层局部失效但裸露基体金属面积尚不超过 40% 时的表面状态。

　　3) 腐蚀程度评估。铁塔腐蚀程度分为微腐蚀、弱腐蚀、中腐蚀、重腐蚀和严重腐蚀五个等级，五个腐蚀等级的具体文字描述如下：

　　a) 微腐蚀：铁塔表面镀层完好、色泽正常，或者局部位置颜色发黑、局部产生锌盐白锈，但尚未出现红锈或棕锈。有旧漆膜时，涂层表面无明显起泡、生锈、剥落现象。

　　b) 若腐蚀：铁塔表面镀锌层开始出现棕色锈点，用手摸粗糙不平有毛刺感，但尚未出现红锈或单个红锈面积不超过 1cm^2。有旧漆膜时，涂层 95% 以上区域的锈蚀等级不大于 ISO 4628 规定的 Ri2 级。

　　c) 中腐蚀：铁塔表面出现红锈，但红锈多在局部边角产生，单个红锈最大面积不超过 4cm^2。有旧漆膜时，涂层 5% 以上区域的锈蚀等级达到 ISO 4628 规定的 Ri2 级但尚未发生 Ri3 级锈蚀，或旧涂层劣化减薄且其减薄厚度大于初始厚度的 50% 或局部最小厚度低于 50μm，或旧涂层附着力低于 2MPa。

　　d) 重腐蚀：铁塔表面出现红锈，边角和中间区域均产生，单个红锈最大面积超过 4cm^2 但尚未超过 9 cm^2。有旧漆膜时，涂层出现 Ri3 级锈蚀，或旧涂层附着力低于 1MPa。

　　e) 严重腐蚀：铁塔表面出现红锈，且伴随红锈联结成片或分层、起皮现象，单个红锈最大面积超过 9cm^2。

　　对运行中的铁塔应结合线路巡检定期开展腐蚀程度检测评估，确定涂料涂装防腐的时机。C1~C4 腐蚀环境铁塔宜在重腐蚀等级及以前进行防腐涂装，C5、CX 腐蚀环境下宜在中腐蚀等级及以前进行防腐涂装。任意腐蚀环境铁塔达到重腐蚀及以上等级时，应进行腐蚀减薄尺寸测量。当基体金属腐蚀剩余厚度降至原规格尺寸 80% 以下时，应进行更换或补强处理。

　　(2) 热浸镀技术要求。热浸镀简称热镀，是把被镀件浸入熔融的金属液体中使其表面形成金属镀层的一种工艺方法。包括热浸镀锌、热浸镀铝与热浸镀锌铝合金。

　　1) 热浸镀锌。热浸镀锌的锌锭，应达到 GB/T 470 规定的 Zn99.95 级别及以上的要求。用于热浸镀锌的锌浴主要应由熔融锌液构成。熔融锌中的杂质总含量（铁、锡除外）不应超过总含量的 1.5%，所指杂质符合 GB/T 470 的规定。热浸镀锌应制定除油、酸洗、除锈、清洗、浸锌等工序的工艺，规定温度、时间等工艺参数。应控制浸锌过程的构件热变形。

　　镀锌层外观：镀锌层表面应连续、完整，并具有实用性光滑，不应有过酸洗、漏镀、结瘤、毛刺等缺陷。镀锌颜色一般呈灰色或暗灰色。

　　非紧固件的镀锌层厚度应符合表 2-125 的规定。

表 2-125　　　　　　　　　　　　　　非紧固件镀锌层厚度

镀件厚度/mm	C1~C4 腐蚀环境最小平均厚度/μm	C1~C4 腐蚀环境最小局部厚度/μm	C5 腐蚀环境最小平均厚度/μm	C5 腐蚀环境最小局部厚度/μm
≥5	86	70	115	100
<5	65	55	95	85

　　热浸镀锌铁塔的紧固件宜采用热浸镀锌，镀锌层厚度符合 GB/T 13912 的规定。热浸镀锌层的均匀性、附着性、耐蚀性、漏镀、修复应符合如下规定：

　　镀锌层均匀性：镀锌层应均匀，作硫酸铜试验，耐浸蚀次数不少于 4 次，且不露铁。

镀锌层附着性：镀锌层应与金属基体结合牢固，应保证在无外力作用下没有剥落或起皮现象，经落锤试验镀锌层不凸起、不剥离。

镀锌层耐蚀性：非紧固件应通过中性盐雾试验480h以上且不产生红锈。C5腐蚀环境时，紧固件镀锌层应通过中性盐雾试验144h以上且不产生红锈。

漏镀：热镀锌制件漏镀面的总面积不应超过制件总表面积的0.5%，每个修复漏镀面不应超过10cm²，若漏镀面积较大，应进行返镀。

修复：对运输安装中的少量热镀锌锌坏部位，可采用热喷锌、融敷锌合金、涂富锌涂料或冷镀锌涂料进行修复。热喷涂锌修复后应用涂料进行封闭，富锌涂料或冷镀锌涂料修复后应再涂面漆。修复用富锌涂层的锌含量应不低于70%，冷镀锌涂层的锌含量应不低于90%。修复层的厚度应比镀锌层要求的最小厚度厚30μm以上。

2) 热浸镀铝。在C4及以上腐蚀环境铁塔可采用热浸镀铝防腐。热浸镀铝的铝锭，应达到GB/T 1196规定的Al99.5级别及以上的要求。热浸镀铝应制定除油、酸洗、除锈、清洗、浸锌等工序的工艺，热浸镀铝液化学成分、温度、时间等工艺参数应符合GB/T 18592的规定。应控制浸铝过程的构件热变形。

镀铝层外观：镀铝层表面应连续、完整，并具有实用性光滑，不应有明显影响外观质量的熔渣、色泽暗淡、漏镀、漏渗、裂纹及剥离等缺陷。

非紧固件的镀铝层厚度应符合表2-126的规定。

表 2 - 126 非紧固件镀铝层厚度

镀件厚度/mm	最小平均厚度/μm	最小局部厚度/μm
≥5	80	70
<5	65	55

紧固件镀铝层最小平均厚度不低于40μm，最小局部厚度不低于30μm。热浸镀铝的附着性、耐蚀性、漏镀与修复应符合如下规定：

镀铝层附着性：使用坚硬的刀尖并施加适当的压力，在平面部位刻划至穿透表面覆盖层，在刻划线两侧2.0mm以外的覆盖层不应起皮或脱落。

镀铝层耐蚀性：非紧固件应通过中性盐雾试验480h以上且不产生红锈。C5环境腐蚀时，紧固件镀铝层应通过中性盐雾试验168h以上且不产生红锈。

漏镀：热镀铝制件漏镀面的面积不应超过制件总面积的0.5%，每个修复漏镀面不应超过10cm²，若漏镀面积较大，应进行返镀。

修复：对运输安装中的少量热镀铝损坏部位，可采用热喷涂铝、涂铝基或锌铝基防腐涂料进行修复。热喷涂铝后应用封闭涂料进行封闭，防腐涂料修复后再涂面漆。修复层的厚度应比镀铝层要求的最小厚度厚30μm以上。

3) 热浸镀锌铝合金。在C5腐蚀环境铁塔紧固件宜采用热浸镀锌铝合金防腐，其他钢构件也可采用热浸镀锌铝合金防腐。热浸镀锌铝合金的锌锭和铝锭应分别达到GB/T 470规定的Zn99.95级别以上的要求和GB/T 1196规定的Al99.5级别及以上的要求。镀液中的杂质总含量（铁、锡除外）不应超过总量的1.5%。热浸镀锌铝合金应制定除油、酸洗、除锈、浸镀的温度、时间、清洗等工序的工艺。应控制浸镀锌铝合金过程的构件热变形。

锌铝合金镀层外观：镀层表面应连续、完整，并具有实用性光滑，不应有明显影响外观质量的过酸洗、漏镀、结瘤、毛刺等缺陷。

非紧固件的锌铝合金镀层厚度应符合表 2-127 的规定。

表 2-127　　　　　　　　　　　　非紧固件锌铝合金镀层厚度

镀件厚度/mm	最小平均厚度/μm	最小局部厚度/μm
≥5	80	70
<5	65	55

紧固件锌铝合金镀层最小平均厚度不低于 45μm，最小局部厚度不低于 30μm。热浸镀锌铝合金镀层的附着性、耐蚀性、漏镀与修复应符合如下规定：

锌铝合金镀层附着性：使用坚硬的刀尖并施加适当的压力，在平面部位刻划至穿透表面覆盖层，在刻划线两侧 2.0mm 以外的覆盖层不应起皮或脱落。

锌铝合金镀层耐蚀性：非紧固件应通过中性盐雾试验 720h 以上且不产生红锈。C5 腐蚀环境时，紧固件合金镀层应通过中性盐雾试验 240h 以上且不产生红锈。

漏镀：热镀锌铝合金制件漏镀面的总面积不应超过制件总表面积的 0.5%，每个修复漏镀面不应超过 10cm^2，若漏镀面积较大，应进行返镀。

修复：对运输安装中的少量锌铝合金镀层损坏部位，可采用热喷锌铝合金或涂锌铝基防腐涂料进行修复。热喷涂后应用封闭涂料进行封闭，防腐涂料修复后应再涂面漆。修复层的厚度应比锌铝合金镀层要求的最小厚度厚 30μm 以上。

（3）涂料涂装技术要求。铁塔防腐涂装应根据腐蚀环境、表面状态、防腐年限设计涂层配套体系。较高防腐等级的涂层配套体系也适用于较低防腐等级的涂层配套体系，并可参照较高防腐等级的涂层配套体系设计涂层厚度。C1、C2 和 C3 大气腐蚀环境下的涂层配套体系，可参考 C4、C5、CX 大气腐蚀环境的涂层配套体系进行设计。C4、C5、CX 大气腐蚀环境推荐的涂层配套体系见表 2-128 规定。

表 2-128　　　　　　　　　　　重腐蚀环境铁塔推荐涂层配套体系

腐蚀环境	表面状态	涂层	涂料品种	推荐道数	最低干膜厚度/μm
C4	锌层完好	底涂层	环氧磷酸锌底漆	1	40
		中间涂层	环氧云铁漆	1	50
		面涂层	丙烯酸聚氨酯面漆	1	50
		总干膜厚度/μm			140
C4	锌层泛锈	底涂层	环氧富锌底漆	1~2	60
		中间涂层	环氧云铁漆	1~2	70
		面涂层	丙烯酸聚氨酯面漆	1	50
		总干膜厚度/μm			180
C4	锌层泛锈	底涂层	环氧铁红底漆	1~2	60
		中间涂层	环氧云铁漆	2	80
		面涂层	丙烯酸聚氨酯面漆	1~2	60
		总干膜厚度/μm			200

续表

腐蚀环境	表面状态	涂层	涂料品种	推荐道数	最低干膜厚度/μm
C4	全面泛锈	底涂层	氯磺化聚乙烯底漆	2	70
		中间涂层	环氧云铁漆	2	80
		面涂层	氯硫化聚乙烯面漆	1～2	60
		总干膜厚度/μm			210
C4	全面泛锈	底涂层	环氧铁红底漆	2	70
		中间涂层	环氧云铁漆	2	80
		面涂层	丙烯酸聚氨酯面漆	2	70
		总干膜厚度/μm			220
C4	全面泛锈	底涂层	低表面处理富锌底漆	1～2	60
		中间涂层	环氧云铁漆	2	80
		面涂层	丙烯酸聚氨酯面漆	1～2	60
		总干膜厚度/μm			200
C4	带旧漆膜	底涂层	环氧铁红底漆	2	70
		中间涂层	环氧厚浆漆	2	80
		面涂层	丙烯酸聚氨酯面漆	2	70
		总干膜厚度/μm			220
C5、CX	锌层完好	底涂层	环氧磷酸锌底漆	1～2	50
		中间涂层	环氧云铁漆	1～2	70
		面涂层	丙烯酸聚氨酯面漆	1～2	60
		总干膜厚度/μm			180
C5、CX	锌层泛锈	底涂层	环氧富锌底漆	2	70
		中间涂层	环氧云铁漆	2	100
		面涂层	丙烯酸聚氨酯面漆	2	70
		总干膜厚度/μm			240
C5、CX	锌层泛锈	底涂层	环氧铁红底漆	2	80
		中间涂层	环氧云铁漆	2	120
		面涂层	丙烯酸聚氨酯面漆	2	80
		总干膜厚度/μm			280
C5、CX	全面泛锈	底涂层	低表面处理富锌底漆	2	80
		中间涂层	环氧云铁漆	2	100
		面涂层	丙烯酸聚氨酯面漆	2	100
		总干膜厚度/μm			280
C5、CX	全面泛锈	底涂层	低表面处理富锌底漆	2	80
		中间涂层	环氧云铁漆	2	100
		面涂层	聚硅氧烷面漆	2	100
		总干膜厚度/μm			280
C5、CX	全面泛锈	底涂层	低表面处理富锌底漆	2	80
		中间涂层	环氧云铁漆	2	100
		面涂层	氟碳面漆	2	100
		总干膜厚度/μm			260

续表

腐蚀环境	表面状态	涂层	涂料品种	推荐道数	最低干膜厚度/μm
C5、CX	带旧漆膜	底涂层	与旧涂膜相容的环氧类底漆	2	80
		中间涂层	环氧云铁漆	2	100
		面涂层	丙烯酸聚氨酯面漆	2	80
		总干膜厚度/μm			280

3. 输电杆塔用地脚螺栓与螺母（DL/T 1236—2013）

输电杆塔用地脚螺栓与螺母是将铁塔构件固定在混凝土基础上，起到固定铁塔的作用。

（1）地脚螺栓。地脚螺栓按型式可分为 L 型、J 型、棘爪型、T 型与双头型。各螺栓的型式尺寸见 DL/T 1236—2013 中的表 1～表 5。

地脚螺栓各性能等级用钢的化学成分极限和最低回火温度见表 2-129。

表 2-129　　　　　　　　　　　地脚螺栓材料

性能等级	材料和热处理	推荐用材料	化学成分极限（熔炼分析/%）[a]						回火温度/℃
			C		P	S	B[b]		
			最小值	最大值	最大值	最大值	最大值		最小值
4.6[c]	碳钢或添加元素的碳钢	Q235、20Mn	—	0.55	0.050	0.060	未规定		—
5.6[c]		35、30Mn	0.13	0.55	0.050	0.060			
8.8[d]	添加元素的碳钢（如硼、锰或铬）淬火并回火	≤M30 采用 40Cr ＞M30 采用 42CrMo	0.15[e]	0.40	0.025	0.025	0.003		425
	合金钢淬火并回火		0.20	0.55	0.025	0.025			

[a] 有争议时，实施成品分析。

[b] 硼的含量可达 0.005%，其非有效硼可由添加钛（或）铝控制。

[c] 对 4.6、5.6 级地脚螺栓制造用钢材，如存在冷作硬化现象，应进行热处理消除。

[d] 对这些性能等级用的材料，应有足够的淬透性，以确保螺纹截面的芯部在淬火后、回火前获得约 90% 的马氏体组织，且应考虑热浸镀锌温度对力学性能的影响。

[e] 含碳量低于 0.25% 的添加硼的碳钢，其锰的最低含量为 0.6%。

规定性能等级的地脚螺栓，在环境温度为 10～35℃ 条件下进行测试时，其机械和物理性能最小拉力载荷保证载荷应符合表 2-130～表 2-132 的规定。

表 2-130　　　　　　　　　地脚螺栓的力学性能和物理性能

序号	机械或物理性能		性能等级		
			4.6	5.6	8.8
1	抗拉强度 R_m/MPa	$R_{m,公称}$ [a]	400	500	800
		$R_{m,min}$	400	500	830
2	下屈服强度 R_{eL} [b]/MPa	$R_{eL公称}$ [a]	240	300	—
		$R_{el,min}$	240	300	—

续表

序号	机械或物理性能		性能等级		
			4.6	5.6	8.8
3	规定非比例延伸 0.2% 的应力 $R_{p0.2}$/MPa	$R_{p0.2,公称}$[a]	—	—	640
		$R_{p0.2,min}$	—	—	660
4	保证应力 S_p[c]	$S_{P,公称}$	225	280	600
	保证应力比	$S_{p,公称}/R_{el,min}$ 或 $S_{p,公称}/R_{p0.2,min}$	0.94	0.93	0.91
5	机械加工试件的断后伸长率 A（%）	A_{min}	22	20	12
6	机械加工试件的断面收缩率 Z（%）	Z_{min}	—		52
7	维氏硬度 HVF≥98N	最小值	120	155	255
		最大值	220[d]		355
8	洛氏硬度 HRB	最小值	67	79	—
		最大值	95.0[d]		
	洛氏硬度 HRC	最小值	—		23
		最大值	—		34
9	表面硬度 HV0.3	最大值	—		e
10	螺纹未脱碳层的高度 E/mm	最小值	—		$1/2H_1$
	螺纹全脱碳层的深度 G/mm	最大值	—		0.015
11	再回火后硬度的降低值 HV	最大值	—		20
12	吸收能量 K_V[f]（J）	最小值	—	27	27

注　H_1—最大实体条件下外螺纹的牙型高度。

[a] 规定公差值，仅为性能等级标记制度。

[b] 在不能测定下区服强度 R_{eL} 的情况下，允许测量规定非比例延伸 0.2% 的应力 $R_{p0.2}$。

[c] 规定了保证载荷值，供设计人员参考，需要试验时供需双方协商。

[d] 在末端测定硬度值时，应分别为 250HV 或 HRB max 99.5。

[e] 当采用 HV0.3 测定表面硬度及芯部硬度时，表面硬度不应比芯部硬度高 30HV。

[f] 试验在 -20℃下测定。

表 2 - 131　地脚螺栓最小拉力载荷

螺纹规格 d	螺纹公称应力截面积 $A_{a,GC}$/mm²	性能等级		
		4.6	5.6	8.8
		最小拉力载荷 $F_{m,min}$/（$A_{s,GC} \times R_{m,min}$）/N		
M20	245	98000	122000	203000
M24	353	141200	176000	293000
M27	459	183600	230000	381000
M30	561	224400	270000	466000
M36	817	326800	408000	678000
M42	1120	448000	560000	930000
M48	1470	588000	735000	1220000
M56	2030	812000	1015000	1685000

螺纹规格 d	螺纹公称应力截面积 $A_{a,GC}$/mm²	性能等级		
		4.6	5.6	8.8
		最小拉力载荷 $F_{m,min}$/$(A_{s,GC} \times R_{m,min})$/N		
M64	2675	1070000	1337500	2220250
M72	3458	1383200	1729000	2870140
M80	4342	1736800	2171000	3603860
M90	5588	2235200	2794000	4638040
M100	6991	2796400	3495500	5802530

表 2-132　　　　　　　　地脚螺栓保证载荷

螺纹规格 d	螺纹公称应力截面积 $A_{a,GC}$/mm²	性能等级		
		4.6	5.6	8.8
		保证载荷 F_p $(A_{s,GC} \times S_{p,GC})$ N		
M20	245	55125	68600	147000
M24	353	79425	98800	212000
M27	459	103275	128000	275000
M30	561	126225	157000	337000
M36	817	183825	229000	490000
M42	1120	252000	314000	672000
M48	1470	330750	412000	880000
M56	2030	456750	568000	1218000
M64	2675	601875	749000	1605000
M72	3458	778050	968240	2074800
M80	4342	976950	1215760	2605200
M90	5588	1257300	1564640	3352800
M100	6991	1572975	1957480	4194600

（2）地脚螺母。螺母各性能等级用钢的化学成分极限见表 2-133。

表 2-133　　　　　　　　螺母材料化学成分极限

性能等级	化学成分极限（熔炼分析）（%）			
	C	Mn	P	S
	最大值	最小值	最大值	最大值
5、6[a]	0.50	—	0.060	0.150
8[b]	0.58	0.25	0.060	0.150
10[b]	0.58	0.30	0.048	0.058

[a] 该性能等级可以用易切削钢制造（供需双方另有协议除外），其硫、磷及铅的最大含量为：硫 0.34%，磷 0.11%，铅 0.34%。

[b] 为改善螺母的力学性能，必要时可增添合金元素。

规定性能等级的地脚螺母，在环境温度为 10～35℃条件下进行测试时，其机械和保证载荷应符合表 2-134 和表 2-135 的规定。

表 2 - 134 螺母的力学性能

力学性能		性能等级			
		5	6	8	10
保证载荷应力 S_p/MPa	最小值	630	720	920	1060
维氏硬度 HV	最小值	146	170	233	272
	最大值	302	302	353	353
热处理		不淬火回火		淬火回火	

注 最低硬度仅对经热处理的螺母或规格太大而不能进行保证载荷试验的螺母，才是强制性的；对其他螺母不是强制性的，是指导性的。对不淬火回火，而又能满足保证载荷试验的螺母，最低硬度应不作为拒收（考核）依据。

表 2 - 135 螺 母 保 证 载 荷

螺纹规格 d	螺距 P	螺纹的应力截面面积 A_s/mm²	性能等级			
			5	6	8	10
			最小保证载荷（$A_s \times S_p$）/N			
20	2.5	245	154400	176400	225400	259700
24	3	353	222400	254200	324800	374200
27	3	459	289200	330500	422300	486500
30	3.5	561	353400	403900	516100	594700
36	4	817	514700	588200	751600	866000
42	4.5	1120	705600	806400	1030400	1187200
48	5	1470	926100	1058400	1352400	1558200
56	5.5	2030	1278900	1461600	1867600	2151800
64	6	2675	1685250	1926000	2461000	2835500
72	6	3458	2178540	2489760	3181360	3665480
80	6	4342	2735460	3126240	3994640	4602520
90	6	5588	3520440	4023360	5140960	5923280
100	6	6991	4404330	5033520	6431720	7410460

2.4.2 紧固件

紧固件是指紧固两个或两个以上零件（或构件）紧固连接成为一件整体时所采用的一类机械零件的总称，在电网中广泛应用。

输电线路铁塔及电力金具用热浸镀锌螺栓、螺母、薄螺母与脚钉型式与尺寸见 DL/T 284—2012 表 1～表 4。

（1）螺栓和螺钉。螺栓和脚钉各性能等级用钢的化学成分极限和最低回火温度见表 2 - 136。

表 2 - 136 螺栓和脚钉各性能等级用钢的化学成分极限和最低回火温度

性能等级	材料和热处理	化学成分极限（熔炼分析）[a]				最低回火温度/℃
		C		P	S	B[b]
		最小值	最大值	最大值	最大值	最大值
4.8[c]	碳钢或添加元素的碳钢	—	0.55	0.050	0.060	未规定	—
6.8[c]		0.15	0.55	0.050	0.060		

续表

性能等级	材料和热处理	化学成分极限（熔炼分析）[a]					最低回火温度/℃
		C		P	S	B[b]	
		最小值	最大值	最大值	最大值	最大值	
8.8[e]	添加元素的碳钢（如硼、锰或铬）淬火并回火	0.15[d]	0.40	0.025	0.025	0.003	425
	合金钢淬火并回火[f]	0.20	0.55	0.025	0.025		
10.9[e]	金钢淬火并回火[g]	0.20	0.55	0.025	0.025	0.003	425

[a] 有争议时，实施成品分析。

[b] 硼的含量可达 0.005%，其非有效硼可由添加钛（或）铝控制。

[c] 这些性能等级允许采用易切削钢制造，其硫、磷及铅的最大含量为：硫 0.34%，磷 0.11%，铅 0.35%。

[d] 含碳量低于 0.25% 的添加硼的低碳，其锰的最低含量分别为：8.8 级为 0.6%；10.9 级为 0.7%。

[e] 对这些性能等级用的材料，应有足够的淬透性，以确保产品螺纹截面的芯部在淬火后、回火前获得约 90% 的马氏体组织，且应考虑热浸镀锌温度对力学性能的影响。

[f] 这些合金至少应含有下列的一种元素，其最小含量分别为：铬 0.30%，镍 0.30%，钼 0.20%，钒 0.10%。当含有二、三种或四种复合的合金成分时，合金元素的含量不能少于单个合金元素含量总和的 70%。

[g] 这些合金钢至少应含有下列的两种元素，其最小含量分别为：铬 0.30%，镍 0.30%，钼 0.20%，钒 0.10%。当含有三种或四种复合的合金成分时，合金元素的含量不能少于单个合金元素含量总和的 70%。

规定性能等级的螺栓和脚钉，在环境温度为 10～35℃（吸收能量试验应在 −20℃ 下进行）时，应符合表 2-137～表 2-139 规定的力学性能和物理性能。

表 2-137　　　　　　　螺栓和螺钉的力学性能和物理性能

序号	机械型号和物理性能		性能等级				
			4.8	6.8	8.8		10.9
					$d \leqslant 16mm$	$d > 16mm$	
1	抗拉强度 R_m/MPa	$R_{m,nom}$[a]	400	600	800		1000
		$R_{m,min}$	420	600	800	830	1040
2	下屈服强度 R_{eL}[b]/MPa	$R_{eL,nom}$[a]	—	—	—	—	—
		$R_{eL,min}$	—	—	—	—	—
3	规定非比例延伸 0.2% 的应力 $R_{p0.2}$/MPa	$R_{p0.2,nom}$[a]			640	640	900
		$R_{p0.2,min}$			640	660	940
4	螺栓和脚钉实物的规定非比例延伸 $0.0048d$ 的应力 R_{pf}/MPa	$R_{pf,nom}$[a]	320	480	—	—	—
		$R_{pf,min}$	340[c]	480[c]			
5	保证应力比 S_p[d]/MPa	$S_{p,nom}$	310	440	580	600	830
	保证应力比　$S_{p,nom}/R_{eL,min}$ 或 $S_{p,nom}/R_{p0.2,min}$ 或 $S_{p,nom}/R_{pf,min}$		0.91	0.92	0.91	0.91	0.88
6	抗剪切强度 τ_b[e]/MPa	$\tau_{b,min}$	260	370	490	510	640
7	机械加工试件的断后伸长率 A（%）	A_{min}	—	—	12	12	9

续表

序号	机械型号和物理性能		性能等级				
			4.8	6.8	8.8		10.9
					$d{\leqslant}16$mm	$d{>}16$mm	
8	机械加工试件的断面收缩率 Z（%）	Z_{min}	—		52		48
9	螺栓和脚钉实物的断后伸长率 A_f	最小值	0.24	0.20	—	—	—
10	维氏硬度 HV，$F{\geqslant}98$N	最小值	130	190	250	255	320
		最大值	220[f]	250	320	335	380
11	洛氏硬度 HRB	最小值	71	89	—		
		最大值	95.0[f]	99.5	—		
	维氏硬度 HRC	最小值			22	23	32
		最大值			32	34	39
12	表面硬度 HV0.3	最大值			g		g,h
13	螺纹未脱碳层的高度 E/mm	最小值			$1/2H_1$		$2/3H_1$
	螺纹全脱碳层的深度 G/mm	最大值	—		0.015		
14	再回火后硬度的降低值/HV	最大值			20		
15	V 型缺口试样的冲击吸收能量 $K_V^{i,j}$（J）	最小值	—	—	27	27	27
16	表面缺陷		GB/T 5779.1[k]				

注 10.9 级产品热浸镀锌后，氢脆风险较大，设计时应谨慎选用。采用时供需双方应探讨采取有效的预防氢脆措施。

[a] 规定公差值，仅为性能等级标记制度。

[b] 在不能测定下区服强度 R_{eL} 的情况下，允许测量规定非比例延伸 0.2% 的应力 $R_{P0.2}$。

[c] 对性能等级 4.8 和 6.8 的 $R_{pf,min}$ 数值尚在调查研究中。表中数值是按保证载荷比计算给出的，而不是实测值。

[d] 表 2-139 规定了保证载荷值。

[e] 一般不进行试验，数据按 $0.62R_{m,min}$ 推算，供设计人员参考。

[f] 在产品的末端测定硬度值时，应分别为 250HV 或 $HRB_{max}99.5$。

[g] 当采用 HV0.3 测定表面硬度及芯部硬度时，产品的表面硬度不应比芯部硬度高 30HV 单位。

[h] 表面硬度不应超过 390HV。

[i] 试验在 $-20{\degree}C$ 下测定。

[j] 适用于 $d{\geqslant}16$mm。

[k] 由供需双方协议，可用 GB/T 5779.3 代替 GB/T 5779.1。

表 2-138　　　　　　　　螺栓和螺钉的最小拉力载荷（粗牙螺纹）

螺纹规格 d	螺纹公称应力截面积 $A_{s,nom}$/mm²	性能等级			
		4.8	6.8	8.8	10.9
		最小拉力载荷 $F_{m,min}$（$A_{s,nom}{\times}R_{m,min}$）（N）			
M10	58	24400	34800	46400	60300
M12	84.3	35400	50600	67400	87700
M16	157	65900	97000	125000	163000

螺纹规格 d	螺纹公称应力截面积 $A_{s,nom}/mm^2$	性能等级			
		4.8	6.8	8.8	10.9
		最小拉力载荷 $F_{m,min}$ （$A_{s,nom} \times R_{m,min}$）（N）			
M18	192	80600	115000	159000	200000
M20	245	103000	147000	203000	255000
M22	303	127000	182000	252000	315000
M24	353	148000	212000	293000	367000
M27	459	193000	275000	381000	477000
M30	561	236000	337000	466000	583000
M33	694	292000	416000	576000	722000
M36	817	343000	490000	678000	850000
M39	976	410000	586000	810000	1020000
M42	1120	470000	672000	930000	1165000
M45	1310	550000	786000	1087000	1362000
M48	1470	617000	882000	1220000	1529000
M52	1760	739000	1056000	1461000	1830000
M56	2030	853000	1218000	1685000	2111000
M60	2360	991000	1416000	1959000	2454000
M64	2680	1126000	1608000	2224000	2787000

表 2-139　　　　　　　　螺栓的保证载荷（粗牙螺纹）

螺纹规格 d	螺纹公称应力截面积 $A_{s,nom}/mm^2$	性能等级			
		6.8	8.8	8.8	10.9
		保证载荷 $F_{p,min}$ （$A_{s,nom} \times S_{p,nom}$）（N）			
M10	58	18000	25500	33700	48100
M12	84.3	26100	37100	48900	70000
M16	157	48700	69100	91000	130000
M18	192	59500	84500	115000	159000
M20	245	76000	108000	147000	203000
M22	303	93900	133000	182000	252000
M24	353	109000	155000	212000	293000
M27	459	142000	202000	275000	381000
M30	561	174000	247000	337000	466000
M33	694	215000	305000	416000	576000
M36	817	253000	359000	490000	678000
M39	976	303000	429000	586000	810000
M42	1120	347000	493000	672000	930000
M45	1310	406000	576000	786000	1087000
M48	1470	456000	647000	882000	1220000

螺纹规格 d	螺纹公称应力截面积 $A_{s,nom}/mm^2$	性能等级			
		6.8	8.8	8.8	10.9
		保证载荷 $F_{p,min}$（$A_{s,nom} \times S_{p,nom}$）（N）			
M52	1760	546000	774000	1056000	1461000
M56	2030	629000	893000	1218000	1685000
M60	2360	732000	1038000	1416000	1959000
M64	2680	831000	1179000	1608000	2224000

（2）螺母。表 2-140 给出了螺母各性能等级用钢的化学成分极限的规定。

表 2-140　　　　　　　　　螺母各性能等级用钢的化学成分

性能等级	化学成分（质量分数）（%）			
	C	Mn	P	S
	最大值	最小值	最大值	最大值
5[a]、6[a]	0.50	—	0.060	0.150
8	0.58	0.25	0.060	0.150
10[b]　　05[b]	0.58	0.30	0.048	0.058
12[b]	0.58	0.45	0.048	0.058

注　因内螺纹加大攻丝尺寸，其保证载荷会有所降低，选材时可考虑选用高性能材料，以提高螺母的保证载荷并使其符合标准规定。

[a] 该性能等级可用易切钢制造（供需双方另有协议除外），其硫、磷及铅的最大含量为：硫 0.34%，磷 0.11%，铅 0.34%。

[b] 为改善螺母的力学性能，必要时可添加合金元素。

表 2-141、表 2-142 给出了螺母应该符合的力学性能要求。

表 2-141　　　　　　　　　　　螺母的力学性能

螺纹规格 d	性能等级								
	05				5				6
	保证应力 S_p/MPa	维氏硬度 HV[a]		热处理	保证应力最小值 S_p/MPa	维氏硬度 HV[a]		热处理	保证应力最大值 S_p/MPa	维氏硬度 HV[a]		热处理
		最小值	最大值			最小值	最大值			最小值	最大值	
M10					590				680			
M12 M16					610	130			700	150		
500	272	353	淬火回火			302	不淬火回火			302	不淬火回火
大于 M16 且小于等于 M64					630	146			720	170		

螺纹规格 d	性能等级									
	05				5				6			
	保证应力 S_p/MPa	维氏硬度 HV[a]		热处理	保证应力最小值 S_p/MPa	维氏硬度 HV[a]		热处理	保证应力最大值 S_p/MPa	维氏硬度 HV[a]		热处理
		最小值	最大值			最小值	最大值			最小值	最大值	
M10	870				1040				1140			
M12 M16	880	233	353	淬火回火	1050	272	353	淬火回火	1170	295	353	淬火回火
大于 M16 且小于等于 M64	920				1060				—	—	—	

注　最低硬度仅对经热处理的螺母或规格太大的而不能进行保证载荷试验的螺母，才是强制性的；对其他螺母不是强制性的，而是指导性的。对不淬火回火，而又能满足保证载荷试验的螺母，最低硬度应不作为螺母拒收（考核）的依据。

[a] 因内螺纹加大攻丝尺寸，其保证载荷会有所降低，推荐硬度控制在中上限范围，以提高螺母的保证载荷。

表 2-142　螺母保证载荷

螺纹规格 d	螺距 P	螺纹的公称应力截面积 $A_{s,nom}$/mm²	性能等级					
			05	5	6	8	10	12
			保证载荷 $F_{p,min}$（$A_{s,nom} \times S_{p,nom}$）（N）					
M10	1.5	58	29000	34200	38400	50500	60300	66100
M12	1.75	84.3	42200	51400	59000	74200	88500	98600
M16	5	157	78500	95800	109900	138200	164900	183700
M18	2.5	192	96000	121000	138200	176600	203500	—
M20	2.5	245	122500	154400	176400	225400	259700	—
M22	2.5	303	151500	190900	218200	278800	321200	—
M24	3	353	175500	222400	254200	324800	374200	—
M27	3	459	229500	289200	330500	422300	486500	—
M30	3.5	561	280500	353400	403900	516100	594700	—
M33	3.5	694	347000	437200	499700	638500	735600	—
M36	4	817	408500	514700	588200	751600	866000	—
M39	4	976	488000	614900	702700	897900	1035000	—
M42	4.5	1120	560000	705600	806400	1030400	1187200	—
M45	4.5	1310	655000	825300	943200	1205200	1388600	—
M48	5	1470	735000	926100	1058400	1352400	1558200	—
M52	5	1760	880000	1108800	1267200	1619200	1865600	—

续表

螺纹规格 d	螺距 P	螺纹的公称应力截面积 $A_{s,nom}$/mm²	性能等级					
			05	5	6	8	10	12
			保证载荷 $F_{p,min}$ ($A_{s,nom} \times S_{p,nom}$) (N)					
M56	5.5	2030	1015000	1278900	1461600	1867600	2151800	—
M60	5.5	2360	1180000	1486800	1699200	2171200	2501600	—
M64	6	2680	1340000	1688400	1929600	2465600	2840800	—

（3）热浸镀锌层技术要求。热浸镀锌层厚度、均匀性、附着强度和外观应符合如下要求：

热浸镀锌层的局部厚度应不小于 $40\mu m$，平均厚度不小于 $50\mu m$。

热浸镀锌层均匀性：热浸镀锌层应均匀附着在基体金属表面，均匀性测定采用硫酸铜溶液浸蚀的试验方法，试验时耐浸蚀次数不少于 4 次。

热浸镀锌层附着强度：热浸镀锌层应牢固地附着在基体金属表面，不得存在影响使用功能的锌层脱落。

热浸镀锌层外观：热浸镀锌层表面应光洁，无漏镀面、滴瘤、黑斑，无溶剂残渣、氧化皮夹杂物等和损害零件使用性能的其他缺陷，外观无光泽及色差现象不应作为产品拒收理由。

（4）六角头螺栓与螺母。表 2-143、表 2-144 给出了六角头螺栓和螺母应该符合的力学性能要求。

表 2-143 六角头螺栓 （GB/T 5782—2016）

材料		钢	不锈钢	有色金属
通用技术条件		GB/T 16938		
螺纹	公差	6g		
	标准	GB/T 193、GB/T 9145		
力学性能	等级	$d<$3mm：按协议； 3mm$\leqslant d \leqslant$39mm： 5.6、8.8、10.9； 3mm$\leqslant d \leqslant$16mm：9.8； $d>$39mm：按协议	$d\leqslant$24mm：A2—70、A4—70； 24mm$<d\leqslant$39mm： A2—50、A4—50； $d>$39mm：按协议	CU2、CU3、AL4
	标准	3mm$\leqslant d \leqslant$39mm： GB/T 3098.1； $d<$3mm 和 $d>$39mm：按协议	$d\leqslant$39mm：GB/T 3098.6； $d>$39mm：按协议	GB/T 3098.10
公差	产品等级	$d\leqslant$24mm 和 l$\leqslant$10d 或 l$\leqslant$150mm（按较小值）：A； $d>$24mm 或 l$>$10d 或 l$>$150mm（按较小值）：B		
	标准	—		
表面缺陷		GB/T 5779.1	—	—

材料	钢	不锈钢	有色金属
表面处理	不经处理； 电镀技术要求按 GB/T 5267.1； 非电解锌片涂层技术要求按 GB/T 5267.2	简单处理； 钝化处理技术要求按 GB/T 5267.4	简单处理； 电镀技术要求按 GB/T 5267.1
	如需其他技术要求或表面处理，应由供需协议		
验收及包装	GB/T 90.1、GB/T 90.2		

表 2 - 144   **六角薄螺母（GB/T 6172.1—2016）**

材料		钢	不锈钢	有色金属
通用技术条件		GB/T 16938		
螺纹	公差	6H		
	标准	GB/T 193、GB/T 9145		
力学性能	等级	$D<M5$：按协议	$D \leqslant M24 A2 - 035$、$A4 - 035$	CU2、CU3、AL4
		$M5 \leqslant D \leqslant M39$：04、05（QT）	$M24 < D \leqslant M39$：A2 - 025、A4 - 025	
		$D > M39$：按协议	$D > M39$：按协议	
	标准	GB/T 3098.2	GB/T 3098.15	GB/T 3098.10
公差	产品等级	$D \leqslant M16$：A；$D > M16mm$：B		
	标准	GB/T 3103.1		
表面缺陷		GB/T 5779.2	—	—
表面处理		不经处理； 电镀技术要求按 GB/T 5267.1； 非电解锌片涂层技术要求按 GB/T 5267.2 热浸镀锌技术要求按 GB/T 5267.3	简单处理； 钝化处理技术要求按 GB/T 5267.4	简单处理； 电镀技术要求按 GB/T 5267.1
		如需其他技术要求或表面处理，应由供需协议		
验收及包装		GB/T 90.1、GB/T 90.2		

注 QT 淬火并回火。

（5）标准型弹簧垫圈。弹簧钢垫圈按 GB/T 94.1—2008 4.1 进行弹性试验，试验后的自由高度应不小于 $1.67S_{公称}$（S 见产品标准）。鞍形和波形弹性垫圈按 GB/T 94.1—2008 4.1 进行弹性试验，试验后的自由高度应不小于表 2 - 145 的规定。

表 2 - 145   **试验后的自由高度要求**

规格	3	4	5	6	8	10	12	14	16	18	20	22	24	27	30
试验后的 自由高度≥	0.9	1	1.25	1.5	2.1	2.4	2.8	3.2	3.8	3.8	4.4	4.4	5.6	5.6	8

弹簧垫圈的扭转、抗氢脆、表面缺陷、圆角与滚花应符合如下要求：

扭转：垫圈应按 GB/T 94.1—2008 4.2 进行扭转试验，弹簧钢、不锈钢和磷青铜垫圈扭至 90°时不得断裂。

抗氢脆：电镀垫圈应按 GB/T 94.1—2008 中 4.3 进行试验，试验后不得断裂。

表面缺陷：垫圈表面不允许有裂纹、浮锈和影响使用的凹痕、划伤和毛刺。

圆角：垫圈表面的内外圆角半径应不大于 $S_{公差}/4$。

滚花：垫圈外表面允许有轧压的花纹。

平垫圈技术条件应符合表 2 - 146 的规定。

表 2 - 146　　　　　　　　平垫圈技术条件（GB/T 97.1—2002）

材料		钢			奥氏体不锈钢		
	等级	140HV	200HV	300HV	A140	A200HV	A350
力学性能	标准	—			—		
	硬度 HV	≥140	200～300	300～400	≥140	200～300	350～400
公差	产品等级	A					
	标准	GB 3103.3—1982					
表面处理		不经处理a 钝化处理b GB 5267—1985			不经处理		
验收及包装		B 90					

a 有色金属和其他材料，由协议规定。

b 300HV 级垫圈应经淬火并回火处理。

（6）不锈钢螺栓、螺钉或螺柱。不锈钢螺栓、螺钉或螺柱成分应符合表 2 - 147 的规定。

表 2 - 147　　　　　　　不锈钢组别与化学成分（GB/T 3098.6—2014）

类别	组别	化学成分（质量分数）a（%）											备注
		C	Si	Mn	P	S	N	Cr	Mo	Ni	Cu	W	
奥氏体	A1	0.12	1	6.5	0.2	0.15～0.35	—	16～19	0.7	5～10	1.75～2.25	—	b,c,d
	A2	0.10	1	2	0.05	0.03	—	15～20	—e	8～19	4	—	f,g
	A3	0.08	1	2	0.045	0.03	—	17～19	—e	9～12	1	—	h
	A4	0.08	1	2	0.045	0.045	—	16～18	2～3	10～15	4	—	g,h
	A5	0.08	1	2	0.045	0.03	—	16～18.5	2～3	10.5～14	1	—	h,i

类别	组别	化学成分（质量分数）[a]（%）											注
		C	Si	Mn	P	S	N	Cr	Mo	Ni	Cu	W	
马氏体	C1	0.09～0.15	1	1	0.05	0.03	—	11.5～14	—	1	—	—	i
	C3	0.17～0.25	1	1	0.04	0.03	—	16～18	—	1.5～2.5	—	—	
	C4	0.08～0.25	1	1.5	0.06	0.15～0.35	—	12～14	0.6	1	—	—	b,i
铁素体	F1	0.12	1	1	0.04	0.03	—	15～18	—[i]	1	—	—	j,k

[a] 除已表明者外，均系最大值。

[b] 硫可用硒代。

[c] 如镍含量低于 8%，则锰的最小含量应为 5%。

[d] 镍含量大于 8%时，对铜的最小含量不予限制。

[e] 由制造者确定钼的含量，但对某些使用场合，如有必要限定钼的极限含量时，则应在订单中由用户注明。

[f] 如果铬含量低于 17%，则镍的最小含量应为 12%。

[g] 对最大含碳量达到 0.03%的奥氏体不锈钢，氮含量最高可达到 0.22%。

[h] 为稳定组织，钛含量应≥（5×C%）～0.8%，并应按本表适当标志，或者铌和/钽含量应≥（10×C%）～1.0%，并应按本表规定适当标志。

[i] 对较大直径的产品，为达到规定的力学性能，由制造者确定可以用较高的含碳量，但对奥氏体钢不得超过 0.12%。

[j] 含钛量可能为≥（5×C%）～0.8%。

[k] 铌和/或钽含量≥（10×C%）～1%。

不锈钢螺栓、螺钉和螺柱力学性能应符合表 2-148～表 2-150 的规定。

表 2-148　　　　　　螺栓、螺钉和螺柱的力学性能——奥氏体钢组

钢的类别	钢的组别	性能等级	抗拉强度 R_m[a]/MPa（min）	规定塑性延伸率为 0.2%时的应力 $R_{p0.2}$[a]/MPa（min）	断后伸长量 A[b]/mm（min）
奥氏体	A1、A2、A3、A4、A5	50	500	210	0.6d
		70	700	450	0.4d
		80	800	600	0.3d

[a] 按螺纹公称应力截面积计算。

[b] 按规定测量的实际长度。

表 2-149　　　　　　螺栓、螺钉和螺柱的力学性能——马氏体和铁素体钢组

钢的类别	钢的组别	性能等级	抗拉强度 R_m[a]/MPa（min）	规定塑性延伸率为 0.2%时的应力 $R_{p0.2}$[a]/MPa（min）	断后伸长率 A[b]/mm（min）	硬度		
						HB	HRC	HV
马氏体	C1	50	500	250	0.2d	147～209	—	155～220
		70	700	410	0.2d	209～314	20～34	220～330
		110[c]	1100	820	0.2d	—	36～45	350～440
	C3	80	800	640	0.2d	228～323	21～35	240～340
	C4	50	500	250	0.2d	147～209	—	155～220
		70	700	410	0.2d	209～314	20～34	220～330

续表

钢的类别	钢的组别	性能等级	抗拉强度 R_m^a/MPa (min)	规定塑性延伸率为0.2%时的应力 $R_{p0.2}^a$/MPa (min)	断后伸长率 A^b/mm (min)	硬度		
						HB	HRC	HV
铁素体	F1[d]							

[a] 按螺纹公称应力截面积计算。

[b] 按规定测量的实际长度。

[c] 淬火并回火，最低回火温度为275℃。

[d] 螺纹公称直径≤24mm。

表 2 - 150 　　　　　奥氏体钢螺栓和螺钉最小破坏扭矩

螺纹规格 d	破坏扭矩 M_8/ (N·m) / (min)		
	性能等级		
	50	70	80
M1.6	0.15	0.2	0.24
M2	0.3	0.4	0.48
M2.5	0.6	0.9	0.96
M3	1.1	1.6	1.8
M4	2.7	3.8	4.3
M5	5.5	7.8	8.8
M6	9.3	13	15
M8	23	32	37
M10	46	65	74
M12	80	110	130
M16	210	290	330

2.4.3 电力金具

电力金具是用来连接、传输电能的结构件，可由铸铁及钢、铝及合金、铜及铜合金等材料制成，主要制造工艺有浇铸、锻造、挤压成型等。

（1）可锻铸铁件。可锻铸铁件的力学性能见表2-151。

表 2 - 151 　　　　电力金具用可锻铸铁件力学性能 (DL/T 7681—2017)

牌号	试样直径 d (mm)	最小抗拉强度 R_m/MPa	屈服强度 $R_{p0.2}$/MPa	最小伸长率 A (%) ($L_0=3d$)	布氏硬度 HBW
KTH330 - 08	15±0.7	330	—	8	≤150
KTH350 - 10		350	200	10	
KTH370 - 12		370	—	12	

可锻铸铁件质量要求如下：

铸件表面应光洁、平整，黏砂、氧化皮及内腔残余物等应清除干净，浇冒口、多肉、披缝毛刺应修磨规整。铸件的铸造表面粗糙度应符合图样或订货协议的要求；未作要求时，应符合 GB/T 6060.1 的规定。铸件表面不应有裂纹存在。铸件的重要部位不应有气孔、砂眼、缩松、冷隔和渣眼等缺陷存在。铸件的铸态必须是全白口坯件，坯件的各部位断面不应有麻口或灰口。铸件清除浇冒口造成的缺陷深度不应大于 1.0mm。铸件在非连接和非接触部位的错型尺寸不应大于 1.0mm；在连接和接触部位的错型尺寸不应大于 0.7mm；球窝顶部及底部的错型尺寸不应大于 0.5mm。铸件与其他零件连接部位、与导（地）线接触部位以及有防电晕要求的部位，不应有胀砂、结疤、凸瘤、毛刺及飞边等缺陷存在。

铸件非重要部位，不应存在超出以下范围的缺陷：直径小于 4mm，深度小于 1.5mm 的孔洞类缺陷，每件缺陷不超过两处，其两处缺陷之间的距离不应小于 25mm；若缺陷直径均小于 3mm，则每件缺陷可放宽至不超过三处，相邻两处缺陷之间的距离不小于 10mm。上述两处缺陷不应处于铸件内外同一对应部位，并不应降低镀锌质量。

铸件热处理后不应有浇熔、过烧等缺陷存在。

（2）黑色金属锻制件。锻制件生产过程中所用的设备、仪器、仪表及工装的技术参数应满足工艺要求。

锻造规定的始锻温度为锻前坯料加热允许最高锻造温度，规定的终锻温度为坯料的最低锻造温度，当高于始锻温度或者低于终锻温度时，应终止锻制，常用钢材的始锻、终锻温度应符合表 2 - 152 的规定。

表 2 - 152　　　　　　　　常用钢材的始锻、终锻温度　　　　　　　　（℃）

序号	钢类	始锻温度	终锻温度
1	普通碳素结构钢	1250	750
2	优质碳素结构钢	1200	800
3	低合金高强度结构钢	1150	850
4	合金结构钢	1150	850

黑色金属锻制件外观质量、热处理、表面清理、表面防护处理与机械强度应符合如下规定：

外观质量：锻制件外观应半整光洁、无毛刺，局部的锤印深度不应大于 0.5mm。锻制件不应有过烧、局部烧熔、氧化鳞皮、裂纹和叠层等缺陷存在。

热处理：锻制件热处理应符合图样和技术文件的要求。

表面清理：锻制件应进行表面氧化清理。

表面防护处理：锻制件表面防护处理应按图纸和技术条件的要求进行；锻制件热键镀锌质量应符合 DL/T 768.7 的规定。

机械强度：锻制件机械强度试验应按 GB/T 2317.1 的规定进行，并应符合相应产品标准的规定。

（3）冲压件（DL/T 768.3—2017）。冲压件的剪切断面斜度偏差应小于板厚的 1/10。

板厚大于12mm时，受力部位的孔不应直接冲制。管件弯曲后，管件变形量应控制在管径的±3%以内，且不大于5mm。金属部件的弯曲加工应在热浸镀锌前进行。钢板的弯曲和扭曲加工应为热变形，在弯曲和扭曲成形操作的过程中，工件应保持技术文件规定的温度，操作完毕后在空气中冷却。冲压件弯曲的曲率半径与板厚或棒材直径之比为1～2.5时，应采用热成型，大于2.5时可以采用冷成型。

冲压件的剪切、压型和冲孔不允许有毛刺、开裂和叠层等缺陷。冲压件表面应无起泡、无锈蚀斑点、无油污及其他夹杂物存在。热弯件不允许有过烧、叠层、局部烧熔及氧化皮存在。电气接触面应平整、光洁，不允许有毛刺或超过板厚极限偏差的碰伤、划伤、凹坑及压痕等缺陷。

冲压件机械强度应符合GB/T 2317.1的规定。冲压件镀锌质量应符合DL/T 768.7的规定。

冲压件的检验应符合GB/T 2317.4的规定。

(4) 球墨铸铁件（DL/T 768.4—2017）。球墨铸铁件的力学性能以单铸试样的抗拉强度和伸长率为验收指标。单铸试样的力学性能应符合GB/T 1348的规定，见表2-153。

表 2-153　　　　　　　　　　　单铸试样的力学性能

材料牌号	抗拉强度 R_m/MPa（min）	屈服强度 $R_{p0.2}$/MPa（min）	伸长率 A（%）（min）	布氏硬度 HBW	主要基体组织
QT350-22L	350	220	22	≤160	铁素体
QT350-22R	350	220	22	≤160	铁素体
QT350-22	350	220	22	≤160	铁素体
QT400-18L	400	240	18	120～175	铁素体
QT400-18R	400	250	18	120～175	铁素体
QT400-18	400	250	18	120～175	铁素体
QT400-15	400	250	15	120～180	铁素体
QT450-10	450	310	10	160～210	铁素体
QT500-7	500	320	7	170～230	铁素体＋珠光体
QT500-10	500	360	10	185～215	铁素体＋珠光体
QT550-5	550	350	5	180～250	铁素体＋珠光体
QT600-3	600	370	3	190～270	铁素体＋珠光体
QT700-2	700	420	2	225～305	珠光体
QT800-2	800	480	2	245～335	珠光体或索氏体
QT900-2	900	600	2	280～360	回火马氏体或屈氏体＋索氏体

铸件的石墨形态以球状为主，球化率不小于80%。如有特殊要求，由供需双方在订货协议中规定。铸件表面应清理干净、光洁、平整，不应有黏砂、披缝、多肉及内腔残余物等。铸件表面不应有裂纹。铸件的重要部位不应有缩松、气孔、砂眼、渣眼、冷隔、缺肉

等缺陷。铸件与其他零件连接的部位及与导（地）线接触的部位不应有涨砂、结疤、毛刺等缺陷。铸件一般部位不应有直径大于 4mm、深度大于 1.5mm 砂眼、渣眼等缺陷存在，每件不超过两处，两缺陷之间的距离不小于 25mm，且不应处于铸件内外表面的同一对应位置，不应降低镀锌质量。铸件清除浇冒口造成的缺肉深度不应大于 1mm；清除浇冒口后的残根不应高出铸件该部位表面 1.5mm，并应平整，不影响金具的安装使用性能。

（5）铝制件（DL/T 768.5—2017）。铝制件的加工工艺及所用材料标准见表 2-154。

表 2-154　　　　　　　　　　铝制件加工工艺及所用标准

加工工艺	材料标准
纯铝制造	GB/T 1196 重熔用铝锭
铝合金铸造	GB/T 1173 铸造铝合金
	GB/T 铸造铝合金锭
型材加工	GB/T3190 变形铝及铝合金化学成分
	GB/T3195 铝及铝合金拉制圆线材
	GB/T4437.1 铝及铝合金热挤压管　第一部分：无缝圆管
	GB/T6892 一般工业用铝及铝合金挤压型材

对未注尺寸偏差的部位，其极限偏差应符合下列规定：

1）铝制件的基本尺寸小于或等于 50mm 时，其允许极限偏差为 ±1.0mm；

2）铝制件的基本尺寸大于 50mm 时，其允许极限偏差为基本尺寸的 ±2%；

3）铝管弯曲允许径向极限偏差不大于管径的 ±3%，且不应超过 ±5.0mm。

电力金具铝制件的一般技术要求应符合 GB/T 2341 的规定。铝制件的力学性能试验应符合 GB/T 2317.1 的规定；热循环试验应符合 GB/T 2317.3 的规定。重力铸造铝合金铝制件应符合 GB/T9438 的规定，压铸铝合金铝制件应符合 GB/T15114 的规定。冲压成型铝制件应符合 DL/T 768.3 的规定。焊接件应符合 DL/T 768.6 的规定。焊缝应均匀一致，在不影响电气性能的要求时，可以不进行修理，有防电晕要求的焊缝应修理光滑。

铝制件应去除因成型、焊接等加工过程中产生的应力。铝制件的外观以目力检查为主，必要时用 10 倍的放大镜检查。铝制件的表面应光洁，不应存在冷隔、可见裂纹。铝制件的导电接触面，不应有碰伤、凹坑、压痕和凸起等缺陷。铝制件与导线接触的表面、与其他部件连接的部位以及有防电晕要求的部位，不应有凸瘤、缩松、气孔、砂眼和渣眼等缺陷。铸造铝制件一般表面不应有直径大于 3.0mm，且深度超过 1.0mm 的孔洞类铸造缺陷存在。铝制件一般表面允许留有分型、顶杆及排气塞等痕迹，但凸出表面不应超过 0.5mm，凹下表面不应超过 1.5mm。铜铝过渡件焊缝处错边尺寸不应超过 1.0mm。

（6）焊接件。所有焊缝都应首先进行外观检查，外观检查不合格的焊缝不允许进行其他项目检查。

焊缝应具有均匀的鳞状波纹表面，并在全长上保持一致。焊缝缺陷的允许偏差见表 2-155。

表 2 - 155　　　　　　　　　　　焊缝缺陷的允许偏差

序号	缺陷名称	GB 6417 中表内数字序号	允许范围	
			钢焊缝	铝焊缝
1	裂纹	100	不允许	不允许
2	弧坑裂纹	104	不允许	不允许
3	表面气孔	2017	允许气孔直径不大于 3δ 且不大于 2mm 的气孔 2 个，孔间距不小于 6 倍孔径	不允许
4	弧坑缩孔	2024	不低于母材表面	
5	表面夹渣	301	不允许	不允许
6	褶皱	3031	—	不允许
7	未熔合	401	不允许	不允许
8	未焊透	402	不允许	不允许
9	咬边	5011 5012	不大于 0.05δ，且不大于 0.5mm，连续长度不大于 100mm，且焊缝两侧咬边总长度不大于 10%焊缝总长度	
10	凸度过大	503	$\leqslant$3mm	$\leqslant3+0.15\delta$
11	下塌	504 5041	$\leqslant$2mm	不允许
12	焊瘤	506	$\leqslant$2mm	不允许
13	错边	507	单面焊不大于 1.5mm，双面焊不大于 2mm	
14	未焊满	511	$<0.2+2\%\delta$ 且$\leqslant$1mm，焊缝内缺陷总长不大于 25mm	
15	角焊缝焊脚不对称	512	$\leqslant2+0.05a$ a—设计焊缝有效厚度	
16	接头不良	517	造成缺口深度不大于 0.05δ，每米焊缝且不得超过 1 处	

　　(7) T 型线夹。T 型线夹分为 TY 型、TL 型、TLY 型、TLL 型。T 型线夹主要尺寸应符合表 2 - 156 规定。

表 2 - 156　　　　　　　　T 型线夹型号及尺寸（GB/T 2340—1998）

T 型线夹型号	尺寸
TY 型	GB/T 2340—1998　图 1、表 1
TLL 型	GB/T 2340—1998　图 2、表 2，图 3、表 2
TLY 型	GB/T 2340—1998　图 5、表 5
TL 型	GB/T 2340—1998　图 7、表 7

　　线夹一般技术条件应符合 GB 2314—1997 的规定。材质与紧固件应符合如下规定：

1) 压缩型 T 型线夹按 GB/T 1196 的规定执行，采用牌号不低于 Al99.5 的铝制造；

2) U 型螺钉按 GB/T 700 的规定执行；采用抗拉强度不低于 375N/mm^2 的钢制造；

3) 螺栓型 T 型线夹按 GB/T 1173 的规定执行，采用 ZL - 102 铝硅合金制造；

4）螺栓按 GB/T 5780 的规定执行；

5）螺母按 GB/T 41 的规定执行；

6）垫圈按 GB/T 95 的规定执行；

7）弹簧垫圈按 GB/T 93 的规定执行。

（8）防震锤（DL/T 1099—2009）。防震锤材料及紧固件要求如下：

1）钢绞线应符合 YB/T 5004，钢绞线抗拉强度不低于 $1520N/mm^2$，绞合节径比不大于 12，不应散股、锈蚀。防震锤应采用没有使用过的新钢绞线；

2）锤头采用黑色金属材料制造；

3）线夹及压板采用铝合金制造，应符合 GB/T 1173 的规定；

4）螺母按 GB/T 41 规定执行；

5）垫圈按 GB/T 95 规定执行；

6）弹簧垫圈按 GB/T 93 规定执行；

7）六角头螺栓应符合 GB/T 5780 的要求。

（9）间隔棒（DL/T 1098—2016）。间隔棒的材料应符合设计图样的要求，或由供需双方协商确定。合成橡胶应具有良好的抗老化、防臭氧、防紫外线和防空气污染的能力。间隔棒力学性能试验要求见表 2-157。

表 2-157　　　　　　　　　　　　　间隔棒力学性能试验

间隔棒性能试验类型	执行标准
线夹强度试验	DL/T 1098—2016 7.4.2
线夹顺线握力试验	DL/T 1098—2016 7.4.3
线夹扭握力矩试验	DL/T 1098—2016 7.4.4
线夹水平方向拉、压力试验	DL/T 1098—2016 7.4.5
线夹垂直方向拉、压力试验	DL/T 1098—2016 7.4.6
间隔棒向心力试验	DL/T 1098—2016 7.4.7
垂直振动疲劳试验（模拟微风振动）	DL/T 1098—2016 7.5.1
扭转振动疲劳试验（模拟舞动）	DL/T 1098—2016 7.5.2
水平方向振动疲劳试验（模拟次档距振荡）	DL/T 1098—2016 7.5.3
顺线振动疲劳试验	DL/T 1098—2016 7.5.4
间隔棒柔性试验	DL/T 1098—2016 7.6.1
垂直向柔性试验	DL/T 1098—2016 7.6.2
圆锥向柔性试验	DL/T 1098—2016 7.6.3
水平向柔性试验	DL/T 1098—2016 7.6.4
微风振动性能评估	DL/T 1098—2016 7.7.1
用现场测振方法对间隔棒-分裂导线系统微风振动性能的检验	DL/T 1098—2016 7.7.2
间隔棒对数衰减试验（模拟次档距振荡）	DL/T 1098—2016 7.7.3
合成橡胶元件材料性能试验	DL/T 1098—2016 7.9
弹簧元件性能试验	DL/T 1098—2016 7.10

（10）软母线金具。软母线金具一般技术要求应符合 GB/T 2314 的规定，软母线金具制造质量应符合 DL/T 768 的规定，软母线间隔棒应保持软母线的间距，在正常运行条件下，应避免对母线产生损伤。软母线金具应能承受安装、维修和运行条件下的机械载荷，任何部件不得损坏或出现永久变形。软母线金具有自身防晕要求时，应具备防晕功能。软母线规定金具的螺栓或螺母不应凸出安装底座平面。

软母线金具材质与紧固件应符合如下要求：

1）软母线固定金具的材料应符合设计图样的规定。

2）软母线固定金具中的铸造铝合金应符合 GB/T 1173 的规定，钢制件应符合 GB/T 700 的规定。

3）螺栓应按 GB/T 5780 的规定执行。

4）螺母应按 GB/T 41 的规定执行。

5）平垫圈应按 GB/T 95 的规定执行。

6）弹簧垫圈应按 GB/T 93 的规定执行。

（11）硬母线金具。硬母线金具一般技术要求应符合 GB/T 2314 的规定。硬母线金具制造质量应符合 DL/T 768 的规定。硬母线金具有自身防晕要求时，应具备防晕功能，避免产生电晕。硬母线金具应能承受机械载荷。与支柱绝缘子相连的硬母线金具机械强度与支柱绝缘子的要求相配合。承载电气负荷的管形母线金具载流量应不小于回路中载流量最小的导体载流量。具有伸缩功能的管形母线金具伸缩力应小于设备所示同方向载荷，且不能发生疲劳破坏。沉头螺钉的沉头顶面不应露出金具下连接片或安装底板的上平面。管形母线设备线夹及伸缩金具结构应考虑对电气间隙的影响。

硬母线金具材质与紧固件应符合如下要求：

1）硬母线金具的材料应符合设计图样的规定。

2）硬母线金具中的钢制件应符合 GB/T 700 的规定，铸造铝合金应符合 GB/T 1173 的规定，铝材应符合 GB/T 1196 的规定，且铝含量不应低于 99.5%，铝绞线应符合 GB/T 1179 的规定。

3）螺栓应符合 GB/T 5780 的规定。

4）螺母应符合 GB/T 41 的规定。

5）弹簧垫圈应符合 GB 93 的规定。

6）平垫圈应符合 GB/T 95 的规定。

7）沉头螺钉应符合 GB/T 68 和 DL/T 682 的规定。

8）沉头螺钉可采用电镀锌。

（12）设备线夹。设备线夹分为 SL 型、SLG 型、SY 型和 SYG 型。

设备线夹主要尺寸按 DL/T 2341—1998 的规定。设备线夹一般技术要求应符合 GB 2314 的规定。

设备线夹材质与紧固件应符合如下要求：

1）设备线夹本体按 GB/T 1196，采用牌号不低于 Al99.5 的铝管制造；铝管及铝板按 GB/T 3190 规定，采用牌号不低于 L_3 的材料制造，挤压铝管，抗拉强度不低于 78.4N/mm^2；连接片按 GB/T 700 规定，抗拉强度不低于 375N/mm^2。240 以上导线线夹采用铝合金，240 以下用 Q235 钢板；

2）铜板按 GB/T 2040 的规定，采用牌号为 T2 的铜板。

3）螺栓按 GB/T 5780 的规定。

4）螺母按 GB/T 41 的规定。

5）弹簧垫圈按 GB/T 93 的规定。

6）垫圈按 GB/T 95 的规定。

2.4.4　接地装置

1. 接地装置材料（GB 50169—2016）

接地装置材料应符合下列规定：

（1）除临时接地装置外，接地装置采用钢材时均应热镀锌，水平敷设的应采用热镀锌的圆钢和扁钢，垂直敷设的应采用热镀锌的角钢、钢管和圆钢。

（2）当采用扁铜带、铜绞线、铜棒、铜覆钢（圆线、绞线）、锌覆钢等材料作为接地装置时，其选择应符合设计要求。

（3）不应采用铝导体作为接地极或接地线。接地装置的人工接地极，导体截面应符合热稳定、均压、机械强度及耐腐蚀的要求。水平接地极的截面积不应小于连接至该接地装置接地线截面积的 75%，且钢接地极和接地线的最小规格不应小于表 2-158 和表 2-159 所列规格，电力线路杆塔的接地极引出线的截面积不应小于 50mm²。

表 2-158　　　　　　钢接地极和接地线的最小规格

种类、规格及单位		地上	地下
圆钢直径/mm		8	8/10
扁钢	截面积/mm²	48	48
	厚度/mm	4	4
角钢厚度/mm		2.5	4
钢管管壁厚度/mm		2.5	3.5/2.5

注　1. 地下部分圆钢的直径，其分子、分母数据分别对应于架空线路和发电厂、变电站的接地网；
　　2. 地下部分钢管的壁厚，其分子、分母数据分别对应于埋于土壤和埋于室内混凝土地坪中。

表 2-159　　　　　　铜及铜覆钢接地极的最小规格

种类、规格及单位	地上	地下
铜棒直径/mm	8	水平接地极 8
		垂直接地极 15
铜排截面积/厚度/（mm²/mm）	50/2	50/2
铜管管壁厚度/mm	2	3
铜绞线截面积/mm²	50	50

续表

种类、规格及单位	地上	地下
铜覆圆钢直径/mm	8	10
铜覆钢绞线直径/mm	8	10
铜覆扁钢截面积/厚度/（mm²/mm）	48/4	48/4

　　注　1. 裸铜绞线不应作为小型接地装置的接地极用，当作为接地网的接地极时，截面积应满足设计要求；

　　　　2. 铜绞线单股直径不应小于1.7mm；

　　　　3. 铜覆钢规格为钢材的尺寸，其铜层厚度不应小于0.25mm。

　　接地极用热镀锌钢及锌覆钢的锌层厚度应满足设计的要求。

　　低压电气设备地面上外露的连接至接地极或保护线（PE）的接地线最小截面积，应符合表2-160的规定。

表2-160　　　　　　　　　低压电气设备地面上外露的铜接地线的最小截面积

名称	最小截面积/mm²
明敷的裸导体	4
绝缘导体	1.5
电缆的接地芯或与相线包在同一保护壳内的多芯导线的接地芯	1

　　严禁利用金属软管、管道保温层的金属外皮或金属网、低压照明网络的导线铅皮以及电缆金属保护层作为接地线。

　　金属软管两端应采用自固接头或软管接头，且金属软管段应与钢管段有良好的电气连接。

　　2. 接地线、接地极的连接

　　接地极的连接应采用焊接，接地线与接地极的连接应采用焊接。异种金属接地极之间连接时接头处应采取防止电化学腐蚀的措施。

　　电气设备上的接地线，应采用热镀锌螺栓连接；有色金属接地线不能采用焊接时，可用螺栓连接。螺栓连接处的接触面应按现行国家标准GB 50149《电气装置安装工程 母线装置施工及验收规范》的规定执行。热镀锌钢材焊接时，在焊痕外最小100mm范围内应采取可靠的防腐处理。在做防腐处理前，表面应除锈并去掉焊接处残留的焊药。

　　（1）接地线、接地极采用电弧焊连接时应采用搭接焊缝，其搭接长度应符合下列规定：

　　1）扁钢应为其宽度的2倍且不得少于3个棱边焊接。

　　2）圆钢应为其直径的6倍。

　　3）圆钢与扁钢连接时，其长度应为圆钢直径的6倍。

　　4）扁钢与钢管、扁钢与角钢焊接时，除应在其接触部位两侧进行焊接外，还应由钢带或钢带弯成的卡子与钢管或角钢焊接。

　　（2）接地极（线）的连接工艺采用放热焊接时，其焊接接头应符合下列规定：

　　1）被连接的导体截面应完全包裹在接头内。

　　2）接头的表面应平滑。

3）被连接的导体接头表面应完全熔合。

4）接头应无贯穿性的气孔。

采用金属绞线作接地引下线时，宜采用压接端子与接地极连接。利用各种金属构件、金属管道为接地线时，连接处应保证有可靠的电气连接。

（3）沿电缆桥架敷设铜绞线、镀锌扁钢及利用沿桥架构成电气通路的金属构件，如安装托架用的金属构件作为接地网时，电缆桥架接地时应符合下列规定：

1）电缆桥架全长不大于 30m 时，与接地网相连不应少于 2 处。

2）全长大于 30m 时，应每隔 20～30m 增加与接地网的连接点。

3）电缆桥架的起始端和终点端应与接地网可靠连接。

（4）金属电缆桥架的接地应符合下列规定：

1）宜在电缆桥架的支架上焊接螺栓，和电缆桥架主体采用两端压接铜鼻子的铜绞线跨接，跨接线最小截面积不应小于 4mm²。

2）电缆桥架的镀锌支吊架和镀锌电缆桥架之间与跨接地线时，其间的连接处不少于 2 个带有防松螺帽或防松垫圈的螺栓固定。

第3章 铁和钢材料的牌号及性能

钢铁材料是对钢和生铁的总成,钢铁主要由铁和碳两个元素构成,又称铁碳合金。按含碳量的大小分类。含碳量(碳的质量分数)大于2%的为生铁,小于2%的为钢,小于0.02%的为工业纯铁。下面介绍电力工业中常见的钢铁材料的牌号及性能。

3.1 常用铸铁的牌号和力学性能

铸铁是应用广泛的一种铁碳合金材料,其碳的质量分数一般在2%以上,这是铸铁和钢的主要区别。铸铁与钢相比成本低,铸造性能好,体积收缩不明显,而且力学性能、可加工性、耐磨性、耐蚀性、热导率和减震性能之间有较好的配合,也具有高强度性。缺点是不抗冲击、韧性值较低,均质性较差,缺乏塑性变形能力,焊接性差。

铸铁是工厂中应用最广泛的铸造材料,大部分机械设备的箱体、壳体、机座、支架和受力不大的零件都用铸铁制造。某些承受冲击不大的重要零件,也多用球墨铸铁制造。

3.1.1 灰铸铁件

灰铸铁的牌号和力学性能(GB/T 9439)见表3-1。

表3-1   灰铸铁的牌号和力学性能

牌号	铸件壁厚		最小抗拉强度 $R_{m,min}$		铸件本体预期抗拉强度 $R_{m,min}$/MPa	布氏硬度 HBW(单铸试棒)
	>	≤	单铸试棒/MPa	附铸试棒或试块/MPa		
HT100	5	40	100	—	—	≤170
HT150	5	10	150	—	155	125~205
	10	20		—	130	
	20	40		120	110	
	40	80		110	95	
	80	150		100	80	
	150	300		90		

续表

牌号	铸件壁厚		最小抗拉强度 $R_{m,min}$		铸件本体预期抗拉强度 $R_{m,min}$/MPa	布氏硬度 HBW（单铸试棒）
	>	≤	单铸试棒/MPa	附铸试棒或试块/MPa		
HT200	5	10	200	—	205	150～230
	10	20			180	
	20	40		170	155	
	40	80		150	130	
	80	150		140	115	
	150	300		130	—	
HT225	5	10	225	—	230	170～240
	10	20			200	
	20	40		190	170	
	40	80		170	150	
	80	150		155	135	
	150	300		145	—	
HT250	5	10	250	—	250	180～250
	10	20		—	225	
	20	40		210	195	
	40	80		190	170	
	80	150		170	155	
	150	300		160	—	
HT275	10	20	275	—	250	190～260
	20	40		230	220	
	40	80		205	190	
	80	150		190	175	
	150	300		175	—	
HT300	10	20	300	—	270	200～275
	20	40		250	240	
	40	80		220	210	
	80	150		210	195	
	150	300		190	—	
HT350	10	20	350	—	315	220～290
	20	40		290	280	
	40	80		260	250	
	80	150		230	225	
	150	300		210	—	

3.1.2 球墨铸铁件

球墨铸铁单铸试样的力学性能（GB/T 1348）见表 3-2、表 3-3。

表 3-2　　　　　　　　　球墨铸铁单铸试样的力学性能

材料牌号	抗拉强度 R_m/MPa	屈服强度 $R_{p0.2}$/MPa(min)	伸长率 A(%)(min)	布氏硬度 HBW	主要基体组织
QT350—22L	350	220	22	≤160	铁素体
QT350-22R	350	220	22	≤160	铁素体
QT350-22	350	220	22	≤160	铁素体
QT400-18L	400	240	18	120～175	铁素体
QT400-18R	400	250	18	120～175	铁素体
QT400-18	400	250	18	120～175	铁素体
QT400-15	400	250	15	120～180	铁素体
QT450-10	450	310	10	160～210	铁素体
QT500-7	500	320	7	170～230	铁素体＋珠光体
QT550-5	550	350	5	180～250	铁素体＋珠光体
QT600-3	600	370	3	190～270	珠光体＋铁素体
QT700-2	700	420	2	225～305	珠光体
QT800-2	800	480	2	225～305	珠光体或索氏体
QT900-2	900	600	2	280～360	回火马氏体或屈氏体＋索氏体

表 3-3　　　　　　　　　V 形缺口单铸试样的冲击功

材料牌号	最小冲击功/J					
	室温（23±5）℃		低温（20±2）℃		低温（40±2）℃	
	三个试样平均值	个别值	三个试样平均值	个别值	三个试样平均值	个别值
QT350-22L	—	—	—	—	12	9
QT350-22R	17	14	—	—	—	—
QT400-18L	—	—	12	9	—	—
QT400-18R	14	11	—	—	—	—

球墨铸铁件附铸试块的力学性能见表 3-4 和表 3-5。

表 3-4　　　　　　　　　球墨铸铁件附铸试样力学性能

材料牌号	铸件壁厚/mm	抗拉强度 R_m/MPa (min)	屈服强度 $R_{p0.2}$/MPa (min)	伸长率 A（%）(min)	布氏硬度 HBW	主要基体组织
QT350-22AL	≤30	350	220	22	≤160	铁素体
	30～60	330	210	18		
	60～200	320	200	15		

材料牌号	铸件壁厚/mm	抗拉强度 R_m/MPa（min）	屈服强度 $R_{p0.2}$/MPa（min）	伸长率 A（%）（min）	布氏硬度HBW	主要基体组织
QT350 - 22AR	≤30	350	220	22	≤160	铁素体
	30～60	330	220	18		
	60～200	320	210	15		
QT350 - 22A	≤30	350	220	22	≤160	铁素体
	30～60	330	210	18		
	60～200	320	200	15		
QT400 - 18AL	≤30	380	240	18	120～175	铁素体
	30～60	370	230	15		
	60～200	360	220	12		
QT400 - 18AR	≤30	400	250	18	120～175	铁素体
	30～60	390	250	15		
	60～200	370	240	12		
QT400 - 18A	≤30	400	250	18	120～175	铁素体
	30～60	390	250	15		
	60～200	370	240	12		
QT400 - 15A	≤30	400	250	15	120～180	铁素体
	30～60	390	250	14		
	60～200	370	240	11		
QT400 - 10A	≤30	450	310	10	160～210	铁素体
	30～60	420	280	9		
	60～200	390	260	8		
QT500 - 7A	≤30	500	320	7	170～230	铁素体＋珠光体
	30～60	450	300	7		
	60～200	420	290	5		
QT550 - 5A	≤30	550	350	5	180～250	铁素体＋珠光体
	30～60	520	330	4		
	60～200	500	320	3		
QT600 - 3A	≤30	600	350	3	190～270	珠光体＋铁素体
	30～60	600	330	2		
	60～200	550	320	1		
QT700 - 2A	≤30	700	420	2	225～305	珠光体
	30～60	700	420	2		
	60～200	650	380	1		

续表

材料牌号	铸件壁厚/mm	抗拉强度 R_m/MPa（min）	屈服强度 $R_{p0.2}$/MPa（min）	伸长率 A（%）（min）	布氏硬度 HBW	主要基体组织
QT800-2A	≤30	800	480	2	245～335	珠光体或索氏体
	30～60	由供求双方商定				
	60～200					
QT800-2A	≤30	900	600	2	280～360	回火马氏体或索氏体＋屈氏体
	30～60	由供求双方商定				
	60～200					

表3-5　V形缺口球墨铸铁件附铸件试验的冲击功

材料牌号	试样规格	室温（23±5）℃ 三个试样平均值	个别值	低温（20±2）℃ 三个试样平均值	个别值	低温（40±2）℃ 三个试样平均值	个别值
QT350-22AR	≤60	17	14	—	—	—	—
	60～200	15	12	—	—	—	—
QT350-22AL	≤60	—	—	—	—	12	9
	60～200	—	—	—	—	10	7
QT400-18AR	≤60	14	11	—	—	—	—
	60～200	12	9	—	—	—	—
QT400-18AL	≤60	—	—	12	9	—	—
	60～200	—	—	10	7	—	—

3.1.3　可锻铸铁

黑心可锻铸铁和珠光体可锻铸铁的力学性能（GB/T 9440）见表3-6、表3-7。

表3-6　黑心可锻铸铁和珠光体可锻铸铁的力学性能

牌号	试样直径 d/mm	抗拉强度 R_m/MPa（min）	屈服强度 $R_{p0.2}$/MPa（min）	伸长率 A（%）min（$L_0=3d$）	布氏硬度 HBW
KTH 275-05	12或15	275	—	5	≤150
KTH 300-06	12或15	300	—	6	
KTH 330-08	12或15	330	—	8	
KTH 350-10	12或15	350	200	10	
KTH 370-12	12或15	370	—	12	
KTH 450-06	12或15	450	270	6	150～200
KTH 500-05	12或15	500	300	5	165～215
KTH 550-04	12或15	550	340	4	180～230
KTH 600-03	12或15	600	390	3	195～245

牌号	试样直径 d/mm	抗拉强度 R_m/MPa（min）	屈服强度 $R_{p0.2}$/MPa（min）	伸长率 A（%） min（$L_0 = 3d$）	布氏硬度 HBW
KTH650 - 02	12 或 15	650	430	2	210～260
KTH 700 - 02	12 或 15	700	530	2	240～290
KTH800 - 01	12 或 15	800	600	1	270～320

表 3 - 7　　黑心可锻铸铁和珠光体可锻铸铁冲击性能（没有缺口，单铸试样尺寸 ［10×10×5（5）mm］）

牌号	冲击功 A_k/J	牌号	冲击功 A_k/J
KTH 350 - 10	0～130	KTZ 600 - 03	—
KTZ 450 - 06	80～120	KTZ 650 - 02	60～100
KTZ 500 - 05	—	KTZ 700 - 02	50～90
KTZ 550 - 04	70～110	KTZ 800 - 01	30～40

白心可锻铸铁的力学性能见表 3 - 8、表 3 - 9。

表 3 - 8　　白心可锻铸铁的力学性能

牌号	试样直径 d/mm	抗拉强度 R_m/ MPa（min）	0.2%屈服强度 $R_{p0.2}$/ MPa（min）	伸长率 A（%） min（$L_0 = 3d$）	布氏硬度 HBW （max）
KTB 350 - 04	6	270	—	10	230
	9	310	—	5	
	12	350	—	4	
	15	360	—	3	
KTB 360 - 12	6	280	—	16	200
	9	320	170	15	
	12	360	190	12	
	15	370	200	7	
KTB 400 - 05	6	300	—200	12	220
	9	360	220	8	
	12	400	220	5	
	15	420	230	4	
KTB 450 - 07	6	330	—	12	220
	9	400	230	10	
	12	450	260	7	
	15	480	280	4	
KTB 550 - 04	6	—	—	—	250
	9	490	310	5	
	12	550	340	4	
	15	570	350	3	

表3-9 白心可锻铸铁冲击性能（没有缺口，单铸试样尺寸 [10×10×5 (5) mm]）

牌号	冲击功 A_k/J
KTB 350 - 04	30～80
KTB 360 - 12	130～180
KTB 400 - 05	40～90
KTB 450 - 07	80～130
KTB 550 - 04	30～80

3.1.4 蠕墨铸铁

蠕墨铸铁的力学性能（GB/T 26655）见表3-10、表3-11。

表3-10 蠕墨铸铁单铸试样的力学性能

材料牌号	抗拉强度 R_m/MPa	屈服强度 $R_{p0.2}$/MPa (min)	伸长率 A (%) (min)	布氏硬度 HBW	主要基体组织
RuT300	300	210	2.0	140～210	铁素体
RuT350	350	245	1.5	160～220	铁素体＋珠光体
RuT400	400	280	1.0	180～240	珠光体＋铁素体
RuT450	450	315	1.0	200～250	珠光体
RuT500	500	350	0.5	220～260	珠光体

表3-11 蠕磨铸铁的力学和物理性能

性能	温度/℃	材料牌号				
		RuT300	RuT350	RuT400	RuT450	RuT500
抗拉强度 R_m/MPa	23	300～375	350～425	400～475	450～525	500～575
	100	275～350	325～400	375～450	425～500	475～550
	400	225～300	275～350	300～375	350～425	400～475
0.2%屈服强度 $R_{P0.2}$/MPa	23	210～260	245～295	280～330	315～365	350～400
	100	190～240	220～270	255～305	290～340	325～375
	400	170～220	195～245	230～280	255～315	300～350
伸长率 A (%)	23	2.0～5.0	1.5～4.0	1.0～3.5	1.0～2.5	0.5～2.0
	100	1.5～4.5	1.5～3.5	1.0～3.0	1.0～2.0	0.5～1.5
	400	1.0～4.0	1.0～3.0	1.0～2.5	0.5～1.5	0.5～1.5
弹性模量/GPa	23	130～145	135～150	140～150	145～155	145～160
	100	125～140	130～145	135～145	140～150	140～155
	400	120～135	125～140	130～140	135～145	135～150

性能	温度/℃	材料牌号				
		RuT300	RuT350	RuT400	RuT450	RuT500
疲劳系数 （旋转 - 弯曲、 拉 - 压、3 点弯曲）	23	0.50～0.55	0.47～0.52	0.45～0.50	0.45～0.50	0.43～0.48
	100	0.30～0.40	0.27～0.37	0.25～0.35	0.25～0.35	0.20～0.30
	400	0.65～0.75	0.62～0.72	0.60～0.70	0.60～0.70	0.55～0.65
泊松比		0.26	0.26	0.26	0.26	0.26
密度/（g/cm³）		7.0	7.0	7.0～7.1	7.0～7.2	7.0～7.2
热导率 W/ (m·K)	23	47	43	39	38	36
	100	45	42	39	37	35
	400	42	40	38	36	34
热膨胀系数 μm/ (m·K)	100	11	11	11	11	11
	400	12.5	12.5	12.5	12.5	12.5
比热容/ [J/(g·K)]	100	0.475	0.475	0.475	0.475	0.475
基体组织		铁素体	铁素体＋ 珠光体	珠光体＋ 铁素体	珠光体	珠光体

3.1.5 抗磨白口铸铁件

抗磨白口铸铁件的牌号及化学成分（GB/T 8263）见表 3 - 12、表 3 - 13。

表 3 - 12   **抗磨白口铸铁件的牌号及化学成分**

牌号	化学成分（质量分数）（%）								
	C	Si	Mn	Cr	Mo	Ni	Cu	S	P
BTMNi4Cr2 - DT	2.4～3.0	≤0.8	≤2.0	1.5～3.0	≤1.0	3.3～5.0	—	≤0.10	≤0.10
BTMNi4Cr2 - GT	3.0～3.6	≤0.8	≤2.0	1.5～3.0	≤1.0	3.3～5.0	—	≤0.10	≤0.10
BTMCr9Ni5	2.5～3.6	1.5～2.2	≤2.0	8.0～10.0	≤1.0	4.5～7.0		≤0.06	≤0.06
BTMCr2	2.1～3.6	≤1.5	≤2.0	1.0～3.0				≤0.10	≤0.10
BTMCr8	2.1～3.6	1.5～2.2	≤2.0	7.0～10.0	≤3.0	≤1.0	≤1.2	≤0.06	≤0.06
BTMCr12 - DT	1.1～2.0	≤1.5	≤2.0	11.0～14.0	≤3.0	≤2.5	≤1.2	≤0.06	≤0.06
BTMCr12 - GT	2.0～3.6	≤1.5	≤2.0	11.0～14.0	≤3.0	≤2.5	≤1.2	≤0.06	≤0.06
BTMCr15	2.0～3.6	≤1.2	≤2.0	14.0～18.0	≤3.0	≤2.5	≤1.2	≤0.06	≤0.06
BTMCr20	2.0～3.3	≤1.2	≤2.0	18.0～23.0	≤3.0	≤2.5	≤1.2	≤0.06	≤0.06
BTMCr26	2.0～3.3	≤1.2	≤2.0	23.0～30.0	≤3.0	≤2.5	≤1.2	≤0.06	≤0.06

表 3-13　　　　　　　　　　　抗磨白口铸铁件的硬度

牌号	表面硬度					
	铸态或铸态去应力处理		硬化态或硬化态去应力处理		软化退火态	
	HRC	HBW	HRC	HBW	HRC	HBW
BTMNi4Cr2-DT	≥53	≥550	≥56	≥600	—	—
BTMNi4Cr2-GT	≥53	≥550	≥56	≥600	—	—
BTMCr9Ni5	≥50	≥500	≥56	≥600	—	—
BTMCr2	≥45	≥435	—	—	—	—
BTMCr8	≥46	≥450	≥56	≥600	≤41	≤400
BTMCr12-DT	—	—	≥50	≥500	≤41	≤400
BTMCr12-GT	≥46	≥450	≥58	≥650	≤41	≤400
BTMCr15	≥46	≥450	≥58	≥650	≤41	≤400
BTMCr20	≥46	≥450	≥58	≥650	≤41	≤400
BTMCr26	≥46	≥450	≥58	≥650	≤41	≤400

抗磨白口铸铁件的热处理规范和金相组织见表 3-14、表 3-15。

表 3-14　　　　　　　　　　　抗磨白口铸铁热处理规范

牌号	软化退火处理	硬化处理	回火处理
BTMNi4Cr2-DT	—	430～470℃保温 4～6h，出炉空冷或炉冷	在 250～300℃ 保温 8～16h，出炉空冷或炉冷
BTMNi4Cr2-GT			
BTMCr9Ni5	—	800～850℃保温 6～16h，出炉空冷或炉冷	
BTMCr8		940～980℃保温，出炉后以合适的方式快速冷却	
BTMCr12-DT	920～960℃保温，缓冷至 700～750℃保温，缓冷至 600℃以下出炉空冷或炉冷	900～980℃保温，出炉后以合适的方式快速冷却	在 200～550℃ 保温，出炉空冷或炉冷
BTMCr12-GT		900～980℃保温，出炉后以合适的方式快速冷却	
BTMCr15		920～1000℃保温，出炉后以合适的方式快速冷却	
BTMCr20	960～1060℃保温，缓冷至 700～750℃保温，缓冷至 600℃以下出炉空冷或炉冷	950～1050℃保温，出炉后以合适的方式快速冷却	
BTMCr26		960～1060℃保温，出炉后以合适的方式快速冷却	

表 3 - 15　　　　　　　　　　　　抗磨白口铸铁件的金相组织

牌号	金相组织	
	铸态或铸态去应力处理	硬化态或硬化态去应力处理
BTMNi4Cr2 - DT	共晶碳化物 M3C＋马氏体＋贝氏体＋奥氏体	共晶碳化物 M3C＋马氏体＋贝氏体＋残余奥氏体
BTMNi4Cr2 - GT		
BTMCr9Ni5	共晶碳化物（M7C3＋少量 M3C）＋马氏体＋奥氏体	共晶碳化物（M7C3＋少量 M3C）＋二次碳化物＋马氏体＋残余奥氏体
BTMCr2	共晶碳化物 M3C＋珠光体	—
BTMCr8	共晶碳化物（M7C3＋少量 M3C）＋细珠光体	共晶碳化物（M7C3＋少量 M3C）＋二次碳化物＋马氏体＋残余奥氏体
BTMCr12 - DT	—	碳化物＋马氏体＋残余奥氏体
BTMCr12 - GT	碳化物＋奥氏体及其转变产物	
BTMCr15		
BTMCr20		
BTMCr26		

3.1.6　中锰抗磨球墨铸铁件

中锰抗磨球墨铸铁件的牌号、锰含量和机械性能（GB/T 3180）见表 3 - 16。

表 3 - 16　　　　　　　　中锰抗磨球墨铸铁牌号、锰含量和机械性能

牌号	锰含量（%）	抗弯强度 $\sigma_w$gf/mm^2（N/mm^2）		挠度 f/mm		冲击值 α_k/(kgf·m/cm^2)J	硬度/HRC
		砂型	金属型	砂型	金属型		
		试棒直径/mm		支距/mm			
		30	50	300	500		
		＞					
MQTMn6	5.5～6.5	52	40	3.0	2.5	0.8	44
MQTMn7	6.5～7.5	48	45	3.5	3.0	0.9	41
MQTMn8	7.5～9.0	44	50	4.0	3.5	1.0	38

3.1.7　耐热铸铁件

耐热铸铁的牌号、化学成分、机械性能和应用（GB/T 9437）见表 3 - 17～表 3 - 20。

表 3 - 17　　　　　　　　　耐热铸铁的牌号及化学成分

铸铁牌号	化学成分（质量分数）（%）						
	C	Si	Mn	P	S	Cr	Al
			不大于				
HTRCr	3.0～3.8	1.5～2.5	1.0	0.1	0.08	0.50～1.00	—
HTRCr2	3.0～3.8	2.0～3.0	1.0	0.1	0.08	1.00～2.00	—

铸铁牌号	化学成分（质量分数）（%）						
	C	Si	Mn	P	S	Cr	Al
			不大于				
HTRCr16	1.6~2.4	1.5~2.2	1.0	0.1	0.05	15.00~18.00	—
HTRSi5	2.4~3.2	4.5~5.5	0.8	0.10	0.08	0.5~1.00	—
QTRSi4	2.4~3.2	3.5~4.5	0.7	0.07	0.015	—	
QTRSi4Mo	2.7~3.5	3.5~4.5	0.5	0.07	0.015	Mo0.5~0.9	—
QTRSi4Mo1	2.7~3.5	4.0~4.5	0.3	0.05	0.015	Mo1.0~1.5	Mg0.01~0.05
QTRSi5	2.4~3.2	4.5~5.5	0.7	0.07	0.015	—	
QTRAl4 Si4	2.5~3.0	3.5~4.5	0.5	0.07	0.015	—	4.5~5.0
QTRAl5 Si5	2.3~2.8	4.5~5.2	0.5	0.07	0.015	—	5.0~5.8
QTRAl22	1.6~2.2	1.0~2.0	0.7	0.07	0.015		20.0~24.0

表 3-18　　　　　　　　　　　　耐热铸铁的室温力学性能

铸铁牌号	最小抗拉强度 R_m/MPa	硬度 HBW
HTRCr	200	189~288
HTRCr2	150	207~288
HTRCr16	340	400~450
HTRSi5	140	160~270
QTRSi4	420	143~187
QTRSi4Mo	520	188~241
QTRSi4Mo1	550	200~240
QTRSi5	370	228~302
QTRAl4 Si4	250	285~341
QTRAl5 Si5	200	302~363
QTRAl22	300	241~364

注　允许用热处理方法达到上述性能。

表 3-19　　　　　　　　　　　耐热铸铁的高温短时抗拉强度

铸铁牌号	在下列温度时的最小抗拉强度 R_m/MPa				
	500℃	600℃	700℃	800℃	900℃
HTRCr	225	144	—	—	—
HTRCr2	243	166	—	—	—
HTRCr16	—	—	—	144	88
HTRSi5	—	—	41	27	—
QTRSi4	—	—	75	35	—
QTRSi4Mo	—	—	101	46	—

续表

铸铁牌号	在下列温度时的最小抗拉强度 R_m/MPa				
	500℃	600℃	700℃	800℃	900℃
QTRSi4Mo1	—	—	101	46	—
QTRSi5	—	—	67	30	—
QTRAl4 Si4	—	—	—	82	32
QTRAl5 Si5	—	—	—	167	75
QTRAl22	—	—	—	130	77

表 3 - 20　　　　　　耐热铸铁的使用条件及应用举例

铸铁牌号	使用条件	应用举例
HTRCr	在空气炉气中,耐热温度到 550℃。具有高的抗氧化性和体积稳定性	适用于急冷急热的薄壁、细长件。用于炉条、高炉支梁式水箱、金属型、玻璃模等
HTRCr2	在空气炉气中,耐热温度到 600℃。具有高的抗氧化性和体积稳定性	适用于急冷急热的薄壁、细长件。用于煤气炉内灰盆、矿山烧结车挡板等
HTRCr16	在空气炉气中耐热温度到 900℃。具有高的室温及高温强度,高的抗氧化性,但常温脆性较大。耐硝酸的腐蚀	可在室温及高温下作抗磨件使用,用于退火关、煤粉烧嘴、水泥焙烧炉零件、化工机械等零件
HTRSi5	在空气炉气中,耐热温度到 700℃,耐热性较好,承受机械和热冲击能力较差	用于炉条、煤粉烧嘴、锅炉用梳形定位析、换热器针状管、二硫化碳反应瓶等
QTRSi4	在空气炉气中耐热温度到 650℃,力学性能抗裂性较 QTRSi5 好	用于玻璃窑烟道闸门、玻璃引上机墙板、加热炉两端管架等
QTRSi4Mo	在空气炉气中耐热温度到 800℃,高温力学性能较好	用于内燃机排气岐管、罩式退火炉导向器、烧结机中后热筛板、加热炉吊梁等
QTRSi4Mo1	在空气炉气中耐热温度到 800℃,高温力学性能好	用于内燃机排气岐管、罩式退火炉导向器、烧结机中后热筛板、加热炉吊梁等
QTRSi5	在空气炉气中耐热温度到 800℃,常温及高温性能显著优于 RTSi5	用于煤粉烧嘴、炉条、辐射管、烟道闸门、加热炉中间管架等
QTRAl4 Si4	在空气炉气中耐热温度到 900℃,耐热性良好	适用于高温轻载荷下工作的耐热件,用于烧结机篦条、炉用件等
QTRAl5 Si5	在空气炉气中耐热温度到 1050℃,耐热性良好	
QTRAl22	在空气炉气中耐热温度到 1050℃,具有优良的抗氧化能力,较高的室温和高温强度,韧性好,抗高温硫蚀性好	适用于高温 (1100℃)、载荷小、温度变化较缓的工件,用于锅炉用侧密封块、链式加热炉炉爪、黄铁矿焙烧炉零件等

3.1.8　高硅耐蚀铸铁件

高硅耐蚀铸铁件的化学成分、力学性能和应用（GB/T 8491）见表 3 - 21～表 3 - 23。

表 3-21 高硅耐蚀铸铁的化学成分

牌号	化学成分（质量分数）（%）								
	C	Si	Mn≤	P≤	S≤	Cr	Mo	Cu	R 残留量≤
HTSSi11Cu2CrR	≤1.20	10.00～12.00	0.50	0.10	0.10	0.60～0.80	—	1.80～2.20	0.10
HTSSi15R	0.65～1.10	14.2～14.75	1.50	0.10	0.10	≤0.50	≤0.50	≤0.50	0.10
HTSSi15Cr4MoR	0.75～1.15	14.2～14.75	1.50	0.10	0.10	3.25～5.00	≤0.50	≤0.50	0.10
HTSSi15Cr4R	0.70～1.10	14.2～14.75	1.50	0.10	0.10	3.25～5.00	≤0.50	≤0.50	0.10

表 3-22 高硅耐蚀铸铁的力学性能

牌号	最小抗弯强度 σ_b/MPa	最小挠度 f/mm
HTSSi11Cu2CrR	190	0.80
HTSSi15R	118	0.66
HTSSi15Cr4MoR	118	0.66
HTSSi15Cr4R	118	0.66

表 3-23 高硅耐蚀铸铁的性能及适用条件举例

牌号	性能和适用条件	应用举例
HTSSi11Cu2CrR	具有较好的力学性能，可以用一般的机械加工方法进行生产，在浓度大于或等于10%的硫酸、浓度小于或等于46%的硝酸或由上述两种介质组成的混合酸、浓度大于或等于70%的硫酸加氯、苯、苯磺酸等介质中具有较稳定的耐蚀性能，但不允许有急剧的交变载荷、冲击载荷和温度突变	卧式离心机、潜水泵、阀门、旋塞、塔罐、冷却排水管、弯头等化工设备和零部件等
HTSSi15R	在氧化性酸（例如：各种温度和浓度的硝酸、硫酸、铬酸等）各种有机酸和一系列盐溶液介质中都有良好的耐蚀性，但在卤素的酸、盐溶液（如氢氟酸和氯化物等）和强碱溶液中不耐蚀。不允许有急剧的交变载荷、冲击载荷和温度突变	各种离心泵、阀类、旋塞、管道配件、塔罐、低压容器及各种非标准零部件等
HTSSi15Cr4MoR	具有优良的耐电化学腐蚀性能，并有改善抗氧化性条件的耐蚀性能。高硅铬铸铁中和铬可提高其钝化性和点蚀击穿电位，但不允许有急剧的交变载荷和温度突变	在外加电流的阴极保护系统中，大量用作辅助阳极铸件
HTSSi15Cr4R	适用于强氯化物的环境	

3.2 常用铸钢的牌号和力学性能

铸钢具有较好的强度、塑性和韧性，可以铸成各种形状、尺寸和质量的铸钢件。某些冷、热变形性能差或难切削加工的钢，则能由铸造成形。

铸钢件与铸铁件相比，具有机械强度高、塑性好、冲击韧性好等优点，尤其在物理、化学性能方面，如耐热、耐酸、导电、导磁和焊接性能更为突出。

用于轧材和锻件的钢号原则上都可以用于铸钢件。

3.2.1 一般工程用铸造碳钢件

一般工程用铸钢的牌号和化学成分及力学性能（GB/T 11352）见表 3-24、表 3-25。

表 3-24 一般工程用铸钢的牌号和化学成分

牌号	化学成分（质量分数）（%）（不大于）										
	C	Si	Mn	S	P	残余元素					
						Ni	Cr	Cu	Mo	V	残余元素总量
ZG 200～400	0.20	0.60	0.80	0.035	0.035	0.40	0.35	0.40	0.20	0.05	1.00
ZG 230～450	0.30										
ZG 270～500	0.40		0.90								
ZG 310～570	0.50										
ZG 340～640	0.60										

表 3-25 一般工程用铸钢的力学性能

牌号	屈服强度 $R_{p0.2}$/MPa	抗拉强度 R_m/MPa	断后伸长率 A_S/%	根据合同选择		
				断面收缩率 Z/%	冲击吸收能量 A_{KV}/J	冲击吸收能量 A_{KU}/J
			≥			
ZG 200～400	200	400	25	40	30	47
ZG 230～450	230	450	22	32	25	35
ZG 270～500	270	500	18	25	22	27
ZG 310～570	310	570	15	21	15	24
ZG 340～640	340	640	10	18	10	16

3.2.2 一般工程与结构用低合金铸钢件

一般工程与结构用低合金铸钢件的牌号和化学成分及力学性能（GB/T 14408）见表 3-26。

表 3-26 一般工程与结构用低合金铸钢件的牌号和化学成分及力学性能

牌号	S≤	P≤	屈服强度 $R_{p0.2}$/MPa≥	抗拉强度 R_m/MPa≥	断后伸长率 A_S（%）≥	断面收缩率 Z（%）≥	冲击吸收能量 A_{KV}/J≥
ZGD270～480	0.040	0.040	270	480	18	38	25
ZGD290～510			290	510	16	35	25
ZGD345～570			345	570	14	35	20
ZGD410～620			410	620	13	35	20
ZGD535～720			535	720	12	30	18
ZGD650～830			650	830	10	25	18

牌号	S≤	P≤	屈服强度 $R_{p0.2}$/MPa≥	抗拉强度 R_m/MPa≥	断后伸长率 A_S（%）≥	断面收缩率 Z（%）≥	冲击吸收能量 A_{KV}/J≥
ZGD730～910	0.035	0.035	730	910	8	22	15
ZGD840～1030			840	1030	6	20	15
ZGD1030～1240	0.020	0.020	1030	1240	5	20	22
ZGD1240～1450			1240	1450	4	15	18

3.2.3 焊接结构用钢铸件

焊接结构用钢铸件的牌号、化学成分及力学性能（GB/T 7659）见表 3-27、表 3-28。

表 3-27　　　　　　　焊接结构用钢铸件的牌号和化学成分

牌号	主要元素					残余元素					
	C	Si	Mn	P	S	Ni	Cr	Cu	Mo	V	总和
ZG200～400H	≤0.20	≤0.60	≤0.80	≤0.025	≤0.025	≤0.40	≤0.35	≤0.40	≤0.15	≤0.05	≤1.0
ZG230～450H	≤0.20	≤0.60	≤1.20	≤0.025	≤0.025						
ZG270～480H	0.17～0.25	≤0.60	0.80～1.20	≤0.025	≤0.025						
ZG300～500H	0.17～0.25	≤0.60	1.00～1.60	≤0.025	≤0.025						
ZG340～550H	0.17～0.25	≤0.60	1.00～1.60	≤0.025	≤0.025						

表 3-28　　　　　　　焊接结构用钢铸件的力学性能

牌号	拉伸性能			根据合同选择	
	上屈服强度 R_{elf}/MPa（min）	抗拉强度 R_m/MPa（min）	断后伸长率 A_S（%）（min）	断面收缩率 Z（%）≥（min）	冲击吸收能量 A_{KV}/J（min）
ZG200～400H	200	400	25	40	45
ZG230～450H	230	450	22	35	45
ZG270～480H	270	480	20	35	40
ZG300～500H	300	500	20	21	40
ZG340～550H	340	550	15	21	35

3.2.4 大型低合金钢铸件

大型低合金钢铸件的牌号和化学成分及力学性能（JB/T 6402）见表 3-29、表 3-30。

表 3-29　　　　　　　大型低合金钢铸件的牌号和化学成分

材料牌号	化学成分（质量分数）（%）								
	C	Si	Mn	P	S	Cr	Ni	Mo	Cu
ZG20Mn	0.16～0.22	0.60～0.80	1.00～1.30	≤0.030	≤0.030	—	≤0.40	—	—

材料牌号	化学成分（质量分数）（%）								
	C	Si	Mn	P	S	Cr	Ni	Mo	Cu
ZG30Mn	0.27~ 0.34	0.30~ 0.50	1.20~ 1.50	≤0.030	≤0.030	—	—	—	—
ZG35Mn	0.30~ 0.40	0.60~ 0.80	1.10~ 1.40	≤0.030	≤0.030	—	—	—	—
ZG40Mn	0.35~ 0.45	0.30~ 0.45	1.20~ 1.50	≤0.030	≤0.030	—	—	—	—
ZG40Mn2	0.35~ 0.45	0.20~ 0.40	1.60~ 1.80	≤0.030	≤0.030	—	—	—	—
ZG45Mn2	0.42~ 0.49	0.20~ 0.40	1.60~ 1.80	≤0.030	≤0.030	—	—	—	—
ZG50Mn2	0.45~ 0.55	0.20~ 0.40	1.50~ 1.80	≤0.030	≤0.030	—	—	—	—
ZG35SiMnMo	0.32~ 0.40	1.10~ 1.40	1.10~ 1.40	≤0.030	≤0.030	—	—	0.20~ 0.30	≤0.30
ZG35CrMnSi	0.30~ 0.40	0.50~ 0.75	0.90~ 1.20	≤0.030	≤0.030	0.50~ 0.80	—	—	—
ZG20MnMo	0.17~ 0.23	0.20~ 0.40	1.10~ 1.40	≤0.030	≤0.030	—	—	0.20~ 0.35	≤0.30
ZG30Cr1MnMo	0.25~ 0.35	0.17~ 0.45	0.090~ 1.20	≤0.030	≤0.030	0.90~ 1.20	—	0.20~ 0.30	—
ZG55 CrMnMo	0.50~ 0.60	0.25~ 0.60	1.20~ 1.60	≤0.030	≤0.030	0.60~ 0.90	—	0.20~ 0.30	≤0.30
ZG40Cr1	0.35~ 0.45	0.20~ 0.40	0.50~ 0.80	≤0.030	≤0.030	0.80~ 1.10	—	—	—
ZG34 Cr2Ni2Mo	0.30~ 0.37	0.30~ 0.60	0.60~ 1.00	≤0.030	≤0.030	1.40~ 1.70	1.40~ 1.70	0.15~ 0.35	—
ZG15Cr1Mo	0.12~ 0.20	≤0.60	0.50~ 0.80	≤0.030	≤0.030	1.00~ 1.50	—	0.45~ 0.65	—
ZG20CrMo	0.17~ 0.25	0.20~ 0.45	0.50~ 0.80	≤0.030	≤0.030	0.50~ 0.80	—	0.45~ 0.65	—
ZG35Cr1Mo	0.30~ 0.37	0.30~ 0.50	0.50~ 0.80	≤0.030	≤0.030	0.80~ 1.20	—	0.20~ 0.30	—
ZG42Cr1Mo	0.38~ 0.45	0.30~ 0.60	0.60~ 1.00	≤0.030	≤0.030	0.80~ 1.20	—	0.20~ 0.30	—
ZG50Cr1Mo	0.46~ 0.54	0.25~ 0.50	0.50~ 0.80	≤0.030	≤0.030	0.90~ 1.20	—	0.15~ 0.25	—
ZG65Mn	0.60~ 0.70	0.17~ 0.37	0.90~ 1.20	≤0.030	≤0.030	—	—	—	—
ZG28NiCrMo	0.25~ 0.30	0.30~ 0.80	0.60~ 0.90	≤0.030	≤0.030	0.35~ 0.85	0.40~ 0.80	0.35~ 0.55	—
ZG30NiCrMo	0.25~ 0.35	0.30~ 0.60	0.70~ 1.00	≤0.030	≤0.030	0.60~ 0.90	0.60~ 1.00	0.35~ 0.50	—
ZG35NiCrMo	0.30~ 0.37	0.60~ 0.90	0.70~ 1.00	≤0.030	≤0.030	0.40~ 0.90	0.60~ 0.90	0.40~ 0.50	—

表 3-30　大型低合金钢铸件的力学性能

材料牌号	热处理状态	屈服强度 R_{eH}/MPa（不小于）	抗拉强度 R_m/MPa（不小于）	断后伸长率 A_s（%）（不小于）	断面收缩率 Z（%）（不小于）	U形缺口冲击吸收能量 A_{KU}/J（不小于）	V形缺口冲击吸收能量 A_{KV}/J（不小于）	夏标试样冲击功 A_{KDVM}/J（不小于）	硬度 HB（不小于）	备注
ZG20Mn	正火+回火	285	495	18	30	39	—	—	145	焊接及流动性良好，作水压机缸、叶片、喷嘴体、阀、弯头等
	调质	300	500~650	24	—	—	45	150~190	—	
ZG30Mn	正火+回火	300	558	18	30	—	—	—	163	用于承受摩擦的零件
ZG35Mn	正火+回火	345	570	12	20	24	—	—	—	
	调质	415	640	12	25	27	—	27	200~240	
ZG40Mn	正火+回火	295	640	12	30	—	—	—	163	用于承受摩擦和冲击的零件，如齿轮等
ZG40Mn2	正火+回火	395	590	20	40	30	—	—	179	用于承受摩擦的零件，如齿轮等
	调质	685	835	13	45	35	—	35	269~302	
ZG45Mn2	正火+回火	392	637	15	30	—	—	—	179	用于模块、齿轮等
ZG50Mn2	正火+回火	445	785	18	37	—	—	—	—	用于高强度零件，如齿轮、齿轮缘等
ZG35SiMnMo	正火+回火	395	640	12	20	24	—	—	—	用于承受负荷较大的零件
	调质	490	690	12	25	27	—	27	—	
ZG35CrMnSi	正火+回火	345	690	14	30	—	—	—	217	用于承受冲击、摩擦的零件，如齿轮、滚轮等
ZG20MnMo	正火+回火	295	490	16	—	39	—	—	156	用于受压容器，如泵壳等
ZG30Cr1MnMo	正火+回火	392	686	15	30	—	—	—	—	用于拉坯和立柱

续表

材料牌号	热处理状态	屈服强度 R_{eH}/MPa（不小于）	抗拉强度 R_m/MPa（不小于）	断后伸长率 A_s（%）（不小于）	断面收缩率 Z（%）（不小于）	U形缺口冲击吸收能量 A_{KU}/J（不小于）	V形缺口冲击吸收能量 A_{KV}/J（不小于）	德标试样冲击功 A_{KDVM}/J（不小于）	硬度 HB（不小于）	备注
ZG55CrMnMo	正火+回火	不规定	不规定	—	—	—	—	—	—	有一定的红硬性，用于锻模等
ZG40Cr1	正火+回火	345	630	18	26	—	—	—	212	用于高强度齿轮
ZG34Cr2Ni2Mo	调质	700	950~1000	12			32	—	240~290	用于特别要求的零件，如锥齿轮、小齿轮、吊杆行走轮、轴等
ZG15Cr1Mo	正火+回火	275	490	20	35	24	—	—	140~220	用于汽轮机
ZG20CrMo	正火+回火	245	460	18	30	30	—	—	135~180	用于齿轮、锥齿轮及高压缸零件等
ZG20CrMo	调质	245	460	18	30	24	—	—		
ZG35Cr1Mo	正火+回火	392	588	12	20	23.5	—	—	—	用于齿轮、电炉支承轮轴套、齿圈等
ZG35Cr1Mo	调质	510	686	12	25	31	—	27	201	
ZG42Cr1Mo	正火+回火	343	569	12	20	—	30	—	—	用于承受高负荷零件、齿轮、锥齿轮等
ZG42Cr1Mo	调质	490	690~830	11	—	—	—	21	200~250	
ZG50Cr1Mo	调质	520	740~880	11	—	—	—	34	200~260	用于减速器零件、齿轮、锥齿轮等
ZG65Mn	正火+回火	不规定	不规定	—	—	—	—	—	—	用于球磨机衬板等
ZG28NiCrMo	—	420	630	20	40	—	—	—	—	适用于直径大于300mm的齿轮铸件
ZG30NiCrMo	—	590	730	17	35	—	—	—	—	适用于直径大于300mm的齿轮铸件
ZG35NiCrMo	—	660	830	14	30	—	—	—	—	适用于直径大于300mm的齿轮铸件

3.2.5　工程结构用中、高强度不锈钢铸件

工程结构用中、高强度不锈钢铸件的牌号及化学成分和力学性能（GB/T 6967）见表 3 - 31、表 3 - 32。

表 3 - 31　　　　　　　工程结构用中、高强度不锈钢铸件的化学成分

铸钢牌号	C	Si	Mn	P	S	Cr	Ni	Mo	残余元素（不大于）			
									Cu	V	W	总量
ZG20Cr13	0.16~0.24	0.80	0.80	0.035	0.025	11.5~13.5	—	—	0.50	0.05	0.10	0.50
ZG15Cr13	≤0.15	0.80	0.80	0.035	0.025	11.5~13.5	—	—	0.50	0.05	0.10	0.50
ZG15Cr13Ni1	≤0.15	0.80	0.80	0.035	0.025	11.5~13.5	≤1.00	≤0.50	0.50	0.05	0.10	0.50
ZG10Cr13Ni1Mo	≤0.10	0.80	0.80	0.035	0.025	11.5~13.5	0.8~1.80	0.20~0.50	0.50	0.05	0.10	0.50
ZG06Cr13Ni4Mo	≤0.06	0.80	1.00	0.035	0.025	11.5~13.5	35~5.0	0.40~1.00	0.50	0.05	0.10	0.50
ZG06Cr13Ni5Mo	≤0.06	0.80	1.00	0.035	0.025	11.5~13.5	4.5~6.0	0.40~1.00	0.50	0.05	0.10	0.50
ZG06Cr16Ni5Mo	≤0.06	0.80	1.00	0.035	0.025	15.5~17.0	4.5~6.0	0.40~1.00	0.50	0.05	0.10	0.50
ZG04Cr13Ni4Mo	≤0.04	0.80	1.50	0.030	0.010	11.5~13.5	3.5~5.0	0.40~1.00	0.50	0.05	0.10	0.50
ZG04Cr13Ni5Mo	≤0.04	0.80	1.50	0.030	0.010	11.5~13.5	4.5~6.0	0.40~1.00	0.50	0.05	0.10	0.50

表 3 - 32　　　　　　　工程结构用中、高强度不锈钢铸件的力学性能

铸钢牌号		屈服强度 $R_{p0.2}$/MPa	抗拉强度 R_m/MPa	伸长率 A_S（%）	断面收缩率 Z（%）	冲击吸收能量 A_{KV}/J	布氏硬度 HBW
ZG20Cr13		345	540	18	40	—	163~229
ZG15Cr13		390	590	16	35	—	170~235
ZG15Cr13Ni1		450	590	16	35	20	170~241
ZG10Cr13Ni1Mo		450	620	16	35	27	170~241
ZG06Cr13Ni4Mo		550	750	15	35	50	221~294
ZG06Cr13Ni5Mo		550	750	15	35	50	221~294
ZG06Cr16Ni5Mo		550	750	15	35	50	221~294
ZG04Cr13Ni4Mo	HT1	580	780	18	50	80	221~294
	HT2	830	900	12	35	35	294~350
ZG04Cr13Ni5Mo	HT1	580	780	18	50	80	221~294
	HT2	830	900	12	35	35	294~350

3.2.6 一般用途耐蚀钢铸件

一般用途耐蚀钢铸件的牌号及化学成分和力学性能（GB/T 2100）见表 3-33～表 3-35。

表 3-33   一般用途耐蚀钢铸件的牌号及化学成分

牌号	化学成分								
	C	Si	Mn	P	S	Cr	Mo	Ni	其他
ZG15Cr12	0.15	0.8	0.8	0.035	0.025	11.5～13.5	0.5	1.0	—
ZG20Cr13	0.16～0.24	1.0	0.6	0.035	0.025	12.0～14.0	—	—	—
ZG10Cr12NiMo	0.10	0.8	0.8	0.035	0.025	11.5～13.0	0.2～0.5	0.8～1.8	—
ZG06Cr12Ni4（QT（1））ZG06Cr12Ni4（QT（2））	0.06	1.0	1.5	0.035	0.025	11.5～13.0	1.0	3.5～5.0	—
ZG06Cr16Ni5Mo	0.06	0.8	0.8	0.035	0.025	15.0～17.0	0.7～1.5	4.0～6.0	—
ZG03Cr1Ni10	0.03	1.5	1.5	0.040	0.030	17.0～19.0	—	9.0～12.0	—
ZG03Cr1Ni10N	0.03	1.5	1.5	0.040	0.030	17.0～19.0	—	9.0～12.0	(0.10～0.20)%N
ZG07Cr19Ni9	0.07	1.5	1.5	0.040	0.030	18.0～21.0	—	8.0～11.0	—
ZG08Cr19Ni10Nb	0.08	1.5	1.5	0.040	0.030	18.0～21.0	—	9.0～12.0	8×%C≤Nb≤1.00
ZG03Cr19Ni11Mo2	0.03	1.5	1.5	0.040	0.030	17.0～20.0	2.0～2.5	9.0～12.0	—
ZG03Cr19Ni11Mo2N	0.03	1.5	1.5	0.040	0.030	17.0～20.0	2.0～2.5	9.0～12.0	(0.10～0.20)%N
ZG07Cr19Ni11Mo2	0.07	1.5	1.5	0.040	0.030	17.0～20.0	2.0～2.5	9.0～12.0	—
ZG08Cr19Ni11Mo2Nb	0.08	1.5	1.5	0.040	0.030	17.0～20.0	2.0～2.5	9.0～12.0	8×%C≤Nb≤1.00
ZG03Cr19Ni11Mo3	0.03	1.5	1.5	0.040	0.030	17.0～20.0	3.0～3.5	9.0～12.0	—
ZG03Cr19Ni11Mo3N	0.03	1.5	1.5	0.040	0.030	17.0～20.0	3.0～3.5	9.0～12.0	(0.10～0.20)%N
ZG07Cr19Ni11Mo3	0.07	1.5	1.5	0.040	0.030	17.0～20.0	3.0～3.5	9.0～12.0	—
ZG03Cr26Ni5Cu3Mo3N	0.03	1.0	1.5	0.035	0.025	25.0～27.0	2.5～3.5	4.5～6.5	(2.4～3.5%) Cu(0.12～0.25)%N
ZG03Cr26Ni5Mo3N	0.03	1.0	1.5	0.035	0.025	25.0～27.0	2.5～3.5	4.5～6.5	(0.12～0.2(5))%N
ZG03Cr14Ni14Si4	0.03	3.5～4.5	0.8	0.035	0.025	13～15	—	13～15	—

注 表中的单个值表示最大值。

表 3 - 34   一般用途耐蚀钢铸件的热处理制度

牌号	热处理制度
ZG15Cr12	奥氏体化 950～1050℃，空冷；650～750℃回火，空冷
ZG20Cr13	950℃退火，1050 油淬，750～800℃空冷
ZG10Cr12NiMo	奥氏体化 1000～1050℃，空冷；620～720℃回火，空冷或炉冷
ZG06Cr12Ni4（QT1）	奥氏体化 1000～1100℃，空冷；570～620℃回火，空冷或炉冷
ZG06Cr12Ni4（QT2）	奥氏体化 1000～1100℃，空冷；500～530℃回火，空冷或炉冷
ZG06Cr16Ni5Mo	奥氏体化 1020～1070℃，空冷；580～630℃回火，空冷或炉冷
ZG03Cr1Ni10	1050℃固溶处理；淬火。随厚度增加，提高空冷速度
ZG03Cr1Ni10N	1050℃固溶处理；淬火。随厚度增加，提高空冷速度
ZG07Cr19Ni9	1050℃固溶处理；淬火。随厚度增加，提高空冷速度
ZG08Cr19Ni10Nb	1050℃固溶处理；淬火。随厚度增加，提高空冷速度
ZG03Cr19Ni11Mo2	1080℃固溶处理；淬火。随厚度增加，提高空冷速度
ZG03Cr19Ni11Mo2N	1080℃固溶处理；淬火。随厚度增加，提高空冷速度
ZG07Cr19Ni11Mo2	1080℃固溶处理；淬火。随厚度增加，提高空冷速度
ZG08Cr19Ni11Mo2Nb	1080℃固溶处理；淬火。随厚度增加，提高空冷速度
ZG03Cr19Ni11Mo3	1120℃固溶处理；淬火。随厚度增加，提高空冷速度
ZG03Cr19Ni11Mo3N	1120℃固溶处理；淬火。随厚度增加，提高空冷速度
ZG07Cr19Ni11Mo3	1120℃固溶处理；淬火。随厚度增加，提高空冷速度
ZG03Cr26Ni5Cu3Mo3N	1120℃固溶处理；水淬。高温固溶处理之后，水淬之前，铸件可冷至 1040～1010℃，以防止复杂形状铸件的开裂
ZG03Cr26Ni5Mo3N	1120℃固溶处理；水淬。高温固溶处理之后，水淬之前，铸件可冷至 1040～1010℃，以防止复杂形状铸件的开裂
ZG03Cr14Ni14Si4	1050～1100℃固溶；水淬

表 3 - 35   一般用途耐蚀钢铸件的室温力学性能

牌号	屈服强度 $R_{p0.2}$/MPa (min)	抗拉强度 σ_b/MPa (min)	伸长率 δ（%）(min)	冲击吸收功 A_{KV}/J (min)	最大厚度/mm
ZG15Cr12	450	620	14	20	150
ZG20Cr13	440 (σa)	610	16	58（AKU）	300
ZG10Cr12NiMo	440	590	15	27	300
ZG06Cr12Ni4QT	550	750	15	45	300
ZG06Cr12Ni4QT	830	900	12	35	300
ZG06Cr16Ni5Mo	540	760	15	60	300
ZG03Cr1Ni10	180	440	30	80	150
ZG03Cr1Ni10N	230	510	30	80	150
ZG07Cr19Ni9	180	440	30	60	150
ZG08Cr19Ni10Nb	180	440	25	40	150

续表

牌号	屈服强度 $R_{p0.2}$/MPa (min)	抗拉强度 σ_b/MPa (min)	伸长率 δ（%）(min)	冲击吸收功 A_{KV}/J (min)	最大厚度/mm
ZG03Cr19Ni11Mo2	180	440	30	80	150
ZG03Cr19Ni11Mo2N	230	510	30	80	150
ZG07Cr19Ni11Mo2	180	440	30	60	150
ZG08Cr19Ni11Mo2Nb	180	440	25	40	150
ZG03Cr19Ni11Mo3	180	440	30	80	150
ZG03Cr19Ni11Mo3N	230	510	30	80	150
ZG07Cr19Ni11Mo3	180	440	30	60	150
ZG03Cr26Ni5Cu3Mo3N	450	650	18	50	150
ZG03Cr26Ni5Mo3N	450	650	18	50	150
ZG03Cr14Ni14Si4	245	490	$\delta_5=60$	270	150

3.2.7　奥氏体锰钢铸件

奥氏体锰钢铸件的牌号及化学成分和力学性能（GB/T 5680）见表 3 - 36、表 3 - 37。

表 3 - 36　　　　　　奥氏体锰钢铸件的牌号及其化学成分

牌号	化学成分（质量分数）（%）								
	C	Si	Mn	P	S	Cr	Mo	Ni	W
ZG120MnMo1	1.05~1.35	0.3~0.9	6~8	≤0.060	≤0.040	—	0.9~1.2	—	—
ZG110Mn13Mo1	0.75~1.35	0.3~0.9	11~14	≤0.060	≤0.040	—	0.9~1.2	—	—
ZG100Mn13	0.9~1.05	0.3~0.9	11~14	≤0.060	≤0.040	—	—	—	—
ZG120Mn13	1.05~1.35	0.3~0.9	11~14	≤0.060	≤0.040	—	—	—	—
ZG120Mn13Cr2	1.05~1.35	0.3~0.9	11~14	≤0.060	≤0.040	1.5~2.5	—	—	—
ZG120Mn13W1	1.05~1.35	0.3~0.9	11~14	≤0.060	≤0.040	—	—	—	0.9~1.2
ZG120Mn13Ni3	1.05~1.35	0.3~0.9	11~14	≤0.060	≤0.040	—	—	3~4	—
ZG90Mn14Mo1	0.7~1.0	0.3~0.9	13~15	≤0.070	≤0.040	—	1.0~1.8	—	—
ZG120Mn17	1.05~1.35	0.3~0.9	16~19	≤0.060	≤0.040	—	—	—	—
ZG120Mn17Cr2	1.05~1.35	0.3~0.9	16~19	≤0.060	≤0.040	1.5~2.5	—	—	—

注　允许加入微量 V、Ti、Nb、B 和 RE 等元素。

表 3 - 37 奥氏体锰钢及其铸件的力学性能

牌号	力学性能			
	下屈服强度 R_{eL}/MPa	抗拉强度 R_m/MPa	断后伸长率 A（%）	冲击吸收能量 K_{UZ}/J
ZG120Mn13	—	≥685	≥25	≥118
ZG120Mn13Cr2	≥390	≥735	≥20	—

3.2.8 一般用途耐热钢和合金铸件

一般用途耐热钢和合金铸件的牌号及其化学成分及力学性能（GB/T 8492）见表 3 - 38、表 3 - 39。

表 3 - 38 一般用途耐热钢和合金铸件的牌号及其化学成分

牌号	C	Si	Mn	P(不大于)	S(不大于)	Cr	Mo	Ni	其他
ZG30Cr7Si2	0.20~0.35	1.0~2.5	0.5~1.0	0.04	0.04	6~8	0.5	0.5	—
ZG40Cr13Si2	0.3~0.5	1.0~2.5	0.5~1.0	0.04	0.03	12~14	0.5	1	—
ZG40Cr17Si2	0.3~0.5	1.0~2.5	0.5~1.0	0.04	0.03	16~19	0.5	1	—
ZG40Cr24Si2	0.3~0.5	1.0~2.5	0.5~1.0	0.04	0.03	23~26	0.5	1	—
ZG40Cr28Si2	0.3~0.5	1.0~2.5	0.5~1.0	0.04	0.03	27~30	0.5	1	—
ZGCr29Si2	1.2~1.4	1.0~2.5	0.5~1.0	0.04	0.03	27~30	0.5	1	—
ZG25Cr18Ni9Si2	0.15~0.35	1.0~2.5	2	0.04	0.03	17~19	0.5	8~10	—
ZG25Cr20Ni14Si2	0.15~0.35	1.0~2.5	2	0.04	0.03	19~21	0.5	13~15	—
ZG40Cr22Ni10Si2	0.3~0.5	1.0~2.5	2	0.04	0.03	21~23	0.5	9~11	—
ZG40Cr24Ni24Si2Nb	0.25~0.50	1.0~2.5	2	0.04	0.03	23~25	0.5	23~25	Nb1.2~1.8
ZG40Cr25Ni12Si2	0.3~0.5	1.0~2.5	2	0.04	0.03	24~27	0.5	11~14	—
ZG40Cr25Ni20Si2	0.3~0.5	1.0~2.5	2	0.04	0.03	24~27	0.5	19~22	—
ZG40Cr27Ni4Si2	0.3~0.5	1.0~2.5	1.5	0.04	0.03	25~28	0.5	3~6	—
ZG45Cr20Co20－Ni20Mo3W3	0.35~0.60	1.0	2	0.04	0.03	19~22	2.5 3.0	18~22	Co18~22 W2~3
ZG10 Ni31Cr20Nb1	0.05~0.12	1.2	1.2	0.04	0.03	19~23	0.5	30~34	Nb0.8~1.5

续表

牌号	C	Si	Mn	P(不大于)	S(不大于)	Cr	Mo	Ni	其他
ZG40 Ni35Cr17Si2	0.3~0.5	1.0~2.5	2	0.04	0.03	16~18	0.5	34~36	—
ZG40 Ni35Cr26Si2	0.3~0.5	1.0~2.5	2	0.04	0.03	24~27	0.5	33~36	—
ZG40Ni35Cr26Si2Nb1	0.3~0.5	1.0~2.5	2	0.04	0.03	24~27	0.5	33~36	Nb0.8~1.8
ZG40Ni38Cr19Si2	0.3~0.5	1.0~2.5	2	0.04	0.03	18~21	0.5	36~39	—
ZG40Ni38Cr19Si2Nb1	0.3~0.5	1.0~2.5	2	0.04	0.03	18~21	0.5	36~39	Nb1.2~1.8
ZNiCr28Fe17W5Si2C0.4	0.3~0.5	1.0~2.5	1.5	0.04	0.03	27~30		47~50	W4~6
ZNiCr50Nb1C0.1	0.1	0.5	0.5	0.02	0.02	47~52	0.5	—	N0.16N+C0.2 Nb1.4~1.7
ZNiCr19Fe18Si1C0.5	0.4~0.6	0.5~2.0	1.5	0.04	0.03	16~21	0.5	50~55	—
ZN Fe18iCr15Si1C0.5	0.35~0.65	2	1.3	0.04	0.03	13~19		64~69	—
ZNiCr25Fe20Co15—W5Si1C0.46	0.44~0.48	1 2	2	0.04	0.03	24~26		33~37	W4~6 Co14~16
ZCoCr28Fe18C0.3	0.5	1	1	0.04	0.03	25~30	0.5	1	Co48~52 Fe20 最大值

表 3 - 39　　一般用途耐热钢和合金铸件的室温力学性能和最高使用温度

牌号	屈服强度 $\sigma_{p0.2}$/MPa (min)	抗拉强度 σ_b/MPa (min)	伸长率 δ (%) (min)	硬度 HB	最高使用温度/℃
ZG30Cr7Si2	—	—	—	—	750
ZG40Cr13Si2	—	—	—	300	850
ZG40Cr17Si2	—	—	—	300	900
ZG40Cr24Si2	—	—	—	300	1050
ZG40Cr28Si2	—	—	—	320	1100
ZGCr29Si2	—	—	—	400	1100
ZG25Cr18Ni9Si2	230	450	15	—	900
ZG25Cr20Ni14Si2	230	450	10	—	900
ZG40Cr22Ni10Si2	230	450	8	—	950
ZG40Cr24Ni24Si2Nb	220	400	4	—	1050
ZG40Cr25Ni12Si2	220	450	6	—	1050
ZG40Cr25Ni20Si2	220	450	6	—	1100

牌号	屈服强度 $\sigma_{p0.2}$/MPa（min）	抗拉强度 σ_b/MPa（min）	伸长率 δ（%）（min）	硬度 HB	最高使用温度/℃
ZG40Cr27Ni4Si2	250	400	3	400	1100
ZG45Cr20Co20 - Ni20Mo3W3	320	400	6	—	1150
ZG10 Ni31Cr20Nb1	170	440	20	—	1000
ZG40 Ni35Cr17Si2	220	420	6	—	980
ZG40 Ni35Cr26Si2	220	440	6	—	1050
ZG40Ni35Cr26Si2Nb1	220	440	4	—	1050
ZG40Ni38Cr19Si2	220	420	6	—	1050
ZG40Ni38Cr19Si2Nb1	220	420	4	—	1100
ZNiCr28Fe17W5Si2C0.4	220	400	3	—	1200
ZNiCr50Nb1C0.1	230	540	8	—	1050
ZNiCr19Fe18Si1C0.5	220	440	5	—	1100
ZN Fe18iCr15Si1C0.5	200	400	3	—	1100
ZNiCr25Fe20Co15 - W5Si1C0.46	270	480	5	—	1200
ZCoCr28Fe18C0.3					1200

3.3 常用结构钢、工具钢和特殊钢的牌号和力学性能

3.3.1 碳素结构钢

在各类钢中，碳素结构钢的产量最大、用途最广，多热轧成钢板、钢带、型钢、棒钢，用于一般结构和工程结构，产品可供焊接、铆接、拴接结构件使用，一般在供应状态下使用。碳素结构钢的牌号及化学成分和力学性能（GB/T 700）见表3-40、表3-41。

表 3 - 40　　　　　　　　　碳素结构钢的牌号及化学成分

牌号	统一数字代号	等级	厚度（或直径）/mm	脱氧方法	化学成分（质量分数）（%）（不大于）				
					C	Si	Mn	P	S
Q195	U11952	—	—	F、Z	0.12	0.30	0.50	0.035	0.040
Q215	U12152	A	—	F、Z	0.15	0.35	1.20	0.045	0.050
	U12155	B							0.045
Q235	U12352	A	—	F、Z	0.22	0.35	1.40	0.045	0.050
	U12355	B		F、Z	0.20b				0.045
	U12358	C		Z	0.17			0.040	0.040
	U12359	D		TZ				0.035	0.035

续表

牌号	统一数字代号	等级	厚度（或直径）/mm	脱氧方法	化学成分（质量分数）（%）（不大于）				
					C	Si	Mn	P	S
Q275	U12752	A	—	F、Z	0.24			0.045	0.050
	U12755	B	≤40	Z		0.35	1.50	0.045	0.045
			>40	Z					
	U12758	C	—	Z	0.20			0.040	0.040
	U12759	D		TZ				0.035	0.035

表 3 - 41　　　　　　　　　　碳素结构钢的力学性能

牌号	等级	屈服强度 R_{eLt}/（N/mm²）（不小于）						抗拉强度 R_m/（N/mm²）	断后伸长率 A（%）（不小于）					冲击试验（V 型缺口）	
		厚度（或直径）/mm							厚度（或直径）/mm					温度/℃	冲击吸收功（纵向）/J（不小于）
		≤16	16～40	40～60	60～100	100～150	150～200		≤40	40～60	60～100	100～150	150～200		
Q195	—	195	185	—	—	—		315～430	33	—	—	—	—	—	
Q215	A	215	205	195	185	175	165	335～450	31	30	29	27	26	—	—
	B													+20	27
Q235	A	235	225	215	215	195	185	370～500	26	25	24	22	21	—	—
	B													+20	27
	C													0	
	D													-20	
Q275	A	275	265	255	245	225	215	410～540	22	21	20	18	17	—	—
	B													+20	27
	C													0	
	D													-20	

3.3.2　优质碳素结构钢

优质碳素结构钢（简称碳结钢）主要用于制造各种机器的零部件，因此也称机器制造用结构钢，是应用最为广泛的一种优质结构钢。优质碳素结构钢的牌号及化学成分和力学性能（GB/T 699）见表 3 - 42、表 3 - 43。

表 3 - 42　　　　　　　　　　优质碳素结构钢的牌号及化学成分

序号	统一数字代号	牌号	化学成分（质量分数）（%）					
			C	Si	Mn	Cr	Ni	Cu
						不大于		
1	U20080	08F	0.05～0.11	≤0.03	0.25～0.50	0.10	0.30	0.25
2	U20100	10F	0.07～0.13	≤0.07	0.25～0.50	0.15	0.30	0.25

序号	统一数字代号	牌号	化学成分（质量分数）（%）					
			C	Si	Mn	Cr	Ni	Cu
						不大于		
3	U20150	15F	0.12~0.18	≤0.07	0.25~0.50	0.25	0.30	0.25
4	U20082	08	0.05~0.11	0.17~0.37	0.35~0.65	0.10	0.30	0.25
5	U20102	10	0.07~0.13	0.17~0.37	0.35~0.65	0.15	0.30	0.25
6	U20152	15	0.12~0.18	0.17~0.37	0.35~0.65	0.25	0.30	0.25
7	U20202	20	0.17~0.23	0.17~0.37	0.35~0.65	0.25	0.30	0.25
8	U20252	25	0.22~0.29	0.17~0.37	0.50~0.80	0.25	0.30	0.25
9	U20302	30	0.27~0.34	0.17~0.37	0.50~0.80	0.25	0.30	0.25
10	U20352	35	0.32~0.39	0.17~0.37	0.50~0.80	0.25	0.30	0.25
11	U20402	40	0.37~0.44	0.17~0.37	0.50~0.80	0.25	0.30	0.25
12	U20452	45	0.42~0.50	0.17~0.37	0.50~0.80	0.25	0.30	0.25
13	U20502	50	0.47~0.55	0.17~0.37	0.50~0.80	0.25	0.30	0.25
14	U20552	55	0.52~0.60	0.17~0.37	0.50~0.80	0.25	0.30	0.25
15	U20602	60	0.57~0.65	0.17~0.37	0.50~0.80	0.25	0.30	0.25
16	U20652	65	0.62~0.70	0.17~0.37	0.50~0.80	0.25	0.30	0.25
17	U20702	70	0.67~0.75	0.17~0.37	0.50~0.80	0.25	0.30	0.25
18	U20752	75	0.72~0.80	0.17~0.37	0.50~0.80	0.25	0.30	0.25
19	U20802	80	0.77~0.85	0.17~0.37	0.50~0.80	0.25	0.30	0.25
20	U20852	85	0.82~0.90	0.17~0.37	0.50~0.80	0.25	0.30	0.25
21	U21152	15Mn	0.12~0.18	0.17~0.37	0.70~1.00	0.25	0.30	0.25
22	U21202	20Mn	0.17~0.23	0.17~0.37	0.70~1.00	0.25	0.30	0.25
23	U21252	25Mn	0.22~0.29	0.17~0.37	0.70~1.00	0.25	0.30	0.25
24	U21302	30Mn	0.27~0.34	0.17~0.37	0.70~1.00	0.25	0.30	0.25
25	U21352	35 Mn	0.32~0.39	0.17~0.37	0.70~1.00	0.25	0.30	0.25
26	U21402	40 Mn	0.37~0.44	0.17~0.37	0.70~1.00	0.25	0.30	0.25
27	U21452	45 Mn	0.42~0.50	0.17~0.37	0.70~1.00	0.25	0.30	0.25
28	U21502	50 Mn	0.48~0.56	0.17~0.37	0.70~1.00	0.25	0.30	0.25
29	U21602	60 Mn	0.57~0.65	0.17~0.37	0.70~1.00	0.25	0.30	0.25
30	U21652	65 Mn	0.62~0.70	0.17~0.37	0.90~1.20	0.25	0.30	0.25
31	U21702	70 Mn	0.67~0.75	0.17~0.37	0.90~1.20	0.25	0.30	0.25

表 3 - 43　　　　　　　　　　　　　　　优质碳素结构钢的力学性能

序号	牌号	试样毛坯尺寸/mm	推荐的热处理制度			力学性能					交货硬度 HBW	
			正火	淬火	回火	抗拉强度 R_m/MPa	下屈服强度 R_{eL}/MPa	后伸长率 A（%）	面收缩率 Z（%）	冲击吸收能量 A_{KU}/J	未热处理钢	退火钢
			加热温度/℃			不小于					不大于	
1	08F	25	930	—	—	295	175	35	60		131	—
2	10F	25	930	—	—	315	185	33	55		137	
3	15F	25	920	—	—	355	205	29	55		143	
4	08	25	930	—	—	325	195	33	60	—	131	—
5	10	25	930	—	—	335	205	31	55	—	137	
6	15	25	920	—	—	375	225	27	55	—	143	
7	20	25	910	—	—	410	245	25	55	—	156	—
8	25	25	900	870	600	450	275	23	50	71	170	—
9	30	25	880	860	600	490	295	21	50	63	179	—
10	35	25	870	850	600	530	315	20	45	55	197	—
11	40	25	860	840	600	570	335	19	45	47	217	187
12	45	25	850	840	600	600	355	16	40	39	229	197
13	50	25	830	830	600	630	375	14	40	31	241	207
14	55	—	820			645	380	13	35		255	217
15	60	25	810			675	400	12	35	—	255	229
16	65	25	810			695	410	10	30	—	255	229
17	70	25	790	—	—	715	420	9	30	—	269	229
18	75	25	—	820	480	1080	880	7	30	—	285	241
19	80	25	—	820	480	1080	930	6	30	—	285	241
20	85	25	—	820	480	1130	980	6	30	—	302	255
21	15Mn	25	920	—	—	410	245	26	55		163	—
22	20Mn	25	910	—	—	450	275	24	50	—	197	—
23	25Mn	25	900	870	600	490	295	22	50	71	207	—
24	30Mn	25	880	860	600	540	315	20	45	63	217	187
25	35 Mn	25	870	850	600	560	335	18	45	55	220	197
26	40 Mn	25	860	840	600	590	335	17	45	47	229	207
27	45 Mn	25	850	840	600	620	375	15	40	39	241	217
28	50 Mn	25	830	830	600	645	390	13	40	31	255	217
29	60 Mn	25	810	—	—	690	410	11	35	—	269	229
30	65 Mn	25	830	—	—	735	430	9	30	—	285	229
31	70 Mn	25	790			785	450	8	30	—	285	229

3.3.3 低合金高强度结构钢

低合金高强度结构钢是指含有少量锰、钒、铌、钛等合金元素，用于工程和一般结构的钢种。低合金高强度结构钢的强度比碳素结构钢高 30%～150%，并在保持低碳（≤0.20%）的条件下，获得不同的强度等级。用低合金高强度结构钢代替碳素结构钢使用，可以减轻结构自重，节约金属材料消耗，提高结构承载能力并延长其使用寿命。低合金高强度结构钢的牌号及化学成分及力学性能（GB/T 1591）见表 3-44～表 3-46。

表 3-44　　　　　　　　　　　低合金高强度结构钢的牌号及化学成分

| 牌号 | 质量等级 | 化学成分（质量分数）（%） | | | | | | | | | | | | | | Al |
		C	Si	Mn	P	S	Nb	V	Ti	Cr	Ni	Cu	N	Mo	B	不小于
Q345	A	≤0.20	≤0.50	≤1.70	0.035	0.035	0.07	0.15	0.20	0.30	0.50	0.30	0.012	0.10	—	—
	B				0.035	0.035										
	C				0.030	0.030										0.015
	D	≤0.18			0.030	0.025										
	E				0.025	0.020										
Q390	A	≤0.20	≤0.50	≤1.70	0.035	0.035	0.07	0.20	0.20	0.30	0.50	0.30	0.015	0.10	—	—
	B				0.035	0.035										
	C				0.030	0.030										0.015
	D				0.030	0.025										
	E				0.025	0.020										
Q420	A	≤0.20	≤0.50	≤1.70	0.035	0.035	0.07	0.20	0.20	0.30	0.80	0.30	0.015	0.20	—	—
	B				0.035	0.035										
	C				0.030	0.030										0.015
	D				0.030	0.025										
	E				0.025	0.020										
Q460	C	≤0.20	≤0.60	≤1.80	0.030	0.030	0.11	0.20	0.20	0.30	0.80	0.55	0.015	0.20	0.004	0.015
	D				0.030	0.025										
	E				0.025	0.020										
Q500	C	≤0.18	≤0.60	≤1.80	0.030	0.030	0.11	0.12	0.20	0.60	0.80	0.55	0.015	0.20	0.004	0.015
	D				0.030	0.025										
	E				0.025	0.020										
Q550	C	≤0.18	≤0.60	≤2.00	0.030	0.030	0.11	0.12	0.20	0.80	0.80	0.80	0.015	0.30	0.004	0.015
	D				0.030	0.025										
	E				0.025	0.020										

牌号	质量等级	化学成分（质量分数）（%）														Al
		C	Si	Mn	P	S	Nb	V	Ti	Cr	Ni	Cu	N	Mo	B	不小于
Q620	C	≤0.18	≤0.60	≤2.00	0.030	0.030	0.11	0.12	0.20	1.00	0.80	0.80	0.015	0.30	0.004	0.015
	D				0.030	0.025										
	E				0.025	0.020										
Q690	C	≤0.18	≤0.60	≤2.00	0.030	0.030	0.11	0.12	0.20	1.00	0.80	0.80	0.015	0.30	0.004	0.015
	D				0.030	0.025										
	E				0.025	0.020										

表 3-45　低合金高强度结构钢夏比（V 型）冲击试验的试验温度和冲击吸收能量

牌号	质量等级	试验温度/℃	冲击吸收能量 K_{VZ}/J		
			公称厚度（直径、边长）		
			12～150mm	150～250mm	250～400mm
Q345	B	20	≥34	≥27	—
	C	0			
	D	−20			27
	E	−40			
Q390	B	20	≥34	—	—
	C	0			
	D	−20			
	E	−40			
Q420	B	20	≥34	—	—
	C	0			
	D	−20			
	E	−40			
Q460	C	0	≥34	—	—
	D	−20			
	E	−40			
Q500、Q550、Q620、Q690	C	0	≥55	—	—
	D	−20	≥47		
	E	−40	≥31		

表3-46　低合金高强度结构钢的拉伸性能

拉伸试验

牌号	质量等级	下屈服强度 (R_eL) /MPa 以下公称厚度（直径、边长）									抗拉强度 (R_m) /MPa 以下公称厚度（直径、边长）							断后伸长率 (A) (%) 公称厚度（直径、边长）					
		≤16mm	16~40mm	40~63mm	63~80mm	80~100mm	100~150mm	150~200mm	200~250mm	250~400mm	≤40mm	40~63mm	63~80mm	80~100mm	100~150mm	150~250mm	250~400mm	≤40mm	40~63mm	63~80mm	80~100mm	100~150mm	150~200mm
Q345	A	≥345	≥335	≥325	≥315	≥305	≥285	≥275	≥265	—	470~630	470~630	470~630	470~630	450~600	470~630	—	≥20	≥19	≥19	≥18	≥17	≥17
	B	≥345	≥335	≥325	≥315	≥305	≥285	≥275	≥265	—	470~630	470~630	470~630	470~630	450~600	470~630	—	≥21	≥20	≥20	≥19	≥18	≥18
	C	≥345	≥335	≥325	≥315	≥305	≥285	≥275	≥265	—	470~630	470~630	470~630	470~630	450~600	470~630	—	≥21	≥20	≥20	≥19	≥18	≥18
	D	≥345	≥335	≥325	≥315	≥305	≥285	≥275	≥265	≥265	470~630	470~630	470~630	470~630	450~600	470~630	450~600	≥21	≥20	≥20	≥19	≥18	≥18
	E	≥345	≥335	≥325	≥315	≥305	≥285	≥275	≥265	≥265	470~630	470~630	470~630	470~630	450~600	470~630	450~600	≥21	≥20	≥20	≥19	≥18	≥18
Q390	A	≥390	≥370	≥350	≥330	≥330	≥310	—	—	—	490~650	490~650	490~650	490~650	470~620	—	—	≥20	≥20	≥19	≥19	≥18	—
	B	≥390	≥370	≥350	≥330	≥330	≥310	—	—	—	490~650	490~650	490~650	490~650	470~620	—	—	≥20	≥20	≥19	≥19	≥18	—
	C	≥390	≥370	≥350	≥330	≥330	≥310	—	—	—	490~650	490~650	490~650	490~650	470~620	—	—	≥20	≥20	≥19	≥19	≥18	—
	D	≥390	≥370	≥350	≥330	≥330	≥310	—	—	—	490~650	490~650	490~650	490~650	470~620	—	—	≥20	≥20	≥19	≥19	≥18	—
	E	≥390	≥370	≥350	≥330	≥330	≥310	—	—	—	490~650	490~650	490~650	490~650	470~620	—	—	≥20	≥20	≥19	≥19	≥18	—
Q420	A	≥420	≥400	≥380	≥360	≥360	≥340	—	—	—	520~680	520~680	520~680	520~680	500~650	—	—	≥19	≥19	≥18	≥18	≥18	—
	B	≥420	≥400	≥380	≥360	≥360	≥340	—	—	—	520~680	520~680	520~680	520~680	500~650	—	—	≥19	≥19	≥18	≥18	≥18	—
	C	≥420	≥400	≥380	≥360	≥360	≥340	—	—	—	520~680	520~680	520~680	520~680	500~650	—	—	≥19	≥19	≥18	≥18	≥18	—
	D	≥420	≥400	≥380	≥360	≥360	≥340	—	—	—	520~680	520~680	520~680	520~680	500~650	—	—	≥19	≥19	≥18	≥18	≥18	—
	E	≥420	≥400	≥380	≥360	≥360	≥340	—	—	—	520~680	520~680	520~680	520~680	500~650	—	—	≥19	≥19	≥18	≥18	≥18	—
Q460	C	≥460	≥440	≥420	≥400	≥400	≥380	—	—	—	550~720	550~720	550~720	550~720	530~700	—	—	≥17	≥16	≥16	≥16	≥16	—
	D	≥460	≥440	≥420	≥400	≥400	≥380	—	—	—	550~720	550~720	550~720	550~720	530~700	—	—	≥17	≥16	≥16	≥16	≥16	—
	E	≥460	≥440	≥420	≥400	≥400	≥380	—	—	—	550~720	550~720	550~720	550~720	530~700	—	—	≥17	≥16	≥16	≥16	≥16	—

续表

牌号	质量等级	拉伸试验																					
		以下公称厚度（直径、边长）下屈服强度(Rel)/MPa									以下公称厚度（直径、边长）抗拉强度(Rm)/MPa							断后伸长率(A)(%) 公称厚度（直径、边长）					
		≤16mm	16~40mm	40~63mm	63~80mm	80~100mm	100~150mm	150~200mm	200~250mm	250~400mm	≤40mm	40~63mm	63~80mm	80~100mm	100~150mm	150~250mm	250~400mm	≤40mm	40~63mm	63~80mm	80~100mm	100~150mm	150~200mm
Q500	C	≥500	≥480	≥470	≥450	≥440	—	—	—	—	610~770	600~760	590~750	540~730	—	—	—	≥17	≥17	≥17	—	—	—
	D																						
	E																						
Q550	C	≥550	≥530	≥520	≥500	≥490	—	—	—	—	670~830	620~810	600~790	590~780	—	—	—	≥16	≥16	≥16	—	—	—
	D																						
	E																						
Q620	C	≥620	≥600	≥590	≥570	—	—	—	—	—	710~880	690~880	670~880	—	—	—	—	≥15	≥15	≥15	—	—	—
	D																						
	E																						
Q690	C	≥690	≥670	≥660	≥640	—	—	—	—	—	770~940	750~920	730~900	—	—	—	—	≥14	≥14	≥14	—	—	—
	D																						
	E																						

3.3.4 合金结构钢

合金结构钢是在优质碳素结构钢的基础上，适当加入一种或数种合金元素（总量量不超过5%）而制成的钢种。合金元素主要用来提高钢的淬透性、通过适当的热处理可以使钢获得较高的强度和韧性。合金结构钢在一定程度上能够使零件在整个截面上获得比较均匀的较高综合性能。因此，合金结构钢常用于制造尺寸较大、形状较复杂，用碳结构钢难以满足性能要求的各种零件。合金结构钢的牌号及化学成分和力学性能见表3-47和表3-48。

合金结构钢一般分为渗碳钢、调质钢和氮化钢三类。

表 3-47　合金结构钢的牌号及化学成分

化学成分（质量分数）（%）

钢组	序号	统一数字代号	牌号	C	Si	Mn	Cr	Mo	Ni	W	B	Al	Ti	V
Mn	1	A00202	20Mn2	0.17~0.24	0.17~0.37	1.40~1.80	—	—	—	—	—	—	—	—
	2	A00302	30Mn2	0.27~0.34	0.17~0.37	1.40~1.80	—	—	—	—	—	—	—	—
	3	A00352	35Mn2	0.32~0.39	0.17~0.37	1.40~1.80	—	—	—	—	—	—	—	—
	4	A00402	40Mn2	0.37~0.44	0.17~0.37	1.40~1.80	—	—	—	—	—	—	—	—
	5	A00452	45Mn2	0.42~0.49	0.17~0.37	1.40~1.80	—	—	—	—	—	—	—	—
	6	A00502	50Mn2	0.47~0.55	0.17~0.37	1.40~1.80	—	—	—	—	—	—	—	—
MnV	7	A01202	20MnV	0.17~0.24	0.17~0.37	1.30~1.40	—	—	—	—	—	—	—	0.07~0.12
SiMn	8	A10272	27SiMn	0.24~0.32	1.10~1.40	1.10~1.40	—	—	—	—	—	—	—	—
	9	A10352	35SiMn	0.32~0.40	1.10~1.40	1.10~1.40	—	—	—	—	—	—	—	—
	10	A10422	42SiMn	0.39~0.45	1.10~1.40	1.10~1.40	—	—	—	—	—	—	—	—
SiMnMoV	11	A14202	20SiMnMoV	0.17~0.23	0.90~1.20	2.20~2.60	—	0.30~0.40	—	—	—	—	—	0.05~0.12
	12	A14262	25SiMnMoV	0.22~0.28	0.90~1.20	2.20~2.60	—	0.30~0.40	—	—	—	—	—	0.05~0.12
	13	A14372	37SiMnMoV	0.33~0.39	0.60~0.90	1.60~1.90	—	0.40~0.50	—	—	—	—	—	0.05~0.12

续表

钢组	序号	统一数字代号	牌号	化学成分（质量分数）（%）										
				C	Si	Mn	Cr	Mo	Ni	W	B	Al	Ti	V
B	14	A70402	40B	0.37~0.44	0.17~0.37	0.60~0.90	—	—	—	—	0.0008~0.0035	—	—	—
	15	A70452	45B	0.42~0.49	0.17~0.37	0.60~0.90	—	—	—	—	0.0008~0.0035	—	—	—
	16	A70502	50B	0.47~0.55	0.17~0.37	0.60~0.90	—	—	—	—	0.0008~0.0035	—	—	—
MnB	17	A712502	25MnB	0.23~0.28	0.17~0.37	1.00~1.40	—	—	—	—	0.0008~0.0035	—	—	—
	18	A713502	35MnB	0.32~0.38	0.17~0.37	1.10~1.40	—	—	—	—	0.0008~0.0035	—	—	—
	19	A71402	40MnB	0.37~0.44	0.17~0.37	1.10~1.40	—	—	—	—	0.0008~0.0035	—	—	—
	20	A71452	45MnB	0.42~0.49	0.17~0.37	1.10~1.40	—	—	—	—	0.0008~0.0035	—	—	—
MnMoB	21	A72202	20MnMoB	0.16~0.22	0.17~0.37	0.90~1.20	—	0.20~0.30	—	—	0.0008~0.0035	—	—	—
MnVB	22	A73152	15MnVB	0.12~0.18	0.17~0.37	1.20~1.60	—	—	—	—	0.0008~0.0035	—	—	0.07~0.12
	23	A73202	20MnVB	0.17~0.23	0.17~0.37	1.20~1.60	—	—	—	—	0.0008~0.0035	—	—	0.07~0.12
	24	A73402	40MnVB	0.37~0.44	0.17~0.37	1.10~1.40	—	—	—	—	0.0008~0.0035	—	—	0.05~0.10
MnTiB	25	A74202	20MnTiB	0.17~0.24	0.17~0.37	1.30~1.60	—	—	—	—	0.0008~0.0035	—	—	—
	26	A74252	25MnTiBREa	0.22~0.28	0.20~0.45	1.30~1.60	—	—	—	—	0.0008~0.0035	—	—	—

续表

钢组	序号	统一数字代号	牌号	C	Si	Mn	Cr	Mo	Ni	W	B	Al	Ti	V
Cr	27	A20152	15Cr	0.12~0.17	0.17~0.37	0.40~0.70	0.70~1.00	—	—	—	—	—	—	—
	28	A20202	20Cr	0.18~0.24	0.17~0.37	0.50~0.80	0.70~1.00	—	—	—	—	—	—	—
	29	A20302	30Cr	0.27~0.34	0.17~0.37	0.50~0.80	0.80~1.10	—	—	—	—	—	—	—
	30	A20352	35Cr	0.32~0.39	0.17~0.37	0.50~0.80	0.80~1.10	—	—	—	—	—	—	—
	31	A20402	40Cr	0.37~0.44	0.17~0.37	0.50~0.80	0.80~1.10	—	—	—	—	—	—	—
	32	A20452	45Cr	0.42~0.49	0.17~0.37	0.50~0.80	0.80~1.10	—	—	—	—	—	—	—
	33	A20502	50Cr	0.47~0.54	0.17~0.37	0.50~0.80	0.80~1.10	—	—	—	—	—	—	—
CrSi	34	A21382	38CrSi	0.35~0.43	1.00~1.30	0.30~0.60	1.30~1.60	—	—	—	—	—	—	—
CrMo	35	A30122	12CrMo	0.08~0.15	0.17~0.37	0.40~0.70	0.40~0.70	0.40~0.55	—	—	—	—	—	—
	36	A30152	15CrMo	0.12~0.18	0.17~0.37	0.40~0.70	0.80~1.10	0.40~0.55	—	—	—	—	—	—
	37	A30202	20CrMo	0.17~0.24	0.17~0.37	0.40~0.70	0.80~1.10	0.15~0.25	—	—	—	—	—	—
	38	A30252	25CrMo	0.22~0.29	0.17~0.37	0.60~0.90	0.90~1.20	0.15~0.30	—	—	—	—	—	—

化学成分（质量分数）（%）

续表

钢组	序号	统一数字代号	牌号	化学成分（质量分数）(%)										
				C	Si	Mn	Cr	Mo	Ni	W	B	Al	Ti	V
CrMo	39	A30302	30CrMo	0.26~0.33	0.17~0.37	0.40~0.70	0.80~1.10	0.15~0.25	—	—	—	—	—	—
	40	A30352	35CrMo	0.32~0.40	0.17~0.37	0.40~0.70	0.80~1.10	0.15~0.25	—	—	—	—	—	—
	41	A30422	42CrMo	0.38~0.45	0.17~0.37	0.50~0.80	0.90~1.20	0.15~0.25	—	—	—	—	—	—
	42	A30502	50CrMo	0.46~0.54	0.17~0.37	0.50~0.80	0.90~1.20	0.15~0.30	—	—	—	—	—	—
	43	A31122	12CrMoV	0.08~0.15	0.17~0.37	0.40~0.70	0.30~0.60	0.25~0.35	—	—	—	—	—	0.15~0.30
	44	A31352	35CrMoV	0.30~0.38	0.17~0.37	0.40~0.70	1.00~1.30	0.15~0.30	—	—	—	—	—	0.10~0.20
CrMoV	45	A31132	12Cr1MoV	0.08~0.15	0.17~0.37	0.40~0.70	0.90~1.20	0.25~0.35	—	—	—	—	—	0.15~0.30
	46	A31262	25Cr2MoV	0.22~0.29	0.17~0.37	0.40~0.70	1.50~1.80	0.25~0.35	—	—	—	—	—	0.15~0.30
	47	A31262	25Cr2Mo1V	0.22~0.29	0.17~0.37	0.50~0.80	2.10~2.50	0.90~1.10	—	—	—	—	—	0.30~0.50
CrMoAl	48	A33382	38CrMoAl	0.35~0.42	0.17~0.37	0.30~0.60	1.35~1.65	0.15~0.25	—	—	—	0.70~1.10	—	—
CrV	49	A23402	40CrV	0.37~0.44	0.17~0.37	0.50~0.80	0.80~1.10	—	—	—	—	—	—	0.10~0.20
	50	A23502	50CrV	0.47~0.54	0.17~0.37	0.50~0.80	0.80~1.10	—	—	—	—	—	—	—

续表

钢组	序号	统一数字代号	牌号	化学成分（质量分数）（%）										
				C	Si	Mn	Cr	Mo	Ni	W	B	Al	Ti	V
CrMn	51	A22152	15CrMn	0.12~0.18	0.17~0.37	1.10~1.40	0.40~0.70	—	—	—	—	—	—	—
	52	A22202	20CrMn	0.17~0.23	0.17~0.37	0.90~1.20	0.90~1.20	—	—	—	—	—	—	—
	53	A22402	40CrMn	0.37~0.45	0.17~0.37	0.90~1.20	0.90~1.20	—	—	—	—	—	—	—
CrMnSi	54	A24202	20CrMnSi	0.17~0.23	0.90~1.20	0.80~1.10	0.80~1.10	—	—	—	—	—	—	—
	55	A24252	25CrMnSi	0.22~0.28	0.90~1.20	0.80~1.10	0.80~1.10	—	—	—	—	—	—	—
	56	A24302	30CrMnSi	0.28~0.34	0.90~1.20	0.80~1.10	0.80~1.10	—	—	—	—	—	—	—
	57	A24352	35CrMnSi	0.32~0.39	1.10~1.40	0.80~1.10	1.10~1.40	—	—	—	—	—	—	—
CrMnMo	58	A34202	20CrMnMo	0.17~0.23	0.17~0.37	0.90~1.20	1.10~1.40	0.20~0.30	—	—	—	—	—	—
	59	A34402	40CrMnMo	0.37~0.45	0.17~0.37	0.90~1.20	0.90~1.20	0.20~0.30	—	—	—	—	—	—
CrMnTi	60	A26202	20CrMnTi	0.17~0.23	0.17~0.37	0.80~1.10	1.00~1.30	—	—	—	—	—	0.04~0.10	—
	61	A26302	30CrMnTi	0.24~0.32	0.17~0.37	0.80~1.10	1.00~1.30	—	—	—	—	—	0.04~0.10	—

钢组	序号	统一数字代号	牌号	化学成分（质量分数）（%）										
				C	Si	Mn	Cr	Mo	Ni	W	B	Al	Ti	V
CrNi	62	A40202	20CrNi	0.17~0.23	0.17~0.37	0.40~0.70	0.45~0.75	—	1.00~1.40	—	—	—	—	—
	63	A40402	40CrNi	0.37~0.44	0.17~0.37	0.50~0.80	0.45~0.75	—	1.00~1.40	—	—	—	—	—
	64	A40452	45CrNi	0.42~0.49	0.17~0.37	0.50~0.80	0.45~0.75	—	1.00~1.40	—	—	—	—	—
	65	A40502	50CrNi	0.47~0.54	0.17~0.37	0.50~0.80	0.45~0.75	—	1.00~1.40	—	—	—	—	—
	66	A41122	12CrNi2	0.10~0.17	0.17~0.37	0.30~0.60	0.60~0.90	—	1.50~1.90	—	—	—	—	—
	67	41342	34CrNi2	0.30~0.37	0.17~0.37	0.60~0.90	0.80~1.10	—	1.20~1.60	—	—	—	—	—
	68	A42122	12CrNi3	0.10~0.017	0.17~0.37	0.30~0.60	0.60~0.90	—	2.75~3.15	—	—	—	—	—
	69	A42202	20CrNi3	0.17~0.24	0.17~0.37	0.30~0.60	0.60~0.90	—	2.75~3.15	—	—	—	—	—
	70	A42302	30CrNi3	0.27~0.33	0.17~0.37	0.30~0.60	0.60~0.90	—	2.75~3.15	—	—	—	—	—
	71	A42372	37CrNi3	0.34~0.41	0.17~0.37	0.30~0.60	1.20~1.60	—	3.00~3.50	—	—	—	—	—
	72	A43122	12Cr2Ni4	0.10~0.16	0.17~0.37	0.30~0.60	1.25~1.65	—	3.25~3.65	—	—	—	—	—
	73	A43202	20Cr2Ni4	0.17~0.23	0.17~0.37	0.30~0.60	1.25~1.65	—	3.25~3.65	—	—	—	—	—

续表

钢组	序号	统一数字代号	牌号	化学成分（质量分数）（%）										
				C	Si	Mn	Cr	Mo	Ni	W	B	Al	Ti	V
CrNiMo	74	A50152	15CrNiMo	0.13~0.18	0.17~0.37	0.70~0.90	0.45~0.65	0.45~0.60	0.70~1.00	—	—	—	—	—
	75	A50202	20CrNiMo	0.17~0.23	0.17~0.37	0.60~0.95	0.40~0.70	0.20~0.30	0.35~0.75	—	—	—	—	—
	76	A50302	30CrNiMo	0.28~0.33	0.17~0.37	0.70~0.90	0.70~1.00	0.25~0.45	0.60~0.80	—	—	—	—	—
	77	A50300	30Cr2Ni2Mo	0.26~0.34	0.17~0.37	0.50~0.80	1.80~2.20	0.30~0.50	1.80~2.20	—	—	—	—	—
	78	A50300	30Cr2Ni4Mo	0.26~0.33	0.17~0.37	0.50~0.80	1.20~1.50	0.30~0.60	3.30~4.30	—	—	—	—	—
	79	A50342	34Cr2Ni2Mo	0.30~0.38	0.17~0.37	0.50~0.80	1.30~1.70	0.15~0.30	1.30~1.70	—	—	—	—	—
	80	A50352	35Cr2Ni4Mo	0.32~0.39	0.17~0.37	0.50~0.80	1.60~2.00	0.25~0.45	3.60~4.10	—	—	—	—	—
	81	A50402	40CrNiMo	0.37~0.44	0.17~0.37	0.50~0.80	0.60~0.90	0.15~0.25	1.25~1.65	—	—	—	—	—
	82	A 50400	40CrNi2Mo	0.38~0.43	0.17~0.37	0.60~0.80	0.70~0.90	0.20~0.30	1.65~2.00	—	—	—	—	—
CrMnNiMo	83	A50182	18CrMnNiMo	0.15~0.21	0.17~0.37	1.10~1.40	1.00~1.30	0.20~0.30	1.00~1.30	—	—	—	—	—
CrNiMoV	84	A51452	45CrNiMoV	0.42~0.49	0.17~0.37	0.50~0.80	0.80~1.10	0.20~0.30	1.30~1.80	—	—	—	—	0.10~0.20
CrNiW	85	A52182	18Cr2Ni4W	0.13~0.19	0.17~0.37	0.30~0.60	1.35~1.65	—	4.00~4.50	0.80~1.20	—	—	—	—
	86	A52252	25Cr2Ni4W	0.21~0.28	0.17~0.37	0.30~0.60	1.35~1.65	—	4.00~4.50	0.80~1.20	—	—	—	—

表 3 - 48　合金结构钢的力学性能

钢组	序号	牌号	试样毛坯尺寸/mm	推荐的热处理制度				力学性能					供货状态为退火或高温回火钢棒布氏硬度 HBW 不大于
				淬火			回火		抗拉强度 R_m/MPa	下屈服强度 R_{eL}/MPa	断后伸长率 A (%)	断面收缩率 Z (%)	冲击吸收能量 K_{UZ}/J	
				加热温度/℃ 第1次淬火	第2次淬火	冷却剂	加热温度/℃	冷却剂	不小于					
Mn	1	20Mn2	15	850 880	—	水、油 油	220 440	空气 空气	785	590	10	40	47	187
	2	30Mn2	25	840	—	水	500	水	785	635	12	45	63	207
	3	35Mn2	25	840	—	水	500	水	835	685	12	45	55	207
	4	40Mn2	25	840	—	水、油	540	水	885	735	12	45	55	217
	5	45Mn2	25	840	—	油	550	水、油	885	735	10	45	47	217
	6	50Mn2	25	820	—	油	550	水、油	930	785	9	40	39	229
MnV	7	20MnV	15	880	—	水、油	200	水、油	785	590	10	40	55	187
SiMn	8	27SiMn	25	920	—	水	450	水	980	835	12	40	39	217
	9	35SiMn	25	900	—	水	570	水	885	735	15	45	47	229
	10	42SiMn	25	880	—	水	590	水	885	735	15	40	47	229
SiMnMoV	11	20SiMnMoV	试样	900	—	油	200	空气	1380	—	10	45	55	269
	12	25SiMnMoV	试样	900	—	油	200	空气	1470	—	10	40	47	269
	13	37SiMnMoV	25	870	—	水、油	650	水、油	980	835	12	50	63	269
B	14	40B	25	840	—	水	550	水	785	635	12	45	55	207
	15	45B	25	840	—	水	550	水	835	685	12	45	47	217
	16	50B	20	840	—	油	600	空气	785	540	10	45	39	207

续表

钢组	序号	牌号	试样毛坯尺寸/mm	推荐的热处理制度					力学性能					供货状态为退火或高温回火钢棒布氏硬度 HBW
				淬火			回火		抗拉强度 R_m/MPa	下屈服强度 R_{eL}/MPa	断后伸长率 A(%)	断面收缩率 Z(%)	冲击吸收能量 K_{U2}/J	不大于
				加热温度/℃ 第1次淬火	第2次淬火	冷却剂	加热温度/℃	冷却剂			不小于			
MnB	17	25MnB	25	850	—	油	500	水、油	835	635	10	45	47	207
	18	35MnB	25	850	—	油	500	水、油	930	735	10	45	47	207
	19	40MnB	25	850	—	油	500	水、油	980	785	10	45	47	207
	20	45MnB	25	840	—	油	500	水、油	1030	835	9	40	39	217
MnMoB	21	20MnMoB	15	880	—	油	200	油、空气	1080	885	10	50	55	207
MnVB	22	15MnVB	15	860	—	油	200	空气	885	635	10	45	55	207
	23	20MnVB	15	860	—	油	200	空气	1080	885	10	45	55	207
	24	40MnVB	25	850	—	油	520	水、油	980	785	10	45	47	207
MnTiB	25	20MnTiB	15	860	—	油	200	水、空气	1130	930	10	45	55	187
	26	25MnTiBREa	试样	860	—	油	200	水、空气	1380	—	10	40	47	229
	27	15Cr	15	880	770~820	水、油	180	油、空气	685	490	12	45	55	179
	28	20Cr	15	880	780~820	水、油	200	空气	835	540	10	40	47	179
Cr	29	30Cr	25	860	—	油	500	水、油	885	685	11	45	47	187
	30	35Cr	25	860	—	油	500	水、油	930	735	11	45	47	207
	31	40Cr	25	850	—	油	520	水、油	980	785	9	45	47	207
	32	45Cr	25	840	—	油	520	水、油	1030	835	9	40	39	217
	33	50Cr	25	830	—	油	520	水、油	1080	930	9	40	39	229
CrSi	34	38CrSi	25	900	—	油	600	水、油	980	835	12	50	55	255

续表

钢组	序号	牌号	试样毛坯尺寸/mm	淬火 加热温度/℃ 第1次淬火	第2次淬火	冷却剂	回火 加热温度/℃	冷却剂	抗拉强度 R_m/MPa	下屈服强度 R_{eL}/MPa	断后伸长率 A(%)	断面收缩率 Z(%)	冲击吸收能量 K_{UZ}/J	供货状态为退火或高温回火钢棒布氏硬度 HBW
											不小于			不大于
CrMo	35	12CrMo	30	900	—	空气	650	空气	410	265	25	60	110	179
	36	15CrMo	30	900	—	空气	650	空气	440	295	22	60	94	179
	37	20CrMo	15	880	—	水、油	500	水、油	885	685	12	50	78	197
	38	25CrMo	25	870	—	水、油	600	水、油	900	600	14	55	68	229
	39	30CrMo	15	880	—	油	540	水、油	930	735	12	050	71	229
	40	35CrMo	25	850	—	油	550	水、油	980	835	12	450	63	229
	41	42CrMo	25	850	—	油	560	水、油	1080	930	12	45	63	229
	42	50CrMo	25	840	—	油	560	水、油	1130	930	11	45	48	248
CrMoV	43	12CrMoV	30	970	—	空气	750	空气	440	225	22	50	78	241
	44	35CrMoV	25	900	—	油	630	水、油	1080	930	10	50	71	241
	45	12Cr1MoV	30	970	—	空气	750	空气	490	245	22	50	71	179
	46	25Cr2MoV	25	900	—	油	640	空气	930	785	14	55	63	241
	47	25Cr2Mo1V	25	1040	—	空气	700	空气	735	590	16	50	47	241
CrMoAl	48	38CrMoAl	30	940	—	水、油	640	水、油	980	835	14	50	71	229
CrV	49	40CrV	25	880	—	油	650	水、油	885	735	10	50	71	241
	50	50CrV	25	850	—	油	500	油	1280	1130	10	40	—	255
CrMn	51	15CrMn	15	880	—	油	200	水、空气	785	590	12	50	47	179
	52	20CrMn	15	850	—	油	200	水、空气	930	735	10	45	47	187
	53	40CrMn	25	840	—	油	550	水、油	980	835	9	45	47	229

续表

钢组	序号	牌号	试样毛坯尺寸/mm	推荐的热处理制度 淬火 加热温度/℃ 第1次淬火	淬火 加热温度/℃ 第2次淬火	淬火 冷却剂	回火 加热温度/℃	回火 冷却剂	力学性能 抗拉强度 R_m/MPa	下屈服强度 R_{eL}/MPa	断后伸长率 A(%)	断面收缩率 Z(%)	冲击吸收能量 K_{uz}/J	供货状态为退火或高温回火钢棒布氏硬度 HBW
									不小于					不大于
CrMnSi	54	20CrMnSi	25	880	—	油	480	水、油	785	635	12	45	55	207
	55	25CrMnSi	25	880	—	油	480	水、油	1080	885	10	40	39	217
	56	30CrMnSi	25	880	—	油	540	水、油	1080	835	10	45	39	229
	57	35CrMnSi	试样	加热到880℃，于280~310℃等温淬火 950	890	油	230	空气、油	1620	1280	9	40	31	241
CrMnMo	58	20CrMnMo	15	850	—	油	200	水、油	1180	885	10	45	55	217
	59	40CrMnMo	25	850	—	油	600	水、油	980	785	10	45	63	217
CrMnTi	60	20CrMnTi	15	880	870	油	200	水、空气	1080	850	10	45	55	217
	61	30CrMnTi	试样	880	850	油	200	空气、油	1470	—	9	40	47	229
CrNi	62	20CrNi	25	850	—	水、油	460	水、油	785	590	10	50	63	197
	63	40CrNi	25	820	—	油	500	水、油	980	785	10	45	55	241
	64	45CrNi	25	820	—	油	530	水、油	980	785	10	45	55	255
	65	50CrNi	25	820	—	油	500	水、空气	1080	835	8	40	39	255
	66	12CrNi2	15	860	780	水、油	200	水、油	785	590	12	50	63	207
	67	34CrNi2	25	840	—	水、油	530	水、油	930	735	11	45	71	241
	68	12CrNi3	15	860	780	油	500	水、空气	930	685	11	50	71	217
	69	20CrNi3	25	830	—	水、油	480	水、油	930	735	11	55	78	241
	70	30CrNi3	25	820	—	油	500	水、油	980	785	9	45	63	241
	71	37CrNi3	25	820	—	油	500	水、油	1130	980	10	50	47	269
	72	12Cr2Ni4	15	860	780	油	200	水、空气	1080	835	10	50	71	269
	73	20Cr2Ni4	15	880	780	油	200	水、空气	1180	1080	10	45	63	269

续表

钢组	序号	牌号	试样毛坯尺寸/mm	推荐的热处理制度					力学性能					供货状态为退火或高温回火钢棒布氏硬度 HBW 不大于
				淬火			回火		抗拉强度 R_m/MPa	下屈服强度 R_{eL}/MPa	断后伸长率 A(%)	断面收缩率 Z(%)	冲击吸收能量 K_{U2}/J	
				加热温度/℃ 第1次淬火	第2次淬火	冷却剂	加热温度/℃	冷却剂			不小于			
CrNiMo	74	15CrNiMo	15	850	—	油	200	空气	930	750	10	40	46	197
	75	20CrNiMo	15	850	—	油	200	空气	980	785	9	40	47	197
	76	30CrNiMo	25	850	—	油	500	水、油	980	785	10	50	63	269
	77	30Cr2Ni2Mo	25	850	—	油	600	水、油	980	835	12	55	78	269
	78	30Cr2Ni4Mo	25	正火890	850	油	560~580	空气	1050	980	12	45	48	
			试样	正火890	850	油	220 两次回火	空气	1790	1500	6	25	—	269
	79	34Cr2Ni2Mo	25	850	—	油	520	水、油	980	835	10	50	71	269
	80	35Cr2Ni4Mo	25	850	—	油	540	水、油	1080	930	10	50	71	269
	81	40CrNiMo	25	850	—	油	560	水、油	1080	930	10	50	71	269
	82	40Cr2Ni2Mo	25	850	—	油	560	水、油	1130	980	10	50	71	269
CrMnNiMo	83	18CrMnNiMo	15	830	—	油	200	空气	1180	885	10	45	71	269
CrNiMoV	84	45CrNiMoV	试样	860	—	油	460	油	1470	1330	7	35	31	269
CrNiW	85	18Cr2Ni4W	15	950	850	空气	200	水、气	1180	835	10	45	78	269
	86	25Cr2Ni4W	25	850	—	油	550	水、油	1080	930	11	45	71	269

注　表中所列热处理温度允许调整范围：淬火±15℃，低温回火±20℃，高温回火±50℃。铬锰铁钢第一次淬火可用正火代替。硼钢在淬火前可先经正火，正火温度应不高于其淬火温度。

3.3.5 耐候结构钢

耐候结构钢是通过在结构钢中添加少量的合金元素如 Cu、P、Cr、Ni 等，使其在金属基体表面上形成保护层，以提高耐大气腐蚀性能的钢。

耐候钢主要适用于车辆、桥梁、塔架等结构用具有耐大气腐蚀性能的热轧和冷轧钢板。耐候结构钢可制作螺栓连接、铆接和焊接的结构件等。目前在电力行业中耐候钢铁塔和金具的研究正在进行。耐候结构钢的牌号及化学成分和力学性能（GB/T 4171）见表 3-49～表 3-51。

表 3-49 耐候结构钢的牌号及化学成分

牌号	化学成分（质量分数）（%）								
	C	Si	Mn	P	S	Cu	Cr	Ni	其他元素
Q265GNH	≤0.12	0.10～0.40	0.20～0.50	0.07～0.12	≤0.020	0.20～0.45	0.30～0.65	0.25～0.50e	—
Q295GNH	≤0.12	0.10～0.40	0.2～0.50	0.07～0.12	≤0.020	0.25～0.45	0.30～0.65	0.25～0.50e	—
Q310GNH	≤0.12	0.25～0.75	0.20～0.50	0.07～0.12	≤0.020	0.20～0.55	0.30～1.25	≤0.65	—
Q355GNH	≤0.12	0.20～0.75	≤1.00	0.07～0.15	≤0.020	0.20～0.55	0.30～1.25	≤0.65	—
Q235NH	≤0.13f	0.10～0.40	0.20～0.60	≤0.030	≤0.030d	0.20～0.55	0.40～0.80	≤0.65	—
Q295NH	≤0.15	0.10～0.50	0.30～1.00	≤0.030	≤0.030d	0.20～0.55	0.40～0.80	≤0.65	—
Q355NH	≤0.16	≤0.50	0.50～1.50	≤0.030	≤0.030d	0.20～0.55	0.40～0.80	≤0.65	—
Q415NH	≤0.12	≤0.65	≤1.10	≤0.025	≤0.030d	0.20～0.55	0.30～1.25	0.12～0.65e	—
Q460NH	≤0.12	≤0.65	≤1.50	≤0.025	≤0.030d	0.20～0.55	0.30～1.25	0.12～0.65e	—
Q500NH	≤0.12	≤0.65	≤2.0	≤0.025	≤0.030d	0.20～0.55	0.30～1.25	0.12～0.65c	—
Q550NH	≤0.16	≤0.65	≤2.0	≤0.025	≤0.030d	0.20～0.55	0.30～1.25	0.12～0.65e	—

表 3-50 耐候结构钢的力学性能

牌号	拉伸试验									180°弯曲试验 弯心直径		
	下屈服强度 R_{eL}/(N/mm²)（不小于）				抗拉强度 R_m/(N/mm²)	断后伸长率 A(%)（不小于）						
	≤16	16～40	40～60	>60		≤16	16～40	40～60	>60	≤6	6～16	>16
Q235NH	235	225	215	215	360～510	25	25	24	23	a	a	$2a$
Q295NH	295	285	275	255	430～560	24	24	23	22	a	$2a$	$3a$
Q295GNH	295	285	—	—	430～560	24	24	—	—	a	$2a$	$3a$

牌号	拉伸试验									180°弯曲试验 弯心直径		
	下屈服强度 R_{eL}/(N/mm²)(不小于)				抗拉强度 R_m/ (N/mm²)	断后伸长率 A(%)(不小于)						
	≤16	16~40	40~60	>60		≤16	16~40	40~60	>60	≤6	6~16	>16
Q355NH	355	345	335	325	490~630	22	22	21	20	a	2a	3a
Q355GNH	355	345	—	—	490~630	22	22	—	—	a	2a	3a
Q415NH	415	405	395	—	520~680	22	22	20	—	a	2a	3a
Q460NH	460	450	440	—	570~730	20	20	19	—	a	2a	3a
Q500NH	500	490	480	—	600~760	18	16	15	—	a	2a	3a
Q550NH	550	540	530	—	620~780	16	16	15	—	a	2a	3a
Q265GNH	265	—			≥410	27	—	—	—	a	—	—
Q310GNH	310	—			≥450	26	—	—	—	a	—	—

注　a 试验品直径。

表 3 - 51　　　　　　　　耐候结构钢各个标准的牌号对比

GB/T4171- 2008	ISO4952: 2006	ISO5952: 2005	EN10025-5: 2004	JISG3114: 2004	JISG3125: 2004	ASTM			
						A242M-04	A588M-05	A606-04	A871M-03
Q235NH	S235W	HSA235W	S235J0W S235J2W	SMA400AW SMA400BW SMA400CW	—	—	—	—	—
Q295NH	—	—	—	—	—	—	—	—	—
Q295GNH									
Q355NH	S355W	HSA355W2	S355J0W S355J2W S355K2W	SMA490AW SMA490BW SMA490CW		—		Grade K	—
Q355GNH	S355WP	HSA355W1	S355J0WP S355J2WP	—	SPA-H	Type1	—	—	
Q415NH	S415W		—	—	—	—	—		60
Q460NH	S460W	—	—	SMA570W SMA570P	—	—	—		65
Q500NH	—	—	—	—	—	—	—		—
Q550NH	—				—	—	—		—
Q265GNH	—				—	—	—		—
Q310GNH	—			—	SPA-C	—		Type4	

3.3.6　弹簧钢

弹簧钢的牌号及化学成分（GB/T 1222）见表 3 - 52、表 3 - 53。

表 3 - 52　　　　　　　　　　　　　弹簧钢的牌号及化学成分

序号	统一数字代号	牌号	化学成分（质量分数）（%）										
			C	Si	Mn	Cr	V	W	B	Ni	Cu	P	S
										不大于			
1	U20652	65	0.62~0.70	0.17~0.37	0.50~0.80	≤0.25	—	—	—	0.25	0.25	0.035	0.035
2	U20702	70	0.62~0.75	0.17~0.37	0.50~0.80	≤0.25	—	—	—	0.25	0.25	0.035	0.035
3	U20852	85	0.82~0.90	0.17~0.37	0.50~0.80	≤0.25	—	—	—	0.25	0.25	0.035	0.035
4	U21653	65Mn	0.62~0.70	0.17~0.37	0.90~1.20	≤0.25	—	—	—	0.25	0.25	0.035	0.035
5	A77552	55SiMnVB	0.52~0.60	0.70~1.00	1.00~1.30	≤0.35	0.08~0.16	—	0.0005~0.0035	0.35	0.35	0.035	0.035
6	A11602	60Si2Mn	0.56~0.64	1.50~2.00	0.70~1.00	≤0.35	—	—	—	0.35	0.35	0.035	0.035
7	A11603	60Si2MnA	0.56~0.64	1.60~2.00	0.70~1.00	≤0.35	—	—	—	0.35	0.35	0.025	0.025
8	A21603	60Si2CrA	0.56~0.64	1.40~1.80	0.40~0.70	0.70~1.00	—	—	—	0.35	0.35	0.025	0.025
9	A28603	60Si2CrVA	0.56~0.64	1.40~1.80	0.40~0.70	0.90~1.20	0.10~0.20	—	—	0.35	0.35	0.025	0.025
10	A21553	55SiCrA	0.51~0.59	1.20~1.60	0.50~0.80	0.50~0.80	—	—	—	0.35	0.35	0.025	0.025
11	A22553	55CrMnA	0.52~0.60	0.17~0.37	0.65~0.95	0.65~0.95	—	—	—	0.35	0.35	0.025	0.025
12	A22603	60CrMnA	0.56~0.64	0.17~0.37	0.70~1.00	0.70~1.00	—	—	—	0.35	0.35	0.025	0.025
13	A23503	50CrVA	0.46~0.54	0.17~0.37	0.50~0.80	0.80~1.10	0.10~0.20	—	—	0.35	0.35	0.025	0.025
14	A22613	60CrMnBA	0.56~0.64	0.17~0.37	0.70~1.00	0.70~1.00	—	—	0.0005~0.0040	0.35	0.35	0.025	0.025
15	A27303	30W4Cr2VA	0.26~0.34	0.17~0.37	≤0.40	2.00~2.50	0.50~0.80	4.00~4.50	—	0.35	0.25	0.025	0.025

表 3 - 53　　　　　　　　　　　　　弹簧钢的力学性能

序号	牌号	热处理制度			力学性能（不小于）				
		淬火温度/℃	淬火介质	回火温度/℃	抗拉强度 R_m/(N/mm^2)	屈服强度 R_{eL}/(N/mm^2)	断后伸长率		断面收缩率 Z（%）
							A（%）	$A_{11.3}$（%）	
1	65	840	油	500	980	785	—	9	35
2	70	830	油	480	1030	835	—	8	30

续表

序号	牌号	热处理制度			力学性能（不小于）					
		淬火温度/℃	淬火介质	回火温度/℃	抗拉强度 R_m/ (N/mm²)	屈服强度 R_{eL}/ (N/mm²)	断后伸长率			断面收缩率 Z（%）
							A（%）	$A_{11.3}$（%）		
3	85	820	油	480	1130	980	—	6		30
4	65Mn	830	油	540	980	785	—	8		30
5	55SiMnVB	860	油	460	1375	1225	—	5		30
6	60Si2Mn	870	油	480	1275	1180	—	5		25
7	60Si2MnA	870	油	440	1570	1375	—	5		20
8	60Si2CrA	870	油	420	1765	1570	6	—		20
9	60Si2CrVA	850	油	410	1860	1665	6	—		20
10	55SiCrA	860	油	450	1450～1750	1300 ($R_{P0.2}$)	6	—		25
11	55CrMnA	830～860	油	460～510	1225	1080 ($R_{P0.2}$)	9	—		20
12	60CrMnA	830～860	油	460～520	1225	1080 ($R_{P0.2}$)	9	—		20
13	50CrVA	850	油	500	1275	1130	10	—		40
14	60CrMnBA	830～860	油	460～520	1225	1080 ($R_{P0.2}$)	9	—		20
15	30W4Cr2VA	1050～1100	油	600	1470	1325	7	—		40

3.3.7　碳素工具钢

碳素工具钢的冷热加工性能、耐磨性能好，价格较低，用途广泛。主要缺点是淬透性低，耐热性差。主要用于制造一般切削速度的、被加工材料硬度不太高的刀具，以及形状简单、精度较低的量具，模具等。

碳素工具钢钢材按使用加工方法分为压力加工用钢和切削加工用钢；按冶金质量等级分为优质钢和高级优质钢。

碳素工具钢的牌号及化学成分和力学性能（GB/T 1298）见表 3-54～表 3-61。

表 3-54　　　　　　　　　　　碳素工具钢的牌号及化学成分

序号	牌号	化学成分（质量分数）（%）		
		C	Mn	Si
1	T7	0.65～0.74	≤0.40	≤0.35
2	T8	0.75～0.84		
3	T8Mn	0.80～0.90	0.40～0.60	
4	T9	0.85～0.94		
5	T10	0.95～1.04	≤0.40	
6	T11	1.05～1.14		
7	T12	1.15～1.24		
8	T13	1.25～1.35		

表 3-55　　　　　　　　　　　　　碳素工具钢的化学成分

钢类	P	S	C	C	N	W	M	V
	化学成分（质量分数）（不大于）							
优质钢	0.035	0.030	0.25	0.25	0.20	0.30	0.20	0.02
高级优质钢	0.030	0.020	0.25	0.25	0.20	0.30	0.20	0.02

注　供制造铅浴淬火钢丝时，钢种残余铬含量不大于 0.10%，镍含量不大于 0.12%，铜含量不大于 0.20%，三者之和不大于 0.40%。

表 3-56　　　　　　　　　　　　　碳素工具钢的牌号及硬度

牌号	交货状态		试样淬火	
	退火	退火后冷拉	淬火温度和冷却剂	洛氏硬度 HRC（不小于）
	布氏硬度 HBW（不大于）			
T7	187	241	800~820℃，水	62
T8			780~800℃，水	
T8Mn				
T9	192			
T10	197			
T11	207		760~780℃，水	
T12				
T13	217			

表 3-57　　　　刃具磨具用非合金钢交货状态的硬度值和试样的淬火硬度值

序号	统一数字代号	牌号	退火交货状态的钢材硬度 HBW（不大于）	试样淬火硬度		
				淬火温度℃	冷却剂	洛氏硬度 HRC（不小于）
1-1	T00070	T7	187	800~820	水	62
1-2	T00080	T8	187	780~800	水	62
1-3	T01080	T8Mn	187	780~800	水	62
1-4	T00090	T9	192	760~780	水	62
1-5	T00100	T10	197	760~780	水	62
1-6	T00110	T11	207	760~780	水	62
1-7	T00120	T12	207	760~780	水	62
1-8	T00130	T13	217	760~780	水	62

非合金工具钢钢材退火后冷拉交货的布氏硬度应不大于 HBW241。

表 3 - 58　　　　　　　量具刃具用钢交货状态的硬度值和试样的淬火硬度值

序号	统一数字代号	牌号	退火交货状态的钢材硬度 HBW	试样淬火硬度		
				淬火温度/℃	冷却剂	洛氏硬度 HRC（不小于）
2 - 1	T31219	9SiCr	197～241	820～860	油	62
2 - 2	T30108	8MnSi	≤229	800～820	油	60
2 - 3	T30200	Cr06	187～241	780～810	水	64
2 - 4	T31200	Cr2	179～229	830～860	油	62
2 - 5	T31209	9Cr2	179～217	820～850	油	62
2 - 6	T30800	W	187～229	800～830	水	62

表 3 - 59　　　　　　　耐冲击工具用钢交货状态的硬度值和试样的淬火硬度值

序号	统一数字代号	牌号	退火交货状态的钢材硬度 HBW	试样淬火硬度		
				淬火温度/℃	冷却剂	洛氏硬度 HRC（不小于）
3 - 1	T40294	4CrW2Si	179～217	860～900	油	53
3 - 2	T40295	5CrW2Si	207～255	860～900	油	55
3 - 3	T40296	6CrW2Si	229～285	860～900	油	57
3 - 4	T40356	6CrMnSi2Mo1Va	≤229	667℃±15℃预热，885℃（盐浴）或 900℃（炉腔气氛）±6℃加热，保温 5～15min 油冷，58～204℃回火		58
3 - 5	T40355	5Cr3MnSiMo1Va	≤235	667℃±15℃预热，941℃（盐浴）或 955℃（炉腔气氛）±6℃加热，保温 5～15min 油冷，56～204℃回火		56
3 - 6	T40376	6CrW2SiV	≤225	870～910	油	58

注　保温时间指试样达到加热温度后保持的时间。

表 3 - 60　　　　　　　轧辊用钢交货状态的硬度值和试样的淬火硬度值

序号	统一数字代号	牌号	退火交货状态的钢材硬度 HBW	试样淬火硬度		
				淬火温度/℃	冷却剂	洛氏硬度 HRC（不小于）
4 - 1	T42239	9Cr2V	≤229	830～900	空气	64
4 - 2	T42309	9Cr2Mo	≤229	830～900	空气	64
4 - 3	T42319	9Cr2MoV	≤229	880～900	空气	64
4 - 4	T42518	8Cr3NiMoV	≤269	900～920	空气	64
4 - 5	T42519	9Cr5NiMoV	≤269	930～950	空气	64

表 3-61　　　　　冷作模具用钢交货状态的硬度值和试样的淬火硬度值

序号	统一数字代号	牌号	退火交货状态的钢材硬度 HBW	试样淬火硬度		
				淬火温度/℃	冷却剂	洛氏硬度 HRC（不小于）
5-1	T20019	9Mn2V	≤229	780～810	油	62
5-2	T20299	9CrWMn	197～241	800～830	油	62
5-3	T21290	CrWMn	207～255	800～830	油	62
5-4	T20250	MnCrWV	≤255	790～820	油	62
5-5	T21347	7CrMn2Mo	≤235	820～870	空气	61
5-6	T21355	5Cr8MoVSi	≤229	1000～1050	油	59
5-7	T21357	7CrSiMnMoV	≤235	870～900℃油冷或空冷，150±10℃回火空冷		60
5-8	T21350	Cr8Mo2SiV	≤255	1020～1040	油或空气	62
5-9	T21320	Cr8Mo2SiV	≤269	960～980 或 1020～1040	油	60
5-10	T21386	Cr4W2Mo2VNb	≤255	1100～1160	油	60
5-11	T21836	6W6Mo5Cr4V	≤269	1180～1200	油	60
5-12	T21830	W6Mo5Cr4V2a	≤255	730～840℃预热，1210～1230℃（盐浴或控制气氛）加热，保温5～15min油冷，540～560℃回火两次（盐浴或控制气氛），每次2h		64（盐浴）63（炉控气氛）
5-13	T21209	Cr8	≤255	920～980	油	63
5-14	T21200	Cr12	217～269	950～1000	油	60
5-15	T21290	Cr12W	≤255	950～980	油	60
5-16	T21317	7Cr7Mo2V2Si	≤255	1100～1150	油或空气	60
5-17	T21318	Cr5Mo1Va	≤255	（790±15）℃预热，940℃（盐浴）或950℃（炉控气氛）±6℃加热，保温5～15min油冷；（200±6）℃回火一次，2h		60
5-18	T21319	Cr12MoV	207～255	950～1000	油	58
5-19	T21310	Cr12Mo1V1b	≤255	（820±15）℃预热，1000℃（盐浴）±6℃或1010℃（炉控气氛）±6℃加热，保温10～20min空冷；（200±6）℃回火一次，2h		59

注　保温时间指试样达到加热温度后保持的时间。

3.3.8　合金工具钢

合金工具钢是在碳素工具钢基础上加入合金元素而制成的钢种，淬透性和回火稳定性高，热处理开裂倾向小，耐磨性和热硬性较高。

合金工具钢的牌号及化学成分（GB/T 1299）见表 3-62、表 3-63。

表 3 - 62

合金工具钢钢牌号及化学成分

统一数字代号	序号	钢组	牌号	化学成分（质量分数）（%）									
				C	Si	Mn	P	S	Cr	W	Mo	V	其他
							不大于						
T30100	1-1	量具刃具用钢	9SiCr	0.85~0095	1.20~1.60	0.30~0.60	0.030	0.030	0.95~1.25				
T30000	1-2		8MnSi	0.75~0.85	0.30~0.60	0.80~1.10	0.030	0.030		—	—	—	Co：≤1.00
T30060	1-3		Cr06	1.30~1.45	≤0.40	≤0.40	0.030	0.030	0.50~0.70				
T30201	1-4		Cr2	0.95~1.10	≤0.40	≤0.40	0.030	0.030	1.30~1.65				
T30200	1-5		9Cr2	0.80~0.95	≤0.40	≤0.40	0.030	0.030	1.30~1.70				
T30001	1-6		W	1.05~1.25	≤0.40	≤0.40	0.030	0.030	0.10~0.30	0.80~1.20			
T40124	2-1	耐冲击工具用钢	4CrW2Si	0.35~0.45	0.80~1.10	≤0.40	0.030	0.030	1.00~1.30	2.00~2.50	—	—	
T40125	2-2		5CrW2Si	0.45~0.55	0.50~0.80	≤0.40	0.030	0.030	1.00~1.30	2.00~2.50			
T40126	2-3		6CrW2Si	0.55~0.65	0.50~0.80	≤0.40	0.030	0.030	1.10~1.30	2.20~2.70			
T40100	2-4		6CrMnSi2Mo1	0.50~0.65	1.75~2.25	0.60~1.00	0.030	0.030	0.10~0.50		0.50~1.35	0.15~0.35	Nb：0.20~0.35
T40300	2-5		5Cr3Mn1SiMo1V	0.45~0.55	0.20~1.00	0.20~0.90	0.030	0.030	3.00~3.50		1.30~1.80	≤0.35	

续表

统一数字代号	序号	钢组	牌号	C	Si	Mn	P 不大于	S 不大于	Cr	W	Mo	V	其他
T21200	3-1	作模具钢	Cr12	2.00~2.30	≤0.40	≤0.40	0.030	0.030	11.5~13.00				
T21202	3-2		Cr12Mo1V1	1.40~1.60	≤0.40	≤0.40	0.030	0.030	11.00~13.00		0.70~1.20	0.50~1.10	
T21201	3-3		Cr12MoV	1.45~1.70	≤0.40	≤0.40	0.030	0.030	11.00~12.50		0.40~0.60	0.15~0.30	
T20503	3-4		Cr5Mo1V	0.95~1.05	≤0.5	≤1.00	0.030	0.030	4.75~5.50		0.90~1.40	0.15~0.50	
T20000	3-5		9Mn2V	0.85~0.95	≤0.40	1.70~2.00	0.030	0.030				0.10~0.25	
T20111	3-6		CrWMn	0.90~1.05	≤0.40	0.80~1.10	0.030	0.030	0.90~1.20	1.20~1.60			
T20110	3-7		9CrWMn	0.85~0.95	≤0.40	0.90~1.20	0.030	0.030	0.50~0.80	0.50~0.80			
T20421	3-8		Cr4W2MoV	1.12~1.25	0.40~0.70	≤0.40	0.030	0.030	3.50~4.00	1.90~2.60	0.80~1.20	0.80~1.10	
T20432	3-9		6Cr4W3MoVNb	0.60~0.70	≤0.40	≤0.40	0.030	0.030	3.80~4.40	2.50~3.50	1.80~2.50	0.80~1.20	Nb: 0.20~0.35
T20465	3-10		6W6Mo5Cr4V	0.55~0.65	≤0.40	≤0.60	0.030	0.030	3.70~4.30	6.00~7.00	4.50~5.50	0.70~1.10	
T20104	3-11		7CrSiMnMoV	0.65~0.75	0.85~1.15	0.65~1.05	0.030	0.030	0.90~1.20		0.20~0.50	0.15~0.30	

表 3 - 63

合金工具钢牌号及化学成分

统一数字代号	序号	钢组	牌号	化学成分（质量分数）（%） C	Si	Mn	P	S	Cr	W	Mo	V	Al	其他
							不大于							
T20102	4 - 1		5CrMnMo	0.50~0.60	0.25~0.60	1.20~1.60	0.030	0.030	0.60~0.90	—	0.15~0.30	—	—	—
T20103	4 - 2		5CrNiMo	0.50~0.60	≤0.40	0.50~0.80	0.030	0.030	0.50~0.80	—	0.15~0.30	—	—	Ni1.40~1.80
T20280	4 - 3		3Cr2W8V	0.30~0.40	≤0.40	≤0.40	0.030	0.030	2.20~2.70	7.50~9.00	—	0.20~0.50	—	—
T20403	4 - 4		5Cr4Mo3SiMnVAl	0.47~0.57	0.80~1.10	0.80~1.10	0.030	0.030	3.80~4.30	—	2.80~3.40	0.80~1.20	0.30~0.70	—
T20323	4 - 5		3Cr3Mo3W2V	0.32~0.42	0.60~0.90	≤0.65	0.030	0.030	2.80~3.30	1.20~1.80	2.50~3.00	0.80~1.20	—	—
T20452	4 - 6	热作模具钢	5Cr4W5Mo2V	0.40~0.50	≤0.40	≤0.40	0.030	0.030	3.40~4.40	4.50~5.30	1.50~2.10	0.70~1.10	—	—
T20300	4 - 7		8Cr3	0.75~0.85	≤0.40	≤0.40	0.030	0.030	3.20~3.80	—	—	—	—	—
T20101	4 - 8		4CrMnSiMoV	0.35~0.45	0.80~1.10	0.80~1.10	0.030	0.030	1.30~1.50	—	0.40~0.60	0.20~0.40	—	—
T20303	4 - 9		4Cr3Mo3SiV	0.35~0.45	0.80~1.20	0.25~0.70	0.030	0.030	3.00~3.75	—	2.00~3.00	0.25~0.75	—	—
T20501	4 - 10		4Cr5MoSiV	0.33~0.43	0.80~1.20	0.20~0.50	0.030	0.030	4.75~5.50	—	1.10~1.60	0.30~0.60	—	—
T20502	4 - 11		4Cr5MoSiV1	0.32~0.45	0.80~1.20	0.20~0.50	0.030	0.030	4.75~5.50	—	1.10~1.75	0.80~1.20	—	—
T20520	4 - 12		4Cr5W2VSi	0.32~0.42	0.80~1.20	≤0.40	0.030	0.030	4.50~5.50	1.60~2.40	—	0.60~1.00	—	—

续表

统一数字代号	序号	钢组	牌号	化学成分（质量分数）（%）										
				C	Mn	Si	P	S	Cr	W	Mo	V	Al	其他
							不大于							
T23152	5 - 1	无磁模具钢	7Mn15Cr2Al3V2WMo	0.65~0.75	14.5~16.5	≤0.80	0.030	0.030	2.00~2.50	0.50~0.80	1.50~2.00	2.30~3.30	—	—
T22020	6 - 1	塑料模具钢	3Cr2Mo	—	—	—	0.030	0.030	1.40~2.00	—	0.30~0.55	—	—	—
T22024	6 - 2		—	—	—	—	0.030	0.030	1.70~2.00	—	0.25~0.40	—	—	Ni0.85~1.15

3.3.9 高速工具钢

高速工具钢简称高速钢，是一种适用于制造高速切削刀具的高碳高合金钢。它最突出的特点就是具有很高的红热性，当刀头温度高达600℃左右时，硬度仍无明显下降。高速工具钢按化学成分可分为钨系高速工具钢和钨钼系高速工具钢两种基本系列。

高速工具钢的牌号及化学成分（GB/T 9943）见表3-64。

表3-64 高速工具钢的牌号及化学成分

序号	统一数字代号	牌号	化学成分（质量分数）（%）									
			C	Mn	Si[b]	S[c]	P	Cr	V	W	Mo	Co
1	T63342	W3Mo3Cr4V2	0.95~1.03	≤0.40	≤0.45	≤0.030	≤0.030	3.80~4.50	2.20~2.50	2.70~3.00	2.50~2.90	—
2	T64340	W3Mo3Cr4VSi	0.83~0.93	0.20~0.40	0.70~1.00	≤0.030	≤0.030	3.80~4.40	1.20~1.80	3.50~4.50	2.50~3.50	—
3	T51841	W18Cr4V	0.73~0.83	0.10~0.40	0.20~0.40	≤0.030	≤0.030	3.80~4.50	1.00~1.20	17.2~18.7	—	—
4	T62841	W2Mo8Cr4V	0.77~0.87	≤0.40	≤0.70	≤0.030	≤0.030	3.50~4.50	1.00~1.40	1.40~2.00	8.00~9.00	—

续表

序号	统一数字代号	牌号	化学成分（质量分数）(%)									
			C	Mn	Si[b]	S[c]	P	Cr	V	W	Mo	Co
5	T62942	W2Mo9Cr4V2	0.95~1.05	0.15~0.40	≤0.70	≤0.030	≤0.030	3.50~4.50	1.75~2.20	1.50~2.10	8.20~9.20	—
6	T66541	W6Mo5Cr4V2	0.80~0.90	0.15~0.40	0.20~0.45	≤0.030	≤0.030	3.80~4.40	1.75~2.20	5.50~6.75	4.50~5.50	—
7	T66542	CW6Mo5Cr4V2	0.86~0.94	0.15~0.40	0.20~0.45	≤0.030	≤0.030	3.80~4.50	1.75~2.10	5.90~6.70	4.70~5.20	—
8	T66642	W6Mo6Cr4V2	1.00~1.10	≤0.40	≤0.45	≤0.030	≤0.030	3.80~4.50	2.30~2.60	5.90~6.70	5.50~6.50	—
9	T69341	W9Mo3Cr4V	0.77~0.87	0.20~0.40	0.20~0.40	≤0.030	≤0.030	3.80~4.40	1.30~1.70	8.50~9.50	2.70~3.30	—
10	T66543	W6Mo5Cr4V3	1.15~1.25	0.15~0.40	0.20~0.45	≤0.030	≤0.030	3.80~4.50	2.70~3.20	5.90~6.70	4.70~5.20	—
11	T66545	CW6Mo5Cr4V3	1.25~1.32	0.15~0.40	≤0.70	≤0.030	≤0.030	3.75~4.50	2.70~3.20	5.90~6.70	4.70~5.20	—
12	T66544	W6Mo5Cr4V4	1.25~1.40	≤0.40	≤0.45	≤0.030	≤0.030	3.80~4.50	3.70~4.20	5.20~6.00	4.20~5.00	—
13	T66546	W6Mo5Cr4V2Al	1.05~1.15	0.15~0.40	0.20~0.60	≤0.030	≤0.030	3.80~4.40	1.75~2.20	5.50~6.75	4.50~5.50	Al: 0.80~1.20
14	T71245	W12Mo5Cr4V2Co5	1.50~1.60	0.15~0.40	0.15~0.40	≤0.030	≤0.030	3.75~5.00	4.50~5.25	11.75~13.00	—	4.75~5.25
15	T76545	W6Mo5Cr4V2Co5	0.87~0.95	0.15~0.40	0.20~0.45	≤0.030	≤0.030	3.80~4.50	1.70~2.10	5.90~6.70	4.70~5.20	4.50~5.00
16	T76438	W6Mo5Cr4V3Co8	1.23~1.33	0.15~0.40	0.15~0.45	≤0.030	≤0.030	3.80~4.50	2.70~3.20	5.90~6.70	4.70~5.30	8.00~8.80
17	T77445	W7Mo4Cr4V2Co5	1.05~1.15	0.20~0.60	0.15~0.50	≤0.030	≤0.030	3.75~4.50	1.75~2.25	6.25~7.00	3.25~4.25	4.75~5.25
18	T72948	W2Mo9Cr4VCo8	1.05~1.15	0.15~0.40	0.15~0.65	≤0.030	≤0.030	3.50~4.25	0.95~1.35	1.15~1.85	9.00~10.00	7.75~8.75
19	T71010	W10Mo4Cr4V3Co10	1.20~1.35	≤0.40	≤0.45	≤0.030	≤0.030	3.80~4.50	3.00~3.50	9.00~10.00	3.20~3.90	9.50~10.5

3.4　特殊钢的牌号和力学性能

3.4.1　不锈钢棒

不锈钢棒按组织特征可分为奥氏体型、奥氏体-铁素体型、铁素体型、马氏体型和沉淀硬化型。各类不锈钢的化学成分（GB/T 1220）见表 3-65～表 3-69。

表 3-65　奥氏体不锈钢的化学成分

GB/T 20878 中序号	统一数字代号	新牌号	旧牌号	化学成分（质量分数）（%）										
				C	Si	Mn	P	S	Ni	Cr	Mo	Cu	N	其他元素
1	S35350	12Cr17Mn6Ni5N	1Cr17Mn6Ni5N	0.15	1.00	5.50~7.50	0.050	0.030	3.50~5.50	16.00~18.00	—	—	0.05~0.25	—
3	S35450	12Cr18Mn9Ni5N	1Cr18Mn8Ni5N	0.15	1.00	7.50~10.00	0.050	0.030	4.00~6.00	17.00~19.00	—	—	0.05~0.25	—
9	S30110	12Cr17Ni7	1Cr17Ni7	0.15	1.00	2.00	0.045	0.030	6.00~8.00	16.00~18.00	—	—	0.10	—
13	S30210	12Cr18Ni9	1Cr18Ni9	0.15	1.00	2.00	0.20	0.030	8.00~10.00	17.00~19.00	—	—	0.10	—
15	S30317	Y12Cr18Ni9	Y1Cr18Ni9	0.15	1.00	2.00	0.20	≥0.15	8.00~10.00	17.00~19.00	(0.6)	—	—	Se≥0.15
16	S30327	Y12Cr18Ni9Se	Y1Cr18Ni9Se	0.15	1.00	2.00	0.045	0.060	8.00~10.00	17.00~19.00	—	—	—	—
17	S30408	06Cr19Ni10	0Cr18Ni9	0.08	1.00	2.00	0.045	0.030	8.00~11.00	18.00~20.00	—	—	—	—
18	S30403	022Cr19Ni10	00Cr19Ni10	0.030	1.00	2.00	0.045	0.030	8.00~12.00	18.00~20.00	—	—	—	—
22	S30488	06Cr18Ni9Cu3	00Cr18Ni9Cu3	0.08	1.00	2.00	0.045	0.030	8.50~10.50	17.00~19.00	—	3.00~4.00	0.10~0.16	—

续表

GB/T 20878 中序号	统一数字代号	新牌号	旧牌号	化学成分（质量分数）(%)										
				C	Si	Mn	P	S	Ni	Cr	Mo	Cu	N	其他元素
23	S30458	06Cr19Ni10N	0Cr19Ni9N	0.08	1.00	2.00	0.045	0.030	8.00~11.00	18.00~20.00	—	—	0.15~0.30	Nb0.15
24	S30478	06Cr19Ni9NbN	0Cr19Ni10NbN	0.08	1.00	2.00	0.045	0.030	7.50~10.50	18.00~20.00	—	—	0.10~0.16	—
25	S30453	022Cr19Ni10N	00Cr18Ni10N	0.030	1.00	2.00	0.045	0.030	8.00~11.00	18.00~20.00	—	—	—	—
26	S30510	10Cr18Ni12	1Cr18Ni12	0.12	1.00	2.00	0.045	0.030	10.50~13.00	17.00~19.00	—	—	—	—
32	S30908	06Cr23Ni13	0Cr23Ni13	0.08	1.00	2.00	0.045	0.030	12.00~15.00	22.00~24.00	—	—	—	—
35	S31008	06Cr25Ni20	0Cr25Ni20	0.08	1.00	2.00	0.045	0.030	19.00~22.00	24.00~26.00	—	—	—	—
38	S31608	06Cr17Ni12Mo2	0Cr17Ni12Mo2	0.08	1.00	2.00	0.045	0.030	10.00~14.00	16.00~18.00	2.00~3.00	—	—	—
39	S31603	022Cr17Ni12Mo2	00Cr17Ni14Mo2	0.030	1.00	2.00	0.045	0.030	10.00~14.00	16.00~18.00	2.00~3.00	—	—	—
41	S31668	06Cr17Ni12Mo2Ti	0Cr18Ni12Mo3Ti	0.08	1.00	2.00	0.045	0.030	10.00~14.00	16.00~18.00	2.00~3.00	—	—	Ti≥5C
43	S31658	06Cr17Ni12Mo2N	0Cr17Ni12Mo2N	0.08	1.00	2.00	0.045	0.030	10.00~13.00	16.00~18.00	2.00~3.00	—	0.10~0.16	—
44	S31653	022Cr17Ni12Mo2N	00Cr17Ni13Mo2N	0.030	1.00	2.00	0.045	0.030	10.00~13.00	16.00~18.00	2.00~3.00	—	0.10~0.06	—
45	S31688	06Cr18Ni12Mo2Cu2	0Cr18Ni12Mo2Cu2	0.08	1.00	2.00	0.045	0.030	10.00~14.00	17.00~19.00	1.20~2.75	1.00~2.50	—	—
46	S31683	022Cr18Ni14Mo2Cu2	00Cr18Ni14Mo2Cu2	0.030	1.00	2.00	0.045	0.030	12.00~16.00	17.00~19.00	1.20~2.75	1.00~2.50	—	—

续表

GB/T 20878 中序号	统一数字代号	新牌号	旧牌号	化学成分（质量分数）（%）										
				C	Si	Mn	P	S	Ni	Cr	Mo	Cu	N	其他元素
49	S31708	0Cr19Ni13Mo3	0Cr19Ni13Mo3	0.08	1.00	2.00	0.045	0.030	11.00~15.00	18.00~20.00	3.00~4.00	—	—	—
50	S31703	00Cr19Ni13Mo3	00Cr19Ni13Mo3	0.030	1.00	2.00	0.045	0.030	11.00~15.00	18.00~20.00	3.00~4.00	—	—	—
52	S31794	0Cr18Ni16Mo5	0Cr18Ni16Mo5	0.04	1.00	2.50	0.045	0.030	15.00~17.00	16.00~19.00	4.00~6.00	—	—	—
55	S32168	0Cr18Ni10Ti	0Cr18Ni10Ti	0.08	1.00	2.00	0.045	0.030	9.00~12.00	17.00~19.00	—	—	—	Ti5C~0.70
62	S34778	0Cr18Ni11Nb	0Cr18Ni11Nb	0.08	1.00	2.00	0.045	0.030	9.00~12.00	17.00~19.00	—	—	—	Nb10C~1.10
64	S38148	06Cr18Ni13Si4[a]	0Cr18Ni13Si4[a]	0.08	3.00~5.00	2.00	0.045	0.030	11.5~15.00	15.00~20.00	—	—	—	—

注 1. 表中所列成分除注明范围或注明最小值外，其余均为最大值。括号内数值为可加入或允许含有的最大值。
2. 本标准牌号与国外标准牌号对照参见 GB/T 20878。

表3-66　奥氏体-铁素体型不锈钢的化学成分

GB/T 20878 序号	统一数字代号	新牌号	旧牌号	化学成分（质量分数）（%）										
				C	Si	Mn	P	S	Ni	Cr	Mo	Cu	N	其他元素
67	S21860	14Cr18Ni11Si4AlTi	1Cr18Ni11Si4AlTi	0.10~0.18	3.40~4.00	0.80	0.035	0.030	10.00~12.00	17.5~19.50	—	—	—	Ti0.40~0.70　Al0.10~0.30
68	S21953	022Cr19Ni5Mo3Si2N	00Cr18Ni5Mo3Si2	0.030	1.30~2.00	1.00~2.00	0.035	0.030	4.5~5.50	18.00~19.50	2.50~3.00	—	0.05~0.12	—

续表

GB/T 20878 序号	统一数字代号	新牌号	旧牌号	化学成分（质量分数）（%）										
				C	Si	Mn	P	S	Ni	Cr	Mo	Cu	N	其他元素
70	S22253	022Cr22Ni5Mo3N	—	0.030	1.00	2.00	0.030	0.020	4.5~6.50	21.00~23.00	2.50~3.50	—	0.08~0.20	—
71	S22053	022Cr23Ni5Mo3N	—	0.030	1.00	2.00	0.035	0.030	4.5~6.50	22.00~23.00	3.00~3.50	—	0.14~0.20	—
73	S22553	022Cr25Ni6Mo2N	—	0.030	1.00	2.00	0.035	0.030	5.50~6.50	24.00~26.00	1.20~2.50	—	0.10~0.20	—
75	S25554	03Cr25Ni6Mo3Cu2N	—	0.040	1.00	1.50	0.035	0.030	4.50~6.50	24.00~27.00	2.90~3.90	1.50~2.50	0.10~0.25	—

注 1. 表中所列成分除标明范围或最小值外，其余均为最大值。
　 2. 本标准牌号与国外标准牌号对照参见 GB/T 20878。

表 3 - 67　铁素体型不锈钢的化学成分

GB/T 20878 中序号	统一数字代号	新牌号	旧牌号	化学成分（质量分数）（%）										
				C	Si	Mn	P	S	Ni	Cr	Mo	Cu	N	其他元素
78	S11348	06Cr13Al	0Cr13Al	0.08	1.00	1.00	0.040	0.030	(0.60)	11.50~14.50	—	—	—	Al0.10~0.30
83	S11203	022Cr12	00Cr12	0.030	1.00	1.00	0.040	0.030	(0.60)	11.00~13.50	—	—	—	—
85	S11710	10Cr17	1Cr17	0.12	1.00	1.00	0.040	0.030	(0.60)	16.00~18.00	—	—	—	—
86	S11717	Y10Cr17	Y1Cr17	0.12	1.00	1.25	0.060	≥0.15	(0.60)	16.00~18.00	(0.60)	—	—	—

续表

GB/T 20878 中序号	统一数字代号	新牌号	旧牌号	化学成分（质量分数）（%） C	Si	Mn	P	S	Ni	Cr	Mo	Cu	N	其他元素
88	S11790	10Cr17Mo	1Cr17Mo	0.12	1.00	1.00	0.040	0.030	(0.60)	16.00~18.00	0.75~1.25	—	—	—
94	S12791	008Cr27Mo	00Cr27Mo	0.010	0.40	0.40	0.030	0.020	—	25.00~27.50	0.75~1.50	—	0.015	—
95	S13091	008Cr30Mo2	00Cr30Mo2	0.010	0.40	0.40	0.030	0.020	—	28.50~32.00	1.50~2.50	—	0.015	—

注 1. 表中所列成分除标明范围或最小值外，其余均为最大值。
2. 本标准牌号与国外标准牌号对照参见 GB/T 20878。

表3-68 马氏体型不锈钢的化学成分

GB/T 20878 中序号	统一数字代号	新牌号	旧牌号	化学成分（质量分数）（%） C	Si	Mn	P	S	Ni	Cr	Mo	Cu	N	其他元素
96	S40310	12Cr12	1Cr12	0.15	0.50	1.00	0.040	0.030	(0.60)	11.5~13.00	—	—	—	—
97	S41008	06Cr13	0Cr13	0.08	1.00	1.00	0.040	0.030	(0.60)	11.5~13.00	—	—	—	—
98	S41010	12Cr13	1Cr13	0.08~0.15	1.00	1.00	0.040	0.030	(0.60)	11.5~13.00	—	—	—	—
100	S41617	Y12Cr13	Y1Cr13	0.15	1.00	1.25	0.060	≥0.15	(0.60)	12.00~14.00	(0.60)	—	—	—
101	S42020	20Cr13	2Cr13	0.16~0.25	1.00	1.00	0.040	0.030	(0.60)	12.00~14.00	—	—	—	—
102	S42030	30Cr13	3Cr13	0.26~0.35	1.00	1.00	0.040	0.030	(0.60)	12.00~14.00	—	—	—	—
103	S42037	Y30Cr13	Y3Cr13	0.26~0.35	1.00	1.25	0.060	≥0.15	(0.60)	12.00~14.00	—	—	—	—

续表

GB/T 20878 中序号	统一数字代号	新牌号	旧牌号	化学成分（质量分数）（%）										
				C	Si	Mn	P	S	Ni	Cr	Mo	Cu	N	其他元素
104	S42040	40Cr13	4Cr13	0.36~0.45	0.60	0.80	0.040	0.030	(0.60)	12.00~14.00	—	—	—	—
106	S43110	14Cr17Ni2	1Cr17Ni2	0.11~0.17	0.80	0.80	0.040	0.030	1.50~2.50	16.00~18.00	—	—	—	—
107	S43120	17Cr16Ni2		0.12~0.22	1.00	1.50	0.040	0.030	1.50~2.50	15.00~17.00	—	—	—	—
108	S44070	68Cr17	7Cr17	0.60~0.75	1.00	1.00	0.040	0.030	(0.60)	16.00~18.00	(0.75)	—	—	—
109	S44080	85Cr17	8Cr17	0.75~0.95	1.00	1.00	0.040	0.030	(0.60)	16.00~18.00	(0.75)	—	—	—
110	S44096	108Cr17	11Cr17	0.95~1.20	1.00	1.00	0.040	0.030	(0.60)	16.00~18.00	(0.75)	—	—	—
111	S44097	Y108Cr17	Y11Cr17	0.95~1.20	1.00	1.25	0.060	≥0.15	(0.60)	16.00~18.00	(0.75)	—	—	—
112	S44090	95Cr18	9Cr18	0.90~1.00	0.80	0.80	0.040	0.030	(0.60)	17.00~19.00	—	—	—	—
115	S45710	13Cr13Mo	1Cr13Mo	0.08~0.18	0.60	1.00	0.040	0.030	(0.60)	11.5~14.00	0.30~0.60	—	—	—
116	S45830	32Cr13Mo	3Cr13Mo	0.28~0.35	0.80	1.00	0.040	0.030	(0.60)	12.00~14.00	0.50~1.00	—	—	—
117	S45990	102Cr17Mo	9Cr18Mo	0.95~1.10	0.80	0.80	0.040	0.030	(0.60)	16.00~18.00	0.40~0.70	—	—	—
118	S46990	90Cr18MoV	9Cr18MoV	0.85~0.95	0.80	0.80	0.040	0.030	(0.60)	17.00~19.00	1.00~1.30	—	—	V0.07~0.12

注　1. 表中所列成分除标明范围或最小值外，其余均为最大值。

2. 本标准牌号与国外标准牌号对照参见 GB/T 20878。

表 3-69

沉淀硬化型不锈钢的化学成分

GB/T 20878 中序号	统一数字代号	新牌号	旧牌号	化学成分（质量分数）（%）										
				C	Si	Mn	P	S	Ni	Cr	Mo	Cu	N	其他元素
136	S51550	05Cr15Ni5Cu4Nb		0.07	1.00	1.00	0.040	0.030	3.50~ 5.50	14.00~ 15.50	—	2.50~ 4.50	—	Nb0.15~ 0.45
137	S51740	05Cr17Ni4Cu4Nb	0Cr17Ni4Cu4Nb	0.07	1.00	1.00	0.040	0.030	3.00~ 5.00	15.00~ 17.50	—	3.00~ 5.00	—	Nb0.15~ 0.45
138	S51770	07Cr17Ni7Al	0Cr17Ni7Al	0.09	1.00	1.00	0.040	0.030	6.50~ 7.75	16.00~ 18.00	—	—	—	Al0.75~ 1.50
139	S51570	07Cr15Ni7Mo2Al	0Cr15Ni7Mo2Al	0.09	1.00	1.00	0.040	0.030	6.50~ 7.75	14.00~ 16.00	2.00~ 3.00	—	—	Al0.75~ 1.50

注 1. 表中所列成分除标明范围或最小值外，其余均为最大值。

2. 本标准牌号与国外标准牌号对照参见 GB/T 20878。

各类不锈钢棒材的力学性能见表 3-70～表 3-74。

表 3-70

经固溶处理的奥氏体钢棒或试样的力学性能[a]

GB/T 20878 中序号	统一数字代号	新牌号	旧牌号	规定非比例延伸强度 $R_{p0.2}$/(N/mm²)	抗拉强度 R_m/(N/mm²)	断后伸长率 A（%）	断面收缩率 Z（%）	硬度		
				不小于				HBW	HRB	HV
								不大于		
1	S35350	12Cr17Mn6Ni5N	1Cr17Mn6Ni5N	275	520	40	45	241	100	253
3	S35450	12Cr18Mn9Ni5N	1Cr18Mn8Ni5N	275	520	40	45	207	95	218
9	S30110	12Cr17Ni7	1Cr17Ni7	205	520	40	60	187	90	200
13	S30210	12Cr18Ni9	1Cr18Ni9	205	520	40	60	187	90	200
15	S30317	Y12Cr18Ni9	Y1Cr18Ni9	205	520	40	50	187	90	200
16	S30327	Y12Cr18Ni9Se	Y1Cr18Ni9Se	205	520	40	50	187	90	200
17	S30408	06Cr19Ni10	0Cr18Ni9	205	520	40	60	187	90	200

续表

GB/T 20878 中序号	统一数字代号	新牌号	旧牌号	规定非比例延伸强度 $R_{p0.2}$ /(N/mm²)	抗拉强度 R_m /(N/mm²)	断后伸长率 A (%)	断面收缩率 Z (%)	硬度		
				不小于	不小于			HBW	HRB	HV
								不大于		
18	S30403	022Cr19Ni10	00Cr19Ni10	175	480	40	60	187	90	200
22	S30488	06Cr18Ni9Cu3	00Cr18Ni9Cu3	175	480	40	60	187	90	200
23	S30458	06Cr19Ni10N	0Cr19Ni9N	275	550	35	50	217	95	220
24	S30478	06Cr19Ni9NbN	0Cr19Ni10NbN	345	685	35	50	250	100	260
25	S30453	022Cr19Ni10N	00Cr18Ni10N	245	550	40	50	217	95	220
26	S30510	10Cr18Ni12	1Cr18Ni12	175	480	40	60	187	90	200
32	S30908	06Cr23Ni13	0Cr23Ni13	205	520	40	60	187	90	200
35	S31008	06Cr25Ni20	0Cr25Ni20	205	520	40	50	187	90	200
38	S31608	06Cr17Ni12Mo2	0Cr17Ni12Mo2	205	520	40	60	187	90	200
39	S31603	022Cr17Ni12Mo2	00Cr17Ni14Mo2	175	480	40	60	187	90	200
41	S31668	06Cr17Ni12Mo2Ti	0Cr18Ni12Mo3Ti	205	530	40	55	187	90	200
43	S31658	06Cr17Ni12Mo2N	0Cr17Ni12Mo2N	275	550	35	50	217	95	220
44	S31653	022Cr17Ni12Mo2N	00Cr17Ni13Mo2N	245	550	40	50	217	95	220
45	S31688	06Cr18Ni12Mo2Cu2	0Cr18Ni12Mo2Cu2	205	520	40	60	187	90	200
46	S31683	022Cr18Ni14Mo2Cu2	00Cr18Ni14Mo2Cu2	175	480	40	60	187	90	200
49	S31708	0Cr19Ni13Mo3	0Cr19Ni13Mo3	205	520	40	60	187	90	200
50	S31703	00Cr19Ni13Mo3	00Cr19Ni13Mo3	175	480	40	60	187	90	200
52	S31794	0Cr18Ni16Mo5	0Cr18Ni16Mo5	175	480	40	45	187	90	200
55	S32168	0Cr18Ni10Ti	0Cr18Ni10Ti	205	520	40	50	187	90	200
62	S34778	0Cr18Ni11Nb	0Cr18Ni11Nb	205	520	40	50	187	90	200
64	S38148	06Cr18Ni13Si4	0Cr18Ni13Si4	205	520	40	60	207	95	218

表 3-71　经固溶处理的奥氏体-铁素体型钢棒或试样的力学性能

GB/T 20878 中序号	统一数字代号	新牌号	旧牌号	规定非比例延伸强度 $R_{p0.2}$/(N/mm²)	抗拉强度 R_m/(N/mm²)	断后伸长率 A(%)	断面收缩率 Z(%)	冲击吸收功 A_{KU2}/J	硬度 HBW	HRB	HV
				不小于					不大于		
67	S21860	14Cr18Ni11Si4AlTi	1Cr18Ni11Si4AlTi	440	715	25	40	63	—	—	—
68	S21953	022Cr19Ni5Mo3Si2N	00Cr18Ni5Mo3Si2	390	590	20	40	—	290	30	300
70	S22253	022Cr22Ni5Mo3N		450	620	25	—	—	290	—	—
71	S22053	022Cr23Ni5Mo3N		450	655	25	—	—	290	—	—
73	S22553	022Cr25Ni6Mo2N		450	620	20	—	—	260	—	—
75	S25554	03Cr25Ni6Mo3Cu2N		550	750	25	—	—	290	—	—

表 3-72　经退火处理的铁素体型钢棒或试样的力学性能

GB/T 20878 中序号	统一数字代号	新牌号	旧牌号	规定非比例延伸强度 $R_{p0.2}$/(N/mm²)	抗拉强度 R_m/(N/mm²)	断后伸长率 A(%)	断面收缩率 Z(%)	冲击吸收功 A_{KU2}/J	硬度 HBW
				不小于					不大于
78	S11348	06Cr13Al	0Cr13Al	175	410	20	60	78	183
83	S11203	022Cr12	00Cr12	195	360	22	60	—	183
85	S11710	10Cr17	1Cr17	205	450	22	50	—	183
86	S11717	Y10Cr17	Y1Cr17	205	450	22	50	—	183
88	S11790	10Cr17Mo	1Cr17Mo	205	450	22	60	—	183
94	S12791	008Cr27Mo	00Cr27Mo	245	410	20	45	—	219
95	S13091	008Cr30Mo2	00Cr30Mo2	295	450	20	45	—	228

经退火处理的马氏体型钢棒或试样的力学性能

表 3 - 73

GB/T 20878 中序号	统一数字代号	新牌号	旧牌号	组别	经淬火回火后试样的力学性能和硬度							退火后钢棒的硬度
					规定非比例延伸强度 $R_{p0.2}$/(N/mm²)	抗拉强度 R_m/(N/mm²)	断后伸长率 A(%)	断面收缩率 Z(%)	冲击吸收功 A_{KU2}/J	硬度 HBW	硬度 HRC	HBW
					不小于							不大于
96	S40310	12Cr12	1Cr12		390	590	25	55	118	170	—	200
97	S41008	06Cr13	0Cr13		345	490	24	60			—	183
98	S41010	12Cr13	1Cr13		345	540	22	55	78	159	—	200
100	S41617	Y12Cr13	Y1Cr13		345	540	17	45	55	159	—	200
101	S42020	20Cr13	2Cr13		440	640	20	50	63	192	—	223
102	S42030	30Cr13	3Cr13		540	735	12	40	24	217	—	235
103	S42037	Y30Cr13	Y3Cr13		540	735	8	35	24	217	—	235
104	S42040	40Cr13	4Cr13								50	235
106	S43110	14Cr17Ni2	1Cr17Ni2			1080	10		39			285
107	S43120	17Cr16Ni2		1	700	900~1050	12	45	25(A_{KV})			295
				2	600	800~950	14					
108	S44070	68Cr17	7Cr17								54	255
109	S44080	85Cr17	8Cr17								56	255
110	S44096	108Cr17	11Cr17								58	269
111	S44097	Y108Cr17	Y11Cr17								58	269
112	S44090	95Cr18	9Cr18								55	255
115	S45710	13Cr13Mo	1Cr13Mo		490	690	20	60	78	192	55	200
116	S45830	32Cr13Mo	3Cr13Mo								50	207
117	S45990	102Cr17Mo	9Cr18Mo								55	269
118	S46990	90Cr18MoV	9Cr18MoV								55	269

表 3-74　沉淀硬化型钢棒或试样的力学性能

GB/T 20878 中序号	统一数字代号	新牌号	旧牌号	热处理 类型	组别	规定非比例延伸强度 $R_{p0.2}$/(N/mm²)	抗拉强度 R_m/(N/mm²) 不小于	断后伸长率 A(%)	断面收缩率 Z(%)	硬度 HBW	硬度 HRC
136	S51550	05Cr15Ni5Cu4Nb	0Cr17Ni4Cu4Nb	固溶处理	0	—	—	—	—	≤363	≤38
				沉淀硬化 480℃时效	1	1180	1310	10	35	≥375	≥40
				550℃时效	2	1000	1070	12	45	≥331	≥35
				580℃时效	3	865	1000	13	45	≥302	≥31
				620℃时效	4	725	930	16	50	≥277	≥28
137	S51740	05Cr17Ni4Cu4Nb	0Cr17Ni4Cu4Nb	固溶处理	0	—	—	—	—	≤363	≤38
				沉淀硬化 480℃时效	1	1180	1310	10	40	≥375	≥40
				550℃时效	2	1000	1070	12	45	≥331	≥35
				580℃时效	3	865	1000	13	45	≥302	≥31
				620℃时效	4	725	930	16	50	≥277	≥28
138	S51770	07Cr17Ni7Al	0Cr17Ni7Al	固溶处理	0	≤300	≤1030	20	10	≤229	—
				沉淀硬化 510℃时效	1	1030	1230	4	25	≥388	—
				565℃时效	2	960	1140	5	—	≥363	—
139	S51570	07Cr15Ni7Mo2Al	0Cr15Ni7Mo2Al	固溶处理	0	—	—	—	20	≤269	—
				沉淀硬化 510℃时效	1	1210	1320	6	25	≥388	—
				565℃时效	2	1100	1210	7		≥375	—

3.4.2　耐热钢棒

耐热钢棒按照使用加工方法不同，分为压力加工用钢和切削加工用钢两类。按照组织特征，分为奥氏体型、铁素体型、马氏体型和沉淀硬化型四类。

各组织类型耐热钢的牌号及化学成分和力学性能（GB/T 1221）见表 3-75～表 3-82。

表 3 - 75　　奥氏体型耐热钢的化学成分

GB/T 20878 中序号	统一数字代号	新牌号	旧牌号	化学成分（质量分数）（%）										
				C	Si	Mn	P	S	Ni	Cr	Mo	Cu	N	其他元素
6	S35650	53Cr21Mn9Ni4N	5Cr21Mn9Ni4N	0.48~0.58	0.35	8.00~10.00	0.040	0.030	3.25~4.50	20.00~22.00			0.35~0.50	
7	S35750	26Cr18Mn12Si2N	3Cr18Mn12Si2N	0.22~0.30	1.40~2.20	10.50~12.50	0.050	0.030	—	17.00~19.00			0.22~0.33	
8	S35850	22Cr20Mn10Ni2Si2N	2Cr20Mn10Ni2Si2N	0.17~0.26	1.80~2.70	8.50~11.00	0.050	0.030	2.00~3.00	18.00~21.00			0.20~0.30	
17	S30408	06Cr19Ni10	0Cr18Ni9	0.08	1.00	2.00	0.045	0.030	8.00~11.00	18.00~20.00				
30	S30850	22Cr21Ni12N	2Cr21Ni12N	0.15~0.28	0.75~1.25	1.00~1.60	0.040	0.030	10.5~12.5	20.00~22.00			0.15~0.30	
31	S30920	16Cr23Ni13	2Cr23Ni13	0.20	1.00	2.00	0.040	0.030	12.00~15.00	22.00~24.00				
32	S30908	06Cr23Ni13	0Cr23Ni13	0.08	1.00	2.00	0.045	0.030	12.00~15.00	22.00~24.00				
34	S31020	20Cr25Ni20	2Cr25Ni20	0.25	1.50	2.00	0.040	0.030	19.00~22.00	24.00~26.00				
35	S31008	06Cr25Ni20	0Cr25Ni20	0.08	1.50	2.00	0.040	0.030	19.00~22.00	24.00~26.00				
38	S31608	06Cr17Ni12Mo2	0Cr17Ni12Mo2	0.08	1.00	2.00	0.045	0.030	10.00~14.00	16.00~18.00	2.00~3.00			
49	S31708	06Cr19Ni13Mo3	0Cr19Ni13Mo3	0.08	1.00	2.00	0.045	0.030	11.00~15.00	18.00~20.00	3.00~4.00			
55	S32168	06Cr18Ni11Ti	0Cr18Ni10Ti	0.08	1.00	2.00	0.045	0.030	9.00~12.00	17.00~19.00				Ti5C~0.70
57	S32590	45Cr14Ni14W2Mo	4Cr14Ni14W2Mo	0.45~0.50	0.80	0.70	0.040	0.030	13.00~15.00	13.00~15.00	0.25~0.40			W2.00~2.75

续表

GB/T 20878 中序号	统一数字代号	新牌号	旧牌号	化学成分（质量分数）（%）										
				C	Si	Mn	P	S	Ni	Cr	Mo	Cu	N	其他元素
60	S33010	12Cr16Ni35	1Cr16Ni35	0.15	1.50	2.00	0.040	0.030	33.00~37.00	14.00~17.00	—	—	—	—
62	S34778	06Cr18Ni11Nb	0Cr18Ni11Nb	0.08	1.00	2.00	0.045	0.030	9.00~12.00	17.00~19.00	—	—	—	Nb 10C~1.10
64	S38148	06Cr18Ni13Si4a	0Cr18Ni13Si4a	0.08	3.00~5.00	2.00	0.045	0.030	11.50~15.00	15.00~20.00	—	—	—	—
65	S38240	16Cr20Ni14Si2	1Cr20Ni14Si2	0.20	1.50~2.50	1.50	0.040	0.030	12.00~15.00	19.00~22.00	—	—	—	—
66	S38340	16Cr25Ni20Si2	1Cr25Ni20Si2	0.20	1.50~2.50	1.50	0.040	0.030	18.00~21.00	24.00~27.00	—	—	—	—

注 1. 表中所列成分除标明范围或最小值外，其余均为最大值。

2. 本标准牌号与国外标准牌号对照参见 GB/T 20878。

表 3-76　铁素体型耐热钢的化学成分

GB/T 20878 中序号	统一数字代号	新牌号	旧牌号	化学成分（质量分数）（%）										
				C	Si	Mn	P	S	Ni	Cr	Mo	Cu	N	其他元素
78	S11348	06Cr13Al	0Cr13Al	0.08	1.00	1.00	0.040	0.030	—	11.50~14.50	—	—	—	Al0.10~0.30
83	S11203	022Cr12	00Cr12	0.030	1.00	1.00	0.040	0.030	—	11.00~13.50	—	—	—	—
85	S11710	10Cr17	1Cr17	0.12	1.00	1.00	0.040	0.030	—	16.00~18.00	—	—	—	—
93	S12550	16Cr25N	2Cr25N	0.20	1.00	1.50	0.040	0.030	—	23.00~27.00	—	(0.30)	0.25	—

注 1. 表中所列成分除标明范围或最小值外，其余均为最大值。括号内值为可加入或允许含有的最大值。

2. 本标准牌号与国外标准牌号对照参见 GB/T 20878。

表 3 - 77　马氏体体型耐热钢的化学成分

GB/T 20878 中序号	统一数字代号	新牌号	旧牌号	化学成分（质量分数）（%）										
				C	Si	Mn	P	S	Ni	Cr	Mo	Cu	N	其他元素
98	S41010	12Cr13a	1Cr13[a]	0.08~0.15	1.00	1.00	0.040	0.030	(0.60)	11.50~13.50	—	—	—	—
101	S42020	20Cr13	2Cr13	0.16~0.25	1.00	1.00	0.040	0.030	(0.60)	12.00~14.00	—	—	—	—
106	S43110	14Cr17Ni2	1Cr17Ni2	0.11~0.17	0.80	0.80	0.040	0.030	1.50~2.50	16.00~18.00	—	—	—	—
107	S43120	17Cr16Ni2	—	0.12~0.22	1.00	1.50	0.040	0.030	1.50~2.50	15.00~17.00	—	—	—	—
113	S45110	12Cr5Mo	1Cr5Mo	0.15	0.50	0.60	0.040	0.030	0.60	4.00~6.00	0.40~0.60	—	—	—
114	S45610	12Cr12Mo	1Cr12Mo	0.10~0.15	0.50	0.30~0.50	0.035	0.030	0.30~0.60	11.50~13.00	0.30~0.60	0.30	—	—
115	S45710	13Cr13Mo	1Cr13Mo	0.08~0.18	0.60	1.00	0.040	0.030	(0.60)	11.50~14.00	0.30~0.60	—	—	—
119	S46010	14Cr11MoV	1Cr11MoV	0.11~0.18	0.50	0.60	0.035	0.030	0.60	10.00~11.50	0.50~0.70	—	—	V0.25~0.40
122	S46250	18Cr12MoVNbN	2Cr12MoVNbN	0.15~0.20	0.50	0.50~1.00	0.035	0.030	(0.60)	10.00~13.00	0.30~0.90	—	0.05~0.10	V0.10~0.40 Nb0.20~0.60
123	S47010	15Cr12WMoV	1Cr12WMoV	0.12~0.18	0.50	0.50~0.90	0.035	0.030	0.40~0.80	11.00~13.00	0.50~0.70	—	—	W0.70~1.10 V0.15~0.30

续表

GB/T 20878 中序号	统一数字代号	新牌号	旧牌号	化学成分（质量分数）（%）										
				C	Si	Mn	P	S	Ni	Cr	Mo	Cu	N	其他元素
124	S47220	22Cr12NiWMoV	2Cr12NiWMoV	0.20~0.25	0.50	0.50~1.00	0.045	0.030	0.50~1.00	11.00~13.00	0.75~1.25	—	—	W0.75~1.25 V0.20~0.40
125	S47310	13Cr11Ni2W2MoV	1Cr11Ni2W2MoV	0.10~0.16	0.60	0.60	0.035	0.030	1.40~1.80	10.50~12.00	0.35~0.50	—	—	W1.50~2.00 V0.18~0.30
128	S47450	18Cr11NiMoNbVNa	(2Cr11NiMoNbVN)	0.15~0.20	0.50	0.50~0.80	0.030	0.025	0.30~0.60	10.00~12.00	0.60~0.90	—	0.04~0.09	V0.20~0.30 Al0.30 Nb0.20~0.60
130	S48040	42Cr9Si2	4Cr9Si2	0.35~0.50	2.00~3.00	0.70	0.035	0.030	0.60	8.00~10.00	—	—	—	—
131	S48045	45Cr9Si3	—	0.40~0.50	3.00~3.50	0.60	0.030	0.030	0.60	7.50~9.50	—	—	—	—
132	S48140	40Cr10Si2Mo	4Cr10Si2Mo	0.35~0.45	1.90~2.60	0.70	0.035	0.030	0.60	9.00~10.50	0.70~0.90	—	—	—
133	S48380	80Cr20Si2Ni	8Cr20Si2Ni	0.75~0.85	1.75~2.25	0.20~0.60	0.030	0.030	1.15~1.65	19.00~20.50	—	—	—	—

注 1. 表中所列成分除标明范围或最小值外，其余均为最大值。括号内值为可加入值或允许含有的最大值。
2. 本标准牌号与国外标准牌号对照参见 GB/T 20878。

表 3-78 沉淀硬化型耐热钢的化学成分

GB/T 20878 中序号	统一数字代号	新牌号	旧牌号	化学成分（质量分数）（%）										
				C	Si	Mn	P	S	Ni	Cr	Mo	Cu	N	其他元素
137	S51740	05Cr17Ni4Cu4Nb	0Cr17Ni4Cu4Nb	0.07	1.00	1.00	0.040	0.030	3.00~5.00	15.00~17.50	—	3.00~5.00	—	Nb0.15~0.45
138	S51770	07Cr17Ni7Al	0Cr17Ni7Al	0.09	1.00	1.00	0.040	0.030	6.50~7.75	16.00~18.00	—	—	—	Al0.75~1.50
143	S51525	06Cr15Ni25Ti2MoAlVB	0Cr15Ni25Ti2MoAlVB	0.08	1.00	2.00	0.040	0.030	24.00~27.00	13.50~16.00	1.00~1.50	—	—	Al0.35 Ti1.90~2.35 B0.001~0.010 V0.10~0.50

注 1. 表中所列成分除标明范围或最小值外，其余均为最大值。
    2. 本标准牌号与国外标准牌号对照参见 GB/T 20878。

表 3-79 经热处理的奥氏体型钢棒或钢棒试样的力学性能

GB/T 20878 中序号	统一数字代号	新牌号	旧牌号	热处理状态	规定非比例延伸强度 $R_{p0.2}$/(N/mm²)	抗拉强度 R_m/(N/mm²)	断后伸长率 A（%）	断面收缩率 Z（%）	布氏硬度 HBW
					不小于	不小于	不小于	不小于	不大于
6	S35650	53Cr21Mn9Ni4N	5Cr21Mn9Ni4N	固溶+时效	560	885	8		≥302
7	S35750	26Cr18Mn12Si2N	3Cr18Mn12Si2N	固溶处理	390	685	35	45	248
8	S35850	22Cr20Mn10Ni2Si2N	2Cr20Mn10Ni2Si2N	固溶处理	390	635	35	45	248
17	S30408	06Cr19Ni10	0Cr18Ni9	固溶处理	205	520	40	60	187
30	S30850	22Cr21Ni12N	2Cr21Ni12N	固溶+时效	430	820	26	20	269

电网设备金属材料 实用手册

续表

GB/T 20878 中序号	统一数字代号	新牌号	旧牌号	热处理状态	规定非比例延伸强度 $R_{p0.2}$/(N/mm²)	抗拉强度 R_m/(N/mm²) 不小于	断后伸长率 A(%)	断面收缩率 Z(%)	布氏硬度 HBW 不大于
31	S30920	16Cr23Ni13	2Cr23Ni13		205	560	45	50	201
32	S30908	06Cr23Ni13	0Cr23Ni13		205	520	40	60	187
34	S31020	20Cr25Ni20	2Cr25Ni20		205	590	40	50	201
35	S31008	06Cr25Ni20	0Cr25Ni20	固溶处理	205	520	40	50	187
38	S31608	06Cr17Ni12Mo2	0Cr17Ni12Mo2		205	520	40	60	187
49	S31708	06Cr19Ni13Mo3	0Cr19Ni13Mo3		205	520	40	60	187
55	S32168	06Cr18Ni11Ti	0Cr18Ni10Ti		205	520	40	50	187
57	S32590	45Cr14Ni14W2Mo	4Cr14Ni14W2Mo	退火	315	705	20	35	248
60	S33010	12Cr16Ni35	1Cr16Ni35		205	560	40	50	201
62	S34778	06Cr18Ni11Nb	0Cr18Ni11Nb		205	520	40	50	187
64	S38148	06Cr18Ni13Si4[a]	0Cr18Ni13Si4[a]	固溶处理	205	520	40	60	207
65	S38240	16Cr20Ni14Si2	1Cr20Ni14Si2		295	590	35	50	187
66	S38340	16Cr25Ni20Si2	1Cr25Ni20Si2		295	590	35	50	187

表 3-80 退火的铁素体型钢棒或试样的力学性能

GB/T 20878 中序号	统一数字代号	新牌号	旧牌号	热处理状态	规定非比例延伸强度 $R_{p0.2}$/(N/mm²)	抗拉强度 R_m/(N/mm²) 不小于	断后伸长率 A(%)	断面收缩率 Z(%)	布氏硬度 HBW 不大于
78	S11348	06Cr13Al	0Cr13Al		175	410	20	60	183
83	S11203	022Cr12	00Cr12	退火	195	360	22	60	183
85	S11710	10Cr17	1Cr17		205	450	22	50	183
93	S12550	16Cr25N	2Cr25N		275	510	20	40	201

194

表 3 - 81　经淬火回火的马氏体型钢棒或试样的力学性能

GB/T 20878 中序号	统一数字代号	新牌号	旧牌号	热处理状态	规定非比例延伸强度 $R_{p0.2}$/(N/mm²)	抗拉强度 R_m/(N/mm²)	断后伸长率 A(%)	断面收缩率 Z(%)	冲击吸收功 A_{KV2}/J	经淬火回火后的硬度 HBW	退火后的硬度 HBW
					不小于						不大于
98	S41010	12Cr13	1Cr13	淬火+回火	345	540	22	55	78	159	200
101	S42020	20Cr13	2Cr13		440	640	20	50	63	192	223
106	S43110	14Cr17Ni2	1Cr17Ni2		—	1080	10	—	39	—	—
107	S43120	17Cr16Ni2	17Cr16Ni2	1	700	900~1050	12	45	25 (A_{KV})	—	295
				2	600	800~950	14				
113	S45110	12Cr5Mo	1Cr5Mo		390	590	18	—	—	—	200
114	S45610	12Cr2Mo	1Cr12Mo		550	685	18	60	78	217~248	255
115	S45710	13Cr13Mo	1Cr13Mo		490	690	20	60	78	192	200
119	S46010	14Cr11MoV	1Cr11MoV		490	685	16	55	47	—	200
122	S46250	18Cr12MoVNbN	2Cr12MoVNbN		685	835	15	30	—	≤321	269
123	S47010	15Cr12WMoV	1Cr12WMoV		585	735	15	45	47	—	—
124	S47220	22Cr12NiWMoV	2Cr12NiWMoV		735	885	10	25	—	≤341	269
125	S47310	13Cr11Ni2W2MoV	1Cr11Ni2W2MoV	1	735	885	15	55	269~321 (A_{KV})	269	269
				2	885	1080	12	50	311~388		
128	S47450	18Cr11NiMoNbVN	(2Cr11NiMoNbVN)		760	930	15	32	20 (A_{KV})	277~331	255
130	S48040	42Cr9Si2	4Cr9Si2		590	885	19	50	—	≥269	269
131	S48045	45Cr9Si3	4Cr9Si3		685	930	15	35	—	—	—
132	S48140	40Cr10Si2Mo	4Cr10Si2Mo		685	885	10	35	—	≥269	269
133	S48380	80Cr20Si2Ni	8Cr20Si2Ni		685	885	10	15	8	≥262	321

表 3-82 沉淀硬化型型钢棒或试样的力学性能

GB/T 20878 中序号	统一数字代号	新牌号	旧牌号	热处理状态 类型	组别	规定非比例延伸强度 $R_{p0.2}$/（N/mm²）	抗拉强度 R_m/（N/mm²）	断后伸长率 A（%）	断面收缩率 Z（%）	硬度 HBW	硬度 HRC
						不小于	不小于				
137	S51740	05Cr17Ni4Cu4Nb	0Cr17Ni4Cu4Nb	固溶处理	0	—	—	—	—	≤363	≤38
				480℃时效	1	1180	1310	10	40	≥375	≥40
				550℃时效	2	1000	1070	12	45	≥331	≥35
				580℃时效	3	865	1000	13	45	≥302	≥31
				620℃时效	4	725	930	16	50	≥277	≥28
138	S51770	07Cr17Ni7Al	0Cr17Ni7Al	固溶处理	0	≤380	≤1030	20	—	≤229	—
				510℃时效	1	1030	1230	4	10	≥388	—
				565℃时效	2	960	1140	5	25	≥363	—
143	S51525	06Cr15Ni25Ti2MoAlVB	0Cr15Ni25Ti2MoAlVB	固溶+时效		590	900	15	18	≥248	—

3.5 钢板和钢带的牌号和力学性能

钢板是平板状、矩形的扁平钢材，可直接轧制或由宽钢带剪切而成。钢带也称带钢，是一种宽度一定呈长带状的钢材，大多成卷状供应。钢带和钢板相比，具有尺寸精度高、表面质量好等优点。

各类钢板和钢带的牌号和力学性能见表 3-83~表 3-106。

3.5.1　优质碳素结构钢热轧薄钢板和钢带

优质碳素结构钢热轧薄钢板和钢带牌号及拉延级别（GB/T 710）见表 3-83。

表 3-83　　　　　　　　优质碳素结构钢热轧薄钢板和钢带牌号及拉延级别

牌号	拉延级别				
	Z	S 和 P	Z	S	P
	抗拉强度 R_m/MPa		断后伸长率 A（%）（不小于）		
08、08Al	275~410	≥300	36	36	34
10	280~410	≥335	36	34	32
15	300~430	≥370	34	32	30
20	340~480	≥410	30	28	26
25	—	≥450	—	26	24
30	—	≥490	—	24	22
35	—	≥530	—	22	20
40	—	≥570	—	—	19
45	—	≥600	—	—	17
50	—	≥610	—	—	16

3.5.2　优质碳素结构钢热轧厚钢板和钢带

优质碳素结构钢热轧薄钢板和钢带牌号及拉延级别（GB/T 711）见表 3-84。

表 3-84　　　　　　　　优质碳素结构钢热轧薄钢板和钢带牌号及拉延级别

牌号	拉延级别				
	Z	S 和 P	Z	S	P
	抗拉强度 R_m/MPa		断后伸长率 A（%）（不小于）		
08、08Al	275~410	≥300	36	35	34
10	280~410	≥335	36	34	32
15	300~430	≥370	34	32	30
20	340~480	≥410	30	28	26
25	—	≥450	—	26	24
30	—	≥490	—	24	22
35	—	≥530	—	22	20
40	—	≥570	—	—	19
45	—	≥600	—	—	17
50	—	≥610	—	—	16

3.5.3 碳素结构钢冷轧薄钢板和钢带

碳素结构钢冷轧薄钢板和钢带牌号及化学成分、力学性能（GB/T 11253）见表 3 - 85 和表 3 - 86。

表 3 - 85 碳素结构钢冷轧薄钢板和钢带牌号及化学成分

牌号	化学成分（质量分数）（%）（不大于）				
	C	Si	Mn	P	S
Q195	0.12	0.30	0.50	0.035	0.035
Q215	0.15	0.35	1.20	0.035	0.035
Q235	0.22	0.35	1.40	0.035	0.035
Q275	0.24	0.35	1.50	0.035	0.035

表 3 - 86 碳素结构钢冷轧薄钢板和钢带牌号及力学性能

牌号	下屈服强度 R_{eL}[a]/ (N/mm^2)	抗拉强度 R_m/ (N/mm^2)	断后伸长率（%）	
			A_{50mm}	A_{80mm}
Q195	≥195	315～430	≥26	≥24
Q215	≥215	335～450	≥24	≥22
Q235	≥235	370～500	≥22	≥20
Q275	≥275	410～540	≥20	≥181

[a] 无明显屈服时采用 $R_{p0.2}$。

3.5.4 合金结构钢热轧厚钢板

合金结构钢热轧厚钢板牌号及力学性能、热处理温度及力学性能（GB/T 11251）见表 3 - 87 和表 3 - 88。

表 3 - 87 合金结构钢热轧厚钢板牌号及力学性能

序号	牌号	力学性能		
		抗拉强度 R_m/ (N/mm^2)	断后伸长率 A（%）（不小于）	布氏硬度 HBW（不大于）
1	45Mn2	600～850	13	—
2	27SiMn	550～800	18	—
3	40B	500～700	20	—
4	45B	550～750	18	—
5	50B	550～750	16	—
6	15Cr	400～600	21	—
7	20Cr	400～650	20	—
8	30Cr	500～700	19	—
9	35Cr	550～750	18	—
10	40Cr	550～800	16	—
11	20CrMnSiA	450～700	21	—
12	25CrMnSiA	500～700	20	229
13	30CrMnSiA	550～750	19	229
14	35CrMnSiA	600～800	16	—

表3-88 合金结构钢热轧厚钢板热处理温度及力学性能

牌号	试样热处理制度				力学性能		
	淬火		回火		抗拉强度 R_m/ (N/mm²)	断后伸长率 A (%)	冲击吸收能量 A_{KU}/J
	温度/℃	冷却剂	温度/℃	冷却剂	不小于		
25CrMnSiA	850～890	油	450～550	水、油	980	10	39
30CrMnSiA	860～900	油	470～570	油	1080	10	39

3.5.5 弹簧钢热轧钢板

弹簧钢热轧钢板的牌号和力学性能（GB/T 3279）见表3-89。

表3-89 弹簧钢热轧钢板的牌号和力学性能

序号	牌号	力学性能			
		厚度小于3mm		厚度3～5mm	
		抗拉强度 R_m/ (N/mm²)（不大于）	断后伸长率 A（%）（不小于）	抗拉强度 R_m/ (N/mm²)（不大于）	断后伸长率 A（%）（不小于）
1	85	800	10	785	10
2	65Mn	850	12	850	12
3	60Si2Mn	950	12	930	12
4	60Si2MnA	950	13	930	13
5	60Si2CrV	1100	12	1080	12
6	50CrVA	950	12	930	12

3.5.6 碳素结构钢和低合金结构钢热轧钢带

碳素结构钢和低合金结构钢热轧钢带拉伸和冷弯试验性能（GB/T 3524）见表3-90。

表3-90 碳素结构钢和低合金结构钢热轧钢带拉伸和冷弯试验性能

牌号	下屈服强度 R_{eL}/ (N/mm²) 不小于	抗拉强度 R_m/ (N/mm²)	断后伸长率 A (%) 不小于	180°冷弯试验 (a：试样厚度 d：弯心直径)
Q195	195	315～430	33	$d=0$
Q215	215	335～450	31	$d=0.5a$
Q235	235	375～500	26	$d=a$
Q255	255	410～550	24	—
Q275	275	490～630	20	—
Q295	295	390～570	23	$d=2a$
Q345	345	470～630	21	$d=2a$

3.5.7 碳素结构钢冷轧钢带

碳素结构钢冷轧钢带的力学性能（GB 716）见表3-91。

表 3-91 碳素结构钢冷轧钢带的力学性能

类别	抗拉强度 σ_b/MPa	伸长率 δ（%）（不小于）	维氏硬度 HV
软钢带	275～440	23	≤130
半软钢带	370～490	10	105～145
硬钢带	490～785	—	140～230

3.5.8 碳素工具钢热轧钢板

碳素工具钢热轧钢板的硬度（GB/T 3278）见表 3-92。

表 3-92 碳素工具钢热轧钢板的硬度

牌号	布什硬度 HBS（不大于）
T7、T7A、T8、T8A、T8Mn	207
T9、T9A、T10、T10A	223
T11、T11A、T12、T12A、T13、T13A	229

3.5.9 高速工具钢钢板

高速工具钢钢板的硬度（GB/T 9941）见表 3-93。

表 3-93 高速工具钢钢板的硬度

牌号	交货状态硬度 HBW（不大于）
W6Mo5Cr4V2、W9Mo3CrV、W18Cr4V	255
W6Mo5Cr4V2Al、W6Mo5Cr4V2Co5	285

3.5.10 弹簧用不锈钢冷轧钢板

弹簧用不锈钢冷轧钢板的类型、力学性能（GB/T 4231）见表 3-94～表 3-96。

表 3-94 弹簧用不锈钢冷轧钢板的类型

类别	牌号
奥氏体型	1Cr17Ni7、0Cr18Ni9
马氏体型	3Cr13
沉淀硬化型	0Cr17Ni7Al

表 3-95 弹簧用不锈钢冷轧钢板的力学性能（一）

牌号	交货状态	冷轧、固溶处理或退火状态			沉淀硬化处理状态	
		硬度 HV	弯曲试验（d：弯曲半径；a：试样厚度）		热处理	硬度 HV
			V 型试验	W 型试验		
1Cr17Ni7	DY	≥310	$d=4a$	$d=5a$	—	—
	BY	≥370	$d=5a$	$d=6a$	—	—
	Y	≥430	—	—	—	—
	TY	≥490	—	—	—	—

续表

牌号	交货状态	冷轧、固溶处理或退火状态			沉淀硬化处理状态	
		硬度 HV	弯曲试验（d：弯曲半径；a：试样厚度）		热处理	硬度 HV
			V 型试验	W 型试验		
0Cr18Ni9	DY	≥250	$d=4a$	$a≤0.5$mm 时 $d=4a$ $a>0.5$mm 时 $d=5a$	—	—
	BY	≥310	$d=5a$	$d=6a$	—	—
	Y	≥370	—	—	—	—
3Cr13	退火	≤210	—	—	—	—
0Cr17Ni7Al	固溶	≤200	$d=a$	$d=2a$	固溶＋565℃时效 固溶＋510℃时效	≥345 ≥392
	DY	≥350	$d=3a$	$d=4a$	DY＋475℃时效	≥380
	BY	≥400	—	—	BY＋475℃时效	≥450
	Y	≥450	—	—	Y＋475℃时效	≥530

表 3 - 96　　　　　　　　　弹簧用不锈钢冷轧钢板的力学性能（二）

牌号	交货状态	冷轧或固溶状态			沉淀硬化处理状态		
		屈服强度 $\sigma_{0.2}$/MPa	抗拉强度 σ_b/MPa	伸长率 δ_s（%）	热处理	屈服强度 $\sigma_{0.2}$/MPa	抗拉强度 σ_b/MPa
1Cr17Ni7	DY	≥510	≥930	≥10	—	—	—
	BY	≥745	≥1130	≥5	—	—	—
	Y	≥1030	≥1320	—	—	—	—
	TY	≥1275	≥1570	—	—	—	—
0Cr18Ni9	DY	≥470	≥780	≥6	—	—	—
	BY	≥665	≥930	≥3	—	—	—
	Y	≥880	≥1130	—	—	—	—
0Cr17Ni7Al	固溶	—	≥1030	≥20	固溶＋565℃时效 固溶＋510℃时效	≥960 ≥1030	≥1140 ≥1230
	DY	—	≥1080	≥5	DY＋475℃时效	≥880	≥1230
	BY	—	≥1180	—	BY＋475℃时效	≥1080	≥1420
	Y	—	≥1420	—	Y＋475℃时效	≥1320	≥1720

3.5.11 连续电镀锌、锌镍合金镀层钢板带

连续电镀锌、锌镍合金镀层钢板带的类型、镀层重量、镀层性质（GB/T 15675）见表 3-97～表 3-99。

表 3-97   连续电镀锌、锌镍合金镀层钢板带的类型

类别	表面处理种类	代号
表面处理	铬酸钝化	C
	铬酸钝化＋涂油	CO
	磷化（含铬封闭处理）	PC
	磷化（含铬封闭处理）＋涂油	PCO
	无铬钝化	C5
	无铬钝化＋涂油	CO5
	磷化（含无铬封闭处理）	PC5
	磷化（含无铬封闭处理）＋涂油	PCO5
	磷化（不含封闭处理）	P
	磷化（不含封闭处理）＋涂油	PO
	涂油	O
	无铬耐指纹	AF5
	不处理	U

表 3-98   连续电镀锌、锌镍合金镀层钢板带的镀层重量   （g）

镀层形式	镀层种类	
	纯锌镀层（单面）	锌镍合金镀层（单面）
等厚	3～90	10～40
差厚	3～90，两面差值最大值为 40	10～40，两面差值最大值为 20
单面	10～110	10～40

注 $50g/m^2$ 纯锌镀层的厚度约为 $7.1\mu m$，$50g/m^2$ 锌镍合金镀层的厚度约为 $6.8\mu m$。

表 3-99   连续电镀锌、锌镍合金镀层钢板带的镀层性质

代号	级别	特征
FA	普通级表面	不得有漏镀、镀层脱落、裂纹等缺陷，但不影响成形性及涂漆附着力的轻微缺陷，如小划痕、小辊印、轻微的刮伤及轻微氧化色等缺陷则允许存在
FB	较高级表面	产品二面中较好的一面必须对轻微划痕、辊印等缺陷进一步限制，另一面至少应达到 FA 的要求
FC	高级表面	产品二面中较好的一面必须对缺陷进一步限制，即不能影响涂漆后的外观质量，另一面至少应达到 FA 的要求

3.5.12　冷轧电镀锡钢板及钢带

冷轧电镀锡钢板及钢带的类别、化学成分和特性等（GB/T 2520）见表 3 - 100～表 3 - 105。

表 3 - 100　　　　　　　　冷轧电镀锡钢板及钢带的类别

分类方式	类别		代号
原板钢种	—		MR，L，D
调质度	一次冷轧钢板及钢带		T-1，T-1.5，T-2，T-2.5，T-3.5，T-4，T-5
	二次冷轧钢板及钢带		DR-7M，DR-8，DR-8M，DR-9，DR-9M，DR-10
退火方式	连续退火		CA
	罩式退火		BA
差厚镀锡标识	薄面标识方法		D
	厚面标识方法		A
表面状态	光亮表面		B
	粗糙表面		R
	银色表面		S
	无光表面		M
表面处理方式	钝化方式	化学钝化	CP
		电化学钝化	CE
		低铬钝化	LCr
	不处理		U
边部形状	直边		SL
	花边		WL

表 3 - 101　　　　　　　冷轧电镀锡钢板及钢带的化学成分和特性

原板钢种类型	化学成分（质量分数）（%）（不大于）										特　性
	C	Si	Mn	P	S	Alt	Cu	Ni	Cr	Mo	
MR	0.15	0.030	1.00	0.020	0.030	0.20	0.20	0.15	0.10	0.05	较低的残余元素含量，具有良好的耐蚀性，适用于大多数用途
L	0.15	0.030	1.00	0.015	0.030	0.10	0.06	0.04	0.06	0.05	极低的残余元素含量限定，具有优异的耐蚀性，用于某些对耐蚀性有较高要求的食品罐用途
D	0.12	0.030	1.00	0.020	0.030	0.20	0.20	0.15	0.10	0.05	较低的残余元素含量，用于包括深冲压或其他复杂的、易于产生滑移线的成形用途

表 3 - 102 冷轧电镀锡钢板及钢带的硬度

调质度代号	表面硬度（HR30Tm）	调质度代号	表面硬度（HR30Tm）
T - 1	49±4	T - 3	57±4
T - 1.5	51±4	T - 3.5	59±4
T - 2	53±4	T - 4	61±4
T - 2.5	55±4	T - 5	65±4
调质度代号	表面硬度（HR30Tm）[a]	调质度代号	表面硬度（HR30Tm）[a]
DR - 7M	71±5	DR - 9	76±5
DR - 8	73±5	DR - 9M	77±5
DR - 8M	73±5	DR - 10	80±5

[a] 硬度为两个试样的平均值，允许一个试验值超出规定允许范围 1 个单位。

表 3 - 103 冷轧电镀锡钢板及钢带的强度

调质度代号	规定塑性延伸强度（$R_{P0.2}$目标值/MPa）	调质度代号	规定塑性延伸强度（$R_{P0.2}$目标值/MPa）
DR - 7M	520	DR - 9	620
DR - 8	550	DR - 9M	660
DR - 8M	580	DR - 10	690

表 3 - 104 冷轧电镀锡钢板及钢带的镀锡量

区分	镀锡量代号	公称镀锡量/（g/m^2）	最小平均镀锡量/（g/m^2）
等厚镀锡	1.1/1.1	1.1/1.1	0.90/0.90
	2.2/2.2	2.2/2.2	1.80/1.80
	2.8/2.8	2.8/2.8	2.45/2.45
	5.6/5.6	5.6/5.6	5.05/5.05
	8.4/8.4	8.4/8.4	7.55/7.55
	11.2/11.2	11.2/11.2	10.1/10.1
差厚镀锡	2.8/1.1	2.8/1.1	2.45/0.90
	1.1/2.8	1.1/2.8	0.90/2.45
	2.8/2.2	2.8/2.2	2.45/1.80
	2.2/2.8	2.2/2.8	1.80/2.45
	5.6/1.1	5.6/1.1	5.05/0.90
	1.1/5.6	1.1/5.6	0.90/5.05
	5.6/2.8	5.6/2.8	5.05/2.45
	2.8/5.6	2.8/5.6	2.45/5.05
	8.4/2.8	8.4/2.8	7.55/2.45
	2.8/8.4	2.8/8.4	2.45/7.55

续表

区分	镀锡量代号	公称镀锡量/（g/m²）	最小平均镀锡量/（g/m²）
	8.4/5.6	8.4/5.6	7.55/5.05
	5.6/8.4	5.6/8.4	5.05/7.55
	11.2/2.8	11.2/2.8	10.1/2.45
	2.8/11.2	2.8/11.2	2.45/10.1
	11.2/5.6	11.2/5.6	10.1/5.05
差厚镀锡	5.6/11.2	5.6/11.2	5.05/10.1
	11.2/8.4	11.2/8.4	10.1/7.55
	8.4/11.2	8.4/11.2	7.55/10.1
	15.1/2.8	15.1/2.8	13.6/2.45
	2.8/15.1	2.8/15.1	2.45/13.6
	15.1/5.6	15.1/5.6	13.6/5.05
	5.6/15.1	5.6/15.1	5.05/13.6

注　镀锡量代号中斜线上面的数字表示钢板上表面或钢带外表面的镀锡量，斜线下面的数字表示钢板下表面或钢带内表面的镀锡量。

表 3-105　　　　　　冷轧电镀锡钢板及钢带的镀锡量

单面镀锡量 m/（g/m²）	最小平均镀锡量相对于公称镀锡量的百分比（%）
1.0≤m≤2.8	80
2.8≤m≤5.6	87
5.6≤m	90

3.6　钢管的牌号及化学成分和力学性能

钢管是指两端开口并具有中空断面，长度与周长之比较大的钢材，规格用外形尺寸（如外径或边长）及壁厚表示。按生产方法的不同可分为无缝钢管和焊接钢管。

3.6.1　结构用无缝钢管

钢管的外径允许偏差（GB/T 8162）应符合表 3-106 的规定。

表 3-106　　　　　　钢管的外径允许偏差　　　　　　（mm）

钢管种类	允许偏差
热轧（挤压、扩）钢管	±1%D 或±0.50，取其中较大者
冷拔（轧）钢管	±1%D 或±0.30，取其中较大者

热轧（挤压、扩）钢管壁厚允许偏差应符合表 3-107 的规定。

表 3-107 热轧（挤压、扩）钢管壁厚允许偏差 （mm）

钢管种类	钢管公称外径	S/D	允许偏差
挤压钢管	≤102	—	±12.5%S 或±0.40，取其中较大者
	>102	≤0.05	±15%S 或±0.40，取其中较大者
		0.05～0.10	±12.5%S 或±0.40，取其中较大者
		>0.10	+12.5%S −10%S
热扩钢管	—	—	±15%S

冷拔（轧）钢管的壁厚允许偏差应符合 3-108 的规定。

表 3-108 冷拔（轧）钢管壁厚允许偏差 （mm）

钢管种类	钢管公称壁厚	允许偏差
冷拔（轧）	≤3	+12.5%S 或±0.15，取其中较大者 −10%S
	>3	+12.5%S −10%S

各类类型钢管的化学成分和力学性能见表 3-109～表 3-111。

表 3-109 Q235、Q275 钢的化学成分（熔炼分析）

牌号	质量等级	化学成分（质量分数）（%）					
		C	Si	Mn	P	S	Al（全铝）
					不大于		
Q235	A	≤0.22	≤0.35	≤1.40	0.030	0.030	—
	B	≤0.20					—
	C	≤0.17			0.030	0.030	—
	D				0.025	0.025	≥0.020
Q275	A	≤0.24	≤0.35	≤1.50	0.030	0.030	—
	B	≤0.21					—
	C	≤0.20			0.030	0.030	—
	D				0.025	0.025	≥0.020

表 3-110 优质碳素结构钢、低合金高强度结构钢和牌号为 Q235、Q275 的钢管的力学性能

牌号	质量等级	抗拉强度 R_m/MPa	下屈服强度 R_{eL}/MPa			断后伸长率 A（%）	冲击试验	
			壁厚/mm				温度/℃	吸收能量 A_{KV}/J
			≤16	16～30	>30			
			不小于					不小于
10	—	≥335	205	195	185	24	—	—
15	—	≥375	225	215	205	22	—	—

续表

牌号	质量等级	抗拉强度 R_m/MPa	下屈服强度 R_{eL}/MPa 壁厚/mm			断后伸长率 A（%）	冲击试验 温度/℃	吸收能量 A_{KV}/J
			≤16	16～30	＞30			
			不小于					不小于
20	—	≥410	245	235	225	20	—	—
25	—	≥450	275	265	255	18	—	—
35	—	≥510	305	295	285	17	—	—
45	—	≥590	335	325	315	14	—	—
20Mn	—	≥450	275	265	255	20	—	—
25Mn	—	≥490	295	285	275	18	—	—
Q235	A	375～500	235	225	215	25	—	—
	B						+20	27
	C						0	
	D						−20	
Q275	A	415～540	275	265	255	22	—	—
	B						+20	27
	C						0	
	D						−20	
Q295	A	390～570	295	275	255	22	—	—
	B						+20	34
Q345	A	470～630	345	325	295	20	—	—
	B						+20	34
	C						0	
	D					21	−20	
	E						−40	27
Q390	A	490～650	390	370	350	18	—	—
	B						+20	34
	C						0	
	D					19	−20	
	E						−40	27
Q420	A	520～680	420	400	380	18	—	—
	B						+20	34
	C					19	0	
	D						−20	
Q460	C	550～720	460	440	420	17	0	34
	D						−20	
	E						−40	27

表 3-111　　　　　　　　　　合金钢管的力学性能

序号	牌号	推荐的热处理制度					拉伸性能			钢管退火或高温回火交货状态布氏硬度 HBW
		淬火（正火）			回火		抗拉强度 R_m/MPa	下屈服强度 R_{eL}/MPa	断后伸长率 A（%）	
		温度/℃		冷却剂	温度/℃	冷却剂				
		第一次	第二次				不小于			不大于
1	40Mn2	840	—	水、油	540	水、油	885	735	12	217
2	45Mn2	840	—	水、油	550	水、油	885	735	10	217
3	27SiMn	920	—	水	450	水、油	980	835	12	217
4	40MnB	850	—	油	500	水、油	980	785	10	207
5	45MnB	840	—	油	500	水、油	1030	835	9	217
6	20Mn2B	880	—	油	200	水、空	980	785	10	187
7	20Cr	880	800	水、油	200	水、空	835	540	10	179
							785	490	10	179
8	30Cr	860	—	油	500	水、油	885	685	11	187
9	35Cr	860	—	油	500	水、油	930	735	11	207
10	40Cr	850	—	油	520	水、油	980	785	9	207
11	45Cr	840	—	油	520	水、油	1030	835	9	217
12	50Cr	830	—	油	520	水、油	1080	930	9	229
13	38CrSi	900	—	油	600	水、油	980	835	12	255
14	12CrMo	900	—	空	650	空	410	265	24	179
15	15CrMo	900	—	空	650	空	440	295	22	179
16	20CrMo	880	—	水、油	500	水、油	885	685	11	197
							845	635	12	197
17	35CrMo	850	—	油	550	水、油	980	835	12	229
18	42CrMo	850	—	油	560	水、油	1080	930	12	217
19	12CrMoV	970	—	空	750	空	440	225	22	241
20	12Cr1MoV	970	—	空	750	空	490	245	22	179
21	38CrMoAl	940	—	水、油	640	水、油	980	835	12	229
							930	785	14	229
22	50CrVA	860	—	油	500	水、油	1275	1130	10	255
23	20CrMn	850	—	油	200	水、空	930	735	10	187
24	20CrMnSi	880	—	油	480	水、油	785	635	12	207
25	30CrMnSi	880	—	油	520	水、油	1080	885	8	229
							980	835	10	229
26	35CrMnSiA	880	—	油	230	水、空	1620	—	9	229
27	20CrMnTi	8880	870	油	200	水、空	1080	835	10	217

续表

序号	牌号	推荐的热处理制度					拉伸性能			钢管退火或高温回火交货状态布氏硬度 HBW
		淬火（正火）			回火		抗拉强度 R_m/MPa	下屈服强度 R_{eL}/MPa	断后伸长率 A（%）	
		温度/℃		冷却剂	温度/℃	冷却剂				
		第一次	第二次				不小于			不大于
28	30CrMnTi	880	850	油	200	水、空	1470	—	9	229
29	12CrNi2	860	780	水、油	200	水、空	785	590	12	207
30	12CrNi3	860	780	油	200	水、空	930	685	11	217
31	12Cr2Ni4	860	780	油	200	水、空	1080	835	10	269
32	40CrNiMoA	850	—	油	600	水、油	980	835	12	269
33	45CrNiMoVA	860	—	油	460	油	1470	1325	7	269

3.6.2　结构用不锈钢无缝钢管

结构用不锈钢无缝钢管尺寸及力学性能（GB/T 14975）见表 3-112～表 3-114。

表 3-112　钢管公称外径和公称壁厚的允许偏差

热轧（挤、扩）钢管				冷拔（轧）钢管			
尺寸		允许偏差		尺寸		允许偏差	
		普通级 PA	高级 PC			普通级 PA	高级 PC
公称外径 D	＜76.1	±1.25%D	±0.60	公称外径 D	＜12.7	±0.30	±0.10
	76.1～139.7		±0.80		12.7～38.1	±0.30	±0.15
	139.7～273.1		±1.20		38.1～88.9	±0.40	±0.30
					88.9～139.7		±0.40
	273.1～323.9	±1.5%D	±1.60		139.7～203.2		±0.80
					203.2	±0.9%D	±1.10
					219.1～323.9		±1.60
	≥323.9		±0.6%D		≥323.9		±0.5%D
公称壁厚 S	所有壁厚	+15%S −12.5%S	±12.5%S	公称壁厚 S	所有壁厚	+12.5%S −10%S	±10%S

表 3-113　钢管最小壁厚的允许偏差

制造方式	尺寸	允许偏差	
		普通级 PA	高级 PC
热轧（挤、扩）钢管 W-H	S_{min}＜15	+27.5%S_{min} 0	+25%S_{min} 0
	S_{min}≥15	+35%S_{min} 0	
冷拔（轧）钢管 W-C	所有壁厚	+22%S_{min} 0	+20%S_{min} 0

表 3-114　　钢管的推荐热处理制度、力学性能及密度

组织类型	序号	GB/T 20878 序号	统一数字代号	牌号	推荐热处理制度	抗拉强度 R_m/MPa 不小于	规定塑性延伸强度 $R_{p0.2}$/MPa 不小于	断后伸长率 A（%） 不小于	硬度 HBW/HV/HRB 不大于	密度 ρ/(kg/dm³)
奥氏体型	1	13	S30210	12Cr18Ni9	1010～1150℃，水冷或其他方式快冷	520	205	35	192HBW/200HV/90HRB	7.93
	2	17	S30438	06Cr19Ni10	1010～1150℃，水冷或其他方式快冷	520	205	35	192HBW/200HV/90HRB	7.93
	3	18	S30403	022Cr19Ni10	1010～1150℃，水冷或其他方式快冷	480	175	35	192HBW/200HV/90HRB	7.90
	4	23	S30458	06Cr19Ni9NbN	1010～1150℃，水冷或其他方式快冷	550	275	35	192HBW/200HV/90HRB	7.93
	5	24	S30478	06Cr19Ni10N	1010～1150℃，水冷或其他方式快冷	685	345	35	—	7.98
	6	25	S30453	022Cr19Ni10N	1010～1150℃，水冷或其他方式快冷	550	245	40	192HBW/200HV/90HRB	7.93
	7	32	S30908	06Cr23Ni13	1010～1150℃，水冷或其他方式快冷	520	205	40	192HBW/200HV/90HRB	7.98
	8	35	S31008	06Cr25Ni20	1010～1150℃，水冷或其他方式快冷	520	205	40	192HBW/200HV/90HRB	7.98
	9	37	S31252	015Cr20Ni18Mo6CuN	≥1150℃，水冷或其他方式快冷	655	310	35	220HBW/230HV/96HRB	8.00
	10	38	S31608	06Cr17Ni12Mo2	1010～1150℃，水冷或其他方式快冷	520	205	35	192HBW/200HV/90HRB	8.00
	11	39	S31603	022Cr17Ni12Mo2	1010～1150℃，水冷或其他方式快冷	480	175	35	192HBW/200HV/90HRB	8.00
	12	40	S31609	07Cr17Ni12Mo2	≥1040℃，水冷或其他方式快冷	515	205	35	192HBW/200HV/90HRB	7.98
	13	41	S31668	06Cr17Ni12Mo2Ti	1000～1100℃，水冷或其他方式快冷	530	205	35	192HBW/200HV/90HRB	7.90
	14	44	S31653	022Cr17Ni12Mo2N	1010～1150℃，水冷或其他方式快冷	550	245	40	192HBW/200HV/90HRB	8.04
	15	43	S31658	06Cr17Ni12Mo2N	1010～1150℃，水冷或其他方式快冷	550	275	35	192HBW/200HV/90HRB	8.00
	16	45	S31688	06Cr18Ni12Mo2Cu2	1010～1150℃，水冷或其他方式快冷	520	205	35		7.96
	17	46	S31683	022Cr18Ni14Mo2Cu2	1010～1150℃，水冷或其他方式快冷	480	180	35	—	7.96
	18	48	S31782	015Cr21Ni26Mo5Cu2	≥1100℃，水冷或其他方式快冷	490	215	35	192HBW/200HV/90HRB	8.00
	19	49	S31708	06Cr19Ni13Mo3	1010～1150℃，水冷或其他方式快冷	520	205	35	192HBW/200HV/90HRB	8.00

续表

组织类型	序号	GB/T 20878 序号	统一数字代号	牌号	推荐热处理制度	抗拉强度 Rm/MPa 不小于	规定塑性延伸强度 Rp0.2/MPa 不小于	断后伸长率 A（%） 不小于	硬度 HBW/HV/HRB 不大于	密度 ρ/(kg/dm³)
奥氏体型	20	50	S31703	022Cr19Ni13Mo3	1010~1150℃，水冷或其他方式快冷	480	175	35	192HBW/200HV/90HRB	7.98
	21	55	S32168	06Cr18Ni11Ti	920~1150℃，水冷或其他方式快冷	520	205	35	192HBW/200HV/90HRB	8.03
	22	56	S32169	07Cr19Ni11Ti	冷拔（轧）≥1100℃，热轧（挤、扩）≥1050℃，水冷或其他方式快冷	520	205	35	192HBW/200HV/90HRB	7.93
	23	62	S34778	06Cr18Ni11Nb	980~1150℃，水冷或其他方式快冷	520	205	35	192HBW/200HV/90HRB	8.03
	24	63	S34779	07Cr18Ni11Nb	冷拔（轧）≥1100℃，热轧（挤、扩）≥1050℃，水冷或其他方式快冷	520	205	35	192HBW/200HV/90HRB	8.00
	25	66	S38340	16Cr25Ni20Si2	1030~1180℃，水冷或其他方式快冷	520	205	40	192HBW/200HV/90HRB	7.98
铁素体型	26	78	S11348	06Cr13Al	780~830℃，空冷或缓冷	415	205	20	207HBW/95HRB	7.75
	27	84	S11510	10Cr15	780~850℃，空冷或缓冷	415	240	20	190HBW/90HRB	7.70
	28	85	S11710	10Cr17	780~850℃，空冷或缓冷	410	245	20	190HBW/90HRB	7.70
	29	87	S11863	022Cr18Ti	780~950℃，空冷或缓冷	415	205	20	190HBW/90HRB	7.70
	30	92	S11972	019Cr19Mo2NbTi	800~1050℃，空冷	415	175	20	217HBW/230HV/96HRB	7.75
马氏体型	31	97	S41008	06Cr13	800~900℃，缓冷或750℃空冷	370	180	20	—	7.75
	32	98	S41010	12Cr13	800~900℃，缓冷或750℃空冷	410	205	20	207HBW/95HRB	7.70
	33	101	S42020	20Cr13	800~900℃，缓冷或750℃空冷	470	215	19	—	7.75

3.6.3 输送流体用无缝钢管

输送液体用无缝钢管的尺寸和力学性能（GB/T 8163）见表 3 - 115～表 3 - 119。

表 3 - 115 输送液体用无缝钢管的外径允许偏差

钢管种类	允许偏差
热轧（挤压、扩）钢管	±1%D 或±0.50，取其中较大者
冷拔（轧）钢管	±1%D 或±0.30，取其中较大者

热轧（挤压、扩）钢管壁厚允许偏差应符合表 3 - 116 的规定。

表 3 - 116 输送液体用无缝热轧（挤压、扩）钢管壁厚允许偏差 （mm）

钢管种类	钢管公称外径	S/D	允许偏差
挤压钢管	≤102	—	±12.5%S 或±0.40，取其中较大者
	大于 102	≤0.05	±15%S 或±0.40，取其中较大者
		0.05～0.10	±12.5%S 或±0.40，取其中较大者
		>0.10	+12.5%S −10%S
热扩钢管	—		±15%S

冷拔（轧）钢管壁厚允许偏差应符合表 3 - 117 的规定。

表 3 - 117 输送液体用无缝冷拔（轧）钢管壁厚允许偏差 （mm）

钢管种类	钢管公称外径	允许偏差
冷拔（轧）	≤3	+15%S 或±0.15，取其中较大者 −10%S
	>3	+12.5%S −10%S

表 3 - 118 输送液体用无缝钢管的力学性能

牌号	质量等级	拉伸性能				断后伸长率 A（%）	冲击试验	
		抗拉强度 R_m/MPa	下屈服强度 R_{eL}/MPa				温度/℃	吸收能量 A_{KV}/J
			壁厚/mm					
			≤16	16～30	>30			
			不小于					不小于
10	—	335～475	205	195	185	24	—	—
20	—	410～530	245	235	225	20	—	—
Q295	A	390～570	295	275	255	22	—	—
	B						+20	34

牌号	质量等级	拉伸性能					冲击试验	
		抗拉强度 R_m/MPa	下屈服强度 R_{eL}/MPa			断后伸长率 A（%）	温度/℃	吸收能量 A_{KV}/J
			壁厚/mm					
			≤16	16~30	>30			
			不小于					不小于
Q345	A	470~630	345	325	295	20	—	—
	B						+20	
	C						0	34
	D					21	−20	
	E						−40	27
Q390	A	490~650	390	370	350	18	—	—
	B						+20	
	C						0	34
	D					19	−20	
	E						−40	27
Q420	A	520~680	420	400	380	18	—	—
	B						+20	
	C						0	34
	D					19	−20	
	E						−40	27
Q460	C	550~720	460	440	420	17	0	34
	D						−20	
	E						−40	27

表 3-119　　　　　　　　　输送液体用无缝钢管外径扩口罩

牌号	钢管外径扩口率（%）		
	内径/外径		
	≤0.5	0.5~0.8	>0.8
10、20	10	12	17
Q295、Q345	8	10	15

3.6.4　不锈钢小直径无缝钢管

不锈钢小直径无缝钢管的尺寸和化学成分及力学性能（GB/T 3090）见表 3-120~表 3-122。

表 3-120　　　　不锈钢小直径无缝钢管的尺寸允许偏差　　　　　　（mm）

尺寸		允许偏差	
		普通级	高级
外径	≤1.0	±0.03	±0.02
	1.0~2.0	±0.04	±0.02
	>2.0	±0.05	±0.03
壁厚	<0.2	+0.03 −0.02	+0.02 −0.01
	0.2~0.5	±0.04	±0.03
	>0.5	±10%	±7.5%

注　当需方在合同中未注明钢管尺寸允许偏差时，按普通级供应。

表 3-121　　　　不锈钢小直径无缝钢管的牌号和化学成分

序号	牌号	化学成分（质量分数）（%）								
		C	Si	Mn	P	S	Ni	Cr	Mo	Ti
1	0Cr18Ni9	≤0.07	≤1.00	≤2.00	≤0.035	≤0.030	8.00~11.00	17.00~19.00	—	—
2	00Cr19Ni10	≤0.03	≤1.00	≤2.00	≤0.035	≤0.030	8.00~12.00	18.00~20.00	—	—
3	0Cr18Ni10Ti	≤0.08	≤1.00	≤2.00	≤0.035	≤0.030	9.00~12.00	17.00~19.00	—	>5C%
4	0Cr17Ni12Mo2	≤0.08	≤1.00	≤2.00	≤0.035	≤0.030	10.00~14.00	16.00~18.50	2.00~3.00	—
5	00Cr17Ni14Mo2	≤0.03	≤1.00	≤2.00	≤0.035	≤0.030	12.00~15.00	16.00~18.00	2.00~3.00	—
6	1Cr18Ni9Ti	≤0.12	≤1.00	≤2.00	≤0.035	≤0.030	8.00~11.00	17.00~19.00	—	5（C%−0.02）~0.80

表 3-122　　　　不锈钢小直径无缝钢管的力学性能和密度

序号	牌号	推荐热处理制度	抗拉强度 σ_b/MPa	断后伸长率 δ_s（%）	密度/（kg/dm³）
			不小于		
1	0Cr18Ni9	1010~1150℃，急冷	520	35	7.93
2	00Cr19Ni10	1010~1150℃，急冷	480	35	7.93
3	0Cr18Ni10Ti	920~1150℃，急冷	520	35	7.95
4	0Cr17Ni12Mo2	1010~1150℃，急冷	520	35	7.90
5	00Cr17Ni14Mo2	1010~1150℃，急冷	480	35	7.98
6	1Cr18Ni9Ti	1000~1150℃，急冷	520	35	7.90

注　对于外径小于 3.2mm，或壁厚小于 0.3mm 的较小直径和较薄壁厚的钢管断后伸长率不小于 25%。

3.6.5　冷拔或冷轧精密无缝钢管

冷拔或冷轧精密无缝钢管的交货状态和力学性能（GB/T 3639）见表 3 - 123、表 3 - 124。

表 3 - 123　　　　　　　　　冷拔或冷轧精密无缝钢管的交货状态

交货状态	代号	说　　明
冷加工/硬	+C	最后冷加工之后钢管不进行热处理
冷加工/软	+LC	最后热处理之后进行适当的冷加工
冷加工消除应力退火	+SR	最后冷加工后，钢管在控制气氛中进行去应力退火
退火	+A	最后冷加工之后，钢管在控制气氛中进行完全退火
正火	+N	最后冷加工之后，钢管在控制气氛中进行正火

表 3 - 124　　　　　　　　　冷拔或冷轧精密无缝钢管的力学性能

牌号	交货状态											
	+C		+LC		+SR			+A		+N		
	R_m/MPa	A(%)	R_m/MPa	A(%)	R_m/MPa	R_{eH}/MPa	A(%)	R_m/MPa	A(%)	R_m/MPa	R_{eH}/MPa	A(%)
					不小于							
10	430	8	380	10	400	300	16	335	24	320～450	215	27
20	550	5	520	8	520	375	12	390	21	440～570	255	21
35	590	5	550	7	—	—		510	17	≥460	280	21
45	645	4	630	6	—	—	—	590	14	≥540	340	18
Q345B	640	4	580	7	580	450	10	450	22	490～630	355	22

3.6.6　低压流体输送用焊接钢管

低压流体输送钢管的尺寸和力学性能（GB/T 3091）见表 3 - 125～表 3 - 129。

表 3 - 125　　　　　低压流体输送钢管公称口径、外径、公称壁厚和不圆度　　　　　（mm）

公称口径 DN	外径 D			最小公称壁厚 t	不圆度（不大于）
	系列 1	系列 2	系列 3		
6	10.2	10.0	—	2.0	0.20
8	13.5	12.7	—	2.0	0.20
10	17.2	16.0	—	2.2	0.20
15	21.3	20.8	—	2.2	0.30
20	26.9	26.0	—	2.2	0.35
25	33.7	33.0	32.5	2.5	0.40
32	42.4	42.0	41.5	2.5	0.40

公称口径 DN	外径 D			最小公称壁厚 t	不圆度（不大于）
	系列 1	系列 2	系列 3		
40	48.3	48.0	47.5	2.75	0.50
50	60.3	59.5	59.0	3.0	0.60
65	76.1	75.5	75.0	3.0	0.60
80	88.9	88.5	88.0	3.25	0.70
100	114.3	114.0	—	3.25	0.80
125	139.7	141.3	140.0	3.5	1.00
150	165.1	168.3	159.0	3.5	1.20
200	219.1	219.0	—	4.0	1.60

表 3-126　　　　低压流体输送用焊接钢管外径和壁厚的允许偏差　　　　（mm）

外径 D	外径允许偏差		壁厚（t）允许偏差
	管体	管端（距管端100mm 范围内）	
$D \leqslant 48.3$	±0.5	—	±10%t
$48.3 < D \leqslant 273.1$	±1%D	—	
$273.1 < D \leqslant 508$	±0.75%D	+2.4 −0.8	
$D > 508$	±1%D 或±10.0，两者取较小者	+3.2 −0.8	

表 3-127　　　　低压流体输送用焊接钢管镀锌层 300g/m² 的质量系数

公称壁厚/mm	2.0	2.2	2.3	2.5	2.8	2.9	3.0	3.2	3.5	3.6
系数 c	1.038	1.035	1.033	1.031	1.027	1.026	1.025	1.024	1.022	1.021
公称壁厚/mm	3.8	4.0	4.5	5.0	5.4	5.5	5.6	6.0	6.3	7.0
系数 c	1.020	1.019	1.017	1.015	1.014	1.014	1.014	1.013	1.012	1.011
公称壁厚/mm	7.1	8.0	8.8	10	11	12.5	14.2	16	17.5	20
系数 c	1.011	1.010	1.009	1.008	1.007	1.006	1.005	1.005	1.004	1.004

表 3-128　　　　低压流体输送用焊接钢管镀锌层 500g/m² 的质量系数

公称壁厚/mm	2.0	2.2	2.3	2.5	2.8	2.9	3.0	3.2	3.5	3.6
系数 c	1.064	1.058	1.055	1.051	1.045	1.044	1.042	1.040	1.036	1.035
公称壁厚/mm	3.8	4.0	4.5	5.0	5.4	5.5	5.6	6.0	6.3	7.0
系数 c	1.034	1.032	1.028	1.025	1.024	1.023	1.023	1.021	1.020	1.018
公称壁厚/mm	7.1	8.0	8.8	10	11	12.5	14.2	16	17.5	20
系数 c	1.018	1.016	1.014	1.013	1.012	1.010	1.009	1.008	1.007	1.006

表 3 - 129　　　　　低压流体输送用焊接钢管的力学性能

牌号	下屈服强度 R_{eL}/MPa（不小于）		抗拉强度 R_m/MPa 不小于	断后伸长率 A（％）（不小于）	
	$t \leqslant 16mm$	$t > 16mm$		$D_x \leqslant 168.3mm$	$D > 168.3mm$
Q195[a]	195	185	315	15	20
Q215A、Q215B	215	205	335		
Q235A、Q235B	235	225	370		
Q275A、Q275B	275	265	410	13	18
Q345A、Q345B	345	325	470		

3.6.7　直缝电焊钢管

直缝电焊钢管的尺寸和力学性能（GB/T 13793）见表 3 - 130～表 3 - 134。

表 3 - 130　　　　直缝电焊钢管的外径允许偏差　　　　（mm）

外径 D	普通精度（PD，A）	较高精度（PD，B）	高精度（PD，C）
5～20	±0.30	±0.15	±0.05
20～35	±0.40	±0.20	±0.10
35～50	±0.50	±0.25	±0.15
50～80		±0.35	±0.25
80～114.3		±0.60	±0.40
114.3～168.3	±1%D	±0.70	±0.50
168.3～219.1		±0.80	±0.60
219.1～711		±0.75%D	±0.5%D

表 3 - 131　　　　直缝电焊钢管壁厚允许偏差　　　　（mm）

外径 D	普通精度（PD，A）	较高精度（PD，B）	高精度（PD，C）	壁厚不均匀
0.50～0.70		±0.04	±0.03	
0.70～1.0	±0.10	±0.05	±0.04	
1.0～1.5		±0.06	±0.05	
1.5～2.5		±0.12	±0.06	≤7.5%t
2.5～3.5		±0.16	±0.10	
3.5～4.5	±10%t	±0.22	±0.18	
4.5～5.5		±0.26	±0.21	
>5.5		±0.75%D	±0.5%D	

表 3-132   直缝电焊钢管的力学性能

牌号	下屈服强度 R_{eL}/MPa	抗拉强度 R_m/MPa	断后伸长率 A（%）	
		不小于		
08、10	195	315	22	
15	215	355	20	
20	235	390	19	
Q195b	195	315		
Q215A，Q215B	215	335	15	20
Q235A，Q235B，Q235C	235	370		
Q275A，Q275B，Q275C	275	410	13	18
Q345A，Q345B，Q345C	345	470		
Q390A，Q390B，Q390C	390	490	19	
Q420A，Q420B，Q420C	420	520	19	
Q460C，Q460D	460	550	17	

表 3-133   直缝电焊钢管的热镀锌层重量

镀锌层重量级别	要求	内外表面单位面积镀锌层总重量/（g/m²）（不小于）
A	内、外表面	500
B	内、外表面	400
C	内、外表面	300

表 3-134   直缝电焊镀锌钢管的重量系数

壁厚 t/mm		1.2	1.4	1.5	1.6	1.8	2.0	2.2	2.5	2.8	3.0	3.2	3.5	3.8
系数 c	A	1.106	1.091	1.085	1.080	1.071	1.064	1.058	1.051	1.045	1.042	1.040	1.036	1.034
	B	1.085	1.073	1.068	1.064	1.057	1.051	1.046	1.041	1.036	1.034	1.032	1.029	1.027
	C	1.064	1.055	1.051	1.048	1.042	1.038	1.035	1.031	1.027	1.025	1.024	1.022	1.020
壁厚 t/mm		4.0	4.2	4.5	4.8	5.0	5.4	5.6	6.0	6.5	7.0	8.0	9.0	10.0
系数 c	A	1.032	10.30	1.028	1.027	1.025	1.024	1.023	1.021	1.020	1.018	1.016	1.014	1.013
	B	1.025	1.024	1.023	1.021	1.020	1.019	1.018	1.017	1.016	1.015	1.013	1.011	1.010
	C	1.019	1.018	1.017	1.016	1.015	1.014	1.014	1.013	1.012	1.011	1.010	1.008	1.008
壁厚 t/mm		11.0	12.0	12.7	13.0	14.2	16.0	17.5	20.0					
系数 c	A	1.012	1.011	1.010	1.010	1.009	1.008	1.007	1.006	—				
	B	1.009	1.008	1.008	1.008	1.007	1.006	1.006	1.005					
	C	1.007	1.006	1.006	1.006	1.005	1.005	1.004	1.004					

3.6.8 双层卷焊钢管

双层卷焊钢管外径的允许偏差及力学性能（GB 11258）应符合表 3-135～表 3-137 的

规定。

表 3 - 135　　　　　　　双层卷焊钢管外径及允许偏差

外径/mm	允许偏差	
	普通级	较高级
<4.76	±0.07	±0.05
4.76~8.00	±0.10	±0.08
8.00~12.00	±0.12	±0.10

表 3 - 136　　　　　　　双层卷焊钢管壁厚允许偏差

壁厚/mm	允许偏差	
	普通级	较高级
0.50	±0.10	±0.08
0.70	±0.12	±0.08
1.00	±0.13	±0.09

表 3 - 137　　　　　　　双层卷焊钢管的纵向力学性能

牌号	力学性能		
	σ_b/MPa	σ_s/MPa	δ_s（%）
08、08F、08Al	≥290	≥180	14~40

3.7　钢丝的牌号及化学成分和性能

钢丝又称钢线，是以热轧线材（盘条）为原料，经冷拔加工而成的金属制品。钢丝经多次冷拔，通过加工硬化作用，强度有很大提高，超高强度钢丝的抗拉强度可大于 3140MPa，在各种钢材品种中强度是最高的，是高效钢材的一种。钢丝的广泛应用具有明显的社会效益和良好的经济效益。经不同程度退火，强度可以在一定范围内调整，以适应不同用途的需求。钢丝广泛应用于捆绑、包装、编制，以及制作钢丝筛网、弹簧、钢丝绳、结构零件、工具等。

3.7.1　一般用途低碳钢丝

冷拉普通用钢丝、制钉用钢丝、建筑用钢丝、退火钢丝的直径及允许偏差（GB/T 343）应符合表 3 - 138 的规定。

表 3 - 138　　　　　　　　尺寸及允许偏差　　　　　　　　　（mm）

钢丝直径	允许偏差	钢丝直径	允许偏差
≤0.30	±0.01	1.60~3.00	±0.04
0.30~1.00	±0.02	3.00~6.00	±0.05
1.00~1.60	±0.03	>6.00	±0.06

镀锌钢丝的直径及允许偏差及力学性能应符合表 3 - 139～表 3 - 141 的规定。

表 3 - 139 　　　　　　　　　镀锌钢丝的直径及允许偏差　　　　　　　　　（mm）

钢丝直径	允许偏差	钢丝直径	允许偏差
≤0.30	±0.02	1.60～3.00	±0.06
0.30～1.00	±0.04	3.00～6.00	±0.06
1.00～1.60	±0.05	＞6.00	±0.08

表 3 - 140 　　　　　　　　　镀锌钢丝的直径及钢丝捆内径

钢丝直径	≤1.00	1.00～3.00	3.00～6.00	＞6.00
钢丝捆内径	100～300	250～560	400～700	双方协议

表 3 - 141 　　　　　　　　　镀锌钢丝的直径及力学性能

公称直径/ mm	抗拉强度/MPa					180°弯曲试验/次		伸长率（％）（标距100mm）	
	冷拉普通钢丝	制钉用钢丝	建筑用钢丝	退火钢丝	镀锌钢丝	冷拉普通用钢丝	建筑用钢丝	建筑用钢丝	镀锌钢丝
≤0.30	≤980	—	—				—	—	≥10
＞0.30～0.80	≤980	—	—				—	—	
＞0.80～1.20	≤980	880～1320	—				—	—	
＞1.20～1.80	≤1060	785～1220	—			≥6	—	—	
＞1.80～2.50	≤1010	735～1170	—	295～540	295～540		—	—	≥12
＞2.50～3.50	≤960	685～1120	≥550				—	—	
＞3.50～5.00	≤890	590～1030	≥550			≥4	≥4	≥2	
＞5.00～6.00	≤790	540～930	≥550						
＞6.00	≤690	—	—				—	—	

3.7.2　重要用途低碳钢丝

低碳钢丝尺寸和力学性能（YB/T 5032）见表 3 - 142～表 3 - 144。

表 3 - 142 　　　　　　　　　低碳钢丝的公称直径及允许偏差　　　　　　　　　（mm）

公称直径	允许偏差		公称直径	允许偏差	
	光面钢丝	镀锌钢丝		光面钢丝	镀锌钢丝
0.30			1.80		
0.40		+0.04	2.00		+0.08
0.50	±0.02	−0.02	2.30	±0.04	−0.06
0.60			2.60		
			3.00		

续表

公称直径	允许偏差		公称直径	允许偏差	
	光面钢丝	镀锌钢丝		光面钢丝	镀锌钢丝
0.80			3.50		
1.00			4.00		
1.20	±0.03	+0.06 −0.02	4.50	±0.05	+0.09 −0.07
1.40			5.00		
1.60			6.00		

表 3 - 143　　　　　低碳钢丝的公称直径及力学性能

公称直径/ mm	抗拉强度不小于/MPa		扭转次数不少于 次/360°	弯曲次数不少于 次/180°
	光面	镀锌		
0.3			30	
0.4			30	打结拉伸试验抗拉强度：光面：不小
0.5			30	于 225MPa
0.6			30	镀锌：不小于 185MPa
0.8			30	
1.00			25	22
1.20			25	18
1.40			20	14
1.60			20	12
1.80	395	365	18	12
2.00			18	10
2.30			15	10
2.60			15	8
3.00			12	10
3.50			12	10
4.00			10	8
4.50			10	8
5.00			8	6
6.00			6	3

表 3 - 144　　　　　低碳钢丝的公称直径及锌层重量

公称直径	锌层重量/（g/m²）（不小于）	缠绕试验芯轴直径为钢丝直径的倍数（缠绕 20 圈）
0.30 0.40	10	5
0.50 0.60	12	

公称直径	锌层重量/（g/m²）（不小于）	缠绕试验芯轴直径为钢丝直径的倍数（缠绕20圈）
0.80	15	
1.00 1.20 1.40	25	
1.60 1.80 2.00	45	
2.30 2.60	65	5
3.00 3.50	80	
4.00 4.50	95	
5.00 6.00	110	

3.7.3 优质碳素结构钢丝

低碳钢丝的尺寸和力学性能（GB 3206）见表 3 - 145、表 3 - 146。

表 3 - 145　　　　　　　　　**低碳钢丝的公称直径及锌层重量**

钢丝直径/ mm	抗拉强度/（kgf/mm²）					弯曲/次				
	08F～ 10F	15(F)～ 20	25～ 35	40～ 50	55～ 60	08F～ 10F	15(F)～ 20	25～ 35	40～ 50	55～ 60
	不小于					不小于				
0.20～ 0.75	75	80	100	110	120	—	—	—	—	—
0.75～ 1.0	70	75	90	100	110	6	6	6	5	5
1.0～ 3.0	65	70	80	90	100	6	6	5	4	4
3.0～ 6.0	60	65	70	80	90	5	5	5	4	4
6.0～ 10.0	55	60	65	75	80	4	4	3	2	2

表 3-146　　　　　　　　　　　低碳钢丝的牌号及力学性能

牌号	力学性能		
	抗拉强度 σ_b/（kgf/mm^2）	伸长率 δ_5（%）	收缩率 Ψ（%）
10	40～70	8	50
15	50～75	8	45
20	50～75	7.5	40
25	55～80	7	40
30	55～80	7	35
35	60～85	6.5	35
40	60～85	6	35
45	65～90	6	30
50	65～90	6	30

3.7.4　合金结构钢丝

合金结构钢丝的牌号及化学成分和力学性能等（GB/T 3079）见表 3-147～表 3-149。

表 3-147　　　　　　　　　　　合金结构钢丝的牌号及力学性能

序号	牌号	冷拉状态		退火状态	
		<5	≥5	<5	≥5
		抗拉强度 σ_b/MPa	布氏硬度 HB	抗拉强度 σ_b/MPa	布氏硬度 HB
1	15CrA	≤1080	≤302	≤785	≤229
2	38CrA				
3	40CrA				
4	12CrNi3A				
5	20CrNi3A				
6	30CrMnSiA				
7	30CrNi3A	≤1080	≤302	≤835	≤241
8	30CrMnMoTiA				
9	12Cr2Ni4A	—	—	≤930	≤269
10	18Cr2Ni4WA				
11	25Cr2Ni4WA				
12	30SiMn2MoVA				
13	30CrMnSiNi2A				
14	30CrNi2MoVA				
15	35CrMnSiA				
16	38CrMoAlA				
17	40CrNiMoA				
18	50CrVA				

表 3-148　　　　　　　　合金结构钢丝的牌号及化学成分

牌号	化学成分（%）										
	C	Si	Mn	P	S	Cr	Ni	Mo	V	Ti	Cu
				不大于							
38CrA	0.34~0.42	0.17~0.37	0.50~0.80	0.025	0.025	0.80~1.10	≤0.40				≤0.25
30CrMnMoTiA	0.28~0.34	0.17~0.37	0.80~1.10	0.025	0.025	1.00~1.30	≤0.25	0.20~0.30		0.04~0.10	≤0.25
30CrNi2MoVA	0.26~0.33	0.17~0.37	0.30~0.60	0.025	0.025	0.60~0.90	2.00~2.50	0.20~0.30	0.15~0.30		≤0.25
30SiMn2MoVA	0.27~0.33	0.40~0.60	1.60~1.85	0.025	0.025	≤0.25	≤0.25	0.40~0.60	0.15~0.25		≤0.25
30CrMnSiNi2A	0.27~0.34	0.90~1.20	1.00~1.30	0.025	0.025	1.40~1.80	1.40~1.80				≤0.25

表 3-149　　　　　　合金结构钢丝的牌号、热处理制度及力学性能

牌号	推荐热处理制度					力学性能			
	淬火			回火		抗拉强度 σ_b/MPa	屈服强度 σ_s/MPa	伸长率 δ（%）	收缩率 Ψ（%）
	温度/℃		冷却剂	温度/℃	冷却剂				
	第一次淬火	第二次淬火				不小于			
12CrNi3	860	780~810	油	150~170	空	980	685	11	55
						885	635	12	55
12Cr2NiA	780~810	—	油	150~170	空	1030	785	12	55
15CrA	860	780~810	油	150~170	空	590	390	15	45
18Cr2Ni4WA	950	860~870	空[1]油	525~575	空	1030	785	12	50
	950	850~860	空	150~170	空	1130	835	11	45
20CrNi3A	820~840	—	油或水	400~500	油或水	980	835	10	55
30CrMnSiA	870~890	—	油	510~570	油	1080	835	10	45
30CrMnSiNi2A	890~900	—	油	200~300	空	1570	—	9	45
38CrMoAlA	930~950	—	油或温水	600~670	油或水	930	785	15	50
						980	835	15	50
38CrA	860	—	油	500~590	油或水	885	785	12	50
						930	785	12	50
40CrNiMA	850	—	油	550~650	水或空	1080	930	12	50
	840~860		油	550~650		980	835	12	55
50CrVA	860	—	油	460~520	油	1275	1080	10	45
				400~500		1275	1080	10	45

牌号	推荐热处理制度					力学性能			
	淬火			回火		抗拉强度 σ_b/MPa	屈服强度 σ_s/MPa	伸长率 δ（%）	收缩率 Ψ（%）
	温度/℃		冷却剂	温度/℃	冷却剂				
	第一次淬火	第二次淬火				不小于			
40Cr（A）	850±20	—	油	500±50	水或油	980	—	9	—
35CrMnSiA	在温度为 280～310℃ 的硝酸盐混合溶液中自 880℃ 开始等温淬火					1620	—	9	—
30CrNi3A	820±20	—	油	530±50	水或油	980	—	9	—
25Cr2Ni4WA	850±20	—	油	560±50	油	1080	—	11	—
30CrMnMoTiA	870±20	—	油	200±50	—	1520	—	9	—
30SiMn2MoVA	870±20	—	油	650±50	空或油	885	—	10	—
30CrNi2MoVA	860±20	—	油	680±50	水或油	885	—	0	—

3.7.5　不锈钢丝

不锈钢丝的牌号规格及力学性能（GB/T 4240）见表 3-150～表 3-154。

表 3-150　　　　　　　　不锈钢丝的类别、牌号、交货状态和状态代号

类别	牌号	交货状态及代号
奥氏体	12Cr17Mn6Ni5N 12Cr18Mn9Ni5N 12Cr18Ni9 06Cr19Ni9 10Cr18Ni12 06Cr17Ni12Mo2 Y06Cr17Mn6Ni6Cu2 Y12Cr18Ni9 Y12Cr18Ni9Cu3 02Cr19Ni10 06Cr20Ni11 16Cr23Ni13 06Cr25Ni20 20Cr25Ni20Si2 022Cr17Ni12Mo2 06Cr19Ni13Mo3 06Cr17Ni12Mo2Ti	软态（S）、轻拉（LD）、冷拉（WCD）
铁素体	06Cr13Al 06Cr11Ti 02Cr11Nb 10Cr17 Y10Cr17 10Cr17Mo 10Cr17MoNb	软态（S）、轻拉（LD）、冷拉（WCD）

类别	牌号	交货状态及代号
马氏体	12Cr13 Y12Cr13 20Cr13 30Cr13 32Cr13Mo Y30Cr13 Y16Cr17Ni2Mo	软态（S）、轻拉（LD）
	40Cr13 12Cr12Ni2 20Cr17Ni2	软态（S）

表 3 - 151　　　　　　　　　　不锈钢丝盘卷内径

钢丝公称尺寸	钢丝盘卷内径 不小于	钢丝公称尺寸	钢丝盘卷内径 （不小于）
0.05～0.50	线轴或 150	3.00～6.00	400
0.50～1.50	200	6.00～12.0	600
1.50～3.00	250	12.0～16.0	800

表 3 - 152　　　　　　　　　　软态钢丝的力学性能

牌号	公称直径范围/mm	抗拉强度 R_m/（N/m^2）	断后伸长率 A（不小于）（%）
12Cr17Mn6Ni5N 12Cr18Mn9Ni5N 12Cr18Ni9 Y12Cr18Ni9 16Cr23Ni13 20Cr25Ni20Si2	0.05～0.10 0.10～0.30 0.30～0.60 0.60～1.0 1.0～3.0 3.0～6.0 6.0～10.0 10.0～16.0	700～1000 660～950 640～920 620～900 620～880 600～850 580～830 550～800	15 20 20 25 30 30 30 30
Y06Cr17Mn6Ni6Cu2 Y12Cr18Ni9Cu3 06Cr19Ni9 022Cr19Ni10 10Cr18Ni12 06Cr17Ni12Mo2 06Cr20Ni11 06Cr23Ni13 06Cr25Ni20 06Cr17Ni12Mo2 022Cr17Ni14Mo2 06Cr19Ni13Mo3 022Cr17Ni14Mo2 06Cr19Ni13Mo3 06Cr17Ni12Mo2Ti	0.05～0.10 0.10～0.30 0.30～0.60 0.60～1.0 1.0～3.0 3.0～6.0 6.0～10.0 10.0～16.0	650～930 620～900 600～870 580～850 570～830 550～800 520～770 500～750	15 20 20 25 30 30 30 30

续表

牌号	公称直径范围/mm	抗拉强度 R_m/（N/m²）	断后伸长率 A（不小于）（％）
30Cr13 32Cr13Mo Y30Cr13 40Cr13 12Cr12Ni2 Y16Cr17Ni2Mo 20Cr17Ni2	1.0～2.0 2.0～16.0	600～850 600～850	10 15

表 3 - 153　轻拉钢丝的力学性能

牌号	公称尺寸范围/mm	抗拉强度 R_m/（N/mm²）
12Cr17Mn6Ni5N 12Cr18Mn9Ni5N Y06Cr17Mn6Ni6Cu2 12Cr18Ni9 Y12Cr18Ni9 Y12Cr18Ni9Cu3 06Cr19Ni9 022Cr19Ni10 10Cr18Ni12 06Cr20Ni11	0.50～1.0 1.0～3.0 3.0～6.0 6.0～10.0 10.0～16.0	850～1200 830～1150 800～1100 770～1050 750～1030
16Cr23Ni13 06Cr23Ni13 06Cr25Ni20 20Cr25Ni20Si2 06Cr17Ni12Mo2 022Cr17Ni14Mo2 06Cr19Ni13Mo3 06Cr17Ni12Mo2Ti	0.50～1.0 1.0～3.0 3.0～6.0 6.0～10.0 10.0～16.0	850～1200 830～1150 800～1100 770～1050 750～1030
06Cr13Al 06Cr11Ti 022Cr11Nb 10Cr17 Y10Cr17 10Cr17Mo 10Cr17MoNb	0.30～3.0 3.0～6.0 6.0～16.0	530～780 500～750 480～730
12Cr13 Y12Cr13 20Cr13	1.0～3.0 3.0～6.0 6.0～16.0	600～850 580～820 550～800
30Cr13 32Cr13Mo Y30Cr13 Y16Cr17Ni2Mo	1.0～3.0 3.0～6.0 6.0～16.0	650～950 600～900 600～850

表 3 - 154 冷拉钢丝的力学性能

牌号	公称尺寸范围/mm	抗拉强度 R_m/ (N/mm²)
12Cr17Mn6Ni5N		
12Cr18Mn9Ni5N	0.1～1.0	1200～1500
12Cr18Ni9	1.0～3.0	1150～1450
06Cr19Ni9	3.0～6.0	1100～1400
10Cr18Ni12	6.0～12.0	950～1250
06Cr17Ni12Mo2		

3.7.6 冷拉碳素弹簧钢丝

冷拉碳素弹簧钢丝适用于制造静载荷和动载荷机械弹簧,不适用于制造高疲劳高强度弹簧(如阀门簧)。

冷拉弹簧钢丝按照抗拉强度分为低抗拉强度、中等抗拉强度和高抗拉强度,分别用符号 L、M 和 H 代表。按照弹簧载荷特点分为静载荷和动载荷,分别用 S 和 D 代表。

冷拉碳素弹簧钢丝的规格尺寸及力学性能(GB/T 4357)见表 3 - 155、表 3 - 156。

表 3 - 155 冷拉碳素弹簧钢丝强度级别和载荷类型对应情况及代号

强度等级	静载荷	公称直径范围	动载荷	公称直径范围
抵抗拉强度	SL 型	1.00～3.00	—	
中等抗拉强度	SM 型	0.30～13.00	DM 型	0.08～13.00
高抗拉强度	SH 型	0.30～13.00	DH 型	0.05～13.00

表 3 - 156 冷拉碳素弹簧钢丝的力学性能

公称直径/mm	抗拉强度 R_m/MPa			公称直径/mm	抗拉强度 R_m/MPa		
	SL	SM/DM	SH/DH		SL	SM/DM	SH/DH
0.05	—	—	2800～3520	0.25	—	2420～2710	2720～2710
0.06	—	—	2800～3520	0.28	—	2390～2670	2680～2670
0.07	—	—	2800～3520	0.30	—	2370～2650	2660～2650
0.08	—	2780～3100	2800～3480	0.32	—	2350～2630	2640～2630
0.09	—	2740～3060	2800～3430	0.34	—	2330～2600	2610～2600
0.10	—	2710～3020	2800～3380	0.36	—	2310～2580	2590～2580
0.11	—	2690～3000	2800～3350	0.38	—	2290～2560	2570～2560
0.12	—	2660～2960	2800～3320	0.40	—	2270～2550	2560～2550
0.14	—	2620～2910	2800～3250	0.43	—	2250～2520	2530～2520
0.16	—	2570～2860	2800～3200	0.45	—	2240～2500	2510～2500
0.18	—	2530～2820	2800～2820	0.48	—	2220～2480	2490～2480
0.20	—	2500～2790	2800～2790	0.50	—	2200～2470	2480～2470
0.22	—	2470～2760	1770～2760	0.53	—	2180～2450	2460～2450

公称直径/	抗拉强度 R_{m}/MPa			公称直径/	抗拉强度 R_{m}/MPa		
mm	SL	SM/DM	SH/DH	mm	SL	SM/DM	SH/DH
0.56	—	2170~2430	2440~2430	3.00	1410~1620	1630~1830	1840~2040
0.60	—	2140~2400	2410~2400	3.20	1390~1600	1610~1810	1820~2020
0.63	—	2130~2380	2390~2380	3.40	1370~1580	1590~1780	1790~1990
0.65	—	2120~2370	2380~2370	3.60	1350~1560	1570~1760	1770~1970
0.70	—	2090~2350	2360~2350	3.80	1340~1540	1550~1740	1750~1950
0.80	—	2050~2300	2310~2300	4.00	1320~1520	1530~1730	1740~1930
0.85	—	2030~2280	2290~2280	4.25	1310~1500	1510~1700	1710~1900
0.90	—	2010~2260	2270~2260	4.50	1290~1490	1500~1680	1690~1880
0.95	—	2000~2240	2250~2240	4.75	1270~1470	1480~1670	1680~1840
1.00	1720~1970	1980~2220	2230~2220	5.00	1260~1450	1460~1650	1660~1830
1.05	1710~1950	1960~2220	2210~2220	5.30	1240~1430	1440~1630	1640~1820
1.10	1690~1940	1950~2190	2200~2190	5.60	1230~1420	1430~1610	1620~1800
1.20	1670~1910	1920~2160	2170~2160	6.00	1210~1390	1400~1580	1590~1770
1.25	1660~1900	1910~2130	2140~2130	6.30	1190~1380	1390~1560	1570~1750
1.30	1640~1890	1900~2130	2140~2130	6.50	1180~1370	1380~1550	1560~1740
1.40	1620~1860	1870~2100	2110~2340	1.00	1160~1340	1350~1530	1540~1710
1.50	1600~1840	1850~2080	2090~2310	7.50	1140~1320	1330~1500	1510~1680
1.60	1590~1820	1830~2050	2060~2290	8.00	1120~1300	1310~1480	1490~1660
1.70	1570~1800	1810~23030	2040~2260	8.50	1110~1280	1290~1460	1470~1630
1.80	1550~1780	1790~2010	2020~2240	9.00	1090~1260	1270~1440	1450~1610
1.90	1540~1760	1770~1990	2000~2220	9.50	1070~1250	1260~1420	1430~1590
2.00	1520~1750	1760~1970	1980~2200	10.00	1060~1230	1240~1400	1410~1570
2.10	1510~1730	1740~1960	1970~2180	10.50	—	1220~1380	1390~1550
2.25	1490~1710	1720~1930	1940~2150	11.00	—	1210~1370	1380~1530
2.40	1470~1690	1700~1910	1920~2130	12.00	—	1180~1340	1350~1500
2.50	1460~1680	1690~1890	1900~2110	12.50	—	1170~1320	1330~1480
2.60	1450~1660	1670~1880	1890~2100	13.00	—	1160~1310	1320~1470
2.80	1420~1640	1650~1850	1860~2070	—	—	—	—

3.7.7　重要用途碳素弹簧钢丝

重要用途碳素弹簧钢丝的化学成分及力学性能（GB/T 4358）见表 3-157～表 3-160。

表 3 - 157　　　　　　　　　　　重要用途碳素弹簧钢丝盘重

钢丝直径/mm	最小盘重/kg	钢丝直径/mm	最小盘重/kg
≤0.10	0.1	0.8～1.80	2.0
0.10～0.20	0.2	1.80～3.00	5.0
0.10～0.20	0.4	3.00～6.00	8.0
0.30～0.80	0.5		

表 3 - 158　　　　　　　　　重要用途碳素弹簧钢丝的化学成分

牌号	化学成分（质量分数）（%）							
	C	Mn	Si	不大于				
				P	S	Cr	Ni	Cu
65Mn	0.62～0.69	0.70～1.00	0.17～0.37	0.025	0.020	0.10	0.15	0.20
70	0.67～0.74	0.30～0.60	0.17～0.37	0.025	0.020	0.10	0.15	0.20
T9A	0.85～0.93	≤0.40	≤0.35	0.025	0.020	0.10	0.12	0.20
T8MnA	0.80～0.89	0.40～0.60	≤0.35	0.025	0.020	0.10	0.12	0.20

表 3 - 159　　　　　　　　重要用途碳素弹簧钢丝的力学性能

直径/mm	抗拉强度/MPa			直径/mm	抗拉强度/MPa		
	E 组	F 组	G 组		E 组	F 组	G 组
0.08	2330～2710	2710～3060	—	0.70	2120～2850	2500～2850	—
0.09	2320～2700	2700～3050	—	0.80	2110～2840	2490～2840	—
0.10	2310～2690	2690～3040	—	0.90	2060～2690	2390～2690	—
0.12	2300～2680	2680～3030	—	1.00	2020～2650	2350～2650	1850～2110
0.14	2290～2670	2670～3020	—	1.20	1920～2570	2270～2570	1820～2080
0.16	2280～2660	2660～3010	—	1.40	1870～2500	2200～2500	1780～2040
0.18	2270～2650	2650～3000	—	1.60	1830～2480	2160～2480	1750～2010
0.20	2260～2640	2640～2990	—	1.80	1800～2360	2060～2360	1700～1960
0.22	2240～2620	2620～2970	—	2.00	1760～2230	1970～2230	1670～1910
0.25	2220～2600	2600～2950	—	2.20	1720～2130	1870～2130	1620～1860
0.28	2220～2600	2600～2950	—	2.50	1680～2030	1770～2030	1620～1860
0.30	2210～2600	2600～2950	—	2.80	1630～1980	1720～1980	1570～1810
0.32	2210～2590	2590～2940	—	3.00	1610～1950	1690～1950	1570～1810
0.35	2210～2590	2590～2940	—	3.20	1560～1930	1670～1930	1570～1810
0.40	2200～2580	2580～2930	—	3.50	1520～1840	1620～1840	1470～1710
0.45	2190～2570	2570～2920	—	4.00	1480～1790	1570～1790	1470～1710
0.50	2180～2560	2560～2910	—	4.50	1410～1720	1500～1720	1470～1710
0.55	2170～2550	2550～2900	—	5.00	1380～1700	1480～1700	1420～1660
0.60	2160～2540	2540～2890	—	5.50	1330～1660	1440～1660	1400～1640
0.63	2140～2520	2520～2870	—	6.00	1320～1660	1420～1660	1350～1590

表 3 - 160　　　　　　　　　　　　重要用途碳素弹簧钢丝的扭转次数

组距/mm	E 组/次（不小于）	F 组/次（不小于）	G 组/次（不小于）
≤2.00	25	18	20
2.00～3.00	20	13	18
3.00～4.00	16	10	15
4.00～5.00	12	6	10
5.00～6.00	8	4	6

3.7.8　合金弹簧钢丝

合金弹簧钢丝化学成分（GB/T 5218）见表 3 - 161。

表 3 - 161　　　　　　　　　　　　合金弹簧钢丝的化学成分

牌号	C	Si	Mn	Cr	V	不大于			
						P	S	Ni	Cu
50CrVA	0.46～0.54	0.17～0.37	0.50～0.80	0.80～1.10	0.10～0.20	0.030	0.35	0.35	0.25
55CrSiA	0.50～0.60	1.20～1.60	0.50～0.80	0.50～0.80	—	0.030	0.25	0.25	0.20
60Si2MnA	0.56～0.64	1.60～2.00	0.60～0.90	≤0.35	—	0.030	0.35	0.35	0.25

3.7.9　铠装电缆用低碳钢丝

铠装电缆用低碳钢丝力学性能及工艺性能（GB/T 3082）见表 3 - 162、表 3 - 163。

表 3 - 162　　　　　　　　　　　　铠装电缆用低碳钢丝力学及工艺性能

公称直径/mm	抗拉强度 R_m/(N/mm²)	断后伸长率		扭转		缠绕	
		（%）（不小于）	标距/mm	次数/360°（不小于）	标距/mm	芯棒直径与钢丝公称直径之比	缠绕圈数
0.8～1.2		10		24		—	
1.2～1.6		10		22			
1.6～2.5		10		20			
2.5～3.2	345～495	10	250	19	150	1	8
3.2～4.2		10		15			
4.2～6.0		10		10			
6.0～8.0		10		7			

表 3 - 163　　　　　　　　铠装电缆用低碳钢丝镀层重量及缠绕试验

公称直径/mm	I组			II组		
	镀层重量/ (g/mm²) 不小于	缠绕试验		镀层质量/ (g/mm²) 不小于	缠绕试验	
		芯棒直径为钢丝直径的倍数	缠绕圈数		芯棒直径为钢丝直径的倍数	缠绕圈数
0.9	112	2		150	2	
1.2	150			200		
1.6	150			220		
2.0	190	4		240	4	
2.5	210			260		
3.2	240		6	275		6
4.0	270			290		
5.0		5			5	
6.0						
7.0	280			300		
8.0						

3.8　铁芯用电工钢

3.8.1　取向、无取向电工钢特性

取向电工钢的特性应符合表 3 - 164 和表 3 - 165 的规定，无取向电工钢的特性应符合表 3 - 166 的规定。

表 3 - 164　　　　　普通级取向电工钢带（片）的磁特性和工艺特性

牌号	公称厚度/ mm	最大比总损耗/ (W/kg) $P_{1.5}$		最大比总损耗/ (W/kg) $P_{1.7}$		最小磁极化强度/T $H=800A/m$	最小叠装系数
		50Hz	60Hz	50Hz	60Hz	50Hz	
23Q110	0.23	0.73	0.96	1.10	1.45	1.78	0.950
23Q120	0.23	0.77	1.01	1.20	1.57	1.78	0.950
23 Q130	0.23	0.80	1.06	1.30	1.65	1.75	0.950
27 Q110	0.27	0.73	0.97	1.10	1.45	1.78	0.950
27 Q120	0.27	0.80	1.07	1.20	1.58	1.78	0.950
27 Q130	0.27	0.85	1.12	1.30	1.68	1.78	0.950
27 Q140	0.27	0.89	1.17	1.40	1.85	1.75	0.950
30 Q120	0.30	0.79	1.06	1.20	1.58	1.78	0.960

续表

牌号	公称厚度/mm	最大比总损耗/(W/kg) $P_{1.5}$		最大比总损耗/(W/kg) $P_{1.7}$		最小磁极化强度/T $H=800A/m$	最小叠装系数
		50Hz	60Hz	50Hz	60Hz	50Hz	
30 Q130	0.30	0.85	1.15	1.30	1.71	1.78	0.960
30 Q140	0.30	0.92	1.21	1.40	1.83	1.78	0.960
30 Q150	0.30	0.97	1.28	1.50	1.98	1.75	0.960
35 Q135	0.35	1.00	1.32	1.35	1.80	1.78	0.960
35 Q145	0.35	1.03	1.36	1.45	1.91	1.78	0.960
35 Q155	0.35	1.07	1.41	1.55	2.04	1.78	0.960

表 3 - 165　　　　高磁导率级取向电工钢带（片）的磁特性和工艺特性

牌号	公称厚度/mm	最大比总损耗/(W/kg) $P_{1.7}$		最小磁极化强度/T $H=800A/m$	最小叠装系数
		50Hz	60Hz	50Hz	
23QG085	0.23	0.85	1.12	1.85	0.950
23QG090	0.23	0.90	1.19	1.85	0.950
23QG095	0.23	0.95	1.25	1.85	0.950
23QG100	0.23	1.00	1.32	1.85	0.950
27QG090	0.27	0.90	1.19	1.85	0.950
27QG095	0.27	0.95	1.25	1.85	0.950
27QG100	0.27	1.00	1.32	1.88	0.950
27QG105	0.27	1.05	1.36	1.88	0.950
27QG110	0.27	1.10	1.45	1.88	0.950
30QG105	0.30	1.05	1.38	1.88	0.960
30QG110	0.30	1.10	1.46	1.88	0.960
30QG120	0.30	1.20	1.58	1.85	0.960
35QG115	0.35	1.15	1.51	1.88	0.960
35QG125	0.35	1.25	1.64	1.88	0.960
35QG135	0.35	1.35	1.77	1.88	0.960

表 3 - 166   无取向电工钢带（片）的磁特性和工艺特性

牌号	公称厚度/mm	理论密度/(kg/cm²)	最大比总损耗/(W/kg) $P_{1.5}$		最小磁极化强度/T 50Hz			最小弯曲次数	最小叠装系数
			50Hz	60Hz	$H=2500A/m$	$H=5000A/m$	$H=10000A/m$		
35W230		7.60	2.30	2.90	1.49	1.60	1.70	2	
35W250		7.60	2.50	3.14	1.49	1.60	1.70	2	
35W270		7.65	2.70	3.36	1.49	1.60	1.70	2	
35W300		7.65	3.00	3.74	1.49	1.60	1.70	3	
35W330	0.35	7.65	3.30	4.12	1.50	1.61	1.71	3	0.950
35W360		7.65	3.60	4.55	1.51	1.62	1.72	5	
35W400		7.65	4.00	5.10	1.53	1.64	1.74	5	
35W440		7.70	4.40	5.60	1.53	1.64	1.74	5	
50W230		7.60	2.30	3.00	1.49	1.60	1.70	2	
50W250		7.60	2.50	3.21	1.49	1.60	1.70	2	
50W270		7.60	2.70	3.47	1.49	1.60	1.70	2	
50W290		7.60	2.90	3.71	1.49	1.60	1.70	2	
50W310		7.65	3.10	3.95	1.49	1.60	1.70	3	
50W330		7.65	3.30	4.20	1.49	1.60	1.70	3	
50W350		7.65	3.50	4.45	1.50	1.60	1.70	5	
50W400	0.50	7.70	4.00	5.10	1.53	1.63	1.73	5	0.970
50W470		7.70	4.70	5.90	1.54	1.64	1.74	10	
50W530		7.70	5.30	6.66	1.56	1.65	1.75	10	
50W600		7.75	6.00	7.55	1.57	1.66	1.76	10	
50W700		7.80	7.00	8.80	1.60	1.69	1.77	10	
50W800		7.80	8.00	10.10	1.60	1.70	1.78	10	
50W1000		7.85	10.00	12.60	1.62	1.72	1.81	10	
50W1300		7.85	13.00	16.40	1.62	1.74	1.81	10	
65W600		7.75	6.00	7.71	1.56	1.66	1.76	10	
65W700		7.75	7.00	8.98	1.57	1.67	176	10	
65W800	0.65	7.80	8.00	10.26	1.60	1.70	1.78	10	0.970
65W1000		7.80	10.00	12.77	1.61	1.71	1.80	10	
65W1300		7.85	13.00	16.60	1.61	1.71	1.80	10	
65W1600		7.85	16.00	20.40	1.61	1.71	1.80	10	

3.8.2 无取向钢电工钢带力学性能

经供需双方协议，无取向钢带（片）的力学性能可按表 3 - 167 的规定。

表 3-167 无取向钢电工钢带（片）力学性能

牌号	抗拉强度 R_m/ (N/mm²) （不小于）	伸长率 A（％）	牌号	抗拉强度 R_m/ (N/mm²) （不小于）	伸长率 A（％）
35W230	450	10	50W400	400	14
35W250	440		50W470	380	16
35W270	430	11	50W530	360	
35W300	420		50W600	340	21
35W330	410	14	50W700	320	
35W360	400		50W800	300	
35W400	390	16	50W1000	290	
35W440	380		50W1300	290	
50W230	450		65W600	340	
50W250	450	10	65W700	320	22
50W270	450		65W800	300	
50W290	440		65W1000	290	
50W310	430		65W1300	290	
50W330	425	11	65W1600	290	
50W350	420				

第4章 铝及铝合金材料的牌号及性能

4.1 概述

铝及铝合金在工业上是仅次于钢的一重要金属，尤其是在航空、航天、电力工业及日常用品中得到广泛应用。

纯铝的熔点为 660.37℃，密度为 2.7g/cm³，具有面心立方晶格，无同素异构转变。铝的强度、硬度很低（$\sigma_b = 80 \sim 100MPa$，HBS20），塑性很好（$\delta = 30\% \sim 50\%$，$\psi = 80\%$）。所以铝适合于各种冷、热压力加工，制成各种形式的材料，如丝、线、箔、片、棒、管和带等。铝的导电和导热性能良好，仅次于银、铜、金而居第四位。

根据铝中杂质含量的不同，纯铝分为工业高纯铝和工业纯铝。工业高纯铝通常只用于科研、化工以及一些特殊用途。工业工程通常用来制造导线、电缆及生活用品，或作为生产铝合金的原材料。

由于纯铝的强度低，因此不宜作为承力结构材料使用。在铝中加入硅、铜、镁、锌、锰等合金元素而制成铝基合金，其强度比纯铝高几倍，可用于制造承载一定符合的机械零件。铝合金的种类很多，一般可分为变形铝合金和铸造铝合金两大类。铝及铝合金加工产品的性能特点与用途见表 4-1。

表 4-1　　　　　　　铝及铝合金加工产品的性能特点与用途

类别	牌号		性能特点	用途举例
	GB/T 16474—2011	旧国标		
工业用高纯铝	1A85	LG1	工业高纯铝，相当于原苏联牌号 AB2、ABA1、AB0、AB00、AB000	主要用于生产各种电解电容器用箔材、抗酸容器等，产品有板、带、箔、管等
	1A90	LG2		
	1A93	LG3		
	1A97	LG4		
	1A99	LG5		
工业用纯铝	1060	L2	工业纯铝都具有塑性高、耐蚀、导电性和导热性号的特点、单强度低、不能通过热处理强化、切削性不好。可接受接触焊、气焊	多利用其优点制造一些具有特定性能的结构件，如铝箔制成垫片及电容器、电子管隔离网、电线、电缆的防护套、网、线芯及飞机通风系统零件和装饰件
	1050A	L3		
	1035	L4		
	8A06	L6		

类别	牌号		性能特点	用途举例
	GB/T 16474—2011	旧国标		
工业用纯铝	1A30	L4-1	特性与上类似，但其 Fe 和 Si 杂质含量控制严格、工艺及热处理条件特殊	主要用作航天工业和兵器工业纯铝膜片等处的板材
	1100	L5-1	强度较低，但延展性、成形性、焊接性和耐蚀性优良	主要生产板材、带材，适于制作各种深冲压制品
包覆铝	7A01 1A50	LB1 LB2	是硬铝合金何超硬铝合金的包铝板合金	7A01 用于超硬铝合金板材包覆，1A50 用于硬铝合金板材包覆
防锈铝	5A02	LF2	为铝镁系防锈铝，强度、塑性、耐蚀性高，具有较高的抗疲劳强度，热处理不可强化，可用接触焊氢原子焊良好焊接，冷作硬化态下可切削加工，退火态下切削性不良，可抛光	油介质中工作的结构件及导管，中等载荷的零件装饰件、焊条、铆钉等
	5A03	LF3	铝镁系防锈铝，性能与 5A02 相似，但焊接性优于 5A02，可气焊、氩弧焊、点焊、滚焊	液体介质中工作的中等载荷零件、焊件、冷冲件
	5A05 5B05	LF5 LF10	铝镁系防锈铝，抗腐蚀性高，强度与 5A03 类似，不能热处理强化，退火状态塑性好，半冷作硬化状态可进行切削加工，可进行氢原子焊、点焊、气焊、氩弧焊	5A05 多用于在液体环境中工作的零件，如管道、容器等，5B05 多用做连接铝合金、镁合金的铆钉，铆钉应退火并进行阳极氧化处理
	5A06	LF6	铝镁系防锈铝，强度较高，耐腐性较高，退火及挤压状态下塑性良好，可氩弧焊、气焊、点焊	焊接容器，受力零件，航空工业的骨架及零件、飞机蒙皮
	5A12	LF12	镁含量高，强度较好，挤压状态塑性尚可	多用于航天工业及无线电工业用各种板材、棒材及型材
	5B06 5A13 5A33	LF14 LF13 LF33	镁含量高，且加入适量的 Ti、Be、Zr 等元素，使合金焊接性较高	多用于制造各种焊条的合金
	5A43	LF43	铝、镁、锰合金，成本低、塑性好	多用于民用制品，如铝制餐具、用具

类别	牌号		性能特点	用途举例
	GB/T 16474—2011	旧国标		
防锈铝	3A21	LF21	铝锰系合金，强度低，退火状态塑性高，冷作硬化状态塑性低，耐蚀性好，焊接性较好，不可热处理强化，是一种应用最为广泛的防锈铝	用在液体或气体介质中工作的低载荷零件，如邮箱、导管及各种异型容器
	5083 5056	LF4 LF5-1	铝镁系高镁合金，由美国5083和5056合金成形引进，在不可热处理合金中强度良好，耐蚀性、切削性良好，阳极氧化处理外观美丽，且点焊性好	广泛用于船舶、汽车、飞机、导弹等方面，民用多用来生产自行车、挡泥板，5056也制成管件制车架等结构件
硬铝	2A01	LY1	强度低，塑性高，耐蚀性低，点焊焊接良好，切削性尚可	是一种主要的铆接材料，用来制造工作温度小于100℃的中等强度的结构用铆钉
	2A02	LY2	强度高，热强性较高，可热处理强化，耐腐蚀性尚可，有应力腐蚀破坏倾向，切削性较好，多在人工时效状态下使用	是一种主要承载结构材料，用作高温（200～300℃）工作条件下的叶轮及锻件
	2A04	LY4	剪切强度和耐热性较高，在退货及刚淬火后（4～6h内）塑性良好，淬火及冷作硬化后切削性尚可，耐蚀性不良，需进行阳极氧化，是一种主要铆钉合金	用于制造125～250℃工作条件下的铆钉
	2B11 2B12	LY8 LY9	剪切强度中等，退货退货及刚淬火状态下塑性尚好，可热处理强化，剪切强度较高	用作中等强度铆钉，但必须在淬火后2h内使用；用于高强度铆钉制造，但必须在淬火后20min内使用
	2A10	LY10	剪切强度较高，焊接性一般，用气焊、氩弧焊有裂纹倾向，但点焊焊接性良好，耐蚀性与2A01、2A11相似，用作铆钉不受热处理后的时间限制，是其优越之处，但需要阳极氧化处理，并用重铬酸钾填充	用作工作温度低于100℃的要求较高强度的铆钉，可替代2A01、2B12、2A11、2A12等合金
	2A11	LY11	一般称为标准硬铝，中等强度，点焊焊接性良好。以其做焊料进行气焊及氩弧焊时有裂纹倾向，可热处理强化，在淬火和自然时效状态下使用，耐蚀性不高，多采用包铝、阳极氧化和涂料以做表面防护。退火态切削性不好，淬火时尚好	用作中等强度的零件、空气螺旋桨叶片、螺栓铆钉等，用做铆钉应在淬火后2h内使用

类别	牌号		性能特点	用途举例
	GB/T 16474—2011	旧国标		
硬铝	2A12	LY12	高强度硬铝，点焊焊接性良好，氩弧焊及气焊有裂纹倾向，退火状态切削性尚可，可做热处理强化，耐蚀性差，常用包铝、阳极氧化及涂料提高耐蚀性	用来制造高负荷零件，其工作温度在150℃以下的飞机骨架、框隔、翼梁、翼肋、蒙皮等
	2A06	LY6	高强度硬铝，点焊焊接性与2A12相似，氩弧焊较2A12好，耐腐蚀性也与2A12相同，加热至250℃以下其晶间腐蚀倾向较2A12小，可进行淬火和时效处理，其压力加工、切削性与2A12相同	可作为150~250℃工作条件下的结构板材，但对于淬火自然时效后冷作硬化的板材，不宜在高温长期加热条件下使用
	2A16	LY16	属耐热硬铝．即在高温下有较高的蠕变强度，合金在热态下有较高的塑性；无挤压效应切削性良好，可热处理强化，焊接性能良好，可进行点焊、滚焊和氩弧焊，但焊缝腐蚀稳定性较差，应采用阳极氧化处理	用于在高温下（250~350℃）工作的零件，如压缩机叶片圆盘及焊接件、容器
	2A17	LY17	成分与性能和2A16相近；2A17在常温和225℃下的持久强度超过2A16，但在225~300℃时低于2A16，且2A17不可焊接	用于20~300℃要求有高强度的锻件和冲压件
锻铝	6A02	LD2	具有中等强度，退火和热态下有高的可塑性，淬火自然时效后塑性尚好，且这种状态下的耐蚀性可与5A02、3A21相比，人工时效状态合金具有晶间腐蚀倾向，可切削性淬火后尚好，退火后不好，合金可点焊、氢原子焊、气焊	制造承受中等载荷，要求有高塑性和高耐蚀性，且形状复杂的锻件和模锻件，如发动机曲轴箱、直升机桨叶
	6B02	LD2-1	系Al-Mg-Si系合金，与6A02相比其晶间腐蚀倾向要小	多用于电子工业装箱板及各种壳体等
	6070	LD2-2	系Al-Mg-Si系合金，由美国的6070合金转化而来，其耐蚀性很好，焊接性能良好	可用于制造大型焊接结构件、高级跳水板等

类别	牌号		性能特点	用途举例
	GB/T 16474—2011	旧国标		
锻铝	2A50	LD5	热态下塑性较高,易于锻造、冲压。强度较高,在淬火及人工时效时与硬铝相近,工艺性能较好。但有挤压效应,因此纵横向性能差别较大,耐蚀性较好,但有晶间腐蚀倾向,切削性良好,接触焊、滚焊良好,但电弧焊、气焊性能不佳	用于制造要求中等强度且形状复杂的锻件和冲击性
	2B50	LD6	性能、成分与2A50相近,可互换通用,但热态下其可塑性优于2A50	制造形状复杂的锻件
	2A70	LD7	热态下具有高的可塑性,无挤压效应,可热处理强化,成分与2A50相近,但组织较2A80要细,热强性及工艺性能比2A80稍好。属耐热锻铝,其耐蚀性、可切削性尚好,接触焊、滚焊性能良好,电弧焊及气焊性能不佳	用于制造高温环境下工作的锻件,如内燃机活塞及一些复杂件如叶轮,板材可用于制造高温下的焊接冲压结构件
	2A80	LD8	热态下可塑性较低,可进行热处理强化,高温强度高,属耐热锻铝,无挤压效应,焊接性与2A70相同,耐蚀性、可切削性尚好,有应力腐蚀倾向	用途与2A70相近
	2A90	LD9	有较好的热强性,热态下可塑性尚好,可热处理强化,耐蚀性、焊接性和切削性与2A70相近,是一种较早应用的耐热锻铝	用途与2A70、2A80相近,且逐渐被2A70、2A80所代替
	2A14	LD10	与2A50相比,含铜量较高,因此强度较高,热强性较好,热态下可塑性尚好,可切削性良好,接触焊、滚焊性能良好,电弧焊和气焊性能不佳,耐蚀性不高,人工时效状态时有晶间腐蚀倾向,可热处理强化,有挤压效应,因此纵横向性能有所差别	用于制造承受高负荷和形状简单的锻件
	4A11	LD11	属Al-Cu-Mg-Si系合金,由苏联AK9合金转化而来,可锻、可铸,热强性好,线胀系数小,抗磨性能好	主要用于制造蒸汽机活塞及作为汽缸材料
	6061 6063	LD30 LD31	属Al-Mg-Si系合金,相当于美国的6061和6063合金,具有中等的强度,其焊接性优良,耐蚀性及冷加工性好,是一种使用范围广、很有前途的合金	广泛应用于建筑业门窗、台架等结构件及医疗办公、车辆、船舶、机械等方面

类别	牌号		性能特点	用途举例
	GB/T 16474—2011	旧国标		
超硬铝	7A03	LC3	铆钉合金，淬火人工时效状态可以铆接，可热处理强化，抗剪强度较高，耐蚀性和可切削性能尚好，铆钉铆接时，不受热处理后时间限制	用作承力结构铆钉，工作温度在 125℃ 以下，可做 2A10 铆钉合金代用品
	7A04	LC4	系高强度合金，在刚淬火及退火状态下塑性尚可，可热处理强化，通常在淬火人工时效状态下使用，这时得到的强度较一般硬铝高很多，但塑性较低，合金点焊焊接性良好，气焊不良，热处理后可切削性良好，但退火后的可切削性不佳	用于制造主要承力结构件，如飞机上的大梁、桁条、加强框、蒙皮、翼肋、接头、起落架等
	7A09	LC9	属高强度铝合金，在退火和刚淬火状态下塑性稍低于同样状态的 2A12，稍优于 7A04，板材的静疲劳、缺口敏感，应力腐蚀性能优于 7A04	制造飞机蒙皮等结构件和主要受力零件
	7A10	LC10	是 Al - Cu - Mg - Zn 系合金	主要生产板材、管材和锻件等，用于纺织工业及防弹材料
	7003	LC12	属于 Al - Cu - Mn - Zn 系合金，由日本的 7003 合金转化而来，综合力学较好，耐蚀性好	主要用来制作型材、生产自行车的车圈
特殊铝	4A01	LT1	属铝硅合金，耐蚀性高，压力加工性良好，但机械强度差	多用于制作焊条、焊棒
	4A13 4A17	LT13 LT17	是 Al - Si 系合金	主要用于钎接板、带材的包覆板，或直接生产板、带、箔和焊线等
	5A41	LT41	特殊的高镁合金，其抗冲击性强	多用于制作分级座仓防弹板
	5A66	LT66	高纯铝镁合金，相当于 5A02，其杂质含量要求严格控制	多用于生产高级饰品，如笔套、标牌等

4.2 铝及铝合金牌号及化学成分

4.2.1 变形铝及铝合金牌号

变形铝及铝合金牌号采用四位字符体系牌号命名方法（GB/T 16474）见表 4 - 2。

表 4 - 2   变形铝及铝合金牌号

四位字符体系牌号命名方法	四位字符体系牌号的第一、三、四位为阿拉伯数字，第二位为英文大写字母（C、I、L、N、O、P、Q、Z 字母除外）。牌号的第一位数字表示铝及铝合金的组别，牌号的第二位字母表示原始纯铝或铝合金的改型情况，最后两位数字用以标识同一组中不同的铝合金或表示铝的纯度。除改型合金外，铝合金组别按主要合金元素（6×××系按 Mg_2Si）来确定，主要合金元素指极限含量算术平均值为最大的合金元素。当有一个以上的合金元素极限含量算术平均值同为最大时，应按 Cu、Mn、Si、Mg、Mg_2Si、Zn，其他元素的顺序来确定合金组别
纯铝的牌号命名方法	铝含量不低于 99.00% 时为纯铝，其牌号用 1××× 系列表示。牌号的最后两位数字表示最低铝百分含量。当最低铝百分含量精确到 0.01% 时，牌号的最后两位数字就是最低铝百分含量中小数点后面的两位。牌号第二位的字母表示原始纯铝的改型情况。如果第二位的字母为 A，则表示为原始纯铝；如果是 B~T 的其他。 字母（按国际规定用字母表的次序选用），则表示为原始纯铝的改型，与原始纯铝相比，其元素含量略有改变
铝合金牌号命名法	铝合金的牌号用 2×××~8××× 系列表示。牌号的最后两位数字没有特殊意义，仅用来区分同一组中不同的铝合金。牌号第二位的字母表示原始合金的改型情况。如果牌号第二位的字母是 A，则表示为原始合金；如果是 B~Y 的其他字母（按国际规定用字母表的次序选用），则表示为原始合金的改型合金。改型合金与原始合金相比，化学成分的变化，仅限于下列任何一种或几种情况： ①一个合金元素或一组组合元素形式的合金元素，极限含量算术平均值的变化量符合表 4 - 4 的规定。 ②增加或删除了极限含量算术平均值不超过 0.30% 的一个合金元素；增加或删除了极限含量算术平均值不超过 0.40% 的一组组合元素形式的合金元素。 ③为了同一目的，用一个合金元素代替了另一个合金元素。 ④改变了杂质的极限含量。 ⑤细化晶粒的元素含量有变化

铝及铝合金的组别见表 4 - 3。

表 4 - 3   铝及铝合金的组别

组　　　别	牌号系列
纯铝（铝含量不小于 99.00%）	1×××
以铜为主要合金元素的铝合金	2×××
以锰为主要合金元素的铝合金	3×××
以硅为主要合金元素的铝合金	4×××

组 别	牌号系列
以镁为主要合金元素的铝合金	5×××
以镁和硅为主要合金元素并以 Mg_2Si 相为强化相的铝合金	6×××
以锌为主要合金元素的铝合金	7×××
以其他合金元素为主要合金元素的铝合金	8×××
备用合金组	9×××

铝及铝合金的合金元素极限含量的变化量见表 4-4。

表 4-4　　　　　　铝及铝合金的合金元素极限含量的变化量

原始合金中的极限含量的算术平均值范围（%）	极限含量算术平均值的变化量（%）
≤1.0	≤0.15
1.0～2.0	≤0.20
2.0～3.0	≤0.25
3.0～4.0	≤0.30
4.0～5.0	≤0.35
5.0～6.0	≤0.40
>6.0	≤0.45

注　改型合金中的组合元素极限含量的算术平均值，应与原始合金中相同组合元素的算术平均值或各相同元素（构成该组合元素的各单个元素）的算术平均值之和相比较。

4.2.2　变形铝及铝合金状态代号

变形铝及铝合金基础状态代号用一个英文大写字母表示。基础状态分为五种，其代号、名称及说明与应用（GB/T 16475）见表 4-5。

表 4-5　　　　　　变形铝及铝合金状态代号、名称及说明与应用

代号	名称	说明与应用
F	自由加工状态	适用于在成形过程中，对于加工硬化和热处理条件无特殊要求的产品，该状态产品的力学性能不做规定
O	退火状态	适用于经完全退火获得最低强度的加工产品
H	加工硬化状态	适用于通过加工硬化提高强度的产品，产品在加工硬化后可经过（也可不经过）使强度有所降低的附加热处理。H 代号后面必须跟有两位或三位阿拉伯数字
W	固溶热处理状态	适用于经固溶热处理后，在室温下自然时效的一种不稳定状态，该状态代号仅表示产品处于自然时效阶段
T	热处理状态（不同于 F、O、H 状态）	适用于热处理后，经过（或不经过）加工硬化达到稳定状态的产品。T 代号后面必须跟有一位或多位阿拉伯数字

变形铝及铝合金细分状态代号采用基础状态代号后跟一位或多位阿拉伯数字或英文大写字母表示，用"X"表示未指定的任意一位阿拉伯数字，用"—"表示未指定的任意一位或多位阿拉伯数字。

(1) 0 的细分状态。

1) 01 - 高温退火后慢速冷却状态。

适用于超声波检验或尺寸稳定化前，将产品或试样加热至近似固溶热处理规定的温度并进行保温（与固溶热处理规定保温时间相近），然后出炉置于空气中冷却的状态。该状态产品对力学性能不做规定，一般不作为产品的最终交货状态。

2) 02 - 热机械处理状态。

适用于使用方在产品进行热机械处理前，将产品进行高温（可至固溶处理规定的温度）退火，以获得良好成堆性的状态。

3) 03 — 均匀化状态。

适用于连续铸造的拉线坯或铸带，为消除或减小偏析和利于后续加工变形，而进行的高温退火状态。

(2) H 的细分状态。在字母 H 后面添加两位阿拉伯数字或三位阿拉伯数字表示 H 的细分状态。

1) H 后面第 1 位数字表示的状态。H 后面的第 1 位数字表示获得该状态的基本工艺，用数字 1～4 表示，其说明与应用见表 4 - 6。

表 4 - 6　　　　　　　变形铝及铝合金 H1X～H4X 细分状态代号、说明与应用

状态代号	说明	应　用
H1X	单纯加工硬化状态	适用于未经附加热处理，只经加工硬化即获得所需强度的状态
H2X	加工硬化及不完全退火的状态	适用于加工硬化程度超过成品规定要求后，经不完全退火，使强度降低到规定指标的产品。对于室温下自然时效软化的合金，H2X 与对应的 H3X 具有相同的最小极限抗拉强度值；对于其他合金，H2X 与对应的 H1X 具有相同的最小极限抗拉强度值，但伸长率比 H1X 稍高
H3X	加工硬化及稳定化处理的状态	适用于加工硬化后经低温热处理或由于加工过程中的受热作业致使其力学性能达到稳定的产品。H3X 仅适用于在室温下逐渐时效软化（除非经稳定化处理）的合金
H4X	加工硬化及涂漆处理状态	适用于加工硬化后，经涂漆处理导致了不完全退火的产品

2) H 后面第 2 位数字表示的状态。H 后面的第 2 位数字表示产品的加工硬化程度，用数字 1～9 来表示。数字 8 表示硬状态，通常采用 0（退火）状态的最小抗拉强度与表 4 - 7 规定的强度差值之和，来确定 HX8 状态的最小抗拉强度值。HX1～HX9 细分状态代号及对应的加工硬化程度如表 4 - 8 所示。

表 4-7　　　　　变形铝及铝合金 HX8 状态与 0 状态的最小抗拉强度差值　　　（MPa）

0 状态的最小抗拉强度	HX8 状态与 0 状态的最小抗拉强度
≤40	55
45~60	65
65~80	75
85~100	85
105~120	90
125~160	95
165~200	100
205~240	105
245~280	110
285~320	115
≥325	120

表 4-8　　　　　变形铝及铝合金 HX1~HX9 细分状态代号与加工硬化程度

细分状态代号	最终加工硬化程度
HX1	最终抗拉强度极限为 0 与 HX2 状态的中间值
HX2	最终抗拉强度极限为 0 与 HX4 状态的中间值
HX3	最终抗拉强度极限为 HX2 与 HX4 状态的中间值
HX4	最终抗拉强度极限为 0 与 HX8 状态的中间值
HX5	最终抗拉强度极限为 HX4 与 HX6 状态的中间值
HX6	最终抗拉强度极限为 HX4 与 HX8 状态的中间值
HX7	最终抗拉强度极限为 HX6 与 HX8 状态的中间值
HX8	硬状态
HX9	超硬状态。最小抗拉强度极限超过 HX8 状态至少 10 MPa

3) H 后面第 3 位数字表示的状态。H 后面第 3 位数字或字母，表示影响产品特性，但产品特性仍接近其两位数字状态（H112、Hll6、H321 状态除外）的特殊处理。

a) H×11 适用于最终退火后又进行了适量的加工硬化，但加工硬化程度又不及 Hll 状态的产品。

b) H112 适用于经热加工成形但不经冷加工而获得一些加工硬化的产品，该状态产品对力学性能有要求。

c) Hll6 适用于镁含量≥3.0% 的 5××× 系合金制成的产品。这些产品最终经加工硬化后，具有稳定的拉伸性能和快速腐蚀试验中具有合适的抗腐蚀能力。这种状态的产品适用于温度不大于 65℃ 的环境。

d) H321 适用于镁含量≥3.0% 的 5××× 系合金制成的产品。这些产品最终经热稳定化处理后，具有稳定的拉伸性能和快速腐蚀试验中的环境。具有合适的抗腐蚀能力。这种状态的产品适用于温度不大于 65℃ 的环境。

e）H××4 适用于 H××状态坯料制作花纹板或花纹带材的状态。这些花纹板或花纹带材的力学性如 H22 状态的坯料经制作成花纹板后的状态为 H224。

f）H××S 适用于 H××状态带坯制作的焊接管。管材的几何尺寸和合金与带坯相一致，但力学性能可能与带坯不同。

g）H32A 是对 H32 状态进行强度和弯曲性能改良的工艺改进状态。

（3）T 的细分状态。

T 后面的附加数字 1～10 表示的状态。T 后面的数字 1～10 表示基本处理状态，见表4-9。

表4-9 变形铝及铝合金 TX 细分状态代号说明与应用

状态代号	说明	应用
T1	高温成形＋自然时效	适用于高温成形后冷却、自然时效，不再进行冷加工（或影响力学性能极限的矫平、矫直）的产品
T2	高温成形＋冷加工＋自然时效	适用于高温成形后冷却，进行冷加工（或影响力学性能极限的矫平、矫直）以提高强度，然后自然时效的产品
T3	固溶热处理＋冷加工＋自然时效	适用于在固溶热处理后，进行冷加工（或影响力学性能极限的矫平、矫直）以提高强度，然后自然时效的产品
T4	固溶热处理＋自然时效	适用于固溶热处理后，不再进行冷加工（或影响力学性能极限的矫平、矫直），然后自然时效的产品
T5	高温成形＋人工时效	适用于高温成形后冷却，不经过冷加工（或影响力学性能极限的矫平、矫直），然后进行人工时效的产品
T6	固溶热处理＋人工时效	适用于固溶热处理后，不再进行冷加工（或影响力学性能极限的矫平、矫直），然后进行人工时效的产品
T7	固溶热处理＋过时效	适用于固溶热处理后，进行过时效至稳定化状态。为获取力学性能外的其他某些重要特性，在人工时效时，强度在时效曲线上越过了最高峰点的产品
T8	固溶热处理＋冷加工＋人工时效	适用于固溶热处理后，经冷加工（或影响力学性能极限的矫平、矫直），然后进行人工时效的产品
T9	固溶热处理＋人工时效＋冷加工	适用于固溶热处理后，人工时效，然后进行冷加工（或影响力学性能极限的矫平、矫直）以提高强度的产品
T10	高温成形＋冷加工＋人工时效	适用于高温成形后冷却，经冷加工（或影响力学性能极限的矫平、矫直）以提高强度，然后进行人工时效的产品

注　某些6×××细或7×××的合金，无论是炉内固溶热处理，还是高温成形后急冷以保留可溶性组分在固溶体中，均能达到相同的固溶热处理效果，这些合金的 T3、T4、T6、T7、T8 和 T9 状态可采用上述两种处理方法的任一种，但应保证产品的力学性能和其他性能（如抗腐蚀性能）。

4.2.3 变形铝及铝合金的化学成分

变形铝及铝合金的化学成分（GB/T 3190—2008）见表4-10、表4-11。其中表4-10适用国际牌号（159 个），表4-11适用四位字符牌号（114 个）。

表4-10 变形铝及铝合金的化学成分（适用国际牌号）

化学成分（质量分数）（%）

牌号	Si	Fe	Cu	Mn	Mg	Cr	Ni	Zn		Ti	Zr	其他 单个	其他 合计	Al
1035	0.35	0.6	0.1	0.05	0.05	—	—	0.1	0.05V	0.03	—	0.03	—	99.35
1040	0.3	0.5	0.1	0.05	0.05	—	—	0.1	0.05V	0.03	—	0.03	—	99.4
1045	0.3	0.45	0.1	0.05	0.05	—	—	0.05	0.05V	0.03	—	0.03	—	99.45
1050	0.25	0.4	0.05	0.05	0.05	—	—	0.05	0.05V	0.03	—	0.03	—	99.5
1050A	0.25	0.4	0.05	0.05	0.05	—	—	0.07	—	0.05	—	0.03	—	99.5
1060	0.25	0.35	0.05	0.03	0.03	—	—	0.05	0.05V	0.03	—	0.03	—	99.6
1065	0.25	0.3	0.05	0.03	0.03	—	—	0.05	0.05V	0.03	—	0.03	—	99.65
1070	0.2	0.25	0.04	0.03	0.03	—	—	0.04	0.05V	0.03	—	0.03	—	99.7
1070A	0.2	0.25	0.03	0.03	0.03	—	—	0.07	—	0.03	—	0.03	—	99.7
1080	0.15	0.15	0.03	0.02	0.02	—	—	0.03	0.03Ga, 0.05V	0.03	—	0.02	—	99.8
1080A	0.15	0.15	0.03	0.02	0.02	—	—	0.06	0.03Ga①	0.02	—	0.02	—	99.8
1085	0.1	0.12	0.03	0.02	0.02	—	—	0.03	0.03Ga, 0.05V	0.02	—	0.01	—	99.85
1100	0.95Si+Fe		0.05~0.20	0.05	—	—	—	0.1	①	—	—	0.05	0.15	99
1200	1.00Si+Fe		0.05	0.05	—	—	—	0.1	—	0.05	—	0.05	0.15	99
1200A	1.00Si+Fe		0.1	0.3	0.3	0.1	—	0.1	—	—	—	0.05	0.15	99
1120	0.1	0.4	0.05~0.35	0.01	0.2	0.01	—	0.05	0.03Ga, 0.05B, 0.02V+Ti	—	—	0.03	0.1	99.2
1230②	0.70Si+Fe		0.1	0.05	0.05	—	—	0.1	0.05V	0.03	—	0.03	—	99.3
1235	0.65Si+Fe		0.05	0.05	0.05	—	—	0.1	0.05V	0.06	—	0.03	—	99.35
1435	0.15	0.30~0.50	0.02	0.05	0.05	—	—	0.1	0.05V	0.03	—	0.03	—	99.35
1145	0.55Si+Fe		0.05	0.05	0.05	—	—	0.05	0.05V	0.03	—	0.03	—	99.45

续表

化学成分（质量分数）（%）

牌号	Si	Fe	Cu	Mn	Mg	Cr	Ni	Zn		Ti	Zr	其他 单个	其他 合计	Al
1345	0.3	0.4	0.1	0.05	0.05	—	—	0.05	0.05V	0.03	—	0.03	—	99.45
1350	0.1	0.4	0.05	0.01	—	0.01	—	0.05	0.03Ga, 0.05B, 0.02V+Ti	—	—	0.03	0.1	99.5
1450	0.25	0.4	0.05	0.05	0.05	—	—	0.07	①	0.10~0.20	—	0.03	—	99.5
1260	0.40Si+Fe		0.04	0.01	0.03	—	—	0.05	0.05V①	0.03	—	0.03	—	99.6
1370	0.1	0.25	0.02	0.01	0.02	0.01	—	0.04	0.03Ga, 0.02B, 0.02V+Ti	—	—	0.02	0.1	99.7
1275	0.08	0.12	0.05~0.10	0.02	0.02	—	—	0.03	0.03Ga, 0.03V	0.02	—	0.01	—	99.75
1185	0.15Si+Fe		0.01	0.02	0.02	—	—	0.03	0.03Ga, 0.05V	0.02	—	0.01	—	99.85
1285	0.08③	0.08③	0.02	0.01	0.01	—	—	0.03	0.03Ga, 0.05V	0.02	—	0.01	—	99.85
1385	0.05	0.12	0.02	0.01	0.02	0.01	—	0.03	0.03Ga, 0.03V+Ti④	—	—	0.01	—	99.85
2004	0.2	0.2	5.5~6.5	0.1	0.5	—	—	0.1	—	0.05	0.30~0.50	0.05	0.15	余量
2011	0.4	0.7	5.0~6.0	—	—	—	—	0.3	⑤	—	—	0.05	0.15	余量
2014	0.50~1.2	0.7	3.9~5.0	0.40~1.2	0.20~0.8	0.1	—	0.25	⑥	0.15	—	0.05	0.15	余量
2014A	0.50~0.9	0.5	3.9~5.0	0.4~1.2	0.20~0.8	0.1	0.1	0.25	⑥	0.15	0.20Zr+Ti	0.05	0.15	余量
2214	0.50~1.2	0.3	3.9~5.0	0.40~1.2	0.20~0.8	0.1	—	0.25	⑥	0.15	—	0.05	0.15	余量
2017	0.20~0.8	0.7	3.5~4.5	0.4~1.0	0.40~1.0	0.1	—	0.25	⑥	0.15	—	0.05	0.15	余量
2017A	0.20~0.8	0.7	3.5~4.5	0.40~1.0	0.40~1.0	0.1	—	0.25	—	—	0.25Zr+Ti	0.05	0.15	余量
2117	0.8	0.7	2.2~3.0	0.2	0.20~0.50	0.1	—	0.25	—	—	—	0.05	0.15	余量
2218	0.9	1	3.5~4.5	0.2	1.2~1.8	0.1	1.7~2.3	0.25	—	—	—	0.05	0.15	余量

续表

化学成分（质量分数）（%）

牌号	Si	Fe	Cu	Mn	Mg	Cr	Ni	Zn	—	Ti	Zr	其他 单个	其他 合计	Al
2618	0.10~0.25	0.9~1.3	1.9~2.7	—	1.3~1.8	—	0.9~1.2	0.1	—	0.04~0.10	—	0.05	0.15	余量
2618A	0.15~0.25	0.9~1.4	1.3~2.7	0.25	1.2~1.8	—	0.8~1.4	0.15	—	0.2	0.25Zr+Ti	0.05	0.15	余量
2219	0.2	0.3	5.3~6.8	0.20~0.40	0.02	—	—	0.1	0.05~0.15V	0.02~0.10	0.10~0.25	0.05	0.15	余量
2519	0.25①	0.30①	5.3~6.4	0.10~0.50	0.05~0.40	—	—	0.1	0.05~0.15V	0.02~0.10	0.10~0.25	0.05	0.15	余量
2024	0.5	0.5	3.8~4.9	0.30~0.9	1.2~1.8	0.1	—	0.25	④	0.15	—	0.05	0.15	余量
2024A	0.15	0.2	3.7~4.5	0.15~0.8	1.2~1.5	0.1	—	0.25	—	0.15	—	0.05	0.15	余量
2124	0.2	0.3	3.8~4.9	0.30~0.9	1.2~1.8	0.1	—	0.25	④	0.15	—	0.05	0.15	余量
2324	0.1	0.12	3.8~4.4	0.30~0.9	1.2~1.8	0.1	—	0.25	—	0.15	—	0.05	0.15	余量
2524	0.06	0.12	4.0~4.5	0.45~0.7	1.2~1.6	0.05	—	0.15	—	0.1	—	0.05	0.15	余量
3002	0.08	0.1	0.15	0.05~0.25	0.05~0.20	—	—	0.05	0.05V	0.03	—	0.03	0.1	余量
3102	0.4	0.7	0.1	0.05~0.40	—	—	—	0.3	—	0.1	—	0.05	0.15	余量
3003	0.6	0.7	0.05~0.20	1.0~1.5	—	—	—	0.1	—	—	—	0.05	0.15	余量
3103	0.5	0.7	0.1	0.9~1.5	0.3	0.1	—	0.2	①	—	0.10Zr+Ti	0.05	0.15	余量
3103A	0.5	0.7	0.1	0.7~1.4	0.3	0.1	—	0.2	①	0.1	0.10Zr+Ti	0.05	0.15	余量
3203	0.6	0.7	0.05	1.0~1.5	—	—	—	0.1	—	—	—	0.05	0.15	余量
3004	0.3	0.7	0.25	1.0~1.5	0.8~1.3	—	—	0.25	—	—	—	0.05	0.15	余量
3004A	0.4	0.7	0.25	0.8~1.5	0.8~1.5	0.1	—	0.25	0.03Pb	0.05	—	0.05	0.15	余量
3104	0.6	0.8	0.05~0.25	0.8~1.4	0.8~1.3	—	—	0.25	0.05Ga, 0.05V	0.1	—	0.05	0.15	余量
3204	0.3	0.7	0.10~0.25	0.8~1.5	0.8~1.5	—	—	0.25	—	0.1	—	0.05	0.15	余量
3005	0.6	0.7	0.3	1.0~1.5	0.20~0.6	0.1	—	0.25	—	0.1	—	0.05	0.15	余量
3105	0.6	0.7	0.3	0.30~0.8	0.20~0.8	0.2	—	0.4	—	0.1	—	0.05	0.15	余量

| 牌号 | \multicolumn{12}{c}{化学成分（质量分数）（%）} | | | | | | | | | | | 其他 | | Al |
	Si	Fe	Cu	Mn	Mg	Cr	Ni	Zn		Ti	Zr	单个	合计	
3105A	0.6	0.7	0.3	0.30~0.8	0.20~0.8	0.2	—	0.25	—	0.1	—	0.05	0.15	余量
3006	0.5	0.7	0.10~0.30	0.50~0.8	0.30~0.6	0.2	—	0.15~0.40	—	0.1	—	0.05	0.15	余量
3007	0.5	0.7	0.05~0.30	0.30~0.8	0.6	0.2	—	0.10	—	0.1	—	0.05	0.15	余量
3107	0.6	0.7	0.05~0.15	0.40~0.9	—	—	—	0.2	—	0.1	—	0.05	0.15	余量
3207	0.3	0.45	0.1	0.40~0.8	0.1	—	—	0.1	—	—	—	0.05	0.1	余量
3207A	0.35	0.6	0.25	0.30~0.8	0.4	0.2	—	0.25	—	—	—	0.05	0.15	余量
3307	0.6	0.8	0.3	0.50~0.9	0.3	0.2	—	0.4	—	0.1	—	0.05	0.15	余量
4004②	9.0~10.5	0.8	0.25	0.1	1.0~2.0	—	—	0.2	—	—	—	0.05	0.15	余量
4032	11.0~13.5	1	0.50~1.3	—	0.8~1.3	0.1	0.50~1.3	0.25	—	—	—	0.05	0.15	余量
4043	4.5~6.0	0.8	0.30	0.05	0.05	—	—	0.1	①	0.2	—	0.05	0.15	余量
4043A	4.5~6.0	0.6	0.3	0.15	0.2	—	—	0.1	①	0.15	—	0.05	0.15	余量
4343	6.8~8.2	0.8	0.25	0.1	—	—	—	0.2	—	—	—	0.05	0.15	余量
4045	9.0~11.0	0.8	0.3	0.05	0.05	—	—	0.1	①	0.2	—	0.05	0.15	余量
4047	11.0~13.0	0.8	0.3	0.15	0.1	—	—	0.2	①	—	—	0.05	0.15	余量
4047A	11.0~13.0	0.6	0.3	0.15	0.1	—	—	0.2	①	0.15	—	0.05	0.15	余量
5005	0.3	0.7	0.2	0.2	0.50~1.1	0.1	—	0.25	—	—	—	0.05	0.15	余量
5005A	0.3	0.45	0.05	0.15	0.7~1.1	0.1	—	0.2	—	—	—	0.05	0.15	余量
5205	0.15	0.7	0.03~0.10	0.1	0.6~1.0	0.1	—	0.05	—	—	—	0.05	0.15	余量
5006	0.4	0.8	0.1	0.40~0.8	0.8~1.3	0.1	—	0.25	—	0.1	—	0.05	0.15	余量
5010	0.4	0.7	0.25	0.10~0.30	0.20~0.6	0.15	—	0.3	—	0.1	—	0.05	0.15	余量
5019	0.4	0.5	0.1	0.10~0.6	4.5~5.6	0.2	—	0.2	0.10~0.6Mn+Cr	0.2	—	0.05	0.15	余量

续表

牌号	Si	Fe	Cu	Mn	Mg	Cr	Ni	Zn	其他	Ti	Zr	其他单个	其他合计	Al
5049	0.4	0.5	0.1	0.50~1.1	1.6~2.5	0.3	—	0.2	—	0.1	—	0.05	0.15	余量
5050	0.4	0.7	0.2	0.1	1.1~1.8	0.1	—	0.25	—	—	—	0.05	0.15	余量
5050A	0.4	0.7	0.2	0.3	1.1~1.8	0.1	—	0.25	—	—	—	0.05	0.15	余量
5150	0.08	0.1	0.1	0.03	1.3~1.7	—	—	0.1	—	0.06	—	0.03	0.1	余量
5250	0.08	0.1	0.1	0.04~0.15	1.3~1.8	—	—	0.05	0.03Ga, 0.05V	—	—	0.03	0.1	余量
5051	0.4	0.7	0.25	0.2	1.7~2.2	0.1	—	0.25	—	0.1	—	0.05	0.15	余量
5251	0.4	0.5	0.15	0.10~0.50	1.7~2.4	0.15	—	0.15	—	0.15	—	0.05	0.15	余量
5052	0.25	0.4	0.1	0.1	2.2~2.8	0.15~0.35	—	0.1	—	—	—	0.05	0.15	余量
5154	0.25	0.4	0.1	0.1	3.1~3.9	0.15~0.35	—	0.2	①	0.2	—	0.05	0.15	余量
5154A	0.5	0.5	0.1	0.5	3.1~3.9	0.25	—	0.2	0.10~0.50Mn+Cr①	0.2	—	0.05	0.15	余量
5454	0.25	0.4	0.1	0.50~1.0	2.4~3.0	0.05~0.20	—	0.25	—	0.2	—	0.05	0.15	余量
5554	0.25	0.4	0.1	0.50~1.0	2.4~3.0	0.05~0.20	—	0.25	①	0.05~0.20	—	0.05	0.15	余量
5754	0.4	0.4	0.1	0.5	2.6~3.6	0.3	—	0.2	0.10~0.6Mn+Cr	0.15	—	0.05	0.15	余量
5056	0.3	0.4	0.1	0.05~0.20	4.5~5.6	0.05~0.20	—	0.1	—	—	—	0.05	0.15	余量
5356	0.25	0.4	0.1	0.05~0.20	4.5~5.5	0.05~0.20	—	0.1	①	0.06~0.20	—	0.05	0.15	余量
5456	0.25	0.4	0.1	0.50~1.0	4.7~5.5	0.05~0.20	—	0.25	—	0.2	—	0.05	0.15	余量
5059	0.45	0.5	0.25	0.6~1.2	5.0~6.0	0.25	—	0.40~0.9	—	0.2	0.05~0.25	0.05	0.15	余量
5082	0.2	0.35	0.15	0.15	4.0~5.0	0.15	—	0.25	—	0.1	—	0.05	0.15	余量
5182	0.2	0.35	0.15	0.20~0.50	4.0~5.0	0.1	—	0.25	—	0.1	—	0.05	0.15	余量
5083	0.4	0.4	0.1	0.40~1.0	4.0~4.9	0.05~0.25	—	0.25	—	0.15	—	0.05	0.15	余量

续表

牌号	化学成分（质量分数）（%）											其他		Al
	Si	Fe	Cu	Mn	Mg	Cr	Ni	Zn	—	Ti	Zr	单个	合计	
5183	0.4	0.4	0.1	0.50~1.0	4.3~5.2	0.05~0.25	—	0.25	①	0.15	—	0.05	0.15	余量
5383	0.25	0.25	0.2	0.7~1.0	4.0~5.2	0.25	—	0.4	—	0.15	0.2	0.05	0.15	余量
5086	0.4	0.5	0.1	0.20~0.7	3.5~4.5	0.05~0.25	—	0.25	—	0.15	—	0.05	0.15	余量
6101	0.30~0.7	0.5	0.1	0.03	0.35~0.8	0.03	—	0.1	0.06B	—	—	0.03	0.1	余量
6101A	0.30~0.7	0.4	0.05	—	0.40~0.9	—	—	—	—	—	—	0.03	0.1	余量
6101B	0.30~0.6	0.10~0.30	0.05	0.05	0.35~0.6	—	—	0.1	0.06B	—	—	0.03	0.1	余量
6201	0.50~0.9	0.5	0.1	0.03	0.6~0.9	0.03	—	0.1	—	—	—	0.03	0.1	余量
6005	0.6~0.9	0.35	0.1	0.1	0.40~0.6	0.1	—	0.1	—	0.1	—	0.05	0.15	余量
6005A	0.50~0.9	0.35	0.3	0.5	0.40~0.7	0.3	—	0.2	0.12~0.50Mn+Cr	0.1	—	0.05	0.15	余量
6105	0.6~1.0	0.35	0.1	0.15	0.45~0.8	0.1	—	0.1	—	0.1	—	0.05	0.15	余量
6106	0.30~0.6	0.35	0.25	0.05~0.20	0.40~0.8	0.2	—	0.1	—	—	—	0.05	0.1	余量
6009	0.6~1.0	0.5	0.15~0.6	0.20~0.8	0.40~0.8	0.1	—	0.25	—	0.1	—	0.05	0.15	余量
6010	0.8~1.2	0.5	0.15~0.6	0.20~0.8	0.6~1.0	0.1	—	0.25	—	0.1	—	0.05	0.15	余量
6111	0.6~1.1	0.4	0.50~0.9	0.10~0.45	0.50~1.0	0.1	—	0.15	—	0.1	—	0.05	0.15	余量
6016	1.0~1.5	0.5	0.2	0.2	0.25~0.6	0.1	—	0.2	—	0.15	—	0.05	0.15	余量
6043	0.40~0.9	0.5	0.30~0.9	0.35	0.6~1.2	0.15	—	0.2	0.40~0.7Bi 0.20~0.40Sn	0.15	—	0.05	0.15	余量
6351	0.7~1.3	0.5	0.1	0.40~0.8	0.40~0.8	—	—	0.2	—	0.2	—	0.05	0.15	余量
6060	0.30~0.6	0.10~0.30	0.1	0.1	0.35~0.6	0.05	—	0.15	—	0.1	—	0.05	0.15	余量
6061	0.40~0.8	0.7	0.15~0.40	0.15	0.8~1.2	0.04~0.35	—	0.25	—	0.15	—	0.05	0.15	余量
6061A	0.40~0.8	0.7	0.150.40	0.15	0.8~1.2	0.04~0.35	—	0.25	⑧	0.15	—	0.05	0.15	余量
6262	0.40~0.8	0.7	0.15~0.40	0.15	0.8~1.2	0.04~0.14	—	0.25	⑨	0.15	—	0.05	0.15	余量
6063	0.20~0.6	0.35	0.1	0.1	0.45~0.9	0.1	—	0.1	—	0.1	—	0.05	0.15	余量
6063A	0.30~0.6	0.15~0.35	0.1	0.15	0.6~0.9	0.05	—	0.15	—	0.1	—	0.05	0.15	余量

续表

牌号	Si	Fe	Cu	Mn	Mg	Cr	Ni	Zn	—	Ti	Zr	其他单个	其他合计	Al
6463	0.20~0.6	0.15	0.2	0.05	0.45~0.9	—	—	0.05	—	—	—	0.05	0.15	余量
6463A	0.20~0.6	0.15	0.25	0.05	0.30~0.9	—	—	0.05	—	—	—	0.05	0.15	余量
6070	1.0~1.7	0.5	0.15~0.40	0.40~1.0	0.50~1.2	0.1	—	0.25	—	0.15	—	0.05	0.15	余量
6181	0.8~1.2	0.45	0.1	0.15	0.6~1.0	0.1	—	0.2	—	0.1	—	0.05	0.15	余量
6181A	0.7~1.1	0.15~0.50	0.25	0.4	0.6~1.0	0.15	—	0.3	0.10V	0.25	—	0.05	0.15	余量
6082	0.7~1.3	0.5	0.1	0.40~1.0	0.6~1.2	0.25	—	0.2	—	0.1	—	0.05	0.15	余量
6082A	0.7~1.3	0.5	0.1	0.40~1.0	0.6~1.2	0.25	—	0.2	⑧	0.1	—	0.05	0.15	余量
7001	0.35	0.4	1.6~2.6	0.2	2.6~3.4	0.18~0.35	—	6.8~8.0	—	0.2	0.05~0.25	0.05	0.15	余量
7003	0.3	0.35	0.2	0.3	0.50~1.0	0.2	—	5.0~6.5	—	0.2	0.10~0.20	0.05	0.15	余量
7004	0.25	0.35	0.05	0.20~0.7	1.0~2.0	0.05	—	3.8~4.6	—	0.05	0.08~0.20	0.05	0.15	余量
7005	0.35	0.4	0.1	0.20~0.7	1.0~1.8	0.06~0.20	—	4.0~5.0	—	0.01~0.06	0.08~0.20	0.05	0.15	余量
7020	0.35	0.4	0.2	0.05~0.50	1.0~1.4	0.10~0.35	—	4.0~5.0	⑨	—	0.08~0.18	0.05	0.15	余量
7021	0.25	0.4	0.25	0.1	1.2~1.8	0.05	—	5.0~6.0	—	0.1	0.08~0.18	0.05	0.15	余量
7022	0.5	0.5	0.50~1.0	0.10~0.40	2.6~3.7	0.10~0.30	—	4.3~5.2	—	—	0.20Ti+Zr	0.05	0.15	余量
7039	0.3	0.4	0.1	0.10~0.40	2.3~3.3	0.15~0.25	—	3.5~4.5	—	0.1	—	0.05	0.15	余量
7049	0.25	0.35	1.2~1.9	0.2	2.0~2.9	0.10~0.22	—	7.2~8.2	—	0.1	—	0.05	0.15	余量
7049A	0.4	0.5	1.2~1.9	0.5	2.1~3.1	0.05~0.25	—	7.2~8.4	—	—	0.25Zr+Ti	0.05	0.15	余量
7050	0.12	0.15	2.0~2.6	0.1	1.9~2.6	0.04	—	5.7~6.7	—	0.06	0.08~0.15	0.05	0.15	余量
7150	0.12	0.15	1.9~2.5	0.1	2.0~2.7	0.04	—	5.9~6.9	—	0.06	0.08~0.15	0.05	0.15	余量
7055	0.1	0.15	2.0~2.6	0.05	1.8~2.3	0.04	—	7.6~8.4	—	0.06	0.08~0.25	0.05	0.15	余量
7072②	0.7Si+Fe		0.1	0.1	0.1	—	—	0.8~1.3	—	—	—	0.05	0.15	余量
7075	0.4	0.5	1.2~2.0	0.3	2.1~2.9	0.18~0.28	—	5.1~6.1	⑩	0.2	—	0.05	0.15	余量
7175	0.15	0.2	1.2~2.0	0.1	2.1~2.9	0.18~0.28	—	5.1~6.1	—	0.1	—	0.05	0.15	余量
7475	0.1	0.12	1.2~1.9	0.06	1.9~2.6	0.18~0.25	—	5.2~6.2	—	0.06	—	0.05	0.15	余量

续表

牌号	化学成分（质量分数）（%）											其他		A1
	Si	Fe	Cu	Mn	Mg	Cr	Ni	Zn		Ti	Zr	单个	合计	
7085	0.06	0.08	1.3~2.0	0.04	1.2~1.8	0.04	—	7.0~8.0	—	0.06	0.08~0.15	0.05	0.15	余量
8001	0.17	0.45~0.7	0.15	—	—	—	0.9~1.3	0.05	⑫	—	—	0.05	0.15	余量
8006	0.4	1.2~2.0	0.3	0.30~1.0	0.1	—	—	0.1	—	—	—	0.05	0.15	余量
8011	0.50~0.9	0.6~1.0	0.1	0.2	0.05	0.05	—	0.1	—	0.08	—	0.05	0.15	余量
8011A	0.40~0.8	0.50~1.0	0.1	0.1	0.1	0.1	—	0.1	—	0.05	—	0.05	0.15	余量
8014	0.3	1.2~1.6	0.2	0.20~0.6	0.1	—	—	0.1	—	0.1	—	0.05	0.15	余量
8021	0.15	1.2~1.7	0.05	—	—	—	—	—	—	—	—	0.05	0.15	余量
8021B	0.4	1.1~1.7	0.05	0.03	0.01	0.03	—	0.05	—	0.05	—	0.03	0.10	余量
8050	0.15~0.30	1.1~1.2	0.05	0.45~0.55	0.05	0.05	—	0.1	—	—	—	0.05	0.15	余量
8150	0.3	0.9~1.3	—	0.20~0.7	—	—	—	—	—	0.05	—	0.05	0.15	余量
8079	0.05~0.30	0.7~1.3	0.05	—	—	—	—	0.1	—	—	—	0.05	0.15	余量
8090	0.2	0.3	1.0~1.6	0.1	0.6~1.3	0.1	—	0.25	⑬	0.1	0.04~0.16	0.05	0.15	余量

①焊接电极及填料焊丝的 ω (Be) ≤0.0003%；

②主要用做包覆材料；

③ ω (Si+Fe) ≤0.14%；

④ ω (B) ≤0.02%；

⑤ ω (Bi) 0.20%~0.6%, ω (Pb): 0.20%~0.6%；

⑥经供需双方协商并同意，挤压产品与锻件的 ω (Zr+Ti) 最大可达 0.20%；

⑦ ω (Si+Fe) ≤0.40%；

⑧ ω (Pb) ≤0.003%；

⑨ ω (Bi) 0.40%~0.7%, ω (Pb): 0.40%~0.7%；

⑩ ω (Zr) 0.08%~0.20%, ω (Zr+Ti): 0.08%~0.25%；

⑪经供需双方协商并同意，挤压产品与锻件的 ω (Zr+Ti) 最大可达 0.25%；

⑫ ω (B) ≤0.001%, ω (Cd) ≤0.003%, ω (Co) ≤0.001%, ω (Li) ≤0.008%；

⑬ ω (Li): 2.2%~2.7%。

表 4-11　铝及铝合金的化学成分（适用四位字符牌号）

牌号	化学成分（质量分数）(%)														
	Si	Fe	Cu	Mn	Mg	Cr	Ni	Zn		Ti	Zr	其他		Al	备注
												单个	合计		
1A99	0.003	0.003	0.005	—	—	—	—	0.001	—	0.002	—	0.002	—	99.99	LG5
1B99	0.0013	0.0015	0.003	—	—	—	—	0.001	—	0.001	—	0.001	—	99.993	—
1C99	0.001	0.001	0.0015	—	—	—	—	0.001	—	0.001	—	0.001	—	99.995	—
1A97	0.015	0.015	0.005	—	—	—	—	0.001	—	0.002	—	0.035	—	99.97	LG4
1B97	0.015	0.030	0.005	—	—	—	—	0.001	—	0.005	—	0.035	—	99.97	—
1A95	0.030	0.03	0.010	—	—	—	—	0.003	—	0.008	—	0.005	—	99.95	—
1B95	0.03	0.04	0.010	—	—	—	—	0.003	—	0.008	—	0.005	—	99.95	LG3
1A93	0.04	0.04	0.010	—	—	—	—	0.005	0.03Ga, 0.05V	0.010	—	0.007	—	99.93	—
1B93	0.04	0.05	0.010	—	—	—	—	0.005	—	0.01	—	0.007	—	99.93	LG2
1A90	0.06	0.06	0.010	—	—	—	—	0.008	—	0.015	—	0.01	—	99.90	—
1B90	0.06	0.06	0.010	—	—	—	—	0.008	—	0.01	—	0.01	—	99.9	LG1
1A85	0.08	0.1	0.01	—	—	—	—	0.01	—	0.01	—	0.01	—	99.85	—
1A80	0.15	0.15	0.03	0.02	0.02	—	—	0.03	0.03Ga	0.03	—	0.02	—	99.80	—
1A80A	0.15	0.15	0.03	0.02	0.02	—	—	0.06	0.03Ga	0.02	—	0.02	—	99.8	—
1A60	0.11	0.25	0.01	—	—	—	—	—	—	0.02V+Ti+Mn+Cr	—	0.03	—	99.6	—
1A50	0.30	0.3	0.01	0.05	0.05	—	—	0.03	0.45Fe+Si	—	—	0.03	—	99.50	LB2
1R50	0.11	0.25	0.01	—	—	—	—	—	0.03~0.30RE	0.02V+Ti+Mn+Cr	—	0.03	—	99.50	—
1R35	0.25	0.35	0.05	0.03	0.03	—	—	0.05	0.10~0.25RE, 0.05V	0.03	—	0.03	—	99.35	—

续表

化学成分（质量分数）（%）

牌号	Si	Fe	Cu	Mn	Mg	Cr	Ni	Zn		Ti	Zr	其他 单个	其他 合计	Al	备注
1A30	0.10~0.20	0.15~0.30	0.05	0.01	0.01	—	0.01	0.02	—	0.02	—	0.03	—	99.3	L4-1
1B30	0.05~0.15	0.20~0.30	0.03	0.12~0.18	0.03	—	—	0.03	—	0.02~0.05	—	0.03	—	99.30	—
2A01	0.5	0.5	2.2~3.0	0.2	0.20~0.50	—	—	0.10	—	0.15	—	0.05	0.10	余量	LY1
2A02	0.3	0.3	2.6~3.2	0.45~0.7	2.0~2.4	—	—	0.10	—	0.15	—	0.05	0.10	余量	LY2
2A04	0.3	0.3	3.2~3.7	0.50~0.8	2.1~2.6	—	—	0.10	0.001~0.01Be①	0.05~0.40	—	0.05	0.10	余量	LY4
2A06	0.5	0.5	3.8~4.3	0.50~1.0	1.7~2.3	—	—	0.10	0.001~0.005Be①	0.03~0.15	—	0.05	0.10	余量	LY6
2B06	0.2	0.3	3.8~4.3	0.40~0.9	1.7~2.3	—	—	0.10	0.0002~0.005Be	0.10	—	0.05	0.10	余量	—
2A10	0.25	0.20	3.9~4.5	0.30~0.50	0.15~0.30	—	—	0.10	—	0.15	—	0.05	0.10	余量	LY10
2A11	0.7	0.7	3.8~4.8	0.40~0.8	0.40~0.8	—	0.1	0.30	0.7FeH-Ni	0.15	—	0.05	0.10	余量	LY11
2B11	0.50	0.5	3.8~4.5	0.40~0.8	0.40~0.8	—	—	0.10	—	0.15	—	0.05	0.10	余量	LY8
2A12	0.50	0.5	3.8~4.9	0.30~0.9	1.2~1.8	—	0.1	0.30	0.50Fe+Ni	0.15	—	0.05	0.10	余量	LY12
2B12	0.50	0.5	3.8~4.5	0.30~0.7	1.2~1.6	—	—	0.10	—	0.15	—	0.05	0.10	余量	LY9
2D12	0.20	0.3	3.8~4.9	0.30~0.9	1.2~1.8	—	0.05	0.10	—	0.1	—	0.05	0.10	余量	—
2E12	0.06	0.12	4.0~4.6	0.40~0.7	1.2~1.8	—	—	0.15	0.0002~0.005Be	0.1	—	0.1	0.15	余量	—
2A13	0.7	0.6	4.0~5.0	—	0.30~0.50	—	—	0.60	—	0.15	—	0.05	0.10	余量	LY13
2A14	0.6~1.2	0.7	3.9~4.8	0.40~1.0	0.40~0.8	—	0.10	0.30	—	0.15	—	0.05	0.10	余量	LD10
2A16	0.30	0.3	6.0~7.0	0.40~0.8	0.05	—	—	0.10	—	0.10~0.20	0.20	0.05	0.10	余量	LY16
2B16	0.25	0.30	5.8~6.8	0.20~0.40	0.05	—	—	—	0.05~0.15V	0.08~0.20	0.10~0.25	0.05	0.10	余量	LY16-1

续表

化学成分（质量分数）（%）

牌号	Si	Fe	Cu	Mn	Mg	Cr	Ni	Zn		Ti	Zr	其他单个	其他合计	Al	备注
2A17	0.3	0.3	6.0~7.0	0.40~0.8	0.25~0.45	—	—	0.1	—	0.10~0.20	—	0.05	0.1	余量	LY17
2A20	0.20	0.3	5.8~6.8	—	0.02	—	—	0.1	0.05~0.15V 0.001~0.01B	0.07~0.16	0.10~0.25	0.05	0.15	余量	LY20
2A21	0.2	0.20~0.6	3.0~4.0	0.05	0.8~1.2	—	1.8~2.3	0.2	—	0.05	—	0.05	0.15	余量	—
2A23	0.05	0.06	1.8~2.8	0.20~0.6	0.6~1.2	—	—	0.15	0.30~0.9Li	0.15	0.06~0.16	0.10	0.15	余量	—
2A24	0.2	0.3	3.8~4.8	0.6~0.9	1.2~1.8	0.1	—	0.25	—	0.20Ti+Zr	0.08~0.12	0.05	0.15	余量	—
2A25	0.06	0.06	3.6~4.2	0.50~0.7	1.0~1.5	—	0.06	—	—	—	—	0.05	0.10	余量	—
2B25	0.05	0.15	3.1~4.0	0.20~0.8	1.2~1.8	—	0.15	0.1	0.0003~0.0008Be	0.03~0.07	0.08~0.25	0.05	0.1	余量	—
2A39	0.05	0.06	3.4~5.0	0.30~0.8	0.30~0.8	—	—	0.3	0.30~0.6Ag	0.15	0.10~0.25	0.1	0.15	余量	—
2A40	0.25	0.35	4.5~5.2	0.40~0.6	0.50~1.0	0.10~0.20	—	—	—	0.04~0.12	0.10~0.25	0.05	0.15	余量	—
2A49	0.25	0.8~1.2	3.2~3.8	0.30~0.6	1.8~2.2	—	0.8~1.2	—	—	0.08~0.12	—	0.05	0.15	余量	—
2A50	0.7~1.2	0.7	1.8~2.6	0.40~0.8	0.40~0.8	—	0.10	0.3	0.7Fe+Ni	0.15	—	0.05	0.1	余量	LD5
2B50	0.7~1.2	0.7	1.8~2.6	0.40~0.8	0.40~0.8	0.01~0.20	0.1	0.3	0.7Fe+Ni	0.02~0.10	—	0.05	0.10	余量	LD6
2A70	0.35	0.9~1.5	1.9~2.5	0.2	1.4~1.8	—	0.9~1.5	0.3	—	0.02~0.10	—	0.05	0.1	余量	LD7

续表

牌号	化学成分（质量分数）(%)											其他		Al	备注
	Si	Fe	Cu	Mn	Mg	Cr	Ni	Zn		Ti	Zr	单个	合计		
2B70	0.25	0.9~1.4	1.8~2.7	0.2	1.2~1.8	—	0.8~1.4	0.15	0.05Pb、0.05Sn	0.1	0.20Ti+Zr	0.05	0.15	余量	—
2D70	0.10~0.25	0.9~1.4	2.0~2.6	0.1	1.2~1.8	0.1	0.9~1.4	0.1	—	0.05~0.10	—	0.05	0.1	余量	—
2A80	0.50~1.2	1.0~1.6	1.9~2.5	0.2	1.4~1.8	—	0.9~1.5	0.3	—	0.15	—	0.05	0.1	余量	LD8
2A90	0.50~1.0	0.50~1.0	3.5~4.5	0.2	0.40~0.8	—	1.8~2.3	0.3	—	0.15	—	0.05	0.10	余量	LD9
2A97	0.15	0.15	2.0~3.2	0.20~0.6	0.25~0.50	—	—	0.17~1.0	0.001~0.10Be、0.8~2.3Li	0.001~0.10	0.08~0.20	0.05	0.15	余量	—
3A21	0.6	0.7	0.2	1.0~1.6	0.05	—	—	0.10②	—	0.15	—	0.05	0.1	余量	LF21
4A01	4.5~6.0	0.6	0.2	—	—	—	—	0.10Zn+Sn	—	0.15	—	0.05	0.15	余量	LT1
4A11	11.5~13.5	1.0	0.50~1.3	0.2	0.8~1.3	0.1	0.50~1.3	0.25	—	0.15	—	0.05	0.15	余量	LD11
4A13	6.8~8.2	0.5	0.15Cu+Zn	0.5	0.05	—	—		0.10Ca	0.15	—	0.05	0.15	余量	LT13
4A17	11.0~12.5	0.50	0.15Cu+Zn	0.5	0.05	—	—		0.10Ca	0.15	—	0.05	0.15	余量	LT17
4A91	1.0~4.0	0.7	0.7	1.2	1.0	0.2	0.2	1.2	—	0.20	—	0.05	0.15	余量	—

续表

化学成分（质量分数）(%)

牌号	Si	Fe	Cu	Mn	Mg	Cr	Ni	Zn		Ti	Zr	其他 单个	其他 合计	Al	备注
5A01	0.40Si+Fe		0.1	0.30~0.7	6.0~7.0	0.10~0.20	—	0.25	—	0.15	0.10~0.20	0.05	0.15	余量	LF15
5A02	0.4	0.40	0.1	或 Cr0.15~0.40	2.0~2.8	—	—	—	0.6Si+Fe	0.15	—	0.05	0.15	余量	LF2
5B02	0.40	0.4	0.1	0.20~0.6	1.8~2.6	0.05	—	0.2	—	0.1	—	0.05	0.10	余量	—
5A03	0.50~0.8	0.5	0.1	0.30~0.6	3.2~3.8	—	—	0.2	—	0.15	—	0.05	0.10	余量	LF3
5A05	0.5	0.5	0.1	0.30~0.6	4.8~5.5	—	—	0.2	—	—	—	0.05	0.1	余量	LF5
5B05	0.4	0.40	0.20	0.20~0.6	4.7~5.7	—	—	—	0.6Si+Fe	0.15	—	0.05	0.1	余量	LF10
5A06	0.40	0.40	0.1	0.50~0.8	5.8~6.8	—	—	0.20	0.0001~0.005Be[1]	0.02~0.10	—	0.05	0.1	余量	LF6
5B06	0.40	0.40	0.1	0.50~0.8	5.8~6.8	—	—	0.2	0.0001~0.005Be[1]	0.10~0.30	—	0.05	0.10	余量	LF14
5A12	0.3	0.3	0.05	0.40~0.8	8.3~9.6	—	0.1	0.2	0.005Be 0.004~0.05Sb	0.05~0.15	—	0.05	0.10	余量	LF12
5A13	0.30	0.3	0.05	0.40~0.8	9.2~10.5	—	0.10	0.2	0.005Be 0.004~0.05Sb	0.05~0.15	—	0.05	0.10	余量	LF13
5A25	0.20	0.3	—	0.05~0.50	5.0~6.3	—	—	—	0.0002~0.002Be	0.10	0.06~0.20	0.1	0.15	余量	—
5A30	0.40Si+Fe		0.1	0.50~1.0	4.7~5.5	—	—	0.25	0.05~0.20Cr 0.10~0.40Sc	0.03~0.15	—	0.05	0.10	余量	LF16
5A33	0.35	0.35	0.10	0.10	6.0~7.5	—	—	0.50~1.5	0.0005~0.005Be[1]	0.05~0.15	0.10~0.30	0.05	0.10	余量	LF33
5A41	0.40	0.40	0.1	0.30~0.6	6.0~7.0	—	—	0.2	—	0.02~0.10	—	0.05	0.1	余量	LT41
5A43	0.4	0.4	0.1	0.15~0.40	0.6~1.4	—	—	—	—	0.15	—	0.05	0.15	余量	LF43

续表

牌号	化学成分(质量分数)(%)											其他		Al	备注
	Si	Fe	Cu	Mn	Mg	Cr	Ni	Zn		Ti	Zr	单个	合计		
5A56	0.15	0.2	0.1	0.30~0.40	5.5~6.5	0.10~0.20	—	0.50~1.0	—	0.10~0.18	—	0.05	0.15	余量	—
5A66	0.005	0.01	0.005	—	1.5~2.0	—	—	—	—	—	—	0.005	0.01	余量	LT66
5A70	0.15	0.25	0.05	0.30~0.7	5.5~6.3	—	—	0.05	0.15~0.30Sc 0.0005~0.005Be	0.02~0.05	0.05~0.15	0.05	0.15	余量	—
5B70	0.1	0.2	0.05	0.15~0.40	5.5~6.5	—	—	0.05	0.20~0.40Sc 0.0005~0.005Be	0.02~0.05	0.10~0.20	0.05	0.15	余量	—
5A71	0.2	0.3	0.05	0.30~0.7	5.8~6.8	0.10~0.20	—	0.05	0.20~0.35Sc 0.0005~0.005Be	0.05~0.15	0.05~0.15	0.05	0.15	余量	—
5B71	0.2	0.3	0.1	0.3	5.8~6.8	0.3	—	0.3	0.30~0.50Sc 0.0005~0.005Be 0.003B	0.02~0.05	0.08~0.15	0.05	0.15	余量	—
5A90	0.15	0.2	0.05	—	4.5~6.0	—	—	—	0.005Na1.9~ 2.3Li	0.1	0.08~0.15	0.05	0.15	余量	—
6A01	0.40~0.9	0.35	0.35	0.5	0.40~0.8	0.3	—	0.25	0.50Mn+Cr	—	—	0.05	0.1	余量	6N01
6A02	0.50~1.2	0.50	0.20~0.6	或Cr0.15~0.35	0.45~0.9	—	—	0.20	—	0.15	—	0.05	0.1	余量	LD2
6B02	0.7~1.1	0.40	0.10~0.40	0.10~0.30	0.40~0.8	—	—	0.15	—	0.01~0.04	—	0.05	0.10	余量	LD2-1
6R05	0.40~0.9	0.30~0.50	0.15~0.25	0.1	0.20~0.6	0.1	—	—	0.10~0.20RE	0.10	—	0.05	0.15	余量	—

续表

化学成分（质量分数）（%）

牌号	Si	Fe	Cu	Mn	Mg	Cr	Ni	Zn		Ti	Zr	其他 单个	其他 合计	Al	备注
6A10	0.7~1.1	0.5	0.30~0.8	0.30~0.9	0.7~1.1	0.05~0.25	—	0.2	—	0.02~0.10	0.04~0.20	0.05	0.15	余量	—
6A51	0.50~0.7	0.5	0.15~0.35	—	0.45~0.6	—	—	0.25	0.15~0.35Sn	0.01~0.04	—	0.05	0.15	余量	—
6A60	0.7~1.1	0.3	0.6~0.8	0.50~0.7	0.7~1.0	—	—	0.20~0.40	0.30~0.50Ag	0.04~0.12	0.10~0.20	0.05	0.15	余量	—
7A01	0.3	0.3	0.01	—	—	—	—	0.9~1.3	0.45Si+Fe	—	—	0.03	—	余量	LB1
7A03	0.20	0.2	1.8~2.4	0.1	1.2~1.6	0.05	—	6.0~6.7	—	0.02~0.08	—	0.05	0.1	余量	LC3
7A04	0.5	0.5	1.4~2.0	0.20~0.6	1.8~2.8	0.10~0.25	—	5.0~7.0	—	0.1	—	0.05	0.10	余量	LC4
7B04	0.10	0.05~0.25	1.4~2.0	0.20~0.6	1.8~2.8	0.10~0.25	0.1	5.0~6.5	—	0.05	—	0.05	0.10	余量	—
7C04	0.3	0.3	1.4~2.0	0.30~0.50	2.0~2.6	0.10~0.25	—	5.5~6.5	—	—	—	0.05	0.10	余量	—
7D04	0.10	0.15	1.4~2.2	0.1	2.0~2.6	0.05	—	5.5~6.7	0.02~0.07Be	0.1	0.08~0.16	0.05	0.10	余量	—
7A05	0.25	0.25	0.2	0.15~0.40	1.1~1.7	0.05~0.15	—	4.4~5.0	—	0.02~0.06	0.10~0.25	0.05	0.15	余量	—
7B05	0.3	0.35	0.20	0.20~0.7	1.0~2.0	0.3	—	4.0~5.0	0.10V	0.2	0.25	0.05	0.1	余量	7N01
7A09	0.50	0.5	1.2~2.0	0.15	2.0~3.0	0.16~0.30	—	5.1~6.1	—	0.10	—	0.05	0.1	余量	LC9
7A10	0.3	0.3	0.50~1.0	0.20~0.35	3.0~4.0	0.10~0.20	—	3.2~4.2	—	0.1	—	0.05	0.10	余量	LC10
7A12	0.10	0.06~0.15	0.8~1.2	0.10~0.40	1.6~2.2	0.05	—	6.3~7.2	0.0001~0.02Be	0.03~0.06	0.10~0.18	0.05	0.1	余量	—
7A15	0.50	0.5	0.50~1.0	0.1	2.4~3.0	0.10~0.30	—	4.4~5.4	0.005~0.01Be	0.05~0.15	—	0.05	0.15	余量	LC15
7A19	0.30	0.4	0.08~0.30	0.30~0.50	1.3~1.9	0.10~0.20	—	4.5~5.3	0.0001~0.004Be[1]	—	0.08~0.20	0.05	0.15	余量	LC19

续表

化学成分（质量分数）（%）

牌号	Si	Fe	Cu	Mn	Mg	Cr	Ni	Zn		Ti	Zr	其他		Al	备注
												单个	合计		
7A31	0.3	0.6	0.10~0.40	0.20~0.40	2.5~3.3	0.10~0.20	—	3.6~4.5	0.0001~0.001Be①	0.02~0.10	0.08~0.25	0.05	0.15	余量	—
7A33	0.25	0.3	0.25~0.55	0.05	2.2~2.7	0.10~0.20	—	4.6~5.4	—	0.05	—	0.05	0.1	余量	—
7B50	0.12	0.35	1.8~2.6	0.1	2.0~2.8	0.04	—	6.0~7.0	0.0002~0.002Be	0.1	0.08~0.16	0.1	0.15	余量	—
7A52	0.25	0.3	0.05~0.20	0.20~0.50	2.0~2.8	0.15~0.25	—	4.0~4.8	—	0.05~0.18	0.05~0.15	0.05	0.15	余量	LC52
7A55	0.10	0.10	1.8~2.5	0.05	1.8~2.8	0.04	—	7.5~8.5	—	0.01~0.05	0.08~0.20	0.1	0.15	余量	—
7A68	0.15	0.35	2.0~2.6	0.15~0.40	1.6~2.5	0.10~0.20	—	6.5~7.2	0.005Be	0.05~0.20	0.05~0.20	0.05	0.15	余量	—
7B68	0.05	0.05	2.0~2.6	0.05	1.8~2.8	0.04	—	7.8~9.0	—	0.01~0.05	0.08~0.25	0.1	0.15	余量	—
7D68	0.12	0.25	2.0~2.6	0.1	2.3~3.0	0.05	—	8.0~9.0	0.0002~0.002Be	0.03	0.10~0.20	0.05	0.1	余量	7A60
7A85	0.05	0.08	1.2~2.0	0.1	1.2~2.0	0.05	—	7.0~8.2	—	0.05	0.08~0.16	0.05	0.15	余量	—
7A88	0.50	0.75	1.0~2.0	0.20~0.6	1.5~2.8	0.05~0.20	0.2	4.5~6.0	—	0.10	—	0.10	0.20	余量	—
8A01	0.05~0.30	0.18~0.40	0.15~0.35	0.08~0.35	—	—	—	—	—	0.01~0.03	—	0.05	0.15	余量	—
8A06	0.55	0.5	0.1	0.1	0.1	—	—	0.1	1.0Si+Fe	—	—	0.05	0.15	余量	L6

注 1. 铍含量均按规定加入，可不做分析。
  2. 做铆钉线材的3A21合金，锌含量不大于0.03%。

4.3　铝及铝合金圆管

铝及铝合金圆管在电力行业主要应用于受力不大的导电杆等部位，常用的铝及铝合金管为无缝圆管。

4.3.1　铝及铝合金圆管的尺寸规格

挤压无缝圆管的尺寸规格（GB/T 4436—2012）见表 4 - 12。

表 4 - 12　　　　　　　　　　　挤压无缝圆管的截面典型规格　　　　　　　　　　（mm）

外　　径	壁　　厚
25	5.0
28	5.0、6.0
30、32	5.0、6.0、7.0、8.0
34、36、38	5.0、6.0、7.0、8.0、9.0、10.0
40、42	5.0、6.0、7.0、8.0、9.0、10.0、12.5
45、48、50、52、55、58	5.0、6.0、7.0、8.0、9.0、10.0、12.5、15.0
60、62	5.0、6.0、7.0、8.0、9.0、10.0、12.5、15.0、17.50
65、70	5.0、6.0、7.0、8.0、9.0、10.0、12.5、15.0、17.50、20.0
75、80	5.0、6.0、7.0、8.0、9.0、10.0、12.5、15.0、17.50、20.00、22.50
85、90	5.0、6.0、7.0、8.0、9.0、10.0、12.5、15.0、17.50、20.00、22.50、25.00
95	5.0、6.0、7.0、8.0、9.0、10.0、12.5、15.0、17.50、20.00、22.50、25.00、27.50
100	5.0、6.0、7.0、8.0、9.0、10.0、12.5、15.0、17.50、20.00、22.50、25.00、27.50、30.00
105、110、115	5.0、6.0、7.0、8.0、9.0、10.0、12.5、15.0、17.50、20.00、22.50、25.00、27.50、30.00、32.5
120、125、130	7.5、10.0、12.5、15.0、17.50、20.00、22.50、25.00、27.50、30.00、32.50
135、140、145	10.0、12.5、15.0、17.50、20.00、22.50、25.00、27.50、30.00、32.50
150、155	10.0、12.5、15.0、17.50、20.00、22.50、25.00、27.50、30.00、32.50、35.00

外　　径	壁　　厚
160、165、170、175、180、185、190、195、200	10.0、12.5、15.0、17.50、20.00、22.50、25.00、27.50、30.00、32.50、35.00、37.50、40.00
205、210、215、220、225、230、235、240、245、250、260、270、280、290、300、310、320、330、340、350、360、370、380、390、400、450	5.0、6.0、7.0、8.0、9.0、10.0、12.5、15.0、17.50、20.00、22.50、25.00、27.50、30.00、32.50、35.00、37.50、40.00、42.50、45.00、47.50、50.00

挤压无缝钢管的弯曲度应符合表 4-13 的规定，除特殊约定外，按照普通级进行生产。

表 4-13　　　　　　　　　　挤压无缝圆管的弯曲度　　　　　　　　　　（mm）

外径[b]	弯曲度[a]				
	普通级	高精级		超高精级	
	平均每米长度	任意 300mm 长度	平均每米长度	任意 300mm 长度	平均每米长度
8.00～150.00	≤3.0	≤0.8	≤1.5	≤0.3	≤1.0
150.00～250.00	≤4.0	≤1.3	≤2.5	≤0.7	≤2.0

[a] 不适用于退火状态的管材。

[b] 不适用于外径大于 250.00mm 的管材。

冷拉、冷轧无缝圆管的尺寸规格见表 4-14。

表 4-14　　　　　　　　　　挤压无缝圆管的截面典型规格　　　　　　　　　　（mm）

外　　径	壁　　厚
6	0.5、0.75、1.00、1.50、2.00、2.50、3.00、3.50、4.00、4.50、5.00
8	0.5、0.75、1.00、1.50、2.00
10	0.5、0.75、1.00、1.50、2.00、2.50
12、14、15	0.5、0.75、1.00、1.50、2.00、2.50、3.00
16、18	0.5、0.75、1.00、1.50、2.00、2.50、3.00、3.50
20	0.5、0.75、1.00、1.50、2.00、2.50、3.00、3.50、4.00
22、24、25	0.5、0.75、1.00、1.50、2.00、2.50、3.00、3.50、4.00、4.50、5.00
26、28、30、32、34、35、36、38、40、42、45、48、50、52、55、58、60	0.75、1.00、1.50、2.00、2.50、3.00、3.50、4.00、4.50、5.00
65、70、75	1.50、2.00、2.50、3.00、3.50、4.00、4.50、5.00

续表

外　　径	壁　　厚
80、85、90、95	2.00、2.50、3.00、3.50、4.00、4.50、5.00
100、105、110	2.50、3.00、3.50、4.00、4.50、5.00
115	3.00、3.50、4.00、4.50、5.00
120	3.50、4.00、4.50、5.00
205、210、215、220、225、230、235、240、245、250、260、270、280、290、300、310、320、330、340、350、360、370、380、390、400、450	5.0、6.0、7.0、8.0、9.0、10.0、12.5、15.0、17.50、20.00、22.50、25.00、27.50、30.00、32.50、35.00、37.50、40.00、42.50、45.00、47.50、50.00

冷拉、冷轧无缝钢管的弯曲度应符合表 4-15 的规定。

表 4-15　　　　　　　　　　挤压无缝圆管的弯曲度　　　　　　　　　　（mm）

外径[b]	弯曲度[a]		
	普通级	高精级	
	平均每米长度	任意 300mm 长度	平均每米长度
8.00~10.00	≤2.0	≤0.5	≤1.0
10.00~100.00	≤2.0	≤0.5	≤1.0
100.00~120.00	≤2.0	≤0.8	≤1.5

a 不适用于 O 状态管材、TX510 状态管材和壁厚小于外径的 1.5% 的管材。

4.3.2　铝及铝合金圆管的电导率

对于 7075 合金 T73、T73510、T73511 状态供货的管材有电导率要求时，需符合表 4-16 规定（GB/T 4437.1—2015），其余牌号的管材对电导率有要求时，应有供需双方确定。

表 4-16　　　　　　　　　　挤压无缝圆管的电导率

牌号	供应状态	电导率指标[b]/（MS/m）	力学性能	合格评定
7075	T73、T73510、T73511	<22.0	任何值	不合格
		22.0~23.1	符合标准要求，且 $R_{p0.2}$>502MPa	不合格
			符合标准要求，且 $R_{p0.2}$ 为 420~502MPa	合格
		>23.1	符合标准要求	合格

注　电导率指标 22.0MS/m 对应于 38.0%IACS，23.1MS/m 对应于 39.9%IACS。

4.4　铝及铝合金线

铝及铝合金线是生产各类导线的材料，在电力行业中应用广泛。

4.4.1 铝及铝合金线的力学性能

部分线材力学性能（GB/T 3195—2008）见表 4-17、表 4-18，其他线材力学性能以该表为参考或由供需双方协商。

表 4-17　　　　　　　　　　　　　铝及铝合金线材的力学性能

牌号	状态	直径（mm）	力学性能	
			抗拉强度 R_m/MPa	断后伸长率 A_{200mm}（%）
1A50	H19	0.80~1.00	≥160	≥1.0
		1.00~1.50		≥1.2
		1.50~2.00	≥155	≥1.5
		2.00~3.00		≥1.5
		3.00~4.00		≥1.5
		4.00~4.50	≥135	≥2.0
		4.50~5.00		≥2.0
	O	0.80~1.00		≥10
		1.00~1.50		≥12
		1.50~2.00		≥12
		2.00~3.00	≥75	≥15
		3.00~4.00		≥18
		4.00~4.50		≥18
		4.50~5.00		≥18
1350	O	9.5~12.7	60~100	—
	H12、H22	9.5~12.7	80~120	—
	H14、H24		100~140	
	H16、H26		115~155	
	H19	1.2~2.0	≥160	≥1.2
		2.0~2.5	≥175	≥1.5
		2.5~3.5	≥160	
		3.5~5.3	≥160	≥1.8
		5.3~6.5	≥155	≥2.2

牌号	状态	直径（mm）	力学性能	
			抗拉强度 R_m/MPa	断后伸长率 A_{200mm}（%）
1100	O	1.6~25.0	≤110	—
	H14		110~145	—
3003	O		≤130	—
	H14		140~180	—
5052	O	1.6~25.0	≤220	—
5056	O		≤320	—
6061	O		≤155	—

表 4-18　　　　　　　　　铝及铝合金线材的抗弯曲性能

牌号	状态	直径（mm）	弯曲次数（不小于）
1A50	H19	1.50~4.00	7
		>4.00~5.00	6

4.4.2　铝及铝合金线的电阻率、体积电导率

导体用线材的电阻率或体积电导率应符合表 4-19 规定，其他未在表内的牌号线材电阻率应由供需双方协商。

表 4-19　　　　　　　　　导体用线材的电阻率和体积电阻率

牌号	状态	20℃时的电阻率 ρ/（Ω·μm）（不大于）	体积电阻率/（%IACS）（不小于）	20℃时的电阻率 ρ/（Ω·μm）（不大于）	体积电阻率/（%IACS）（不小于）
		普通级普通级		高精级	
1A50	H19	0.0295	58.4	0.0282	61.1
1350	O	—	—	0.027899	61.8
	H12、H22	—	—	0.028035	61.5
	H14、H24	—	—	0.028080	61.4
	H16、H26	—	—	0.028126	61.3
	H19	—	—	0.028265	61.0

4.5　铸造铝合金

铸铝具有质量轻、比强度大的特点，在电网中一般用于各类金具、法兰等结构件。

4.5.1　铸造铝合金的牌号和化学成分

铸造铝合金的牌号和化学成分、杂质元素允许含量见表 4-20 和表 4-21。

表 4 - 20　铸造铝合金的牌号和化学成分

合金种类	合金牌号	合金代号	主要元素百分含量							
			Si	Cu	Mg	Zn	Mn	Ti	其他	Al
Al - Si 合金	ZAlSi7Mg	ZL101	6.5~7.5	—	0.25~0.45	—	—	—	—	余量
	ZAlSi7MgA	ZL101A	6.5~7.5	—	0.25~0.45	—	—	0.08~0.20	—	余量
	ZAlSi12	ZL102	10.0~13.0	—	—	—	—	—	—	余量
	ZAlSi9Mg	ZL104	8.0~10.5	—	0.17~0.35	—	0.2~0.5	—	—	余量
	ZAlSi5Cu1Mg	ZL105	4.5~5.5	1.0~1.5	0.4~0.6	—	—	—	—	余量
	ZAlSi5Cu1MgA	ZL105A	4.5~5.5	1.0~1.5	0.4~0.55	—	—	—	—	余量
	ZAlSi8Cu1Mg	ZL106	7.5~8.5	1.0~1.5	0.3~0.5	—	0.3~0.5	0.10~0.25	—	余量
	ZAlSi7Cu4	ZL107	6.5~7.5	3.5~4.5	—	—	—	—	—	余量
	ZAlSi2Cu2Mg1	ZL108	11.0~13.0	1.0~2.0	0.4~1.0	—	0.3~0.9	—	—	余量
	ZAlSi2Cu1Mg1Ni1	ZL109	11.0~13.0	0.5~1.5	0.8~1.3	—	—	—	Ni: 0.8~1.5	余量
	ZAlSi5Cu6Mg	ZL110	4.0~6.0	5.0~8.0	0.2~0.5	—	—	—	—	余量
	ZAlSi9Cu2Mg	ZL111	8.0~10.0	1.3~1.8	0.4~0.6	—	0.10~0.35	0.10~0.35	—	余量
	ZAlSi7Mg1A	ZL111A	6.5~7.5	—	0.45~0.75	—	—	0.10~0.20	Be0~0.07	余量
	ZAlSi5Zn1Mg	ZL115	4.8~6.2	—	0.4~0.65	1.2~1.8	—	—	Sb0.1~0.25	余量
	ZAlSi8MgBe	ZL116	3.5~8.5	—	0.35~0.55	—	—	0.10~0.30	Be0.15~0.40	余量
	ZAlSi7Cu2Mg	ZL118	6.0~8.0	1.3~1.8	0.2~0.5	—	0.1~0.3	0.10~0.25	—	余量

续表

合金种类	合金牌号	合金代号	主要元素（质量分数）（%）							
			Si	Cu	Mg	Zn	Mn	Ti	其他	Al
Al-Cu合金	ZAlCu5Mn	ZL201	—	4.5~5.3	—	—	0.6~1.0	0.15~0.35	—	余量
	ZAlCu5MnA	ZL201A	—	4.8~5.3	—	—	0.6~1.0	0.15~0.35	—	余量
	ZAlCu10	ZL202	—	9.0~11.0	—	—	—	—	—	余量
	ZAlCu4	ZL203	—	4.0~5.0	—	—	—	—	—	余量
	ZAlCu5MnCdA	ZL204A	—	4.6~5.3	—	—	0.6~0.9	0.15~0.35	Cd0.15~0.25	余量
	ZAlCu5MnCdVA	ZL205A		4.6~5.3	—	—	0.3~0.5	0.15~0.35	Cd0.15~0.25 V0.05~0.3 Zr0.15~0.25 B0.005~0.6	余量
	ZAlR5Cu3Si2	ZL207	1.6~2.0	3.0~3.4	0.15~0.25	—	0.9~1.2	—	Zr0.15~0.2 Ni0.2~0.3 RE4.4~5.0	余量
Al-Mg合金	ZAlMg10	ZL301	—	—	9.5~11.0	—	—	—	—	余量
	ZAlMg5Si	ZL303	0.8~1.3	—	4.5~5.5	—	0.1~0.4	—	—	余量
	ZAlMg8Zn1	ZL305	7.5~9.0	—	7.5~9.0	1.0~1.5	—	0.10~0.20	Be0.03~0.10	余量
Al-Zn合金	ZAlZn11Si7	ZL401	6.0~8.0	—	0.1~0.3	9.0~13.0	—	—	—	余量
	ZAlZn6Mg	ZL402	—	—	0.5~0.65	5.0~6.5	0.2~0.5	0.15~0.25	Cr0.4~0.6	余量

注　RE为含铈混合稀土，其中混合稀土总量不少于98%，铈含量不少于45%。

表4-21　铸造铝合金杂质元素允许含量

主要元素（质量分数）（%）

合金种类	合金牌号	合金代号	Fe-S	Fe-J	Si	Cu	Mg	Zn	Mn	Ti	Zr	Ti+Zr	Be	Ni	Sn	Pb	其他杂质总和-S	其他杂质总和-J
Al-Si合金	ZAlSi7Mg	ZL101	0.5	0.9	—	0.2	—	0.3	0.35	—	—	0.25	0.1	—	0.05	0.05	1.1	1.5
	ZAlSi7MgA	ZL101A	0.2	0.2	—	0.1	—	0.1	0.10	—	—	—	—	—	0.05	0.03	0.7	0.7
	ZAlSi12	ZL102	0.7	1.0	—	0.30	0.1	0.1	0.5	0.2	—	—	—	—	—	—	2.0	2.2
	ZAlSi9Mg	ZL104	0.6	0.9	—	0.1	—	0.25	—	—	—	0.15	0.1	—	0.05	0.05	1.1	1.4
	ZAlSi5Cu1Mg	ZL105	0.6	1.0	—	—	—	0.3	0.5	—	—	—	—	—	0.05	0.05	1.1	1.4
	ZAlSi5Cu1MgA	ZL105A	0.2	0.2	—	—	—	0.1	0.1	—	—	0.15	—	—	0.05	0.05	0.5	0.5
	ZAlSi8Cu1Mg	ZL106	0.6	0.8	—	—	—	0.2	—	—	—	—	—	—	0.05	0.05	0.9	1.0
	ZAlSi7Cu4	ZL107	0.5	0.6	—	—	0.1	0.3	0.5	—	—	—	—	—	0.05	0.05	1.0	1.2
	ZAlSi12Cu2Mg1	ZL108	—	0.7	—	—	—	0.2	—	0.20	—	—	—	0.3	0.05	0.05	—	1.2
	ZAlSi12Cu2Mg1Ni1	ZL109	—	0.7	—	—	—	0.2	0.2	0.20	—	—	—	—	0.05	0.05	—	1.2
	ZAlSi5Cu6Mg	ZL110	—	0.8	—	—	—	0.6	0.5	—	—	—	—	—	0.05	0.05	—	2.7
	ZAlSi9Cu2Mg	ZL111	—	0.4	—	—	—	0.1	0.5	—	—	—	—	—	0.05	0.05	—	1.2
	ZAlSi7Mg1A	ZL114A	0.2	0.2	—	0.2	—	0.1	0.1	—	—	—	—	—	—	—	0.75	0.75
	ZAlSi5Zn1Mg	ZL115	0.3	0.3	0.1	0.1	—	—	0.1	—	—	—	—	—	0.05	0.05	1.0	1.0
	ZAlSi8MgBe	ZL116	0.60	0.60	1.2	0.3	—	0.3	0.1	—	0.2	—	—	—	0.05	0.05	1.0	1.0
	ZAlSi7Cu2Mg	ZL118	0.3	0.3	1.2	—	—	0.1	—	—	—	—	—	—	0.05	0.05	1.0	1.5
	ZAlCu5Mn	ZL201	0.25	0.3	0.3	—	0.05	0.2	—	—	0.2	—	—	0.1	0.05	0.05	1.0	1.0
	ZAlCu5MnA	ZL201A	0.15	—	0.1	—	0.05	0.1	—	—	0.15	—	—	0.05	—	—	0.4	
	ZAlCu10	ZL202	1.0	1.2	1.2	—	0.3	0.8	0.5	—	—	—	—	0.5	—	—	2.8	3.0
	ZAlCu4	ZL203	0.8	0.8	1.2	—	0.05	0.25	0.1	0.2	—	—	—	—	0.05	0.05	2.1	2.1
	ZAlCu5MnCdA	ZL204A	0.12	0.12	0.06	—	0.05	0.1	—	—	0.15	—	—	0.05	—	—	0.4	
	ZAlCu5MnCdVA	ZL205A	0.15	0.16	0.06	—	0.05	—	—	—	0.15	—	—	—	—	0.05	0.3	0.3
	ZAlR5Cu3Si2	ZL207	0.6	0.6	—	—	—	0.2	—	—	—	—	—	—	—	—	0.8	0.8

续表

合金种类	合金牌号	合金代号	主要元素（质量分数）（%）															
			Fe		Si	Cu	Mg	Zn	Mn	Ti	Zr	Ti+Zr	Be	Ni	Sn	Pb	其他杂质总和	
			S	J													S	J
Al-Mg 合金	ZAlMg10	ZL301	0.3	0.3	0.3	0.1	—	0.15	0.15	0.15	0.20	—	0.07	0.05	0.05	0.05	1.0	1.0
	ZAlMg5Si	ZL303	0.5	0.5		0.1	—	0.2	—	0.2	—	—	—	—	—	—	0.7	0.7
	ZAlMg8Zn1	ZL305	0.3		0.2	0.1	—	—	0.1	—	—	—	—	—	—	—	0.9	
Al-Zn 合金	ZAlZn11Si7	ZL401	0.7	1.2		0.6	—	—	0.5	—	—	—	—	—	—	—	1.8	2.0
	ZAlZn6Mg	ZL402	0.5	0.8	0.3	0.25	—	—	0.1	—	—	—	—	—	—	—	1.35	1.65

4.5.2　铸造铝合金的力学性能

铸造铝合金的力学性能见表 4-22。

表 4-22　铸造铝合金的力学性能

合金种类	合金牌号	合金代号	铸造方法	合金状态	力学性能（不小于）		
					抗拉强度 R_m/MPa	伸长率 A（%）	布氏硬度 HBW
Al-Si 合金	ZAlSi7Mg	ZL101	S, J, R, K	F	155	2	50
			S, J, R, K	T2	135	2	45
			JB	T4	185	4	50
			S, R, K	T4	175	4	50
			J, JB	T5	205	2	60
			S, R, K	T5	195	2	60
			SB, RB, KB	T5	195	2	60
			SB, RB, KB	T6	225	1	70
			SB, RB, KB	T7	195	2	60
			SB, RB, KB	T8	155	3	55

续表

合金种类	合金牌号	合金代号	铸造方法	合金状态	抗拉强度 R_m/MPa	伸长率 A (%)	布氏硬度 HBW
Al-Si合金	ZAlSi7MgA	ZL101A	S、R、K	T4	195	5	60
			J、JB	T4	225	5	60
			S、R、K	T5	235	4	70
			SB、RB、KB	T5	235	4	70
			J、JB	T5	265	4	70
			SB、RB、KB	T6	275	2	80
			J、JB	T6	295	3	80
	ZAlSi12	ZL102	SB、JB、RB、KB	F	145	4	50
			J	F	155	2	50
			SB、JB、RB、KB	T2	135	4	50
			J	T2	145	3	50
	ZAlSi9Mg	ZL104	S、J、R、K	F	150	2	50
			J	T1	200	1.5	65
			SB、RB、KB	T6	230	2	70
			J、JB	T6	240	2	70
	ZAlSi5Cu1Mg	ZL105	S、J、R、K	T1	155	0.5	65
			S、R、K	T5	215	1	70
			J	T5	235	0.5	70
			S、R、K	T6	225	0.5	70
			S、J、R、K	T7	175	1	65
	ZAlSi5Cu1MgA	ZL105A	SB、R、K	T5	275	1	80
			J、JB	T5	295	2	80

续表

合金种类	合金牌号	合金代号	铸造方法	合金状态	抗拉强度 R_m/MPa	伸长率 A（%）（不小于）	布氏硬度 HBW
Al - Si 合金	ZAlSi8Cu1Mg	ZL106	SB	F	175	1	70
			JB	T1	195	1.5	70
			SB	T5	235	2	60
			JB	T5	255	2	70
			SB	T6	245	1	80
			JB	T6	265	2	70
			SB	T7	225	2	60
			JB	T7	245	2	60
	ZAlSi7Cu4	ZL107	SB	F	165	2	65
			SB	T6	245	2	90
			J	F	195	2	70
			J	T6	275	2.5	100
	ZAlSi12Cu2Mg1	ZL108	J	T1	197	—	85
			J	T6	255	—	90
	ZAlSi12Cu2Mg1Ni1	ZL109	J	T1	195	0.5	90
			J	T6	245	—	100
	ZAlSi5Cu6Mg	ZL110	S	F	125	—	80
			J	F	155	—	80
			S	T1	145	—	80
			J	T1	165	—	90
	ZAlSi9Cu2Mg	ZL111	J	F	205	1.5	80
			SB	T6	255	1.5	90
			J、JB	T6	315	2	100

续表

合金种类	合金牌号	合金代号	铸造方法	合金状态	力学性能（不小于）		
					抗拉强度 R_m/MPa	伸长率 A（%）	布氏硬度 HBW
Al‑Si合金	ZAlSi7Mg1A	ZL114A	SB	T5	290	2	85
			J、JB	T5	310	3	95
	ZAlSi5Zn1Mg	ZL115	S	T4	225	4	70
			J	T4	275	6	80
			S	T5	275	3.5	90
			J	T5	315	5	100
	ZAlSi8MgBe	ZL116	S	T4	255	4	70
			J	T4	275	6	80
			S	T5	295	2	85
			J	T5	335	4	90
	ZAlSi7Cu2Mg	ZL118	SB、RB	T6	290	1	90
			JB	T6	305	2.5	105
Al‑Cu合金	ZAlCu5Mg	ZL201	S、J、R、K	T4	295	8	70
			S、J、R、K	T5	335	4	90
			S	T7	315	2	80
	ZAlCu5MgA	ZL201A	S、J、R、K	T5	390	8	100
	ZAlCu10	ZL202	S、J	F	104	—	50
			S、J	T6	163	—	100
	ZAlCu4	ZL203	S、R、K	T4	195	6	60
			J	T4	205	6	60
			S、R、K	T5	215	3	70
			J	T5	225	3	70

续表

合金种类	合金牌号	合金代号	铸造方法	合金状态	力学性能（不小于）		布氏硬度 HBW
					抗拉强度 R_m/MPa	伸长率 A（%）	
Al - Cu 合金	ZAlCu5MnCdA	ZL204A	S	T5	440	4	100
	ZAlCu5MnCdVA	ZL205A	S	T5	440	7	100
			S	T6	470	3	120
			S	T7	460	2	110
	ZAlR5Cu3Si2	ZL207	S	T1	165	—	75
			J	T1	175	—	75
Al - Mg 合金	ZAlMg10	ZL301	S、R、K	T4	280	9	60
	ZAlMg5Si	ZL303	S、J、R、K	F	143	1	55
	ZAlMg8Zn1	ZL305	S	T4	290	8	90
Al - Zn 合金	ZAlZn11Si7	ZL401	S、R、K	T1	195	2	80
			J	T1	245	1.5	90
	ZAlZn6Mg	ZL402	J	T1	235	4	70
			S	T1	220	4	65

第5章　铜与铜合金材料的牌号和性能

5.1　概述

　　纯铜呈玫瑰红色，因表面常有一层紫红色的氧化物，俗称紫铜。纯铜的熔点为 $1083℃$，密度为 $8.9g/cm^3$，具有面心立方晶格结构，无同素异构转变。

　　铜的导电性和导热性仅次于银。铜的化学稳定性高，在大气、淡水中有优良的耐蚀性。铜无磁性，塑性高，断裂伸长率 $\delta=50\%$，但是强度比较低，抗拉强度 $\sigma_b=200\sim250MPa$，可采用冷加工进行机械形变强化，但是一般不作为结构材料直接使用。铜主要用于制造电线、电缆、导热零配件以及配置各种合金。

　　为了获得较高强度的机构用铜材，一般通过加入合金元素制成各种铜合金。铜合金分为黄铜、青铜和白铜三大类。铜合金分类见表 5-1。

表 5-1　　　　　　　　　　　　　　铜 合 金 分 类

名称	组成	分组	成分与用途
黄铜	锌为主要合金元素的铜合金	普通黄铜	铜锌二元合金，其锌含量小于 50%
		特殊黄铜	在普通黄铜的基础上加入了 Fe、Ni、Pb、Al、Mn、Sn 等辅助合金元素的铜合金
白铜	以 Ni 为主要合金元素（含量低于 50%）的铜合金	简单白铜	铜镍二元合金
		特殊白铜	在简单白铜的基础上加入了 Fe、Zn、Mn、Al 等辅助合金元素的铜合金
青铜	除 Zn 和 Ni 意外的其他元素为主要合金元素的铜合金	锡青铜	锡含量是决定锡青铜性能的关键，含锡 5%～7% 的锡青铜塑性最好，适用于冷热加工；而含锡量大于 10% 时，合金强度升高，但塑性却很低，只适于做铸造用。
		铝青铜	铝青铜中含铝量一般控制在 12% 内。工业上压力加工用铝青铜的含铝量一般低于 5%～7%；含铝 10% 左右的合金，强度高，可用于热加工或作为铸造用材
		铍青铜	含铍 1.7%～2.5% 的铜合金，其时效硬化效果极为明显，通过淬火时效，可获得很高的强度和硬度，抗拉强度（σ_b）可达 1250～1500MPa，硬度（HB）可达 350～400，远远超过了其他铜合金，且可与高强度合金钢媲美。由于铍青铜没有自然时效效应，故而一般供应状态为淬火态，抑郁成型加工，可直接制成零件后再时效强化

5.2　加工铜及铜合金

5.2.1　加工铜与化学成分

加工铜的牌号与化学成分（GB/T 5231）见表 5-2。

表 5-2　　加工铜的牌号与化学成分

分类	代号	牌号	Cu+Ag (min)	化学成分（质量分数）（%）												
				P	Ag	Bi[a]	Sb[a]	As[a]	Fe	Ni	Pb	Sn	S	Zn	O	Cd
无氧铜	C10100	TU00	99.99[b]	0.0003	0.0025	0.0001	0.0004	0.0005	0.0010	0.0010	0.0005	0.0002	0.0015	0.0001	0.0005	—
				Te≤0.0002, Se≤0.0003, Mn≤于 0.00005, Cd≤0.0001。												
	T10130	TU0	99.97	0.002	—	0.001	0.002	0.002	0.004	0.002	0.003	0.002	0.004	0.003	0.001	—
	T10150	TU1	99.97	0.002	—	0.001	0.002	0.002	0.004	0.002	0.003	0.002	0.004	0.003	0.002	—
	T10180	TU2[c]	99.95	0.002	—	0.001	0.002	0.002	0.004	0.002	0.004	0.002	0.004	0.003	0.003	—
	C10200	TU3	99.95	—	—	—	—	—	—	—	—	—	—	—	0.0010	—
银无氧铜	T10350	TU00Ag0.06	99.99	0.002	0.05~0.08	0.0003	0.0005	0.0004	0.0006	0.0006	0.0007	—	0.0005	0.0005	0.0005	—
	C10500	TU00Ag0.03	99.95	—	≥0.034	—	—	—	—	—	—	—	—	—	0.0010	—
	T10510	TU00Ag0.05	99.96	0.002	0.02~0.06	0.001	0.002	0.002	0.004	0.002	0.004	0.002	0.004	0.003	0.003	—
	T10530	TU00Ag0.1	99.96	0.002	0.06~0.12	0.001	0.002	0.002	0.004	0.002	0.004	0.002	0.004	0.003	0.003	—
	T10540	TU00Ag0.2	99.96	0.002	0.15~0.25	0.001	0.002	0.002	0.004	0.002	0.004	0.002	0.004	0.003	0.003	—
	T10550	TU00Ag0.3	99.96	0.002	0.25~0.35	0.001	0.002	0.002	0.004	0.002	0.004	0.002	0.004	0.003	0.003	—
锆无氧铜	T10600	TUZr0.15	99.97[d]	0.002	Zr: 0.11~0.21	0.001	0.002	0.002	0.004	0.002	0.003	0.002	0.004	0.003	0.002	—

续表

分类	代号	牌号	Cu+Ag (min)	P	Ag	Bi[a]	Sb[a]	As[a]	Fe	Ni	Pb	Sn	S	Zn	O	Cd
纯铜	T10900	T1	99.95	0.001	—	0.001	0.002	0.002	0.005	0.002	0.003	0.002	0.005	0.005	0.02	—
	T11050	T2[e·f]	99.90	—	—	0.001	0.002	0.002	0.005	—	0.005	—	0.005	—	—	—
	T11090	T3	99.70	—	—	0.002	—	—	—	—	0.01	—	—	—	—	—
银铜	T11200	TAg0.1~0.01	99.9[g]	0.004~0.012	0.08~0.12	—	—	—	—	0.05	—	—	—	—	0.05	—
	T11210	TAg0.1	99.5[h]	—	0.06~0.12	0.002	0.005	0.01	0.05	0.2	0.01	0.05	0.01	—	0.1	—
	T11220	TAg0.15	99.5	—	010~0.20	0.002	0.005	0.01	0.05	0.2	0.01	0.05	0.01	—	0.1	—
磷脱氧铜	C12000	TP1	99.90	0.004~0.012	—	—	—	—	—	—	—	—	—	—	—	—
	C12200	TP2	99.9	0.015~0.040	—	—	—	—	—	—	—	—	—	—	—	—
	C12210	TP3	99.9	0.01~0.025	—	—	—	—	—	—	—	—	—	—	0.01	—
	C12400	TP4	99.90	0.040~0.065	—	—	—	—	—	—	—	—	—	—	0.002	—
碲铜	T14440	TTe0.3	99.9[i]	0.001	Te: 0.20~0.35	0.001	0.0015	0.002	0.008	0.002	0.01	0.001	0.0025	0.005	—	0.01
	T14450	TTe0.5~0.008	99.8[j]	0.004~0.012	Te: 0.4~0.6	0.001	0.003	0.002	0.008	0.005	0.01	0.01	0.003	0.008	—	0.01
	C14500	TTe0.5	99.90[j]	0.010~0.030	Te: 0.40~0.7	—	—	—	—	—	—	—	—	—	—	—
	C14510	TTe0.5~0.02	99.85[j]	0.010~0.030	Te: 0.30~0.7	—	—	—	—	—	0.05	—	—	—	—	—

续表

分类	代号	牌号	Cu+Ag (min)	P	Ag	Bi[a]	Sb[a]	As[a]	Fe	Ni	Pb	Sn	S	Zn	O	Cd
硫铜	C14700	TS0.4	99.90[k]	0.002~0.005	—	—	—	—	—	—	—	—	0.20~0.50	—	—	—
	C15000	TZ0.15[l]	99.80	—	Zr: 0.10~0.20	—	—	—	—	—	—	—	0.50	—	—	—
锆铜	T15200	TZ0.2	99.5[d]	—	Zr: 0.15~0.30	0.002	0.005	—	0.05	0.2	0.01	0.05	0.01	—	—	—
	T15400	TZ0.1	99.5[d]	—	Zr: 0.30~0.50	0.002	0.005	—	0.05	0.2	0.01	0.05	0.01	—	—	—
弥散无氧铜	T15700	TUAl0.12	余量	0.002	Al₂O₃: 0.16~0.26	0.001	0.002	0.002	0.004	0.002	0.003	0.002	0.004	0.003	—	—

a 砷、铋、锑可不分析，但供方必须保证不大于极限值。

b 此值为铜量，铜含量（质量分数）不小于 99.99%时，其值应由差减法求得。

c 电工用无氧铜 TU2 氧含量不大于 0.002%。

d 此值为 Cu+Zr。

e 经双方协商，可供应 P 不大于 0.001%的导电 T2 铜。

f 电力机车接触材料用纯铜线坯：Bi≤0.0005%, Pb≤0.0005%, O≤0.035%, P≤0.001%，其他杂质综合不大于 0.03%。

g 此值为 Cu+Ag+P。

h 此值为铜量。

i 此值为 Cu+Ag+Te。

j 此值为 Cu+Ag+Te+P。

k 此值为 Cu+Ag+S+P。

l 此牌号 Cu+Ag+Zr 不小于 99.3%。

5.2.2 加工高铜合金化学成分

加工高铜合金的牌号与化学成分（GB/T 5231）见表5-3。

表5-3 加工高铜a的牌号与化学成分

化学成分（质量分数）（%）

分类	代号	牌号	Cu	Be	Ni	Cr	Si	Fe	Al	Pb	Ti	Zn	Sn	S	P	Mn	Co	杂质总和
镉铜	C16200	TCd1	余量	—	—	—	—	0.02	—	—	—	—	—	—	—	Cd: 0.7~1.2	—	0.5
铍铜	C17300	TBe1.9-0.4[b]	余量	1.80~2.00	—	—	0.20	—	0.20	0.20~0.6	—	—	—	—	—	—	—	0.9
	T17490	TBe0.3-1.5	余量	0.25~0.50	—	—	0.20	0.10	0.20	—	—	—	—	—	—	Ag: 0.90~1.10	1.40~1.70	0.5
	C17500	TBe0.6-2.5	余量	0.4~0.7	—	—	0.20	0.10	0.20	—	—	—	—	—	—	—	2.4~2.7	1.0
	C17510	TBe0.4-1.8	余量	0.2~0.6	1.4~2.2	—	0.20	0.10	0.20	—	—	—	—	—	—	—	0.3	1.3
	T17700	TBe1.7	余量	1.6~1.85	0.2~0.4	—	0.15	0.15	0.15	0.005	0.10~0.25	—	—	—	—	—	—	0.5
	T17710	TBe1.9	余量	1.85~2.1	0.2~0.4	—	0.15	0.15	0.15	0.005	0.10~0.25	—	—	—	—	—	—	0.5
	T17715	TBe1.9-0.1	余量	1.85~2.1	0.2~0.4	—	0.15	0.15	0.15	0.005	0.10~0.25	—	—	—	—	Mg: 0.07~0.13	—	0.5
	T17720	TBe2	余量	1.80~2.1	0.2~0.5	—	0.15	0.15	0.15	0.005	—	—	—	—	—	—	—	0.5

续表

分类	代号	牌号	Cu	Be	Ni	Cr	Si	Fe	Al	Pb	Ti	Zn	Sn	S	P	Mn	Co	杂质总和
			化学成分（质量分数）（%）															
镍铬铜	C18000	TNi2.4-0.6-0.5	余量	—	1.8~3.0c	0.10~0.8	0.40~0.8	0.15	—	—	—	—	—	—	—	—	—	0.65
铬铜	C18135	TCr0.3-0.3	余量	—	—	0.2~0.6	—	—	—	—	—	—	—	—	—	Cd: 0.20~0.6	—	0.5
	T18140	TCr0.5	余量	—	0.05	0.4~1.1	—	0.1	—	—	—	—	—	—	—	—	—	0.5
	T18142	TCr0.5-0.2-0.1	余量	—	0.05	0.4~1.0	—	—	0.1~0.25	—	—	—	—	—	—	Mg: 0.1~0.25	—	0.5
	T18144	TCr0.5-0.1	余量	—	0.05	0.40~0.70	0.05	0.05	—	0.05	—	0.05~0.25	0.01	0.005	—	Ag: 0.08~0.13	—	0.25
	T18146	TCr0.7	余量	—	0.05	0.55~0.85	—	0.1	—	—	—	—	—	—	—	—	—	0.5

分类	代号	牌号	Cu	Zr	Cr	Ni	Si	Fe	Al	Pb	Mg	Zn	Sn	S	P	B	Sb	Bi	杂质总和
			化学成分（质量分数）（%）																
铬铜	T18148	TCr0.8	余量	—	0.6~0.9	0.05	0.03	0.03	0.005	—	—	—	—	0.005	—	—	—	—	0.2
	C18150	TCr1-0.15	余量	0.05~0.25	0.50~1.5	—	—	—	—	—	—	—	—	—	—	—	—	—	0.3
	C18160	TCr1-0.18	余量	0.05~0.30	0.5~1.5	—	0.10	0.10	0.05	0.05	0.05	—	—	—	0.10	0.02	0.01	0.01	0.3d
	C18170	TCr0.6-0.4-0.05	余量	0.3~0.6	0.4~0.8	—	0.05	0.05	—	—	0.04~0.08	—	—	—	0.01	—	—	—	0.5
	C18200	TCr1	余量	—	0.6~1.2	—	0.10	0.10	—	0.05	—	—	—	—	—	—	—	—	0.75

续表

化学成分质量分数（%）

分类	代号	牌号	Cu	Zr	Cr	Ni	Si	Fe	Al	Pb	Mg	Zn	Sn	S	P	B	Sb	Bi	杂质总和
镁铜	T18658	TMg0.2	余量	—		—		—	—	—	0.1~0.3	—	—	—	0.01	—	—	—	0.1
	C18661	TMg0.4	余量	—		—		0.10	—	—	0.10~0.7	—	0.20	—	0.001~0.02	—	—	—	0.8
	T18664	TMg0.5	余量	—		—		—	—	—	0.4~0.7	—	—	—	0.01	—	—	—	0.1
	T18667	TMg0.8	余量	—		0.006		0.005	—	—	0.70~0.80	0.005	0.002	0.005	—	—	0.005	0.002	0.3
铅铜	C18700	TPb1	余量	—		—		—	—	0.8~1.5	—	—	—	—	—	—	—	—	0.5
铁铜	C19200	TFe1.0	98.5	—		—		0.8~1.2	—	—	—	0.20	—	—	0.10~0.04	—	—	—	0.4
	C19210	TFe0.1	余量	—		—		0.05~0.15	—	—	—	—	—	—	0.025~0.04	—	—	—	0.2
	C19400	TFe2.5	97.0	—		—		2.1~2.6	—	0.03	—	0.05~0.20	—	—	0.015~0.15	—	—	—	—
钛铜	C19910	TT3.0~0.2	余量	—		—		0.17~0.23	—	—	—	—	—	—	—	Ti2.9~3.4	—	—	0.5

a 高铜合金，指铜含量在96.0%~99.3%之间的合金。

b 该牌号 Ni+Co≥0.20%，Ni+Co+Fe≤0.6%。

c 此值为 Ni+Co。

d 此值为表中所列杂质元素实测值总和。

5.2.3　加工黄铜牌号及化学成分

加工黄铜的牌号与化学成分（GB/T 5231）见表 5-4。

表 5-4　加工黄铜的牌号与化学成分

| 分类 | 代号 | 牌号 | 化学成分（质量分数）（%） | | | | | | | | |
			Cu	Fe	Pb	Si	Ni	B	As	Zn	杂质总和
铜锌合金 普通黄铜	C21000	H95	94.0~96.0	0.05	0.05	—	—	—	—	余量	0.3
	C22000	H90	89.0~91.0	0.05	0.05	—	—	—	—	余量	0.3
	C23000	H85	84.0~86.0	0.05	0.05	—	—	—	—	余量	0.3
	C24000	H80	78.5~81.5	0.05	0.05	—	—	—	—	余量	0.3
	C26100	H70	68.5~71.5	0.10	0.03	—	—	—	—	余量	0.3
	C26300	H68	67.0~70.0	0.10	0.03	—	—	—	—	余量	0.3
	C26800	H66	64.0~68.5	0.05	0.09	—	—	—	—	余量	0.45
	C27000	H65	63.0~68.5	0.07	0.09	—	—	—	—	余量	0.45
	T27300	H63	62.0~65.0	0.15	0.08	—	—	—	—	余量	0.5
	T27600	H62	60.5~63.5	0.15	0.08	—	—	—	—	余量	0.5
	T28200	H59	57.0~60.0	0.3	0.5	0.5	—	—	—	余量	1.0
硼砷黄铜	T22130	HB90-0.1	89.0~91.0	0.02	0.02	—	—	0.05~0.3	—	余量	0.5
	T23030	HAs85-0.05	84.0~86.0	0.10	0.03	—	—	—	0.02~0.08	余量	0.3
	C26130	HAs70-0.05	68.5~71.5	0.05	0.05	—	—	—	0.02~0.08	余量	0.4
	T26330	HAs68-0.04	67.0~70.0	0.10	0.03	—	—	—	0.02~0.08	余量	0.3

续表

分类	代号	牌号	Cu	Fe	Pb	Al	Mn	Sn	As	Zn	杂质总和
铜锌铝合金 铅黄铜	C31400	HPb89-2	87.5~90.5	0.10	1.3~2.5	—	Ni: 0.7	—	—	余量	1.2
	C33000	HPb66-0.5	65.0~68.0	0.07	0.25~0.7	—	—	—	—	余量	0.5
	C34700	HPb63-3	62.0~65.0	0.10	2.4~3.0	—	—	—	—	余量	0.75
	C34900	HPb63-0.1	61.5~63.5	0.15	0.05~0.3	—	—	—	—	余量	0.5
	C35100	HPb62-0.8	60.0~63.0	0.2	0.5~1.2	—	—	—	—	余量	0.75
	C35300	HPb62-2	60.0~63.0	0.15	1.5~2.5	—	—	—	—	余量	0.65
	C36000	HPb62-3	60.0~63.0	0.35	2.5~3.7	—	—	—	—	余量	0.85
	C36210	HPb62-0.1	61.0~63.0	0.1	1.7~2.8	0.5	0.1	0.1	0.02~0.15	余量	0.55
	C36220	HPb61-1	59.0~62.0	—	1.0~2.5	—	—	0.30~1.5	0.02~0.25	余量	0.4
	C36230	HPb61-0.1	59.2~62.3	0.2	1.7~2.8	—	—	0.2	0.08~0.15	余量	0.5
	C37100	HPb61-1	58.0~62.0	0.15	0.6~1.2	—	—	—	—	余量	0.55
	C37700	HPb60-2	58.0~61.0	0.30	1.5~2.5	—	—	—	—	余量	0.8
	C37900	HPb60-3	58.0~61.0	0.3	2.5~3.5	—	—	0.3	—	余量	0.8
	C38100	HPb59-1	57.0~60.0	0.5	0.8~1.9	—	—	—	—	余量	1.0
	C38200	HPb59-2	57.0~60.0	0.5	1.5~2.5	—	—	0.5	—	余量	1.0
	C38210	HPb58-2	57.0~59.0	0.5	1.5~2.5	—	—	0.5	—	余量	1.0
	C38300	HPb59-3	57.5~59.5	0.50	2.0~3.0	—	—	—	—	余量	1.2
	C38310	HPb58-3	57.0~59.0	0.5	2.5~3.5	—	—	0.5	—	余量	1.0
	C38400	HPb58-4	56.0~59.0	0.5	3.5~4.5	—	—	0.5	—	余量	1.2

化学成分（质量分数）（%）

续表

分类	代号	牌号	化学成分（质量分数）（%）														杂质总和
			Cu	Te	B	Si	As	Bi	Cd	Sn	P	Ni	Mn	Fe	Pb	Zn	
铜锌合金、复杂黄铜 锡黄铜	T41900	HSn90-1	88.0~91.0	—	—	—	—	—	—	0.25~0.75	—	—	—	0.10	0.03	余量	0.2
	C44300	HSn72-1	70.0~73.0	—	—	—	0.02~0.06	—	—	0.8	—	—	—	0.06	0.07	余量	0.4
	T45000	HSn70-1	69.0~71.0	—	0.0015~0.02	—	0.03~0.06	—	—	0.8	—	—	—	0.10	0.05	余量	0.3
	T45010	HSn70-1-0.01	69.0~71.0	—	0.0015~0.02	—	0.03~0.06	—	—	0.8	—	—	—	0.10	0.05	余量	0.3
	T45020	HSn70-1-0.01-0.04	69.0~71.0	—	—	—	0.03~0.06	—	—	0.8	—	0.05~1.00	0.02~2.00	0.10	0.05	余量	0.3
	T46100	HSn65-0.03	63.5~68.0	—	—	—	—	—	—	0.01	0.01~0.07	—	—	0.05	0.03	余量	0.3
	T46300	HSn62-1	61.0~63.0	—	—	—	—	—	—	0.7	—	—	—	0.10	0.10	余量	0.3
	T46410	HSn60-1	59.0~61.0	—	—	—	—	—	—	1.0	—	—	—	0.10	0.30	余量	1.0
铋黄铜	T49230	HBi60-2	59.0~62.0	—	—	—	—	2.0~3.5	0.01	0.3	—	—	—	0.2	0.1	余量	0.5
	T49240	HBi60-1.3	58.0~62.0	—	—	—	—	0.3~2.3	0.01	0.05	—	—	—	0.1	0.2	余量	0.3
	C49260	HBi60-1.0-0.05	58.0~63.0	—	—	0.10	—	0.50~1.7	0.001	0.50	0.05~0.15	—	—	0.50	0.09	余量	1.5

续表

分类		代号	牌号	化学成分（质量分数）(%)													
				Cu	Te	Al	Si	As	Bi	Cd	Sn	P	Ni	Mn	Fe	Pb	Zn	杂质总和
复杂黄铜	铋黄铜	T49310	HBi60-0.5-0.01	58.5~61.5	0.010~0.015	—	—	0.01	—	0.01	—	—	—	—	—	0.1	余量	0.5
		T49200	HBi60-0.8-0.01	58.5~61.5	0.010~0.015	—	—	0.01	—	0.01	—	—	—	—	—	0.1	余量	0.5
		T49330	HBi60-1.1-0.01	58.5~61.5	0.010~0.015	—	—	0.01	—	0.01	—	—	—	—	—	0.1	余量	0.5
		T49360	HBi59-1	58.0~60.0	—	—	—	—	—	0.01	0.2	—	—	—	0.2	0.1	余量	0.5
		C49350	HBi62-1	61.0~63.0	Sb0.02~0.10	—	0.30	—	—	—	1.5~3.0	0.04~0.15	—	—	—	0.09	余量	0.9
	锰黄铜	T67100	HMn64-8-5-1.5	63.0~66.0	—	4.5~6.0	1.0~2.0	—	—	—	0.5	—	0.5	7.0~8.0	0.5~1.5	0.3~0.8	余量	1.0
		T67200	HMn62-3-3-0.7	60.0~63.0	—	2.4~3.4	0.5~1.5	Cr:0.07~0.27	—	0.1	—	—	2.7~3.7	0.1	0.05	余量	1.2	
		T67300	HMn62-3-3-1	59.0~65.0	—	1.7~3.7	0.5~1.3	—	—	—	—	—	0.2~0.6	2.2~3.8	0.6	0.18	余量	0.8
		T67310	HMn62-13	59.0~65.0	—	0.5~2.5	0.05	—	—	—	—	—	0.05~0.5	10~15	0.05	0.03	余量	0.15
		T67320	HMn55-3-1	53.0~58.0	—	—	—	—	—	—	—	—	—	3.0~4.0	0.5~1.5	0.5	余量	1.5

续表

分类	代号	牌号	化学成分（质量分数）（%）												
			Cu	Fe	Pb	Al	Mn	P	Sb	Ni	Si	Cd	Sn	Zn	杂质总和
复杂黄铜 锰黄铜	T67330	HMn59-2-1.5-0.5	58.0~59.0	0.35~0.65	0.3~0.6	1.4~1.7	1.8~2.2	—	—	—	0.6~0.9	—	—	余量	0.3
复杂黄铜 锰黄铜	T67400	HMn58-2	57.0~60.0	1.0	0.1		1.0~2.0	—	—	—	—	—	—	余量	1.2
复杂黄铜 锰黄铜	T67410	HMn57-3-1	55.0~58.5	1.0	0.2	0.5~1.5	2.5~3.5	—	—	—	—	—	—	余量	1.3
复杂黄铜 锰黄铜	T67420	HMn57-2-2-0.5	56.5~58.5	0.3~0.8	0.3~0.8	1.3~2.1	1.5~2.3	—	—	—	0.5~0.7	—	0.5	余量	1.0
复杂黄铜 铁黄铜	T67600	HFe59-1-1	57.0~60.0	0.6~1.2	0.20	0.1~0.5	0.5~0.8	—	—	—	—	—	0.3~0.7	余量	0.3
复杂黄铜 铁黄铜	T67610	HFe58-1-1	56.0~58.0	0.7~1.3	0.7~1.3		—	—	—	—	—	—	—	余量	0.5
复杂黄铜 锑黄铜	T68200	HSb61-0.8-0.5	59.0~63.0	0.2	0.2		—	—	0.4~1.2	0.05~1.2	0.3~1.0	0.01	—	余量	0.5
复杂黄铜 锑黄铜	T68210	HSb60-0.9	58.0~62.0	—	0.2		—	—	0.3~1.5	0.05~0.9	—	0.01	—	余量	0.3
复杂黄铜 硅黄铜	T68310	HSi80-3	79.0~81.0	0.6	0.1		—	—	—	—	2.5~4.0	—	—	余量	1.5
复杂黄铜 硅黄铜	T68320	HSi75-3	73.0~77.0	0.1	0.1		0.1	0.04~0.15	—	0.1	2.7~3.4	—	0.5	余量	0.6
复杂黄铜 硅黄铜	C68350	HSi62-0.6	59.0~64.0	0.15	0.09	0.30	—	0.05~0.40	—	0.20	0.3~1.0	0.01	0.6	余量	2.0
复杂黄铜 硅黄铜	T68360	HSi61-0.6	59.0~63.0	0.15	0.2		—	0.03~0.12	—	0.05~1.0	0.4~1.0	0.01	—	余量	0.3
复杂黄铜 铝黄铜	C68700	HAl77-2	76.0~79.0	0.06	0.07	1.8~2.5	As: 0.02~0.06	—	—	—	—	0.01	—	余量	0.6
复杂黄铜 铝黄铜	T69200	HAl67-2.5	66.0~68.0	0.6	0.5	2.0~3.0	—	—	—	—	—	—	—	余量	1.5
复杂黄铜 铝黄铜	T69210	HAl66-6-3-2	64.0~68.0	2.0~4.0	0.5	6.0~7.0	1.5~2.5	—	—	—	—	—	—	余量	1.5
复杂黄铜 铝黄铜	T69210	HAl64-5-4-2	63.0~66.0	1.8~3.0	0.2~1.0	4.0~6.0	3.0~5.0	—	—	—	—	—	0.3	余量	1.3

续表

分类		代号	牌号	Cu	Fe	Pb	Al	As	Bi	Mg	Cd	Mn	Ni	Si	Co	Sn	Zn	杂质总和
复杂黄铜	铝黄铜	T69220	HAl61-4-3-1.5	59.0~62.0	0.5~1.3	—	3.5~4.5	—	—	—	—	—	2.5~4.0	0.5~1.5	1.0~2.0	0.2~1.0	余量	1.3
		T69230	HAl61-4-3-1	59.0~62.0	0.3~1.3	—	3.5~4.5	—	—	—	—	—	2.5~4.0	0.5~1.5	0.5~1.0	—	余量	0.7
		T69240	HAl60-1-1	58.0~61.0	0.70~1.50	0.40	0.70~1.50	—	—	—	—	0.1~0.6	—	—	—	—	余量	0.7
		T69250	HAl59-3-2	57.0~60.0	0.50	0.10	2.5~3.5	—	—	—	—	—	2.0~3.0	—	—	—	余量	0.9
	镁黄铜	T69800	HMg60-1	59.0~61.0	0.2	0.1	—	—	0.3~0.8	0.5~2.0	0.01	—	—	—	—	0.3	余量	0.5
	镍黄铜	T69900	HNi65-5	64.0~67.0	0.15	0.03	—	—	—	—	—	—	5.0~6.5	—	—	—	余量	0.3
		T69910	HNi56-3	54.0~58.0	0.15~0.5	0.2	0.3~0.5	—	—	—	—	—	2.0~3.0	—	—	—	余量	0.6

续表

分类		代号	牌号	Cu	Fe	Pb	Si	B	Ni	As	Zn	杂质总和
铜锌合金	铝黄铜	C31400	HPb								余量	
		C33000									余量	
		C34700									余量	
		C34900									余量	
		C35100									余量	

续表

分类	代号	牌号	化学成分（质量分数）（%）								杂质总和
			Cu	Fe	Pb	Si	Ni	B	As	Zn	
铜锌合金 铅黄铜	C35300					—	—	—	—	余量	
	C36000					—	—	—	—	余量	
	C36210					—	—	—	—	余量	
	C36220					—	—	—	—	余量	
	C36230					—	—	—	—	余量	
	C37100					—	—	—	—	余量	
	C37700					0.5		0.05~0.3		余量	
	C37900								0.02~0.08	余量	
	C38100								0.02~0.08	余量	
	C38200								0.02~0.08	余量	
	C38210									余量	
	C38300									余量	
	C38310									余量	
	C38400									余量	

5.2.4 加工青铜牌号及化学成分

加工青铜的牌号与化学成分（GB/T 5231）见表 5 - 5。

表 5－5　加工青铜的牌号与化学成分

分类	代号	牌号	Cu	Sn	P	Fe	Pb	Al	B	Ti	Mn	Si	Ni	Zn	杂质总和
铜锡、铜锡、磷、铜锡青铜（锡青铜）	T50110	QS0.4	余量	0.15~0.55	0.001	—	—	—	—	—	—	—	0≤0.035	—	0.1
	T50120	QS0.6	余量	0.4~0.8	0.01	0.020	—	—	—	—	—	—	—	—	0.1
	T50130	QS0.9	余量	0.85~1.05	0.03	0.05	—	—	—	—	—	—	—	—	0.
	T50300	QS0.5-0.025	余量	0.25~0.6	0.015~0.035	0.010	—	—	—	—	—	—	—	—	0.1
	T50400	QS1-0.5-0.5	余量	0.9~1.2	0.09	—	0.01	0.01	S≤0.005	—	0.3~0.6	0.3~0.6	—	—	0.1
	C50500	QS1.5-0.2	余量	1.0~1.7	0.03~0.35	0.10	0.05	—	—	—	—	—	—	0.30	0.95
	C50700	QS1.8	余量	1.5~2.0	0.30	0.10	0.05	—	—	—	—	—	—	—	0.95
	T50800	QS4-3	余量	3.5~4.5	0.03	0.05	0.02	0.002	—	—	—	—	—	2.7~3.3	0.2
	C51000	QS5-0.2	余量	4.2~5.8	0.03~0.35	0.10	0.05	—	—	—	—	—	—	0.30	0.95
	T51010	QS5-0.3	余量	4.5~5.5	0.01~0.35	0.1	0.02	—	—	—	—	—	0.2	0.2	0.75
	C51100	QS4-0.3	余量	3.5~4.9	0.03~0.36	0.10	0.05	—	—	—	—	—	—	0.30	0.95
铅合金	T51500	QS6-0.05	余量	6.0~7.0	0.05	0.10	—	—	Ag:0.05~0.12	—	—	—	—	0.05	0.2
	T51510	QS6.5-0.1	余量	6.0~7.0	0.10~0.25	0.05	0.02	0.02	—	—	—	—	—	0.3	0.4
	T51520	QS6.5-0.4	余量	6.0~7.0	0.26~0.40	0.02	0.02	0.02	—	—	—	—	—	0.3	0.4
	T51530	QS7-0.2	余量	6.0~8.0	0.10~0.25	0.05	0.02	0.01	—	—	—	—	—	0.3	0.45
	C52100	QS8-0.3	余量	7.0~9.0	0.03~0.35	0.10	0.05	—	—	—	—	—	—	0.20	0.85
	T52500	QS15-1-1	余量	12~18	0.5	0.1~1.0	—	—	0.02~1.2	0.02	0.6	—	—	0.5~2.0	1.0
	T53300	QS4-4-2.5	余量	3.0~5.0	0.03	0.05	1.5~3.5	0.002	—	—	—	—	—	3.0~5.0	0.2
	T53500	QS4-4-4	余量	3.0~5.0	0.03	0.05	3.5~4.5	0.002	—	—	—	—	—	3.0~5.0	0.2

续表

分类	代号	牌号	化学成分（质量分数）（%）															
			Cu	Al	Fe	Ni	Mn	P	Zn	Sn	Si	Pb	As	Mg	Sb	Bi	S	杂质总和
铬青铜	T55600	QCr4.5-2.5-0.6	余量	Cr:3.5~5.5	0.05	0.2~1.0	0.5~2.0	—	0.05	—	—	—	Ti:1.5~3.5	—	—	—	—	0.1
锰青铜	T56100	QMn1.5	余量	0.07	0.1	0.1	1.20~1.80	—	—	0.05	0.1	0.01	Cr:≤0.1	—	0.005	0.002	0.01	0.3
	T56200	QMn2	余量	0.07	0.1	—	1.5~2.5	—	—	0.05	0.1	0.01	0.01	—	0.05	0.002	—	0.5
	T56300	QMn5	余量	—	0.35	—	4.5~5.5	0.01	0.4	0.1	0.1	0.03	—	—	0.002	—	—	0.9
铝青铜	T60700	QAl5	余量	4.0~6.0	0.5	—	0.5	0.01	0.5	0.1	0.1	0.03	—	—	—	—	—	1.6
	C60800	QAl6	余量	5.0~6.5	0.10	—	—	—	—	—	—	0.10	0.02~0.35	—	—	—	—	0.7
	C61000	QAl7	余量	6.0~8.5	0.50	—	—	—	0.20	—	0.10	0.02	—	—	—	—	—	1.3
	T61700	QAl9-2	余量	8.0~10.0	0.5	—	1.5~2.5	0.1	1.0	0.1	0.1	0.03	—	—	—	—	—	1.7
	T61720	QAl9-4	余量	8.0~10.0	2.0~4.0	—	0.5	0.01	1.0	0.1	0.1	0.01	—	—	—	—	—	1.7
	T61740	QAl9-5-1-1	余量	8.0~10.0	0.5~1.5	4.0~6.0	0.5~1.5	0.01	0.3	0.1	0.1	0.01	0.01	—	—	—	—	0.6
	T61760	QAl10-3-1.5	余量	8.0~10.0	2.0~4.0	—	1.0~2.0	0.01	0.5	0.1	0.1	0.03	—	—	—	—	—	0.75

铜铬、铜锰、铜铝合金

续表

化学成分（质量分数）（%）

分类	代号	牌号	Cu	Al	Fe	Ni	Mn	P	Zn	Sn	Si	Pb	As	Mg	Sb	Bi	S	杂质总和
铜铬、铜锰、铜铝合金 铝青铜	T61780	QAl10-4-4	余量	8.0~11.0	3.5~5.5	3.5~5.5	0.3	0.01	0.5	0.1	0.1	0.02	—	—	—	—	—	1.0
	T61790	QAl10-4-4-1	余量	8.0~11.0	3.0~5.0	3.0~5.0	0.5~2.0	—	—	—	—	—	—	—	—	—	—	0.8
	T62100	QAl10-5-5	余量	8.0~11.0	4.0~6.0	4.0~6.0	0.5~2.5	—	0.5	0.2	0.25	0.05	—	0.10	—	—	—	1.2
	T62200	QAl11-6-6	余量	10.0~11.5	5.0~6.5	5.0~6.5	0.5	0.1	0.6	0.2	0.2	0.05	—	—	—	—	—	1.5
铜硅合金 硅青铜	C64700	QSi0.6-2	余量	0.40~0.8	0.10	1.6~2.2	0.50	0.09	—	—	—	—	—	—	—	—	—	1.2
	T64720	QSi1-3	余量	0.6~1.1	0.1	2.4~3.4	0.2	0.15	0.1~0.4	0.1	—	—	—	0.02	—	—	—	0.5
	T64730	QSi3-1	余量	1.7~3.5	0.3	0.2	0.5	0.03	1.0~1.5	0.25	—	—	—	—	—	—	—	1.1
	T64740	QSi3.5-3-1.5	余量	3.0~4.0	1.2~1.8	0.2	2.5~3.5	0.03	0.5~0.9	0.25	0.03	0.002	0.002	—	—	—	—	1.1

5.2.5 加工白铜牌号及化学成分

加工白铜的牌号与化学成分（GB/T 5231）见表 5-6。

表 5-6　加工白铜的牌号与化学成分

分类	代号	牌号	化学成分（质量分数）（%）													
			Cu	Ni+Co	Al	Fe	Mn	Pb	P	S	C	Mg	Si	Zn	Sn	杂质总和
普通白铜	T70110	B0.6	余量	0.57~0.63	—	0.005	—	0.005	0.002	0.005	0.002	—	0.002	—	—	0.1
	T70380	B5	余量	4.4~5.0	—	0.20	—	0.01	0.01	0.01	0.03	—	—	—	—	0.5
	T71050	B19	余量	18.0~20.0	—	0.5	0.5	0.005	0.01	0.01	0.05	0.05	0.15	0.3	—	1.8
	C71100	B23	余量	22.0~24.0	—	0.10	0.15	0.05	—	—	—	—	—	0.20	—	1.0
	T71200	B25	余量	24.0~26.0	—	0.5	0.5	0.005	0.01	0.01	0.05	0.05	0.15	0.3	0.03	1.8
	T71400	B30	余量	29.0~33.0	—	0.9	1.2	0.05	0.006	0.01	0.05	0.05	0.15	—	—	2.3
铁白铜	C70400	BFe5-1.5-0.5	余量	4.8~6.2	—	1.3~1.7	0.30~0.8	0.05	—	—	—	—	—	1.0	—	1.55
	T70510	BFe7-0.4-0.4	余量	6.0~7.0	—	0.1~0.7	0.1~0.7	0.01	0.01	0.01	0.03	—	—	0.05	—	0.7
	T70590	BFe10-1-1	余量	9.0~11.0	—	1.0~1.5	0.5~1.0	0.02	0.006	0.01	0.05	—	0.02	0.3	—	0.7
	C70610	BFe10-1.5-1	余量	10.0~11.0	—	1.0~2.0	0.50~1.0	0.01	—	0.05	0.05	—	0.15	—	0.03	0.6
	T70620	BFe10-1.6-1	余量	9.0~11.0	—	1.5~1.8	0.5~1.0	0.03	0.02	0.01	0.05	—	—	0.20	—	0.4
	T70900	BFe16-1-1-0.5	余量	15.0~18.0	Ti≤0.03	0.50~1.00	0.2~1.0	0.05	Cr: 0.30~0.70	—	—	—	—	1.1	—	
	C71500	BFe30-0.7	余量	29.0~33.0	—	0.40~1.0	1.0	0.05	—	0.01	0.03	1.0	—	1.0	—	2.5
	T71510	BFe30-1-1	余量	29.0~32.0	—	0.5~1.0	0.5~1.2	0.02	0.006	0.01	0.05	—	—	0.3	—	0.7
	T71520	BFe30-2-2	余量	29.0~32.0	0.2	1.7~2.3	1.5~2.5	0.01	—	0.03	0.06	—	0.15	0.3	0.03	0.6
锰白铜	T71620	BMn3-12	余量	2.0~3.5	—	0.20~0.50	11.5~13.5	0.020	0.005	0.020	0.05	0.03	0.1~0.3	—	—	0.5
	T71660	BMn40-1.5	余量	39.0~41.0	—	0.50	1.0~2.0	0.005	0.005	0.02	0.10	0.05	0.10	1.0	—	0.9
	T71670	BMn43-0.5	余量	42.0~44.0	—	0.15	0.10~1.0	0.002	0.002	0.01	0.100	0.05	0.10	—	—	0.6
铝白铜	T72400	BAl6-1.5	余量	5.5~6.5	1.2~1.8	0.50	0.20	0.003	—	—	—	—	—	—	—	1.1
	T72600	BAl13-3	余量	12.0~15.0	2.3~3.0	1.0	0.50	0.003	0.01	—	—	—	—	—	—	1.9

续表

分类	代号	牌号	化学成分（质量分数）（%）															
			Cu	Ni+Co	Fe	Mn	Pb	Al	Si	P	S	C	Sn	Bi	Ti	Sb	Zn	杂质总和
锌白铜	C73500	BZn18-10	70.5~73.5	16.5~19.5	0.25	0.50	0.09	—	—	—	—	—	—	—	—	—	余量	1.35
	T74600	BZn15-20	62.0~65.0	13.5~16.5	0.5	0.03	0.02	Mg≤0.05	0.15	0.005	0.01	0.03	—	0.02	As≤1.010	0.02	余量	0.9
	C75200	BZn18-18	63.0~66.5	16.5~19.5	0.25	0.50	0.05	—	—	—	—	—	—	—	—	—	余量	1.3
	T75210	BZn18-17	62.0~66.0	16.5~19.5	0.25	0.50	0.03	—	—	—	—	—	—	—	—	—	余量	0.9
铜镍锌合金	T76100	BZn9-29	60.0~63.0	7.2~10.4	0.3	0.5	0.03	0.05	0.15	0.005	0.005	0.03	0.08	0.002	0.005	0.002	余量	0.8
	T76200	BZn12-24	63.0~66.0	11.0~13.0	0.3	0.5	0.03	—	—	—	—	—	0.03	—	—	—	余量	0.8
	T76210	BZn12-26	60.0~6.0	10.5~13.0	0.3	0.5	0.03	0.005	0.15	0.005	0.005	0.03	0.08	0.002	0.005	0.002	余量	0.8
	T76220	BZn12-29	57.0~60.0	11.0~13.5	0.3	0.5	0.03	—	—	—	—	—	0.03	—	—	—	余量	0.8
	T76300	BZn18-20	60.0~63.0	16.5~19.5	0.3	0.5	0.03	0.005	0.15	0.005	0.005	0.03	0.08	0.002	0.005	0.002	余量	0.8
	T76400	BZn22-16	60.0~63.0	20.5~23.5	0.3	0.5	0.03	0.005	0.15	0.005	0.005	0.03	0.08	0.002	0.005	0.002	余量	0.8

续表

| 分类 | 代号 | 牌号 | 化学成分（质量分数）（%） | | | | | | | | | | | | | | | 杂质总和 |
			Cu	Ni+Co	Fe	Mn	Pb	Al	Si	P	S	C	Sn	Bi	Ti	Sb	Zn	
铜镍锌合金	T76500	BZn25-18	56.0~59.0	23.5~26.5	0.3	0.5	0.03	0.005	0.15	0.005	0.005	0.03	0.08	0.002	0.005	0.002	余量	0.8
	C77000	BZn18-26	53.5~56.5	16.5~19.5	0.25	0.50	0.05	—	—	—	—	—	—	—	—	—	余量	0.8
	T77500	BZn40-20	38.0~54.0	38.0~41.5	0.3	0.5	0.03	0.005	0.15	0.005	0.005	0.10	0.08	0.002	0.005	0.002	余量	0.8
锌白铜	T78300	BZn15-21-1.8	60.0~63.0	14.0~16.0	0.3	0.5	1.5~2.0	—	0.15	—	—	—	—	—	—	—	余量	0.9
	T79500	BZn15-24-1.5	58.0~60.0	12.5~15.5	0.25	0.05~0.5	1.4~1.7	—	—	0.002	0.005	—	—	—	—	—	余量	0.75
	C79800	BZn10-41.2	45.5~48.5	9.0~11.0	0.25	1.5~2.5	1.5~2.5	—	—	—	—	—	—	—	—	—	余量	0.75
	C79860	BZn12-37-1.5	42.3~43.7	11.8~12.7	0.20	5.6~6.4	1.3~1.8	—	0.06	0.005	—	—	0.10	—	—	—	余量	0.56

5.3 导电用铜板和条

5.3.1 导电用铜板和条的牌号、状态和规格

导电用铜板和条的牌号、状态和规格（GB/T 2529）见表 5-7。

表 5-7　　　　　　　导电用铜板和条的牌号、状态和规格

牌号	状态	铜板规格/mm			铜条规格/mm		
		厚度	宽度	长度	厚度	宽度	长度
T2	热轧（R）	4～100			10～60		
	软（M）	4～20	50～650	≤8000	3～30	10～400	≤8000
	1/8 硬（Y8）						
	1/2 硬（Y2）						
	硬 Y（Y）						

5.3.2 导电用铜板和条的力学性能

导电用铜板和条的力学性能见表 5-8。

表 5-8　　　　　　　导电用铜板和条的力学性能

牌号	状态	拉伸试验结果		铜条规格/mm	
		抗拉强度 R_m/MPa	伸长率 $A_{11.3}$（%）	维氏硬度 HV	洛氏硬度 HRF
T2	热轧（R）	≥195	≥30	—	—
	软（M）	≥195	≥35	—	—
	1/8 硬（Y8）	215～275	≥25	—	≥50
	1/2 硬（Y2）	245～335	≥10	75～120	≥80
	硬 Y（Y）	≥295	≥3	≥80	≥65

5.3.3 导电用铜板和条的电性能

导电用铜板和条的电性能见表 5-9。

表 5-9　　　　　　　导电用铜板和条的电性能

牌号	状态	抗拉强度 R_m/MPa
T2	热轧（R）、软（M）	≥195
	1/8 硬（Y8）	215～275
	1/2 硬（Y2）	245～335
	硬（Y）	≥295

5.4　铜及铜合金线材

5.4.1　铜及铜合金线材的牌号、状态和规格

铜及铜合金线材的牌号、状态和规格（GB/T 2529）见表 5 - 10。

表 5 - 10　　　　　　　　铜及铜合金线材的牌号、状态和规格

类别	牌号	状态	直径（对边距）/ mm
纯铜线	T2、T3	软（M）、半硬（Y2）、硬（Y）	0.05～8.0
	TU1、TU2	软（M）、硬（Y）	
黄铜线	H62、H63、H65	软（M）、1/8 硬（Y8）、1/4 硬（Y4）、半硬（Y2）、3/4 硬（Y1）、硬（Y）	0.05～13.0
		特硬	0.05～4.0
	H68、H70	软（M）、1/8 硬（Y8）、1/4 硬（Y4）、半硬（Y2）、3/4 硬（Y1）、硬（Y）	0.05～8.5
		特硬（T）	0.1～6.0
	H80、H85、H90、H96	软（M）、半硬（Y2）、硬（Y）	0.05～12.0
	HSn60 - 1、HSn62 - 1	软（M）、硬（Y）	0.5～6.0
	HPb63 - 3、HPb59 - 1	软（M）、半硬（Y2）、硬（Y）	
	HPb59 - 3	软（M）、硬（Y）	1.0～8.5
	HPb61 - 1	软（M）、硬（Y）	0.5～8.5
	HPb62 - 0.8	软（M）、硬（Y）	0.8～6.0
	HSb60 - 0.9、HSb61 - 0.8 - 0.5、HBi60 - 1.3	软（M）、硬（Y）	0.5～12.0
	HMn62 - 13	软（M）、1/8 硬（Y8）、1/4 硬（Y4）、半硬（Y2）、3/4 硬（Y1）、硬（Y）	0.5～6.0
青铜线	QSn6.5 - 0.1、QSn6.5 - 0.4、QSn7 - 0.2、QSn5 - 0.2、QSi3 - 1	软（M）、1/8 硬（Y8）、1/4 硬（Y4）、半硬（Y2）、3/4 硬（Y1）、硬（Y）	0.1～8.5
	QSn4 - 3	软（M）、1/8 硬（Y8）、1/4 硬（Y4）、半硬（Y2）、3/4 硬（Y1）	0.1～8.5
		硬（Y）	0.1～6.0
	QSn4 - 4 - 4	半硬（Y2）、硬（Y）	
	QSn5 - 1 - 1	软（M）、1/8 硬（Y8）、1/4 硬（Y4）、半硬（Y2）、3/4 硬（Y1）、硬（Y）	0.1～8.5
			0.5～6.0
	QAl7	半硬（Y2）硬（Y）	1.0～6.0

续表

类别	牌号	状态	直径（对边距）/ mm
青铜线	QAl9 - 2	硬（Y）	0.6~6.0
	QCr1、QCr1 - 0.18	固溶＋冷加工＋时效（CYS）、固溶＋时效（CYS）冷加工	1.0~12.0
	QCr4.5 - 2.5 - 0.6	软（M）、固溶＋冷加工＋时效（CYS）、固溶＋时效（CYS）冷加工	0.5~6.0
	QCd1	软（M）、硬（Y）	0.1~6.0
白铜线	B19	软（M）硬（Y）	0.1~6.0
	BFe10 - 1 - 1、BFe30 - 1 - 1		
	BMn3 - 12		0.05~6.0
	BMn40 - 1.5		
	BZn9 - 29、BZn12 - 26、BZn15 - 20、BZn18 - 20	软（M）、1/8硬（Y8）、1/4硬（Y4）、半硬（Y2）、3/4硬（Y1）、硬（Y）	0.1~8.0
		特硬（T）	0.5~4.0
	BZn22 - 26、BZn25 - 18	软（M）、1/8硬（Y8）、1/4硬（Y4）、半硬（Y2）、3/4硬（Y1）、硬（Y）	0.1~8.0
		特硬（T）	0.5~4.0
	BZn40 - 20	软（M）、1/8硬（Y8）、1/4硬（Y4）、半硬（Y2）、3/4硬（Y1）、硬（Y）	1.0~6.0

5.4.2 圆形线材的直径及其允许偏差

圆形线材的直径及其允许偏差见表 5 - 11。

表 5 - 11　　　　　　　　　　圆形线材的直径及其允许偏差

公称直径/mm	允许偏差/mm（不大于）	
	较高级	普通级
0.05~0.1	±0.003	±0.005
0.1~0.2	±0.005	±0.010
0.2~0.5	±0.008	±0.015
0.5~1.0	±0.010	±0.020
1.0~3.0	±0.020	±0.030
3.0~6.0	±0.030	±0.040
6.0~13.0	±0.040	±0.050

5.4.3 正方形、六角形异形型材的对边距离及允许偏差

正方形、六角形异形型材的对边距离及允许偏差见表 5-12。

表 5-12　　　　　　　　　正方形、六角形异形型材的对边距离及允许偏差

对边距/mm	允许偏差/mm（不大于）	
	较高级	普通级
≤3.0	±0.030	±0.040
3.0～6.0	±0.040	±0.050
6.0～13.0	±0.050	±0.060

5.4.4 线材的力学性能要求

线材的室温纵向力学性能要求见表 5-13。

表 5-13　　　　　　　　　　　线材的室温纵向力学性能

牌号	状态	直径（对边距）/mm	抗拉强度 R_m/(N/mm²)	伸长率 A_{100mm}（%）
TU1、TU2	M	0.05～8.0	≤255	≥25
	Y	0.05～4.0	≥345	—
		4.0～8.0	≥310	≥10
T2、T3	M	0.05～0.3	≥195	≥15
		0.3～1.0	≥195	≥20
		1.0～2.5	≥205	≥25
		2.5～8.0	≥205	≥30
	Y2	0.05～8.0	255～365	—
	Y	0.05～2.5	≥380	—
		2.5～8.0	≥365	—
H62、H63	M	0.05～0.25	≥345	≥18
		0.25～1.0	≥335	≥22
		1.0～2.0	≥325	≥26
		2.0～4.0	≥315	≥30
		4.0～6.0	≥315	≥34
		6.0～13.0	≥305	≥36
	Y8	0.05～0.25	≥360	≥8
		0.25～1.0	≥350	≥12
		1.0～2.0	≥340	≥18
		2.0～4.0	≥330	≥22
		4.0～6.0	≥320	≥16
		6.0～13.0	≥310	≥30

牌号	状态	直径（对边距）/mm	抗拉强度 R_m/(N/mm²)	伸长率 A_{100mm}（%）
H62、H63	Y4	0.05～0.25	≥380	≥5
		0.25～1.0	≥370	≥8
		1.0～2.0	≥360	≥10
		2.0～4.0	≥350	≥15
		4.0～6.0	≥340	≥20
		6.0～13.0	≥330	≥25
	Y2	0.05～0.25	≥430	—
		0.25～1.0	≥410	≥4
		1.0～2.0	≥390	≥7
		2.0～4.0	≥375	≥10
		4.0～6.0	≥355	≥12
		6.0～13.0	≥350	≥14
	Y1	0.05～0.25	590～785	—
		0.25～1.0	540～735	—
		1.0～2.0	490～685	—
		2.0～4.0	440～635	—
		4.0～6.0	390～590	—
		6.0～13.0	360～560	—
	Y	0.05～0.25	785～980	—
		0.25～1.0	685～885	—
		1.0～2.0	635～835	—
		2.0～4.0	590～785	—
		4.0～6.0	540～735	—
		6.0～13.0	490～685	—
	T	0.05～0.25	≥850	—
		0.25～1.0	≥830	—
		1.0～2.0	≥800	—
		2.0～4.0	≥770	—
H65	M	0.05～0.25	≥410	≥18
		0.25～1.0	≥400	≥24
		1.0～2.0	≥390	≥28
		2.0～4.0	≥380	≥32
		4.0～6.0	≥375	≥35
		6.0～13.0	≥360	≥40

牌号	状态	直径（对边距）/mm	抗拉强度 R_m/(N/mm²)	伸长率 A_{100mm}(%)
H65	Y8	0.05～0.25	≥350	≥10
		0.25～1.0	≥340	≥15
		1.0～2.0	≥330	≥20
		2.0～4.0	≥320	≥26
		4.0～6.0	≥310	≥28
		6.0～13.0	≥300	≥32
	Y4	0.05～0.25	≥370	≥6
		0.25～1.0	≥360	≥10
		1.0～2.0	≥350	≥12
		2.0～4.0	≥340	≥18
		4.0～6.0	≥330	≥22
		6.0～13.0	≥320	≥28
	Y2	0.05～0.25	≥410	—
		0.25～1.0	≥400	≥4
		1.0～2.0	≥390	≥7
		2.0～4.0	≥380	≥10
		4.0～6.0	≥375	≥13
		6.0～13.0	≥360	≥15
	Y1	0.05～0.25	540～735	—
		0.25～1.0	490～685	—
		1.0～2.0	440～635	—
		2.0～4.0	390～590	—
		4.0～6.0	375～570	—
		6.0～13.0	370～550	—
	Y	0.05～0.25	685～885	—
		0.25～1.0	635～835	—
		1.0～2.0	590～785	—
		2.0～4.0	540～735	—
		4.0～6.0	490～685	—
		6.0～13.0	440～635	—
	T	0.05～0.25	≥830	—
		0.25～1.0	≥810	—
		1.0～2.0	≥800	—
		2.0～4.0	≥780	—

续表

牌号	状态	直径（对边距）/mm	抗拉强度 R_m/(N/mm²)	伸长率 A_{100mm}（%）
H68、H70	M	0.05～0.25	≥385	≥18
		0.25～1.0	≥355	≥25
		1.0～2.0	≥335	≥30
		2.0～4.0	≥315	≥35
		4.0～6.0	≥295	≥40
		6.0～8.5	≥275	≥45
	Y8	0.05～0.25	≥385	≥18
		0.25～1.0	≥365	≥20
		1.0～2.0	≥350	≥24
		2.0～4.0	≥340	≥28
		4.0～6.0	≥330	≥33
		6.0～8.5	≥320	≥35
	Y4	0.05～0.25	≥400	≥10
		0.25～1.0	≥380	≥15
		1.0～2.0	≥370	≥20
		2.0～4.0	≥350	≥25
		4.0～6.0	≥340	≥30
		6.0～8.5	≥330	≥32
	Y2	0.05～0.25	≥410	—
		0.25～1.0	≥390	≥5
		1.0～2.0	≥375	≥10
		2.0～4.0	≥355	≥12
		4.0～6.0	≥345	≥14
		6.0～8.5	≥340	≥16
	Y1	0.05～0.25	540～735	—
		0.25～1.0	490～685	—
		1.0～2.0	440～635	—
		2.0～4.0	390～590	—
		4.0～6.0	345～540	—
		6.0～8.5	340～520	—
	Y	0.05～0.25	735～930	—
		0.25～1.0	685～885	—
		1.0～2.0	635～835	—
		2.0～4.0	590～785	—
		4.0～6.0	540～735	—
		6.0～8.5	490～685	—

牌号	状态	直径（对边距）/mm	抗拉强度 R_m/(N/mm²)	伸长率 A_{100mm}(%)
H68、H70	T	0.05～0.25	≥800	—
		0.25～1.0	≥780	—
		1.0～2.0	≥750	—
		2.0～4.0	≥720	—
		4.0～6.0	≥690	—
H80	M	0.05～12.0	≥320	≥20
	Y2		≥540	—
	Y		≥690	—
H85	M	0.05～12.0	≥280	≥20
	Y2		≥455	—
	Y		≥570	—
H90	M	0.05～12.0	≥240	≥20
	Y2		≥385	—
	Y		≥485	—
H90	M	0.05～12.0	≥220	≥20
	Y2		≥340	—
	Y		≥420	—
HPb59 - 1	M	0.5～2.0	≥345	≥25
		2.0～4.0	≥335	≥28
		4.0～6.0	≥325	≥30
	Y2	0.5～2.0	390～590	—
		2.0～4.0	390～590	—
		4.0～6.0	375～570	—
	Y	0.5～2.0	490～735	—
		2.0～4.0	490～685	—
		4.0～6.0	440～635	—
HPb59 - 3	Y2	1.0～2.0	≥385	—
		2.0～4.0	≥380	—
		4.0～6.0	≥370	—
		6.0～8.5	≥360	—
	Y	1.0～2.0	≥480	—
		2.0～4.0	≥460	—
		4.0～6.0	≥435	—
		6.0～8.5	≥430	—

牌号	状态	直径（对边距）/mm	抗拉强度 R_m/(N/mm²)	伸长率 A_{100mm}(%)
HPb61-1	Y2	1.0～2.0	≥390	≥10
		2.0～4.0	≥380	≥10
		4.0～6.0	≥375	≥15
		6.0～8.5	≥365	≥15
	Y	1.0～2.0	≥520	—
		2.0～4.0	≥490	—
		4.0～6.0	≥465	—
		6.0～8.5	≥440	—
HPb62-0.8	Y2	0.5～6.0	410～540	≥12
	Y	0.5～6.0	450～560	—
HPb63-3	M	0.5～2.0	≥305	≥32
		2.0～4.0	≥295	≥35
		4.0～6.0	≥285	≥35
	Y2	0.5～2.0	390～610	≥3
		2.0～4.0	390～600	≥4
		4.0～6.0	390～590	≥4
	Y	0.5～6.0	570～735	—
HSn60-1 HSn62-1	M	0.5～2.0	≥315	≥15
		2.0～4.0	≥305	≥20
		4.0～6.0	≥295	≥25
	Y	0.5～2.0	590～835	—
		2.0～4.0	540～785	—
		4.0～6.0	490～735	—
HSb60-0.9	Y2	0.8～12.0	≥330	≥10
	Y		≥380	≥5
HSb61-0.8-0.5	Y2	0.8～12.0	≥380	≥8
	Y		≥400	≥5
HBi60-1.3	Y2	0.8～12.0	≥350	≥8
	Y		≥400	≥5
HMn62-13	M	0.5～6.0	400～550	≥25
	Y4		450～600	≥18
	Y2		500～650	≥12
	Y1		550～700	—
	Y		≥650	—

牌号	状态	直径（对边距）/mm	抗拉强度 R_m/(N/mm²)	伸长率 A_{100mm}(%)
QSn6.5-0.1 QSn6.5-0.4 QSn7-0.2 QSn5-0.2 QS	M	0.1~1.0	≥350	≥35
		1.0~8.5		≥45
	Y4	0.1~1.0	480~680	—
		1.0~2.0	450~650	≥10
		2.0~4.0	420~620	≥15
		4.0~6.0	400~600	≥20
		6.0~8.5	380~580	≥22
	Y2	0.1~1.0	540~740	—
		1.0~2.0	520~720	—
		2.0~4.0	500~700	≥4
		4.0~6.0	480~680	≥8
		6.0~8.5	460~660	≥10
	Y1	0.1~1.0	750~950	—
		1.0~2.0	730~920	—
		2.0~4.0	710~900	—
		4.0~6.0	690~880	—
		6.0~8.5	640~860	—
	Y	0.1~1.0	880~1130	—
		1.0~2.0	860~1060	—
		2.0~4.0	830~1030	—
		4.0~6.0	780~980	—
		6.0~8.5	690~950	—
QSn4-3	M	0.1~1.0	≥350	≥35
		1.0~8.5		≥45
	Y4	0.1~1.0	460~580	—5
		1.0~2.0	420~540	≥10
		2.0~4.0	400~520	≥20
		4.0~6.0	380~480	≥25
		6.0~8.5	360~450	—
	Y2	0.1~1.0	500~700	—
		1.0~2.0	480~680	—
		2.0~4.0	450~650	—
		4.0~6.0	430~630	—
		6.0~8.5	410~610	—

牌号	状态	直径（对边距）/mm	抗拉强度 R_m/(N/mm²)	伸长率 A_{100mm}(%)
QSn4-3	Y1	0.1～1.0	620～820	—
		1.0～2.0	600～800	—
		2.0～4.0	560～760	—
		4.0～6.0	540～740	—
		6.0～8.5	520～720	—
	Y	0.1～1.0	880～1130	—
		1.0～2.0	860～1060	—
		2.0～4.0	830～1030	—
		4.0～6.0	780～980	—
QSn4-4-4	Y2	0.1～8.5	≥360	≥12
	Y		≥420	≥10
QSn15-1-1	M	0.5～1.0	≥365	≥28
		1.0～2.0	≥360	≥32
		2.0～4.0	≥350	≥35
		4.0～6.0	≥345	≥36
	Y4	0.5～1.0	630	≥25
		1.0～2.0	600	≥30
		2.0～4.0	580	≥32
		4.0～6.0	550	≥35
	Y2	0.5～1.0	770	≥3
		1.0～2.0	740	≥6
		2.0～4.0	720	≥8
		4.0～6.0	680	≥10
	Y1	0.5～1.0	800	≥1
		1.0～2.0	780	≥2
		2.0～4.0	750	≥2
		4.0～6.0	720	≥3
	Y	0.5～1.0	850	—
		1.0～2.0	840	—
		2.0～4.0	830	—
		4.0～6.0	820	—
QAl7	Y2	1.0～6.0	≥550	≥8
	Y		≥600	≥4

牌号	状态	直径（对边距）/mm	抗拉强度 R_m/(N/mm^2)	伸长率 A_{100mm}(%)
QAl9 - 2	Y	0.6～1.0	≥580	—
		1.0～2.0		≥1
		2.0～5.0		≥2
		5.0～6.0	≥530	≥3
QCr1、QCr1 - 0.18	CYS CSY	1.0～6.0	≥420	≥9
		6.0～12.0	≥400	≥10
QCr4.5 - 2.5 - 0.6	M	0.5～6.0	400～600	≥25
	CYS、CSY		550～850	—
QCd1	M	0.1～6.0	≥275	≥25
	Y	0.1～0.5	590～880	—
		1.0～2.0	490～735	—
		2.0～5.0	470～685	—
B19	M	0.1～0.5	≥295	≥20
		0.5～6.0		≥25
	Y	0.1～0.5	590～880	—
		0.5～6.0	490～735	—
BFe10 - 1 - 1	M	0.1～1.0	≥450	≥15
		1.0～6.0	≥400	≥18
	Y	0.1～1.0	≥780	—
		1.0～6.0	≥650	—
BFe30 - 1 - 1	M	0.1～0.5	≥345	≥20
		0.5～6.0		≥25
	Y	0.1～0.5	685～980	—
		0.5～6.0	590～880	—
BMn3 - 12	M	0.1～1.0	≥440	≥12
		1.0～6.0	≥390	≥20
	Y	0.1～1.0	≥785	—
		1.0～6.0	≥685	—
BMn40 - 1.5	M	0.05～0.2	≥390	≥15
		0.2～0.5		≥20
		0.5～6.0		≥25
	Y	0.05～0.2	685～980	—
		0.2～0.5	685～880	—
		0.5～6.0	635～835	—

续表

牌号	状态	直径（对边距）/mm	抗拉强度 R_m/(N/mm²)	伸长率 A_{100mm}(%)
BZn9-29 BZn12-25	M	0.1～0.2	≥320	≥15
		0.2～0.5		≥20
		0.5～2.0		≥25
		2.0～8.0		≥30
	Y8	0.1～0.2	400～570	≥12
		0.2～0.5	380～550	≥16
		0.5～2.0	360～540	≥22
		2.0～8.0	340～520	≥25
	Y4	0.1～0.2	420～620	≥6
		0.2～0.5	400～600	≥8
		0.5～2.0	380～590	≥12
		2.0～8.0	360～570	≥18
	Y2	0.1～0.2	480～630	—
		0.2～0.5	460～640	≥6
		0.5～2.0	440～630	≥9
		2.0～8.0	420～600	≥12
	Y1	0.1～0.2	550～800	—
		0.2～0.5	530～750	—
		0.5～2.0	510～730	—
		2.0～8.0	490～630	—
	Y	0.1～0.2	680～880	—
		0.2～0.5	630～820	—
		0.5～2.0	600～800	—
		2.0～8.0	580～700	—
	T	0.5～4.0	≥720	—
BZn15-20 BZn18-20	M	0.1～0.2	≥345	≥15
		0.2～0.5		≥20
		0.5～2.0		≥25
		2.0～8.0		≥30
	Y8	0.1～0.2	450～600	≥12
		0.2～0.5	435～570	≥15
		0.5～2.0	420～550	≥20
		2.0～8.0	410～520	≥24

牌号	状态	直径（对边距）/mm	抗拉强度 R_m/(N/mm²)	伸长率 A_{100mm}（%）
BZn15-20 BZn18-20	Y4	0.1～0.2	470～660	≥10
		0.2～0.5	460～620	≥12
		0.5～2.0	440～600	≥14
		2.0～8.0	420～570	≥16
	Y2	0.1～0.2	510～780	—
		0.2～0.5	490～735	—
		0.5～2.0	440～685	—
		2.0～8.0	440～635	—
	Y1	0.1～0.2	620～860	—
		0.2～0.5	610～810	—
		0.5～2.0	595～760	—
		2.0～8.0	580～700	—
	Y	0.1～0.2	735～980	—
		0.2～0.5	735～930	—
		0.5～2.0	635～880	—
		2.0～8.0	540～785	—
	T	0.5～1.0	≥750	—
		1.0～2.0	≥740	—
		2.0～4.0	≥730	—
BZn22-16 BZn25-18	M	0.1～0.2	≥440	≥12
		0.2～0.5		≥16
		0.5～2.0		≥23
		2.0～8.0		≥28
	Y8	0.1～0.2	500～680	≥10
		0.2～0.5	490～650	≥12
		0.5～2.0	470～630	≥15
		2.0～8.0	460～600	≥18
	Y4	0.1～0.2	540～720	—
		0.2～0.5	520～690	≥6
		0.5～2.0	500～670	≥8
		2.0～8.0	480～650	≥10
	Y2	0.1～0.2	640～830	—
		0.2～0.5	620～800	—
		0.5～2.0	600～780	—
		2.0～8.0	580～760	—

牌号	状态	直径（对边距）/mm	抗拉强度 R_m/(N/mm²)	伸长率 A_{100mm}（%）
BZn22-16 BZn25-18	Y1	0.1～0.2	660～880	—
		0.2～0.5	640～850	—
		0.5～2.0	620～830	—
		2.0～8.0	600～810	—
	Y	0.1～0.2	750～990	—
		0.2～0.5	740～950	—
		0.5～2.0	650～900	—
		2.0～8.0	630～860	—
	T	0.5～1.0	≥820	—
		1.0～2.0	≥810	—
		2.0～4.0	≥800	—
BZn40-20	M	1.0～6.0	500～650	—
	Y4		550～700	—
	Y2		600～850	—
	Y1		750～900	—
	Y		800～1000	—

5.5 铜及铜合金棒材

铜及铜合金棒材由于电导率良好，在电网中常用于各类导电杆。

5.5.1 铜及铜合金棒材的牌号、状态和规格

铜及铜合金棒材的牌号、状态和规格见表 5-14。

表 5-14　　　　　　　　　　铜及铜合金棒材的牌号、状态和规格

牌号	状态	直径（或对边距离）/mm	
		圆形棒、方形棒、六角形棒	矩形棒
T2、T3、TP2、H96、TU1、TU2	Y（硬） M（软）	3～80	3～80
H90	Y（硬）	3～40	—
H80、H65	Y（硬） M（软）	3～40	—
H68	Y2（半硬） M（软）	3～80 13～35	—

续表

牌号	状态	直径（或对边距离）/mm	
		圆形棒、方形棒、六角形棒	矩形棒
H62	Y2（半硬）	3～80	3～80
HPb59 - 1	Y2（半硬）	3～80	3～80
H63、HPb63 - 0.1	Y2（半硬）	3～40	—
HPb63 - 3	Y（硬） Y2（半硬）	3～30 3～60	3～80
HPb61 - 1	Y2（半硬）	3～20	
HFe59 - 1 - 1、HFe58 - 1 - 1、HSn62 - 1、HMn58 - 2	Y（硬）	4～60	—
QSn6.5 - 0.1、QSn6.5 - 0.4、QSn4 - 3、QSn4 - 0.3、QSi3 - 1、QAl9 - 2、QAl9 - 4、QAl10 - 3 - 1.5、QZr0.2、QZr0.4	Y（硬）	4～40	—
QSn7 - 0.2	Y（硬） T（特硬）	4～40	—
QCd1	Y（硬） M（软）	4～60	—
QCr0.5	Y（硬） M（软）	4～40	—
QSi1.8	Y（硬）	4～15	—
BZn15 - 20	Y（硬） M（软）	4～40	—
BZn15 - 24 - 1.3	T（特硬） Y（硬） M（软）	3～18	—
BFe30 - 1 - 1	Y（硬） M（软）	16～50	—
BMn40 - 1.5	Y（硬）	7～40	—

注 经双方协商，可供其他规格棒材，具体要求应在合同中注明。

5.5.2 铜及铜合金棒材的力学性能

铜及铜合金棒材的力学性能见表 5 - 15、表 5 - 16。

表 5-15　　　　　　　　圆形棒、方形棒和六角形棒材的力学性能

牌号	状态	直径、对边距/mm	抗拉强度 R_m/（N/mm²）	断后伸长率 A（%）	布氏硬度 HBW
			不小于		
T2、T3	Y	3～40	275	10	—
		40～60	245	12	—
		60～80	210	16	—
	M	3～80	200	40	—
TU1、TU2、TP2	Y	3～80	—	—	—
H96	Y	3～40	275	8	—
		40～60	245	10	—
		60～80	205	14	—
	M	3～80	200	40	—
H90	Y	3～40	330	—	—
H80	Y	3～40	390	—	—
	M	3～40	275	50	—
H68	Y2	3～12	370	18	—
		12～40	315	30	—
		40～80	295	34	—
	M	13～35	295	50	—
H65	Y	3～40	390	—	—
	M	3～40	295	44	—
H62	Y2	3～40	370	18	—
	Y2	40～80	335	24	—
HPb61-1	Y2	3～20	390	11	—
HPb59-1	Y2	3～20	420	12	—
		20～40	390	14	—
		40～80	370	19	—
HPb63-0.1 H63	Y2	3～20	370	18	—
		20～40	340	21	—
HPb63-3	Y	3～15	490	4	—
		15～20	450	9	—
		20～30	410	12	—
	Y2	3～20	390	12	—
		20～60	360	16	—
HSn62-1	Y	4～40	390	17	—
		40～60	360	23	—

牌号	状态	直径、对边距/mm	抗拉强度 R_m/（N/mm²)	断后伸长率 A（%)	布氏硬度 HBW
			不小于		
HMn58 - 2	Y	4～12	440	24	—
		12～40	410	24	—
		40～60	390	29	—
HFe58 - 1 - 1	Y	4～40	440	11	—
		40～60	390	13	—
HFe59 - 1 - 1	Y	4～12	490	17	—
		12～40	440	19	—
		40～60	410	22	—
QAl9 - 2	Y	4～40	540	16	—
QAl9 - 4	Y	4～40	580	13	—
QAl10 - 3 - 1. 5	Y	4～40	630	8	—
QSi3 - 1	Y	4～12	490	13	—
		12～40	470	19	—
QSi1. 8	Y	3～15	500	15	—
QSn6. 5 - 0. 1 QSn6. 5 - 0. 4	Y	3～12	470	13	—
		12～25	440	15	—
		25～40	410	18	—
QSn7 - 0. 2	Y	4～40	440	19	130～200
	T	4～40	—	—	≥180
QSn4 - 0. 3	Y	4～12	410	10	—
		12～25	390	13	—
		25～40	355	15	—
QSn4 - 3	Y	4～12	430	14	—
		12～25	370	21	—
		25～35	335	23	—
		35～40	315	23	—
QCd1	Y	4～60	370	5	≥100
	M	4～60	215	36	≤75
QCr0. 5	Y	4～40	390	6	—
	M	4～40	230	40	—
QCr0. 2、QCr0. 4	Y	3～40	294	6	130[a]
BZn15 - 20	Y	4～12	440	6	—
		12～25	390	8	—
		25～40	345	13	—
	M	3～40	295	33	—

牌号	状态	直径、对边距/mm	抗拉强度 R_m/（N/mm²）	断后伸长率 A（%）	布氏硬度 HBW
			不小于		
BZn15 - 24 - 1.5	T	3～18	590	3	—
	Y	3～18	440	5	—
	M	3～18	295	30	—
BFe30 - 1 - 1	Y	16～50	490	—	—
	M	16～50	345	25	—
BMn40 - 1.5	Y	7～20	540	6	—
		20～30	490	8	—
		30～40	440	11	—

注 直径对边距离小于 10mm 的棒材不做硬度试验。

a 此硬度值为经淬火处理冷加工时效后的性能参考值。

表 5 - 16　　　　　　　　　　**矩形棒材的力学性能**

牌号	状态	高度/mm	抗拉强度 R_m/（N/mm²）	断后伸长率 A（%）
			不小于	
T2	M	3～80	196	36
	Y	3～80	245	9
H62	Y2	3～20	335	17
		20～80	335	23
HPb59 - 1	Y2	5～20	390	12
		20～80	375	18
HPb63 - 3	Y2	3～20	380	14
		20～80	365	19

第6章 其他金属材料的牌号及性能

6.1 钛及钛合金的金属材料牌号及性能

纯钛为银白色金属，相对密度为 4.54，是一种轻有色金属。钛熔点高（1680℃），线膨胀系数小，热导率差［16.32W/（m·k）］。纯钛的强度低，但比强度高、塑性好、低温韧性好、耐蚀性很高，钛具有良好的压力加工工艺性能，但切削性能较差，杂质含量对钛的性能影响很大，少量杂质可显著提高钛的强度，故工业纯钛强度较高，接近高强铝合金的水平。

钛合金是以钛为基加入其他元素组成的合金。钛合金有三种类型的组织：α 型钛合金、β 型钛合金和 α+β 型钛合金，α 钛合金的切削加工性最好，α+β 型钛合金次之，β 型钛合金最差。

钛及钛合金可作为电网设备重要部件材料，如具有形状记忆功能的智能垫片、耐蚀性能高的电力金具等。

6.1.1 钛及钛合金的牌号和化学成分 （摘自 GB/T 3620.1）

钛及钛合金的牌号和化学成分见表 6-1。

表 6 - 1

钛及钛合金的牌号和化学成分

合金牌号	名义化学成分	主要成分								杂质（不大于）					其他元素	
		Ti	Al	Si	Ni	Mo	Ru	Pd	Sn	Fe	C	N	H	O	单一	总和
TA0	工业纯钛	余量	—	—	—	—	—	—	—	0.15	0.10	0.03	0.015	0.15	0.1	0.4
TA1	工业纯钛	余量	—	—	—	—	—	—	—	0.25	0.10	0.03	0.015	0.20	0.1	0.4
TA2	工业纯钛	余量	—	—	—	—	—	—	—	0.30	0.10	0.05	0.015	0.25	0.1	0.4
TA3	工业纯钛	余量	—	—	—	—	—	—	—	0.40	0.10	0.05	0.015	0.30	0.1	0.4
TA1GELI	工业纯钛	余量	—	—	—	—	—	—	—	0.10	0.03	0.012	0.008	0.10	0.050	0.20
TA1G	工业纯钛	余量	—	—	—	—	—	—	—	0.20	0.08	0.03	0.015	0.18	0.10	0.40
TA1G-1	工业纯钛	余量	≤0.20	≤0.08	—	—	—	—	—	0.15	0.05	0.03	0.003	0.12	—	0.10
TA2GELI	工业纯钛	余量	—	—	—	—	—	—	—	0.20	0.05	0.03	0.008	0.10	0.05	0.20
TA2G	工业纯钛	余量	—	—	—	—	—	—	—	0.30	0.08	0.03	0.015	0.25	0.10	0.40
TA3GELI	工业纯钛	余量	—	—	—	—	—	—	—	0.25	0.05	0.04	0.008	0.18	0.05	0.20
TA3G	工业纯钛	余量	—	—	—	—	—	—	—	0.30	0.08	0.05	0.015	0.35	0.10	0.40
TA4GELI	工业纯钛	余量	—	—	—	—	—	—	—	0.30	0.05	0.05	0.008	0.25	0.05	0.20
TA4G	工业纯钛	余量	—	—	—	—	—	—	—	0.50	0.08	0.05	0.015	0.40	0.10	0.40
TA5	Ti-4Al-0.005B	余量	3.3~4.7	—	—	—	Bi0.005	—	—	0.30	0.08	0.04	0.015	0.15	0.10	0.40
TA6	Ti-5Al	余量	4.0~5.5	—	—	—	—	—	—	0.30	0.08	0.05	0.015	0.15	0.10	0.40
TA7	Ti-5Al-2.5Sn	余量	4.0~6.0	—	—	—	—	—	2.0~3.0	0.50	0.08	0.05	0.015	0.20	0.10	0.40
TA7ELIa	Ti-5Al-2.5SnELI	余量	4.50~5.75	—	—	—	—	—	2.0~3.0	0.25	0.05	0.035	0.0125	0.12	0.05	0.30

续表

合金牌号	名义化学成分	化学成分（质量分数）（%）														
		主要成分								杂质（不大于）					其他元素	
		Ti	Al	Si	Ni	Mo	Ru	Pd	Sn	Fe	C	N	H	O	单一	总和
TA8	Ti-0.05Pd	余量	—	—	—	—	—	0.04~0.08	—	0.30	0.08	0.03	0.015	0.25	0.10	0.40
TA8-1	Ti-0.05Pd	余量	—	—	—	—	—	0.04~0.08	—	0.20	0.08	0.03	0.015	0.18	0.10	0.40
TA9	Ti-0.2Pd	余量	—	—	—	—	—	0.12~0.25	—	0.30	0.08	0.03	0.015	0.25	0.10	0.40
TA9-1	Ti-0.2Pd	余量	—	—	—	—	—	0.12~0.25	—	0.20	0.08	0.03	0.015	0.18	0.10	0.40
TA10	Ti-0.3Mo-0.8Ni	余量	—	—	0.6~0.9	0.2~0.4	—	—	—	0.30	0.08	0.03	0.015	0.25	0.10	0.40

合金牌号	名义化学成分	化学成分（质量分数）（%）														
		主要成分								杂质（不大于）					其他元素	
		Ti	Al	Si	V	Zr	Mo	Sn	Nd	Fe	C	N	H	O	单一	总和
TA11	Ti-8Al-1Mo-1V	余量	7.35~8.35	—	0.75~1.25	—	0.75~1.25	—	—	0.30	0.08	0.05	0.015	0.12	0.10	0.30
TA12	Ti-5.5Al-4Sn-2Zr-1Mo-1Nd-0.25Si	余量	4.8~6.0	0.2~0.35	—	1.5~2.5	0.75~1.25	3.7~4.7	0.6~1.2	0.25	0.08	0.05	0.0125	0.15	0.10	0.40
TA12-1	Ti-5Al-4Sn-2Zr-1Mo-1Nd-0.25Si	余量	4.5~5.5	0.2~0.35	—	1.5~2.5	1.0~2.0	3.7~4.7	0.6~1.2	0.25	0.08	0.04	0.0125	0.15	0.10	0.30
TA13	Ti-2.5Cu	余量	Cu:2.0~3.0	—	—	—	—	—	—	0.20	0.08	0.05	0.010	0.20	0.10	0.30

续表

合金牌号	名义化学成分	化学成分（质量分数）（%）														
		主要成分								杂质（不大于）					其他元素	
		Ti	Al	Si	V	Zr	Mo	Sn	Nd	Fe	C	N	H	O	单一	总和
TA14	Ti-2.3Al-11Sn-5Zr-1Mo-0.2Si	余量	2.0~2.5	0.10~0.50	—	4.0~6.0	0.8~1.2	10.52~11.5	—	0.20	0.08	0.05	0.0125	0.20	0.10	0.30
TA15	Ti-6.5Al-1Mo-1V-2Zr	余量	5.5~7.1	≤0.15	0.8~2.5	1.5~2.5	0.5~2.0	—	—	0.25	0.08	0.05	0.015	0.15	0.10	0.30
TA15-1	Ti-2.5Al-1Mo-1V-1.5Zr	余量	2.0~3.0	≤0.10	0.5~1.5	1.0~2.0	0.5~1.5	—	—	0.15	0.05	0.04	0.003	0.12	0.10	0.30
TA15-2	Ti-4Al-1Mo-1V-1.5Zr	余量	3.5~4.5	≤0.10	0.5~1.5	1.0~2.0	0.5~1.5	—	—	0.15	0.05	0.04	0.003	0.12	0.10	0.30
TA16	Ti-2Al-2.5Zr	余量	1.8~2.5	≤0.12	—	2.0~3.0	—	—	—	0.25	0.08	0.04	0.006	0.15	0.10	0.30
TA17	Ti-4Al-2V	余量	3.5~4.5	≤0.15	1.5~3.0	—	—	—	—	0.25	0.05	0.05	0.015	0.15	0.10	0.30
TA18	Ti-3Al-2.5V	余量	2.0~3.5	—	1.5~3.0	—	—	—	—	0.25	0.05	0.05	0.015	0.12	0.10	0.30
TA19	Ti-6Al-2Sn-4Zr-2Mo-0.1Si	余量	5.5~6.5	0.06~0.10	—	3.6~4.4	1.8~2.2	1.8~2.2	—	0.25	0.05	0.05	0.0125	0.15	0.10	0.30

合金牌号	名义化学成分	化学成分（质量分数）（%）													
		主要成分							杂质（不大于）					其他元素	
		Ti	Al	Si	V	Mn	Zr	Mo	Fe	C	N	H	O	单一	总和
TA20	Ti-4Al-3V-1.5Zr	余量	3.5~4.5	≤0.10	2.5~3.5	—	1.0~2.0	—	0.15	0.05	0.04	0.003	0.12	0.10	0.30

续表

合金牌号	名义化学成分	化学成分（质量分数）(%)														
		主要成分									杂质（不大于）				其他元素	
		Ti	Al	Si	V	Mn	Zr	Mo	Nd	Fe	C	N	H	O	单一	总和
TA21	Ti-1Al-1Mn	余量	0.4~1.5	≤0.12	—	0.5~1.3	≤0.30	—	—	0.30	0.10	0.05	0.012	0.15	0.10	0.30
TA22	Ti-3Al-1Mo-1Ni-1Zr	余量	2.5~3.5	≤0.15	Ni: 0.3~1.0	—	0.8~2.0	0.5~1.5	—	0.20	0.10	0.05	0.015	0.15	0.10	0.30
TA22-1	Ti-2.5Al-1Mo-1Ni-1Zr	余量	2.0~3.0	≤0.04	Ni: 0.3~0.8	—	0.5~1.0	0.2~0.8	—	0.20	0.10	0.04	0.008	0.10	0.10	0.30
TA23	Ti-2.5Al-2Zr-1Fe	余量	2.2~3.0	≤0.15	Fe: 0.8~1.2	—	1.7~2.3	—	—	—	0.10	0.04	0.010	0.15	0.10	0.30
TA23-1	Ti-2.5Al-2Zr-1Fe	余量	2.2~3.0	≤0.10	Fe: 0.8~1.1	—	1.7~2.3	—	—	—	0.10	0.04	0.008	0.10	0.10	0.30
TA24	Ti-3Al-2Mo-2Zr	余量	2.0~3.8	≤0.15	—	—	1.0~3.0	1.0~2.5	—	0.30	0.10	0.05	0.015	0.15	0.10	0.30
TA24-1	Ti-3Al-2Mo-2Zr	余量	1.5~2.5	≤0.04	—	—	1.0~3.0	1.0~2.0	—	0.15	0.10	0.04	0.010	0.10	0.10	0.30
TA25	Ti-3Al-2.5V-0.05Pd	余量	2.5~3.5	—	2.0~3.0	—	—	Pd: 0.04~0.08	—	0.25	0.08	0.03	0.015	0.15	0.10	0.40
TA26	Ti-3Al-2.5V-0.10Ru	余量	2.5~3.5	—	2.0~3.0	—	—	Ru: 0.08~0.14	—	0.25	0.08	0.03	0.015	0.15	0.10	0.40
TA27	Ti-0.10Ru	余量	—	—	—	—	—	Ru: 0.08~0.14	—	0.30	0.08	0.03	0.015	0.25	0.10	0.40
TA27-1	Ti-0.10Ru	余量	—	—	—	—	—	Ru: 0.08~0.14	—	0.20	0.08	0.03	0.015	0.18	0.10	0.40
TA28	Ti-3Al	余量	2.0~3.0	—	—	—	—	—	—	0.30	0.08	0.05	0.015	0.15	0.10	0.40

续表

合金牌号	名义化学成分	化学成分（质量分数）（%）														
		主要成分								杂质（不大于）					其他元素	
		Ti	Al	Si	Zr	Nb	Mo	Sn	Ta	Fe	C	N	H	O	单一	总和
TA29	Ti-5.8Al-4Sn-4Zr-0.7Nb-1.5Ta-0.4Si-0.06C	余量	5.4~6.1	0.34~0.45	3.7~4.3	0.5~0.9	—	3.7~4.3	1.3~1.7	0.05	0.04~0.08	0.02	0.010	0.10	0.10	0.20
TA30	Ti-5.5Al-3.5Sn-3Zr-1Nb-1Mo-0.3Si	余量	4.7~6.0	0.20~0.35	2.4~3.5	0.7~1.3	0.7~1.3	3.0~3.8	—	0.15	0.10	0.04	0.012	0.15	0.10	0.30
TA31	Ti-6Al-3Nb-2Zr-1Mo	余量	5.5~6.5	≤0.15	1.5~2.5	2.5~3.5	0.6~1.5	—	—	0.25	0.10	0.05	0.015	0.15	0.10	0.30
TA32	Ti-5.5Al-3.5Sn-3Zr-1Mo-0.5Nb-0.7Ta-0.3Si	余量	5.0~6.0	0.1~0.5	2.5~3.5	0.2~0.7	0.3~1.5	3.0~4.0	0.2~0.7	0.25	0.10	0.05	0.012	0.15	0.10	0.30
TA33	Ti-5.8Al-4Sn-3.5Zr-0.7Mo-0.5Nb-1.1Ta-0.4Si-0.06C	余量	5.2~6.5	0.2~0.6	2.5~4.0	0.2~0.7	0.2~1.0	3.0~4.5	0.7~1.5	0.25	0.04~0.08	0.05	0.012	0.15	0.10	0.30
TA34	Ti-2Al-3.8Zr-1Mo	余量	1.0~3.0	—	3.0~4.5	—	0.5~1.5	—	—	0.25	0.05	0.035	0.008	0.10	0.10	0.25
TA35	Ti-6Al-2Sn-4Zr-2Nb-1Mo-0.2Si	余量	5.8~7.0	0.05~0.50	3.5~4.5	1.5~2.5	0.3~1.3	1.5~2.5	—	0.20	0.10	0.05	0.015	0.15	0.10	0.30
TA36	Ti-1Al-1Fe	余量	0.7~1.3	—	Fe:1.0~1.4	—	—	—	—	—	0.10	0.05	0.015	0.15	0.10	0.30

续表

合金牌号	名义化学成分	化学成分（质量分数）（%）														
		主要成分								杂质（不大于）					其他元素	
		Ti	Al	Si	V	Cr	Fe	Zr	Mo	Fe	C	N	H	O	单一	总和
TB2	Ti-5Mo-5V -8Cr-3Al	余量	2.5~ 3.5	—	4.7~ 5.7	7.5~ 8.5	—	—	4.7~ 5.7	0.30	0.05	0.04	0.015	0.12	0.10	0.40
TB3	Ti-3.5Al-10Mo -8V-1Fe	余量	2.7~ 3.7	—	7.5~ 8.5	—	0.8~ 1.2	—	9.5~ 11.0	—	0.05	0.04	0.015	0.15	0.10	0.40
TB4	Ti-4Al-7Mo -10V-2Fe-1Zr	余量	3.0~ 4.5	—	9.0~ 10.5	—	1.5~ 2.5	0.5~ 1.5	6.0~ 7.8	—	0.05	0.04	0.015	0.20	0.10	0.40
TB5	Ti-15V-3Al -3Cr-3Sn	余量	2.5~ 3.5	—	14.0~ 16.0	2.5~ 3.5	—	Sn: 2.5~ 3.5	—	0.25	0.05	0.05	0.015	0.15	0.10	0.30
TB6	Ti-10V-2Fe-3Al	余量	2.6~ 3.4	—	9.0~ 11.0	—	1.6~ 2.2	—	—	—	0.05	0.05	0.0125	0.13	0.10	0.30
TB7	Ti-32Mo	余量	—	—	—	—	—	—	30.0~ 34.0	0.30	0.08	0.05	0.015	0.20	0.10	0.40
TB8	Ti-15Mo-3Al -2.7Nb-0.25Si	余量	2.5~ 3.5	0.15~ 0.25	—	—	Nb: 2.4~ 3.2	—	14.0~ 16.0	0.40	0.05	0.05	0.015	0.17	0.10	0.40
TB9	Ti-3Al-8V -6Cr-4Mo-4Zr	余量	3.0~ 4.0	—	7.5~ 8.5	5.5~ 6.5	Pd: ≤ 0.10	3.5~ 4.5	3.5~ 4.5	0.30	0.05	0.03	0.030	0.14	0.10	0.40
TB10	Ti-5Mo-5V -2Cr-3Al	余量	2.5~ 3.5	—	4.5~ 5.5	1.5~ 2.5	—	—	4.5~ 5.5	0.30	0.05	0.04	0.015	0.15	0.10	0.40
TB11	Ti-15Mo	余量	—	—	—	—	—	—	14.0~ 16.0	0.10	0.10	0.05	0.015	0.20	0.10	0.40
TB12	Ti-25V-15Cr -0.3Si	余量	—	0.2~ 0.5	24.0~ 28.0	13.0~ 17.0	—	—	—	0.25	0.10	0.03	0.015	0.15	0.10	0.30

续表

合金牌号	名义化学成分	化学成分（质量分数）（%）															
		主要成分								杂质（不大于）					其他元素	
		Ti	Al	Si	V	Cr	Fe	Zr	Mo	Fe	C	N	H	O	单一	总和
TB13	Ti-4Al-22V	余量	3.0~4.5	—	20.0~23.0	—	—	—	—	0.15	0.05	0.03	0.010	0.18	0.10	0.40
TB14	Ti-45Nb	余量	—	≤0.03	—	≤0.02	Nb:42.0~47.0	—	—	0.03	0.04	0.03	0.0035	0.16	0.10	0.30
TB15	Ti-4Al-5V-6Cr-5Mo	余量	3.5~4.5	—	4.5~5.5	5.0~6.5	—	—	4.5~5.5	0.30	0.10	0.05	0.015	0.15	0.10	0.30
TB16	Ti-3Al-5V-6Cr-5Mo	余量	2.5~3.5	—	4.5~5.7	5.5~6.5	—	—	4.5~5.7	0.30	0.05	0.04	0.015	0.15	0.10	0.40
TB17	Ti-6.5Mo-2.5Cr-2V-2Nb-1Sn-1Zr-4Al	余量	3.5~5.5	≤0.15	1.0~3.0	2.0~3.5	Nb:1.5~3.0 Sn:0.5~2.5	0.5~2.5	5.0~7.5	0.15	0.08	0.05	0.015	0.13	0.10	0.40

合金牌号	名义化学成分	化学成分（质量分数）（%）																	
		主要成分										杂质（不大于）					其他元素	
		Ti	Al	Si	V	Cr	Mn	Fe	Zr	Mo	Sn	Fe	C	N	H	O	单一	总和
TC1	Ti-2Al-1.5Mn	余量	1.0~2.5	—	—	—	0.7~2.0	—	—	—	—	0.30	0.08	0.05	0.012	0.15	0.10	0.40
TC2	Ti-4Al-1.5Mn	余量	3.5~5.0	—	—	—	0.8~2.0	—	—	—	—	0.30	0.08	0.05	0.012	0.15	0.10	0.40
TC3	Ti-5Al-4V	余量	4.5~6.0	—	3.5~4.5	—	—	—	—	—	—	0.30	0.08	0.05	0.015	0.15	0.10	0.40

续表

合金牌号	名义化学成分	化学成分（质量分数）(%)																	
		主要成分										杂质（不大于）					其他元素	
		Ti	Al	Si	V	Cr	Mn	Fe	Zr	Mo	Sn	Fe	C	N	H	O	单一	总和
TC4	Ti-6Al-4V	余量	5.50~6.75	—	3.5~4.5	—	—	—	—	—	—	0.30	0.08	0.05	0.015	0.20	0.10	0.40
TC4ELI	Ti-6Al-4VELI	余量	5.5~6.5	—	3.5~4.5	—	—	—	—	—	—	0.25	0.08	0.03	0.012	0.13	0.10	0.30
TC6	Ti-6Al-1.5Cr-2.5Mo-0.5Fe-0.3Si	余量	5.5~7.0	0.15~0.40	—	0.8~2.3	—	0.2~0.7	—	2.0~3.0	—	—	0.08	0.05	0.015	0.18	0.10	0.40
TC8	Ti-6.5Al-3.5Mo-0.25Si	余量	5.8~6.8	0.20~0.35	—	—	—	—	—	2.8~3.8	—	0.40	0.08	0.05	0.015	0.15	0.10	0.40
TC9	Ti-6.5Al-3.5Mo-2.5Sn-0.3Si	余量	5.8~6.8	0.2~0.4	—	—	—	—	—	2.8~3.8	1.8~2.8	0.40	0.08	0.05	0.015	0.15	0.10	0.40
TC10	Ti-6Al-6V-2Sn-0.5Cu-0.5Fe	余量	5.5~6.5	—	5.5~6.5	—	—	0.35~1.00	Cu: 0.35~1.00	—	1.5~2.5	—	0.08	0.04	0.015	0.20	0.10	0.40
TC11	Ti-6.5Al-3.5Mo-1.5Zr-0.3Si	余量	5.8~7.0	0.20~0.35	—	—	—	—	0.8~2.0	2.8~3.8	—	0.25	0.08	0.05	0.012	0.15	0.10	0.40
TC12	Ti-5Al-4Mo-4Cr-2Zr-2Sn-1Nb	余量	4.5~5.5	—	—	3.5~4.5	—	Nb: 0.5~1.5	1.5~3.0	3.5~4.5	1.5~2.5	0.30	0.08	0.05	0.015	0.20	0.10	0.40
TC15	Ti-5Al-2.5Fe	余量	4.5~5.5	—	—	—	—	2.0~3.0	—	—	—	—	0.08	0.05	0.013	0.20	0.10	0.40

续表

合金牌号	名义化学成分	化学成分（质量分数）（%） 主要成分										杂质（不大于）					其他元素	
		Ti	Al	Si	V	Cr	Mn	Fe	Zr	Mo	Sn	Fe	C	N	H	O	单一	总和
TC16	Ti-3Al-5Mo-4.5V	余量	2.2~3.8	≤0.15	4.0~5.0	—	—	—	—	4.5~5.5	—	0.25	0.08	0.05	0.012	0.15	0.10	0.30
TC17	Ti-5Al-2Sn-2Zr-4Mo-4Cr	余量	4.5~5.5	—	—	3.5~4.5	—	—	1.5~2.5	3.5~4.5	1.5~2.5	0.25	0.05	0.05	0.0125	0.08~0.13	0.10	0.30
TC18	Ti-5Al-4.75Mo-4.75V-1Cr-1Fe	余量	4.4~5.7	≤0.15	4.0~5.5	0.5~1.5	—	0.5~1.5	≤0.30	4.0~5.5	—	—	0.08	0.05	0.015	0.18	0.10	0.30
TC19	Ti-6Al-2Sn-4Zr-6Mo	余量	5.5~6.5	—	—	—	—	—	3.5~4.5	5.5~6.5	1.75~2.25	0.15	0.04	0.04	0.0125	0.15	0.10	0.40

合金牌号	名义化学成分	化学成分（质量分数）（%） 主要成分										杂质（不大于）					其他元素	
		Ti	Al	Si	V	Cr	Fe	Zr	Nb	Mo	Sn	Fe	C	N	H	O	单一	总和
TC20	Ti-6Al-7Nb	余量	5.5~6.5	—	—	—	—	—	6.5~7.5	Ta:≤0.30	—	0.25	0.08	0.05	0.009	0.20	0.10	0.40
TC21	Ti-6Al-2Mo-2Nb-2Zr-2Sn-1.5Cr	余量	5.2~6.8	—	—	0.9~2.0	—	1.6~2.5	1.7~2.3	2.2~3.3	1.6~2.5	0.15	0.08	0.05	0.015	0.15	0.10	0.40
TC22	Ti-6Al-4V-0.05Pd	余量	5.50~6.75	—	3.5~4.5	—	—	—	—	—	Pd:0.04~0.08	0.40	0.08	0.05	0.015	0.20	0.10	0.40
TC23	Ti-6Al-4V-0.1Ru	余量	5.50~6.75	—	3.5~4.5	—	—	—	—	—	Ru:0.08~0.14	0.25	0.08	0.05	0.015	0.13	0.10	0.40

续表

合金牌号	名义化学成分	主要成分										杂质（不大于）					其他元素	
		Ti	Al	Si	V	Cr	Fe	Zr	Nb	Mo	Sn	Fe	C	N	H	O	单一	总和
TC24	Ti-4.5Al-3V-2Mo-2Fe	余量	4.0~5.0	—	2.5~3.5	—	1.7~2.3	—	—	1.8~2.2	—	—	0.05	0.05	0.010	0.15	0.10	0.40
TC25	Ti-6.5Al-2Mo-1Zr-1Sn-1W-0.2Si	余量	6.2~7.2	0.10~0.25	—	0.8~2.5	—	0.8~2.5	W:0.5~1.5	1.5~2.5	0.8~2.5	0.15	0.10	0.04	0.012	0.15	0.10	0.30
TC26	Ti-13Nb-13Zr	余量	—	—	—	—	—	12.5~14.0	12.5~14.0	—	—	0.25	0.08	0.05	0.012	0.15	0.10	0.40
TC27	Ti-5Al-4Mo-6V-2Nb-1Fe	余量	5.0~6.2	—	5.5~6.5	—	0.5~1.5	—	1.5~2.5	3.5~4.5	—	—	0.05	0.05	0.015	0.13	0.10	0.30
TC28	Ti-6.5Al-1Mo-1Fe	余量	5.0~8.0	≤0.5	—	—	0.5~2.0	—	—	0.2~2.0	—	—	0.10	—	0.015	0.15	0.10	0.40
TC29	Ti-4.5Al-7Mo-2Fe	余量	3.5~5.5	≤0.15	—	—	0.8~3.0	—	—	6.0~8.0	—	—	0.10	—	0.015	0.15	0.10	0.40
TC30	Ti-5Al-3Mo-1V	余量	3.5~6.3	≤0.15	0.9~1.9	—	—	≤0.30	1.5~3.0	2.5~3.8	—	0.30	0.10	0.05	0.015	0.15	0.10	0.30
TC31	Ti-6.5Al-3Sn-3Zr-3Nb-3Mo-1W-0.2Si	余量	6.0~7.2	0.1~0.5	—	—	W:0.3~1.2	2.5~3.2	1.0~3.2	1.0~3.2	2.5~3.2	0.25	0.10	0.05	0.015	0.15	0.10	0.30
TC32	Ti-5Al-3Mo-3Cr-1Zr-0.15Si	余量	4.5~5.5	0.1~0.2	—	2.5~3.5	—	0.5~1.5	—	2.5~3.5	—	0.30	0.08	0.05	0.0125	0.20	0.10	0.40

注　aTA7ELI 牌号的杂质 "Fe+O" 的质量分数总和应不大于 0.32%。

325

6.1.2 钛及钛合金加工产品化学成分允许偏差

钛及钛合金加工产品化学成分允许偏差（GB/T 3620.2）见表 6-2。

表 6-2　　　　　　　　钛及钛合金加工产品化学成分允许偏差

元素	化学成分 （质量分数）（%）	允许偏差（%）	元素	化学成分 （质量分数）（%）	允许偏差（%）
C	≤0.20	+0.02	Cu	≤1.00	±0.08
	0.20～0.50	+0.04		1.00～3.00	±0.12
	>0.50	+0.06		3.00～5.00	±0.20
N	≤0.10	+0.02	V	≤0.50	±0.05
H	≤0.030	+0.002		0.50～5.00	±0.15
O	≤0.30	+0.03		5.00～6.00	±0.20
	>0.30	+0.04		6.00～10.00	±0.30
Fe	≤0.25	±0.10		10.00～20.00	±0.40
	0.25～0.50	±0.15	B	≤0.005	±0.001
	0.50～5.00	±0.20	Zr	≤4.00	±0.15
	>5.00	±0.25		4.00～6.00	±0.20
Si	≤0.10	±0.02		6.00～10.00	±0.30
	0.10～0.50	±0.05		10.00～20.00	±0.40
	0.50～0.70	±0.07	Ni	≤1.00	±0.03
Al	≤0.10	±0.02	Pd	≤1.00	±0.005
	1.00～10.00	±0.40		0.10～0.250	±0.02
	10.00～35.00	±0.50	Nb	≤1.00	±0.10
Cr	≤1.00	±0.08		1.00～5.00	±0.15
	1.00～4.00	±0.20		5.00～7.00	±0.20
	>4.00	±0.25		7.00～10.00	±0.25
Mo	≤1.00	±0.08		10.00～15.00	±0.30
	1.00～10.00	±0.30		15.00～20.00	±0.35
	10.00～35.00	±0.40		20.00～30.00	±0.40
Sn	≤3.00	±0.15	Nd	≤1.00	±0.10
	3.00～6.00	±0.25		1.00～2.00	±0.20
	6.00～12.00	±0.40	Ta	≤0.50	±0.05
Mn	≤0.30	±0.10	Ru	≤0.07	±0.005
	0.30～6.00	±0.30		>0.07	±0.01
	6.00～9.00	±0.40	Y	≤0.005	±0.001
	9.00～20.00	±0.50	其他元素 （单一）	≤0.10	±0.02

注　1. 复验分析所得的值，不能超过规定的化学成分范围的上限加正偏差，或不能超过其下限加负偏差。同一元素只允许单向偏差，不能同时出现正偏差和负偏差。

2. 当铁和硅元素为杂质时，其偏差取正偏差。

3. 对于没有列入在表中的元素，其成分允许偏差将由供需双方商定。

6.1.3　铸造钛及钛合金牌号和化学成分

铸造钛及钛合金牌号和化学成分（GB/T 15073）见表 6-3。

表 6-3　　　　　　　　　　　铸造钛及钛合金牌号和化学成分

铸造钛及钛合金		化学成分（质量分数）（%）																	
牌号	代号	主要成分								杂质（不大于）						其他元素	
		Ti	Al	Sn	Mo	V	Zr	Nb	Pd	Fe	Si	C	N	H	O	单个	总和
ZTiPd0.2	ZTA9	余量	—	—	—	—	—	—	0.12~0.5	0.25	0.10	0.10	0.05	0.015	0.40	0.10	0.40
ZTiMo0.3Ni0.8	ZTA10	余量	—	—	0.2~0.4	—	—	Ni: 0.6~0.9		0.30	0.10	0.10	0.05	0.015	0.25	0.10	0.40
ZTiAl6Zr2Mo1V1	ZTA15	余量	5.5~7.0	—	0.5~2.0	0.8~2.5	1.5~2.5	—			0.15	0.10	0.05	0.015	0.20	0.10	0.40
ZTiAl4V2	ZTA17	余量	3.5~4.5	—	—	1.5~3.0	—	—		0.25	0.15	0.10	0.05	0.015	0.20	0.10	0.40
ZTiMo32	ZTB32	余量	—	—	30.0~34.0	—	—	—		0.30	0.15	0.10	0.05	0.015	0.15	0.10	0.40
ZTiAl6V4	ZTC4	余量	5.50~6.75	—	—	3.5~4.5	—	—		0.40	0.15	0.10	0.05	0.015	0.25	0.10	0.40
ZTiAl6Sn4.5 Nb2Mo1.5	ZTC21	余量	5.5~6.5	4.0~5.0	1.0~2.0	—	—	1.5~2.0		0.30	0.15	0.10	0.05	0.015	0.20	0.10	0.40

注　1. 其他元素是指钛及钛合金铸件生产过程中固有存在的微量元素，一般包括 Al、V、Sn、Mo、Cr、Mn、Zr、Ni、Cu、Si、Nb、Y 等（该牌号中含有的合金元素应除去）。

　　2. 其他元素单个含量和总量只有在需方有要求时才考虑分析。

6.1.4 铸造钛及钛合金化学成分各元素允许偏差

铸造钛及钛合金化学成分各元素允许偏差（GB/T 15073）见表 6 - 4。

表 6 - 4 铸造钛及钛合金化学成分各元素允许偏差

元素		规定化学成分范围（%）	允许偏差（%）
Al		3.3~7.0	±0.40
Sn		2.0~3.0	±0.15
		4.0~5.0	±0.25
Mo		≤1.0	±0.08
		1.0~2.0	±0.30
		30.0~34.0	±0.40
V		0.8~3.0	±0.15
		3.5~4.5	
Zr		1.5~2.5	±0.15
Nb		1.5~2.0	±0.15
Ni		0.6~0.9	±0.05
Pd		0.12~0.25	±0.02
Fe		≤0.25	+0.05
		0.25~0.40	+0.08
		0.40~0.50	+0.15
Si		≤0.10	±0.02
		0.10~0.15	±0.05
C		≤0.10	+0.02
N		≤0.05	+0.02
H		≤0.015	+0.003
O		≤0.20	+0.04
		0.20~0.25	+0.05
		0.25~0.40	+0.08
杂质其他元素	单个	≤0.10	+0.02
	总和	≤0.40	+0.05

6.1.5 钛及钛合金板材

钛及钛合金板材的力学性能（GB/T 3621）见表 6 - 5。

表 6 - 5　钛及钛合金板材的力学性能

牌号	状态	室温力学性能				高温力学性能				工艺性能		
		板材厚度/mm	抗拉强度 R_m/MPa	规定非比例延伸强度 $R_{p0.2}$/MPa	断后伸长率[a] A（%）（不小于）	板材厚度/mm	试验温度/℃	抗拉强度[b]/MPa（不小于）	持久强度100h/MPa（不小于）	板材厚度/mm	弯芯直径/mm	弯曲角度/（°）
TA1	M	0.3~25.0	≥240	140~310	30	—	—	—	—	<1.8	3T	
										1.8~4.75	4T	105
TA2	M	0.3~25.0	≥400	275~450	25	—	—	—	—	<1.8	4T	
										1.8~4.75	5T	
TA3	M	0.3~25.0	≥500	380~550	20	—	—	—	—	<1.8	4T	
										1.8~4.75	5T	
TA4	M	0.3~25.0	≥580	485~655	20	—	—	—	—	<1.8	5T	
										1.8~4.75	6T	
TA5	M	0.5~1.0	≥685	≥585	20	—	—	—	—	0.5~5.0	3T	60
		1.0~2.0			15							
		2.0~5.0			12							
		5.0~10.0			12							
TA6	M	0.8~1.5	≥685	—	20	0.8~10	350	420	390	0.8~1.5		50
		1.5~2.0			15		500	340	195	1.5~5.0	3T	40
		2.0~5.0			12							
		5.0~10.0			12							
TA7	M	0.8~1.5	735~930	≥685	20	0.8~10	350	490	440	0.8~2.0		50
		1.6~2.0			15		500	440	195	2.0~5.0	3T	40
		2.0~5.0			12							
		5.0~10.0			12							

续表

牌号	状态	室温力学性能 板材厚度/mm	抗拉强度 R_m/MPa	规定非比例延伸强度 $R_{p0.2}$/MPa	断后伸长率[a] A(%)(不小于)	高温力学性能 板材厚度/mm	试验温度/℃	抗拉强度[b]/MPa(不小于)	持久强度100h/MPa(不小于)	工艺性能 板材厚度/mm	弯芯直径/mm	弯曲角度/(°)
TA8	M	0.8~10	≥400	275~450	20	—	—	—	—	<1.8	4T	
										1.8~4.75	5T	
TA8-1	M	0.8~10	≥240	140~310	24	—	—	—	—	<1.8	3T	
										1.8~4.75	4T	105
TA9	M	0.8~10	≥400	275~450	20	—	—	—	—	<1.8	4T	
										1.8~4.75	5T	
TA9-1	M	0.8~10	≥240	140~310	24	—	—	—	—	<1.8	3T	
										1.8~4.75	4T	
TA10[b] A类	M	0.8~10	≥485	≥345	18	—	—	—	—	<1.8	4T	—
TA10[b] B类	M	0.8~10	≥345	≥275	25	—	—	—	—	1.8~4.75	5T	
TA11	M	5.0~12.0	≥895	≥825	10	5.0~12	425	620	—	—	—	—
TA13	M	0.5~2.0	540~770	460~570	18	—	—	—	—	0.5~2.0	2T	180
TA15	M	0.8~1.8	930~1130	≥855	12	0.8~10	500	635	440	0.8~5.0	3T	30
		1.8~4.0			10		550	570	440			
		4.0~10.0			8							
TA17	M	0.5~1.0	685~835	—	25	0.5~10	350	420	390	0.5~1.0		80
		1.1~2.0			15		400	390	360	1.0~2.0		60
		2.1~4.0			12					2.0~5.0		50
		4.1~10.0			10						3T	
TA18	M	0.5~2.0	590~735	—	25	0.5~10	350	340	320	0.5~1.0		100
		2.0~4.0			20		400	310	280	1.0~2.0		70
		4.0~10.0			15					2.0~5.0		60
TB2	ST	1.0~3.5	≤980	—	20	—	—	—	—	1.0~3.5		120
	STA		1320		8							

续表

牌号	状态	室温力学性能				高温力学性能				工艺性能		
		板材厚度/mm	抗拉强度 R_m/MPa	规定非比例延伸强度 $R_{p0.2}$/MPa	断后伸长率[a] A（%）（不小于）	板材厚度/mm	试验温度/℃	抗拉强度[b]/MPa（不小于）	持久强度100h/MPa（不小于）	板材厚度/mm	弯芯直径/mm	弯曲角度/（°）
TB5	ST	0.8~1.75	705~945	690~835	12	—	—	—	—	—	—	—
		1.75~3.18			10							
TB6	ST	1.0~5.0	≥1000	—	6	—	—	—	—	—	—	—
TB8	ST	0.3~0.6	825~1000	790~965	6	—	—	—	—	—	—	—
		0.6~2.5			8							
TC1	M	0.5~1.0	590~735	—	25	0.5~10	350	340	320	0.5~1.0	3T	100
		1.1~2.0			25		400	310	295	1.0~2.0		70
		2.0~5.0			20					2.0~5.0		60
		5.0~10.0			20							
TC2	M	0.5~1.0	≥685		25	0.5~10	350	420	390	0.5~1.0	3T	80
		1.1~2.0			15		400	390	360	1.0~2.0		60
		2.0~5.0			12					2.0~5.0		50
		5.0~10.0			12							
TC3	M	0.8~2.0	≥880	≥830	12					0.8~2.0	3T	35
		2.0~5.0			10					2.0~5.0		30
		5.0~10.0			10							
TC4	M	0.8~5.0	≥895		10	0.8~10	400	590	540			—
		5.0~10.0			10		500	440	195			—
		10.0~25.0			8							
TC4ELI	M	0.8~25.0	≥860	≥795	10	—	—	—	—	—	—	—

[a] 厚度不大于0.64mm的板材，延伸率报实测值。

[b] 正常供货按A类，B类适应于复合板复材，当需方要求并在合同中注明时，按B类供货。

6.1.6 钛及钛合金带、箔材

钛及钛合金带、箔材力学性能（GB/T 3622）见表 6-6。

表 6-6

钛及钛合金带、箔材力学性能

牌号	状态	产品厚度/mm	室温力学性能					弯曲性能	
			抗拉强度 R_m/MPa	规定非比例延伸 $R_{p0.2}$/MPa	伸长率 $A_{50\,mm}$（%）		弯曲角度（°）	弯芯直径	
					I级	II级			
TA1		0.10~0.50	≥240	140~310	≥24	≥40		3T
TA8-1		0.50~2.00				≥35		4T
TA9-1		2.00~4.75				—		4T
TA2		0.10~0.50	≥345	275~450	≥20	≥30		5T
TA8		0.50~2.00				≥25		4T
TA9		2.00~4.75				—		5T
TA3	M	0.10~2.00	≥450	380~550	≥18	—	105	5T
		2.00~4.75				—		6T
TA4		0.30~2.00	≥550	485~655	≥15	—		4T
		2.00~4.75				—		5T
TA10[a]	A 类	0.10~2.00	≥485	≥345	≥18	—		4T
		2.00~4.75				—		5T
	B 类	0.10~2.00	≥345	≥275	≥25	—		

注 T 为板材名义厚度。

[a] 合同（或订货单）中未注明时按 A 类供货。B 类适用于复合板复材，仅当需方要求并在合同（或订货单）中注明时，按 B 类供货。

6.1.7 钛及钛合金丝

钛及钛合金丝力学性能（GB/T 3623）见表 6-7。

表 6-7 钛及钛合金丝的力学性能

牌号	直径/mm	室温力学性能		热处理制度	
		抗拉强度 R_m/MPa	断后伸长率 A（%）	加热温度/℃	保温时间/h
TA1-1	1.0～7.0	295～470	≥30	600～700	1
TA1	4.0～7.0	≥240	≥24	600～700	1
	0.1～4.0	≥240	≥15		
TA1ELI	—	—	—	600～700	1
TA2	4.0～7.0	≥400	≥20	600～700	1
	0.1～4.0	≥400	≥12	600～700	1
TA2ELI	—	—	—	600～700	1
TA3	4.0～7.0	≥500	≥18	600～700	1
	0.1～4.0	≥500	≥10	600～700	1
TA3ELI	—	—	—	600～700	1
TA4	4.0～7.0	≥580	≥15	600～700	1
	0.1～4.0	≥580	≥8	600～700	1
TA4ELI	4.0～7.0	≥580	≥15	600～700	1
TA7	—	—	—	700～850	1
TA9	—	—	—	600～700	1
TA10	—	—	—	600～700	1
TA28	—	—	—	600～750	1
TC1	—	—	—	650～800	1
TC2	—	—	—	650～800	1
TC3	—	—	—	650～800	1
TC4	1.0～2.0	≥925	≥8	700～850	1
	2.0～7.0	≥895	≥10		
TC4ELI	1.0～7.0	≥860	≥10	700～850	1

注 直径小于 2.0 的丝材的延伸率不满足要求时可按实测值报出。

6.1.8　钛—不锈钢复合板

钛—不锈钢复合板的力学性能（GB/T 8546）见表 6 - 8。

表 6 - 8　　　　　　　　钛—不锈钢复合板的力学性能

拉伸性能		剪切性能		分离实验		弯曲类别	弯曲直径 D/mm	弯曲角度 α	试验结果
抗拉强度 R_m/MPa	延伸率 A（%）	剪切强度 τ/MPa		分离强度 σ_f/MPa					
		0类	其他	0类	其他	内弯曲性能	复合板厚度的2倍	180°	在试样弯曲部分的外表面不得有裂纹
$>R_{mj}$	≥基材或复材标准中较低一方的规定值	≥196	≥140	≥274	—	外弯曲性能	复合板厚度的3倍	按复材标准规定	在试样弯曲部分的外表面不得有裂纹，符合界面不得有分层

注　1. 复材厚度≤1.5mm 时做拉剪性能试验。

　　2. 复合板作成管使用或基材为锻制品时，可不做拉伸性能试验。

　　3. 当复合板总厚度大于 25mm，复材厚度大于 3mm 时，内弯试样从复材一面减薄到 25mm。当复层厚度不小于 3mm 时，进行外弯实验，外弯试样从基、复材两面按比例减薄到 25mm。

　　4. 弯曲试样的侧边可倒成圆角，圆角直径应不大于 2mm。

　　5. 复合板的抗拉强度理论下限标准值 $R_{mj}=(t_1 R_{m1}+t_2 R_{m2})/(t_1+t_2)$

　　式中：R_{m1}——基材抗拉强度下限标准值，MPa；

　　　　　R_{m2}——复材抗拉强度下限标准值，MPa；

　　　　　t_1——基材厚度，mm；

　　　　　t_2——复材厚度，mm。

6.1.9　钛—钢复合板

钛—钢复合板的力学性能（GB/T 8547）见表 6 - 9。

表 6 - 9　　　　　　　　钛—钢复合板的力学性能

拉伸试验		剪切试验		弯曲试验	
抗拉强 R_m/MPa	伸长率 A（%）	剪切强度 τ/MPa		弯曲角 α/度	弯曲直径 D/mm
		0类复合板	其他复合板		
$>R_{mj}$	≥基材或复材标准中较低一方的规定值	≥196	≥140	内弯 180°，外弯由复材标准决定	内弯时按基材标准规定，不够2倍时取2倍；外弯时为复合板厚度的3倍

注　1. 爆炸-轧制复合板的伸长率可以由供需双方协商确定。

　　2. 剪切强度适用于复层厚度 1.5mm 及其以上的复合材。

　　3. 基材为锻制品时不做弯曲试验。

　　4. 复合板的抗拉强度理论下限标准值 $R_{mj}=(t_1 R_{m1}+t_2 R_{m2})/(t_1+t_2)$

　　式中：R_{m1}——基材抗拉强度下限标准值，MPa；

　　　　　R_{m2}——复材抗拉强度下限标准值，MPa；

　　　　　t_1——基材厚度，mm；

　　　　　t_2——复材厚度，mm。

6.2　镁及镁合金的牌号及性能

镁的密度为铝的 2/3，资源丰富，是地壳中仅次于铝、铁的第三种最为丰富的金属元素，其储量占地壳的 2.5%，工业纯镁主要用于制造镁合金和用于其他合金的添加元素，作为结构材料，一般要向纯镁中加入一些合金元素制成镁合金而应用。镁合金中常加入的合金元素有 Al、Zn、Mn、Zr 及稀土元素等。Al、Zn 在镁中均有固溶强化作用，Mn 的加入主要用于提高合金的耐热性和抗蚀性，少量 Zr 和稀土元素加入镁中可细化晶粒、提高耐热性并改善镁合金的工艺性能等。

镁合金分为变形镁合金（加工镁合金）和铸造镁合金两大类，工业中常用镁合金主要集中于 Mg - Al - Zn、Mg - Zn - Zr、Mg - Mn 等几个合金系列，可用于电网设备的重要结构件或壳体。

6.2.1　变形镁及镁合金牌号和化学成分

变形镁及镁合金牌号和化学成分（GB/T 5153）见表 6 - 10。

表6-10　　变形镁及镁合金牌号和化学成分

合金组别	牌号	对应ISO3116:2007的数字牌号	Mg	Al	Zn	Mn	RE		Si	Fe	Cu	Ni	其他元素[a] 单个	其他元素[a] 总体
Mg-Al	AZ30M	—	余量	2.2~3.2	0.20~0.50	0.20~0.40	Ce：0.05~0.08	—	0.01	0.005	0.0015	0.0005	0.01	0.15
	AZ31B	—	余量	2.5~3.5	0.6~1.4	0.20~1.0	—	—	0.08	0.003	0.01	0.001	0.05	0.30
	AZ31C	—	余量	2.4~3.6	0.50~1.5	0.15~1.0	—	Ca：0.04	0.10	—	0.10	0.03	—	0.30
	AZ31N	—	余量	2.5~3.5	0.50~1.5	0.20~1.0[b]	—	—	0.05	0.0008	—	—	0.02	0.15
	AZ31S	ISO-WD21150	余量	2.4~3.6	0.50~1.5	0.15~0.40	—	—	0.10	0.005	0.05	0.005	0.05	0.30
	AZ31T	ISO-WD21151	余量	2.4~3.6	0.50~1.5	0.05~0.40	—	—	0.10	0.05	0.05	0.005	0.05	0.30
	AZ33M	—	余量	2.6~4.2	2.2~3.8	—	—	—	0.10	0.008	0.005	—	0.01	0.30
	AZ40M	—	余量	3.0~4.0	0.20~0.8	0.15~0.50	—	Be：0.01	0.10	0.05	0.05	0.005	0.01	0.30
	AZ41M	—	余量	3.7~4.7	0.8~1.4	0.30~0.6	—	Be：0.01	0.10	0.05	0.05	0.005	0.01	0.30
	AZ61A	—	余量	5.8~7.2	0.40~1.5	0.15~0.50	—	—	0.10	0.005	0.05	0.005	—	0.30
	AZ61M	—	余量	5.5~7.0	0.50~1.5	0.15~0.50	—	Be：0.01	0.10	0.05	0.05	0.005	0.01	0.30
	AZ61S	ISO-WD21160	余量	5.5~6.5	0.50~1.5	0.15~0.40	—	—	0.10	0.005	0.05	0.005	0.05	0.30

化学成分（质量分数）（%）

续表

合金组别	牌号	对应 ISO3116：2007 的数字牌号	化学成分（质量分数）（%）										其他元素[a]	
			Mg	Al	Zn	Mn	RE		Si	Fe	Cu	Ni	单个	总体
	AZ62M	—	余量	5.5~7.0	2.0~3.0	0.20~0.50	—	Be：0.01	0.10	0.05	0.05	0.035	0.01	0.30
	AZ63B	—	余量	5.3~6.7	2.5~3.5	0.15~0.6	—	—	0.08	0.003	0.01	0.001	—	0.30
	AZ80A	—	余量	7.8~9.2	0.20~0.8	0.12~0.50	—	—	0.10	0.005	0.05	0.005	—	0.30
	AZ80M	—	余量	7.8~9.2	0.20~0.8	0.15~0.50	—	Be：0.01	0.10	0.05	0.05	0.005	0.01	0.30
	AZ80S	ISO‑WD21170	余量	7.8~9.2	0.20~0.8	0.12~0.40	—	—	0.10	0.005	0.05	0.005	0.05	0.30
MgAl	AZ91D	—	余量	8.5~9.5	0.45~0.9	0.17~0.40	—	Be：0.0005~0.003	0.08	0.004	0.02	0.001	0.01	—
	AM41M	—	余量	3.0~5.0	—	0.50~1.5	—	—	0.01	0.005	0.10	0.004	—	0.30
	AM81M	—	余量	7.5~9.0	0.20~0.50	0.50~2.0	—	—	0.01	0.005	0.10	0.004	—	0.30
	AE90M	—	余量	8.0~9.5	0.30~0.9	—	0.20~1.2[c]	—	0.01	0.005	0.10	0.004	—	0.20
	AW90M	—	余量	8.0~9.5	0.30~0.9	—	Y：0.20~1.2	—	0.01	0.005	0.10	0.004	—	0.20
	AQ80M	—	余量	7.5~8.5	0.35~0.55	0.15~0.35	0.01~0.10	Ag：0.02~0.8 Ca：0.001~0.02	0.05	0.02	0.02	0.001	0.01	0.30

续表

化学成分（质量分数）（%）

合金组别	牌号	对应ISO3116: 2007 的数字牌号	Mg	Al	Zn	Mn	RE		Si	Fe	Cu	Ni	其他元素[a] 单个	其他元素[a] 总体
MgAl	AL.33M	—	余量	2.5~3.5	0.50~0.8	0.20~0.40	—	Li: 1.0~3.0	0.01	0.005	0.0015	0.0005	0.02	0.15
	AJ31M	—	余量	2.5~3.5	0.20	0.6~0.8	—	Sr: 0.9~1.5	0.10	0.02	0.05	0.005	0.05	0.15
	AT11M	—	余量	0.50~1.2	—	0.10~0.30	—	Sn: 0.6~1.2	0.10	0.004	—	—	0.01	0.15
	AT51M	—	余量	4.5~5.5	—	0.20~0.50	—	Sn: 0.8~1.3	0.02	0.005	—	—	0.05	0.15
	AT61M	—	余量	6.0~6.8	—	0.20~0.40	—	Sn: 0.7~1.3	0.02	0.005	—	—	0.05	0.15

化学成分（质量分数）（%）

合金组别	牌号	对应ISO3116: 2007 的数字牌号	Mg	Al	Zn	Mn	RE	Y	Zr	Si	Fe	Cu	Ni	其他元素[a] 单个	其他元素[a] 总体
MgZn	ZA73M	—	余量	2.5~3.5	6.5~7.5	0.01	Er: 0.30~0.9	—	—	0.0005	0.01	0.001	0.0001	—	0.30
	ZM21M	—	余量	—	1.0~2.5	0.50~1.5	—	—	—	0.01	0.005	0.10	0.004	—	0.30
	ZM21N	—	余量	0.02	1.3~2.4	0.30~0.9	Ce: 0.10~0.6	—	—	0.01	0.008	0.006	0.004	0.01	0.20
	ZM51M	—	余量	—	4.5~6.0	0.50~2.0	—	—	—	0.01	0.005	0.10	0.004	—	0.30
	ZE10A	—	余量	—	1.0~1.5	—	0.12~0.22	—	—	—	—	—	—	—	0.30

续表

合金组别	牌号	对应ISO3116:2007的数字牌号	Mg	Al	Zn	Mn	RE	Y	Zr		Si	Fe	Cu	Ni	其他元素[a] 单个	其他元素[a] 总体
	ZE20M	—	余量	0.02	1.8~2.4	0.50~0.9	Ce: 0.10~0.6	—	—	—	0.01	0.008	0.006	0.004	0.01	0.20
	ZE90M	—	余量	0.0001	8.5~9.0	0.01	Er: 0.45~0.50	—	0.30~0.50	—	0.0005	0.0001	0.001	0.0001	0.01	0.15
	ZW62M	—	余量	0.01	5.0~6.5	0.20~0.8	Ce: 0.12~0.25	1.0~2.5	0.50~0.9	Ag: 0.20~1.6 Cd: 0.10~0.6	0.05	0.005	0.05	0.005	0.05	0.30
	ZW62N	—	余量	0.20	5.5~6.5	0.6~0.8	—	1.6~2.4	—	—	0.10	0.02	0.05	0.005	0.05	0.15
MgZn	ZK40A	—	余量	—	3.5~4.5	—	—	—	≥0.45	—	—	—	—	—	—	0.30
	ZK60A	—	余量	—	4.8~6.2	—	—	—	≥0.45	—	—	—	—	—	—	0.30
	ZK61M	—	余量	0.05	5.0~6.0	0.10	—	—	0.30~0.9	Be: 0.01	0.05	0.05	0.05	0.005	0.01	0.30
	ZK61S	ISO-WD32260	余量	—	4.8~6.2	—	—	—	0.45~0.8	—	—	—	—	—	0.05	0.30
	ZC20M	—	余量	—	1.5~2.5	—	Ce: 0.20~0.6	—	—	—	0.02	0.02	0.30~0.6	—	0.01	0.05

化学成分（质量分数）（%）

续表

化学成分（质量分数）（%）

合金组别	牌号	对应 ISO3116：2007 的数字牌号	Mg	Al	Zn	Mn	RE	Si	Fe	Cu	Ni	其他元素a 单个	其他元素a 总体
MgMn	M1A	—	余量	—	—	1.2~2.0	Ca: 0.30	0.10	—	0.05	0.01	—	0.30
	M1C	—	余量	0.01	—	0.50~1.3	—	0.05	0.01	0.01	0.001	0.05	0.30
	M2M	—	余量	0.20	0.30	1.3~2.5	—	0.10	0.05	0.05	0.007	0.01	0.20
	M2S	ISO—WD43150	余量	—	—	1.2~2.0	Be: 0.01	0.10	—	0.05	0.01	0.05	0.30
	ME20M	—	余量	0.20	0.30	1.3~2.2	Ce: 0.15~0.35	0.10	0.05	0.05	0.007	0.01	0.30
MgRE	EZ22M	—	余量	0.001	1.2~2.0	0.01	Er: 2.0~3.0 / Zr: 0.10~0.50	0.0005	0.001	0.001	0.0001	0.01	0.15

化学成分（质量分数）（%）

合金组别	牌号	对应 ISO3116：2007 的数字牌号	Mg	Al	Zn	Mn	RE	Gd	Y	Zr	Si	Fe	Cu	Ni	其他元素a 单个	其他元素a 总体
MgGd	VE82M	—	余量	—	—	—	0.50~2.5c	7.5~9.5	—	0.40~1.0	0.01	0.05 (Ag: 0.20~1.0)	—	0.004	—	0.30
	VW64M	—	余量	—	0.30~1.0	—	—	5.5~6.5	3.0~4.5	0.30~0.7	0.05	0.02 (Ca: 0.002~0.02)	0.02	0.001	0.01	0.30
	VW75M	—	余量	0.01	—	0.10	Nd: 0.9~1.5	6.5~7.5	4.6~5.7	0.40~1.0	0.01	—	0.10	0.004	—	0.30

续表

合金组别	牌号	对应ISO3116:2007的数字牌号	化学成分（质量分数）（%）												其他元素a	
			Mg	Al	Zn	Mn	RE	Gd	Y	Zr	Si	Fe	Cu	Ni	单个	总体
MgGd	VW83M	—	余量	0.02	0.10	0.05	—	8.0~9.0	2.8~3.5	0.40~0.6	0.05	0.01	0.02	0.005	0.01	0.15
	VW84M	—	余量	—	1.0~2.0	0.6~1.0	—	7.5~9.0	3.5~5.0	—	0.05	0.01	0.02	0.005	0.01	0.15
	VK41M	—	余量	—	—	—	—	3.8~4.2	—	0.8~1.2	0.02	0.01	—	—	0.03	0.30

合金组别	牌号	对应ISO3116:2007的数字牌号	化学成分（质量分数）（%）												其他元素a	
			Mg	Al	Zn	Mn	RE	Y	Zr	Li	Si	Fe	Cu	Ni	单个	总体
MgY	WZ52M	—	余量	—	1.5~2.5	0.35~0.55	—	4.0~6.0	0.50~1.5	Cc: 0.15~0.50	0.05	0.01	0.04	0.005	—	0.30
	WE43B	—	余量	—	0.20 (Zn+Ag)	0.03	Nd: 2.0~2.5, 其他≤1.9d	3.7~4.3	0.40~1.0	0.20	—	0.01	0.02	0.005	0.01	—
	WE43C	—	余量	—	0.06	0.03	Nd: 2.0~2.5, 其他0.30~1.0e	3.7~4.3	0.20~1.0	0.05	—	0.005	0.02	0.002	0.01	—
	WE54A	—	余量	—	0.20	0.03	Nd: 1.5~2.0, 其他≤2.0d	4.8~5.5	0.40~1.0	0.20	0.01	—	0.03	0.005	0.20	—

续表

合金组别	牌号	对应ISO3116:2007的数字字母牌号	化学成分（质量分数）（%）													其他元素[a]	
			Mg	Al	Zn	Mn	RE	Y	Zr	Li		Si	Fe	Cu	Ni	单个	总体
MgY	WE71M	—	余量	—	—	—	0.7~2.5[c]	6.7~8.5	0.40~1.0	—	—	0.01	0.05	—	0.004	—	0.30
	WE83M	—	余量	0.01	—	0.10	Nd: 2.4~3.4	7.4~8.5	0.40~1.0	—	—	0.01	—	0.10	0.004	—	0.30
	WE91M	—	余量	0.10	—	—	0.7~1.9[c]	8.2~9.5	0.40~1.0	—	—	0.01	—	—	0.004	—	0.30
	WE93M	—	余量	0.10	—	—	2.5~3.7[c]	8.2~9.5	0.40~1.0	—	—	0.01	—	—	0.004	—	0.30
MgLi	LA43M	—	余量	2.5~3.5	2.5~3.5	—	—	—	—	3.5~4.5	Cd: 2.0~4.0	0.05	0.05	0.05	—	0.05	0.30
	LA86M	—	余量	5.5~6.5	0.50~1.5	—	—	0.50~1.2	—	7.0~9.0	Ag: 0.50~1.5 K: 0.005 Na: 0.005	0.10~0.40	0.01	0.04	0.005	—	0.30
	LA103M	—	余量	2.5~3.5	0.8~1.8	—	—	—	—	9.5~10.5	—	0.05	0.05	0.05	—	0.05	0.30
	LA103Z	—	余量	2.5~3.5	2.5~3.5	—	—	—	—	9.5~10.5	—	0.05	0.05	0.05	—	0.05	0.30

[a] 其他元素指在本表表头表中列出了元素符号，但在本表表中却未规定极限数值含量的元素。

[b] Fe元素含量不大于0.005%时，不比限制Mn元素的最小极限值。

[c] 稀土为富铈混合稀土，其中含Ce: 50%; La: 30%; Nd: 15%; Pr: 5%。

[d] 其他稀土为中重稀土，例如：钇、镝、铒、镱。其他稀土源生自钇，典型为80%钇，20%重稀土。

[e] 其他稀土为中重稀土，例如：钇、镝、铒、钐和镱。钇+镝+铒的含量为0.3%~1.0%。钐的含量不大于0.04%，镱的含量不大于0.02%。

6.2.2 镁及镁合金板、带材

镁及镁合金板、带材的力学性能（GB/T 5154）见表6-11。

表6-11　镁及镁合金板、带材的力学性能

牌号	状态	板材厚度/mm	抗拉强度 R_m/(N/mm²)	规定非比例延伸强度 $R_{p0.2}$/(N/mm²)	规定非比例压缩强度 $R_{p0.2}$/(N/mm²)	断后伸长率（%） $A_{5.65}$	断后伸长率（%） $A_{50\ mm}$
			不小于	不小于			
M2M	O	0.80~3.00	190	110	—	—	6.0
		3.00~5.00	180	100	—	—	5.0
		5.00~10.00	170	90	—	—	5.0
	H112	8.00~12.5	200	90	—	—	4.0
		12.5~20.00	190	100	—	4.0	—
		20.00~70.00	180	110	—	4.0	—
AZ40M	O	0.80~3.00	240	130	—	—	12.0
		3.00~10.00	230	120	—	—	12.0
	H112	8.00~12.50	230	140	—	—	10.0
		12.50~20.00	230	140	—	8.0	—
		20.00~70.00	230	140	70	8.0	—
	H18	0.40~0.80	290	—	—	—	2.0
AZ41M	O	0.40~3.00	250	150	—	—	12.0
		3.00~5.00	240	140	—	—	12.0
		5.00~10.00	240	140	—	—	10.0
AZ31B	O	0.40~3.00	225	150	—	—	12.0
		3.00~12.5	225	140	—	—	12.0
		12.50~70.00	225	140	—	10.0	—

续表

牌号	状态	板材厚度/mm	抗拉强度 R_m/(N/mm²)	规定非比例延伸强度 $R_{p0.2}$/(N/mm²)	规定非比例压缩强度 $R_{p0.2}$/(N/mm²)	断后伸长率（%）$A_{5.65}$	$A_{50\,mm}$
			不小于				
AZ31B	H24	0.40~8.00	270	200	—	—	6.0
		8.00~12.50	255	165	—	—	8.0
	H26	12.50~20.00	250	150	—	8.0	—
		20.00~70.00	235	125	—	8.0	—
		6.30~10.00	270	186	—	—	6.0
		10.00~12.50	265	180	—	—	6.0
	H112	12.50~25.00	255	160	—	6.0	—
		25.00~50.00	240	150	—	5.0	—
		8.00~12.50	230	140	—	—	10.0
		12.50~20.00	230	140	—	8.0	—
		20.00~32.00	230	140	70	8.0	—
		32.00~70.00	230	130	60	8.0	—
ME20M	H18	0.40~0.80	260	—	—	—	2.0
	H24	0.80~3.00	250	160	—	—	8.0
		3.00~5.00	240	140	—	—	7.0
		5.00~10.00	240	140	—	—	6.0
	O	0.40~3.00	230	120	—	—	12.0
		3.00~10.00	220	110	—	—	10.0
	H112	8.00~12.50	220	110	—	—	10.0
		12.50~20.00	210	110	—	10.0	—
		20.00~32.00	210	110	70	7.0	—
		32.00~70.00	200	90	50	6.0	—

6.2.3　砂型铸造镁合金铸件的典型力学性能

砂型铸造镁合金铸件的典型力学性能（GB/T 19078）见表 6-12。

表 6-12　　　　　　　　　　　砂型铸造镁合金铸件的典型力学性能

合金组别	牌号	对应 ISO16220 的牌号	状态代号	拉伸试验结果			布氏硬度 HB A5mm 球径
				抗拉强度 R_m/MPa	屈服强度 $R_{p0.2}$/MPa	延伸率 A（%）	
				不小于			
MgAl	AZ81A、AZ81S	ISO-MC21110	F（铸态）	160	90	2.0	50～65
			T4（固溶热处理后自然时效状态）	240	90	8.0	50～65
	AZ91C、AZ91D、AZ91E、AZ91S	ISO-MC21120	F（铸态）	160	90	2.0	50～65
			T4（固溶热处理后自然时效状态）	240	90	6.0	55～70
			T6（固溶热处理后人工时效状态）	240	150	2.0	60～90
	AZ92A	—	F（铸态）	170	95	2.0	—
			T4（固溶热处理后自然时效状态）	250	95	6.0	—
			T5（铸造冷却后人工时效状态）	170	115	1.0	—
			T6（固溶热处理后人工时效状态）	250	150	2.0	—
	AZ33M	—	F（铸态）	180	100	4.0	
	AZ63A	—	F（铸态）	180	80	4.0	45～55
			T4（固溶热处理后自然时效状态）	235	80	7.0	50～60
			T5（铸造冷却后人工时效状态）	180	85	2.0	50～60
			T6（固溶热处理后人工时效状态）	235	110	3.0	65～80
	AM100A	—	T6（固溶热处理后人工时效状态）	240	120	2.0	60～80

合金组别	牌号	对应 ISO16220 的牌号	状态代号	拉伸试验结果			布氏硬度 HB A5mm球径
				抗拉强度 R_m/MPa	屈服强度 $R_{p0.2}$/MPa	延伸率 A（%）	
				不小于			
MgZn	ZE41A	ISO - MC35110	T5（铸造冷却后人工时效状态）	200	135	2.5	55～70
	ZK51A	—	T5（铸造冷却后人工时效状态）	235	140	5.0	—
	ZK61A	—	T6（固溶热处理后人工时效状态）	275	180	5.0	—
	ZQ81M	—	T4（固溶热处理后自然时效状态）	265	130	6.0	—
		—	T6（固溶热处理后人工时效状态）	275	190	4.0	—
	ZC63A	ISO - MC32110	T6（固溶热处理后人工时效状态）	195	125	2.0	55～65
MgRE	EZ30M	—	F（铸态）	120	85	1.5	—
		—	T2（铸造冷却后退火态）	120	85	1.5	—
	EZ30Z	—	T6（固溶热处理后人工时效状态）	240	140	4.0	65～80
	EZ33A	ISO - MC65120	T5（铸造冷却后人工时效状态）	140	95	2.5	50～60
	EV31A	ISO - MC65410	T6（固溶热处理后人工时效状态）	250	145	2.0	70～90
	EQ21A、EQ21S	ISO - MC65220	T6（固溶热处理后人工时效状态）	240	175	2.0	70～90
MgGd	VW103Z	—	T6（固溶热处理后人工时效状态）	300	200	2.0	100～125
	VQ132Z	—	T6（固溶热处理后人工时效状态）	350	240	1.0	110～140
MgY	WE43A、WE43B	ISO - MC95320	T6（固溶热处理后人工时效状态）	220	170	2.0	75～90
	WE54A	ISO - MC95310	T6（固溶热处理后人工时效状态）	250	170	2.0	80～90
	WV115Z		T6（固溶热处理后人工时效状态）	280	220	1.0	100～125
MgZr	K1A	—	F（铸态）	165	40	14.0	—
MgAg	QE22A、QE22S	ISO - MC65210	T6（固溶热处理后人工时效状态）	240	175	2.0	70～90

6.3 锌及锌合金的牌号及性能

锌分为工业纯锌和锌合金两大类。工业纯锌大量用于热浸镀锌、电镀锌、各种锌板、电池、氧化锌及合金中添加元素等。锌在大气条件下有相当高的耐蚀性，但在酸、盐和碱溶液中而不耐蚀。

由于纯锌的力学性能差，一般需加入其他合金元素而配制成合金使用，常见的合金元素有铝、铜、镁、镉、铅、钛等，锌合金的热膨胀系数较大，伸长率、冲击韧度、摩擦性能和高温性能较差，耐腐蚀性能不好，尤其在高温下及水蒸气中易产生晶间腐蚀。但锌合金熔点低，铸造工艺性能、切削加工性能比较好，可广泛用于压铸件、加工各种轴承、轴套等产品。

6.3.1 锌锭的牌号和化学成分

锌锭的牌号和化学成分（GB/T 470）见表6-13。

表6-13　　　　　　　　　　　　　锌锭的牌号和化学成分

牌号	化学成分（质量分数）（%）							
	Zn（不小于）	杂质（不大于）						
		Pb	Cd	Fe	Cu	Sn	Al	总和
Zn99.995	99.995	0.003	0.002	0.001	0.001	0.001	0.001	0.005
Zn99.99	99.99	0.005	0.003	0.003	0.002	0.001	0.002	0.01
Zn99.95	99.95	0.030	0.01	0.02	0.002	0.001	0.01	0.05
Zn99.5	99.5	0.45	0.01	0.05	—	—	—	0.5
Zn98.5	98.5	1.4	0.01	0.05	—	—	—	1.5

6.3.2 铸造用锌合金锭的牌号和化学成分

铸造用锌合金锭的牌号和化学成分（GB/T 8738）见表6-14。

表6-14　　　　　　　　　　　　铸造用锌合金锭的牌号和化学成分

牌号	代号	化学成分（质量分数）（%）									
		Zn	Al	Cu	Mg	Fe	Pb	Cd	Sn	Si	Ni
ZnAl4	ZX01	余量	3.9~4.3	0.03	0.03~0.06	0.02	0.003	0.003	0.0015	—	0.001
ZnAl4Cu0.4	ZX02	余量	3.9~4.3	0.25~0.45	0.03~0.06	0.02	0.003	0.003	0.0015	—	0.001
ZnAlCu1	ZX03	余量	3.9~4.3	0.7~1.1	0.03~0.06	0.02	0.003	0.003	0.0015	—	0.001
ZnAl4Cu3	ZX04	余量	3.9~4.3	2.7~3.3	0.03~0.06	0.02	0.003	0.003	0.0015	—	0.001
ZnAl6Cu1	ZX05	余量	5.6~6.0	1.2~1.6	0.005	0.02	0.003	0.003	0.001	0.02	0.001
ZnAl8Cu1	ZX06	余量	8.2~8.8	0.9~1.3	0.02~0.03	0.035	0.005	0.003	0.002	0.02	0.001
ZnAl9Cu2	ZX07	余量	8.0~10.0	1.0~2.0	0.03~0.06	0.05	0.005	0.003	0.002	0.05	—

牌号	代号	化学成分（质量分数）（%）									
		Zn	Al	Cu	Mg	Fe	Pb	Cd	Sn	Si	Ni
ZnAl11Cu1	ZX08	余量	10.8～11.5	0.5～1.2	0.02～0.03	0.05	0.005	0.005	0.002	—	—
ZnAl11Cu5	ZX09	余量	10.0～12.0	4.0～5.5	0.03～0.06	0.05	0.005	0.005	0.002	0.05	—
ZnAl27Cu2	ZX10	余量	25.5～28.0	2.0～2.5	0.012～0.02	0.07	0.005	0.005	0.002	—	—
ZnAl17Cu4	ZX11	余量	6.5～7.5	3.5～4.5	0.01～0.03	0.05	0.005	0.005	0.002	—	—

注　有范围值的元素为添加元素，其他为杂质元素，数值为最高限量。

6.3.3　热镀用锌合金锭的牌号和化学成分

热镀用锌合金锭的牌号和化学成分（YS/T 310）见表 6 - 15。

表 6 - 15　　　　　　　热镀用锌合金锭的牌号和化学成分

合金种类	牌号	主要成分（质量分数）（%）					杂质含量（质量分数）（%）（不大于）						其他杂质元素	
		Zn	Al	Sb	Si	La+Ce	Fe	Cd	Sn	Pb	Cu	Mn	单个	总和
锌铝合金类	RZnAl0.4	余量	0.25～0.55	—	—	—	0.004	0.003	0.001	0.004	0.002	—	—	—
	RZnAl0.6	余量	0.55～0.70	—	—	—	0.005	0.003	0.001	0.005	0.002	—	—	—
	RZnAl0.8	余量	0.70～0.85	—	—	—	0.006	0.003	0.001	0.005	0.002	—	—	—
	RZnAl5	余量	4.8～5.2	—	—	—	0.01	0.003	0.005	0.008	0.003	—	—	—
	RZnAl10	余量	9.5～10.5	—	—	—	0.03	0.003	0.005	0.01	0.005	—	—	—
	RZnAl15	余量	13.0～17.0	—	—	—								
锌铝锑合金类	RZnAl0.4Sb	余量	0.30～0.60	0.05～0.30	—	—	0.006	0.003	0.002	0.005	0.003	—	—	—
	RZnAl0.7Sb	余量	0.60～0.90		—	—								
锌铝硅合金类	RAl56ZnSi1.5	余量	52.0～60.0	—	1.2～1.8	—	0.15	0.01	—	0.02	0.03	0.03	—	—
	RAl65ZnSi1.7	余量	60.0～70.0	—	1.4～2.0	—	—	—	—	0.015	—	—	—	—

续表

合金种类	牌号	主要成分（质量分数）（%）					杂质含量（质量分数）（%）（不大于）						其他杂质元素	
		Zn	Al	Sb	Si	La+Ce	Fe	Cd	Sn	Pb	Cu	Mn	单个	总和
锌铝稀土合金类	RZnAl5RE	余量	4.2~6.2	—	—	0.03~0.10	0.075	0.005	0.002	0.005	Si: 0.015	—	0.02	0.04

注 1. 热镀用锌合金锭中杂质 Cu、Cd、Sb 可根据需方要求取舍。

2. Sb、Cu、Mg 允许含量分别可以达到 0.002%、0.1%、0.05%，因为它们的存在对合金没有影响，所以不要求分析。

3. Mg 根据需方要求最高可以达 0.1%。

4. Zr、Ti 根据需方要求最高分别可以达 0.02%。

5. Al 根据需方要求最高可以达 8.2%。

6. 其他杂质元素是指除 Sb、Cu、Mg、Zr、Ti 以外的元素。

6.3.4 铸造锌合金的牌号和化学成分

铸造锌合金的牌号和化学成分（GB/T 1175）见表 6-16。

表 6-16 铸造锌合金的牌号和化学成分

合金牌号	合金代号	合金元素				杂质含量（不大于）					杂质总和
		Al	Cu	Mg	Zn	Fe	Pb	Cd	Sn	其他	
ZZnAl4Cu1Mg	ZA4-1	3.5~4.5	0.75~1.25	0.03~0.08	其余	0.1	0.015	0.005	0.003		0.2
ZZnAl4Cu3Mg	ZA4-3	3.5~4.3	2.5~3.2	0.03~0.06	其余	0.075	Pb+Cd 0.009		0.002		—
ZZnAl6Cu1	ZA6-1	5.6~6.0	1.2~1.6	—	其余	0.075	Pb+Cd 0.009		0.002	Mg: 0.005	—
ZZnAl8Cu1Mg	ZA8-1	8.0~8.8	0.8~1.3	0.015~0.030	其余	0.075	0.006	0.006	0.003	Mn: 0.01 Cr: 0.01 Ni: 0.01	—
ZZnAl9Cu2Mg	ZA9-2	8.0~10.0	1.0~2.0	0.03~0.06	其余	0.2	0.03	0.02	0.01	Si: 0.1	0.35
ZZnAl11Cu1Mg	ZA11-1	10.5~11.5	0.5~1.2	0.015~0.030	其余	0.075	0.006	0.006	0.003	Mn: 0.01 Cr: 0.01 Ni: 0.01	—
ZZnAl11Cu5Mg	ZA11-5	10.0~12.0	4.0~5.5	0.03~0.06	其余	0.2	0.03	0.02	0.01	Si: 0.05	0.35
ZZnAl27Cu2Mg	ZA27-2	25.0~28.0	2.0~2.5	0.010~0.020	其余	0.075	0.006	0.006	0.003	Mn: 0.01 Cr: 0.01 Ni: 0.01	—

6.3.5 压铸锌合金的牌号和化学成分

压铸锌合金的牌号和化学成分（GB/T 13818）见表 6-17。

表 6-17 压铸锌合金的牌号和化学成分

合金牌号	合金代号	主要成分				杂质含量（不大于）			
		Al	Cu	Mg	Zn	Fe	Pb	Sn	Cd
YZZnAl4A	YX040A	3.9~4.3	≤0.1	0.030~0.060	余量	0.035	0.004	0.0015	0.003
YZZnAl4B	YX040B	3.9~4.3	≤0.1	0.010~0.020	余量	0.075	0.003	0.0010	0.002
YZZnAl4Cu1	YX041	3.9~4.3	0.7~1.1	0.030~0.060	余量	0.035	0.004	0.0015	0.003
YZZnAl4Cu3	YX043	3.9~4.3	2.7~3.3	0.025~0.050	余量	0.035	0.004	0.0015	0.003
YZZnAl8Cu1	YX081	8.2~8.8	0.9~1.3	0.020~0.030	余量	0.035	0.005	0.0050	0.002
YZZnAl11Cu1	YX111	10.8~11.5	0.5~1.2	0.020~0.030	余量	0.050	0.005	0.0050	0.002
YZZnAl27Cu2	YX272	25.5~28.0	2.0~2.5	0.012~0.020	余量	0.070	0.005	0.0050	0.002

注 YZZnAl4B Ni 含量为 0.005~0.020。

6.3.6 铸造锌合金力学性能

铸造锌合金力学性能（GB/T 1175）见表 6-18。

表 6-18 铸造锌合金力学性能

合金牌号	合金代号	铸造方法及状态	抗拉强度/MPa	伸长率（%）	布氏硬度/HBS
ZZnAl4Cu1Mg	ZA4-1	JF	≥175	≥0.5	≥80
ZZnAl4Cu3Mg	ZA4-3	SF	≥220	≥0.5	≥90
		JF	≥240	≥1	≥100
ZZnAl6Cu1	ZA6-1	SF	≥180	≥1	≥80
		JF	≥220	≥1.5	≥80
ZZnAl8Cu1Mg	ZA8-1	SF	≥250	≥1	≥80
		JF	≥225	≥1	≥85
ZZnAl9Cu2Mg	ZA9-2	SF	≥275	≥0.7	≥90
		JF	≥315	≥1.5	≥105

合金牌号	合金代号	铸造方法及状态	抗拉强度/MPa	伸长率（%）	布氏硬度/HBS
ZZnAl11Cu1Mg	ZA11-1	SF	≥280	≥1	≥90
		JF	≥310	≥1	≥90
ZZnAl11Cu5Mg	ZA11-5	SF	≥275	≥0.5	≥80
		JF	≥295	≥1.0	≥100
ZZnAl27Cu2Mg	ZA27-2	SF	≥400	≥3	≥110
		ST3	≥310	≥8	≥90
		JF	≥420	≥1	≥110

注 T3工艺为320℃，3h，炉冷。

6.3.7 铸造锌合金铸件力学性能

铸造锌合金铸件主要力学性能（GB/T 8738）见表6-19。

表6-19 铸造锌合金铸件主要力学性能

合金牌号	抗拉强度 R_m/MPa	断后伸长率 A（%）	布氏硬度 HBS	力学性能对应的铸造工艺和铸态
ZAl4	250	1	80	Y
ZnAl4Cu0.4	160	1	85	JF
ZnAl4Cu1	270	2	90	Y
	175	0.5	80	JF
ZnAl4Cu3	320	2	95	Y
	220	0.5	90	SF
	240	1	100	JF
ZnAl6Cu1	180	1	80	SF
	220	1.5	80	JF
ZnAl8Cu1	220	2	80	Y
	250	1	80	SF
	225	1	85	JF
ZnAl9Cu2	275	0.7	90	SF
	315	1.5	105	JF
ZnAl11Cu1	300	1.5	85	Y
	280	1	90	SF
	310	1	90	JF
ZnAl11Cu5	275	0.5	80	SF
	295	1.0	100	JF

合金牌号	抗拉强度 R_m/MPa	断后伸长率 A（%）	布氏硬度 HBS	力学性能对应的铸造工艺和铸态
ZnAl27Cu2	350	1	90	Y
	400	3	110	SF
	420	1	110	JF
ZnAl17Cu4	320	1	90	Y
	395	3	100	SF
	410	1	100	JF

注　1. 本表中 Y 代表压铸，S 代表砂型铸，J 代表金属型铸，F 代表铸态。

2. 本表数据仅供用户选择牌号时参考，不作验收依据。

附　　录

附录 A　常用金属材料中外牌号对比

本书中涉及的金属材料牌号对比见附表 A - 1~附表 A - 49。

附表 A - 1　　　　　　　　　　　　奥氏体不锈钢及耐热钢

中国 GB/T	俄罗斯 ГOCT	日本 JIS	美国 ASTM 3	IOS 国际国标	欧洲 EN
12Cr17Mn6Ni5N S35350 (1Cr17Mn6Ni5N)	—	SUS201	201 S20100	X12CrMnNiN1 7 - 7 - 5	X12CrMnNiN17 - 7 - 5 1.4372
10Cr17Mn9Ni4N S35950	12X17Г9AH4	—	—	—	—
12Cr18Mn9Ni5N S35450 (1Cr18Mn8Ni5)	12X17Г9AH4	SUS202	202 S20200	—	X12CrMnNiN18 - 9 - 5 1.4373
20Cr13Mn9Ni4 S35020 (2Cr13Mn9Ni4)	20X13H4Г9	—	—	—	—
53Cr21Mn9Ni4N S35650 (5Cr21Mn9Ni4N)	55X20Г9AH4	SUH35	—	—	—
12Cr17Ni7 S30110 (1Cr17Ni7)	—	SUS301	301 S30100	X5CrNi17 - 7	X5CrNi17 - 7 1.4319
022Cr17Ni7 S30103	—	SUS301L	301L S30103	X2C₁NiN18 - 7	X2CrNiN18 - 7 1.4318
022Cr17Ni7N S30153	—	SUS301L	301LN S30153	X2CrNiN18 - 7	X2CrNiN18 - 7 1.4318
17Cr18Ni9 S30220 (2Cr18Ni9)	17X18H9	—	—	—	—
12Cr18Ni9 S30210 (1Cr18Ni9)	12X18H9	SUS302	302 S30200	X10CrNi18 - 8	X9CrNi18 - 9 1.4325

中国 GB/T	俄罗斯 ГОСТ	日本 JIS	美国 ASTM 3	IOS 国际国标	欧洲 EN
12Cr18Ni9Si3 S30240 （1Cr18Ni9Si3）	—	SUS302B	302B S30215	X12CrNiSi1 8 - 9 - 3	—
Y12Cr18Ni9 S30317 （Y1Cr18Ni9）	—	SUS303	303 S30300	X10CrNiS18 - 9	X8CrNiS18 - 9 1.4305
Y12Cr18Ni9Se S30327 （Y1Cr18Ni9Se）	12X18H10E	SUS303Se	303Se S30323	—	—
06Cr19Ni10 S30408 （0Cr18Ni9）	08X18H10	SUS304	304 S30400	X7CrNi18 - 9	X5CrNi18 - 10 1.4301
022Cr19Ni10 S30404 （00Cr19Ni10）	03X18H11	SUS304L	304L S30403	X2CrNi19 - 11	X2CrNi19 - 11 1.4306
07Cr19Ni10 S30409	—	SUS304HTP	304H S30409	X7CrNi18 - 9	X6CrNi18 - 10 1.4948
05Cr19Ni10Si2CeN S30450	—	—	S30415	X6CrNiSiNCe 19 - 10	X6CrNiSiNCe19 - 10 1.4818
06Cr18Ni9Cu2 S30480 （0Cr18Ni9Cu2）	—	SUS304J3	—	—	—
06Cr18Ni9Cu3 S30488 （0Cr18Ni9Cu3）	—	SUSM7	—	X3CrNiCu 18 - 9 - 4	X3CrNiCu18 - 9 - 4 1.4567
06Cr19Ni10N S30458 （0Cr19Ni9N）	—	SUS304N1	304N S30451	X5CrNiN18 - 8	X5CrNiN19 - 9 1.4315
06Cr19Ni9NbN S30478 （0Cr19Ni10NbN）	—	SUS304N2	XM - 212 S30452	—	—
022Cr19Ni10N S30453 （00Cr18Ni10N）	—	SUS304LN	304LN S30453	X2CrNiN18 - 9	X2CrNiN18 - 10 1.4311

中国 GB/T	俄罗斯 ГОСТ	日本 JIS	美国 ASTM 3	IOS 国际国标	欧洲 EN
10Cr18Ni12 S30510 (1Cr18Ni12)	12X18H12T	SUS305	305 S30500	X6CrNi18 - 12	X4CrNi18 - 12 1.4303
06Cr18Ni12 S30508 (0Cr18Ni12)	—	SUS305J1	308 S30800	—	—
06Cr16Ni18 S30608 (0Cr16Ni18)	—	—	S38400	X3NiCr18 - 16	
06Cr20Ni11 S30808			308 S30800		
16Cr23Ni13 S30920 (2Cr23Ni13)	20X23H12	SUH309	309 S30900	—	X15CrNi20 - 12 1.4828
06Cr23Ni13 S30908 (0Cr23Ni13)	—	SUS309S	309S S30908	X12CrNi23 - 13	X12CrNi23 - 13 1.4833
14Cr23Ni18 S31010 (1Cr23Ni18)	20X23H18	—	—		
20Cr25Ni20 S31020 (2Cr25Ni20)	20X24H20C2	SUH310	310 S31000	—	—
06Cr25Ni20 S31008 (0Cr25Ni20)	10X23H18	SUS310S	310S S31008	—	X8CrNi25 - 21 1.4845
022Cr25Ni22Mo2N S31053	—	—	310MoLN S31050	X1CrNiMoN 25 - 22 - 2	X1CrNiMoN25 - 22 - 2 1.4466
015Cr20Ni18Mo6CuN S31252	—	—	S31254	X1CrNiMoCuN 20 - 19 - 7	X1CrNiMoCuN20 - 19 - 7 1.4547
06Cr17Ni12Mo2 S31608 (0Cr17Ni12Mo2)	—	SUS316	316 S31600	X5CrNiMo 17 - 12 - 2	X5CrNiMo17 - 12 - 2 1.4401

中国 GB/T	俄罗斯 ГОСТ	日本 JIS	美国 ASTM 3	IOS 国际国标	欧洲 EN
022Cr17Ni12Mo2 S31603 (00Cr17Ni12Mo2)	03Х17Н14М2	SUS316L	316L S31603	X2CrNiMo 17 - 12 - 2	X2CrNiMo17 - 12 - 2 1. 4404
07Cr17Ni12Mo2 S31609 (1Cr17CrNi12Mo2)	—	—	316H S31609	—	X3CrNiMo17 - 13 - 2 1. 4436
06Cr17Ni12Mo2Ti S31668 (0Cr18Ni12Mo3Ti)	08Х17Н12М2Т	SUS316Ti	316Ti S31635	X6CrNiMoTi 17 - 12 - 2	X6CrNiMoTi17 - 12 - 2 1. 4571
06Cr17NiMo2Nb S31678	08Х16Н13М2Б	—	316Nb S31640	X6CrNiMoNb 17 - 12 - 2	X6CrNiMoNb17 - 12 - 2 1. 4580
06Cr17Ni12Mo2N S31658 (0Cr17Ni12Mo2N)	—	SUS316N	316N S31651	—	X2CrNiMoN17 - 11 - 2 1. 4406
022Cr17Ni12Mo2N S31653 (00Cr17Ni13Mo2N)	—	SUS316LN	316LN S31653	X2CrNiMoN 17 - 12 - 3	X2CrNiMoN17 - 12 - 3 1. 4429
015Cr21Ni26Mo5Cu2 S31782	—	—	904L N08904	—	
06Cr19Ni13Mo3 S31708 (0Cr19Ni13Mo3)	—	SUS317	317 S31700	—	X3CrNiMo17 - 13 - 2 1. 4436
022Cr19Ni13Mo3 S31703 (00Cr19Ni13Mo3)	03Х16Н15М3	SUS317L	317L S31703	X2CrNiMo 19 - 14 - 4	X2CrNiMo18 - 15 - 4 1. 4438
022Cr19Ni16Mo5N S31723			317LMN S31726	X2CrNiMoN 18 - 15 - 5	X2CrNiMo17 - 12 - 5 1. 4439
022Cr19Ni3Mo4N S31753	—	SUS317Ll	317LN S31753	X2CrNiMoN 18 - 12 - 4	X2CrNiMoN18 - 12 - 4 1. 4434
06Cr18Ni11Ti S32168 (0Cr18Ni11Ti)	08Х18Н10Т	SUS321	321 S32100	X6CrNiTi18 - 10	X6CrNiTi18 - 10 1. 4541
07Cr19Ni11Ti S3169 (1Cr18Ni11Ti)	12Х18Н12Т	SUS321HTP	321H S32109	X7CrNiTi18 - 10	X6CrNiTi18 - 10 1. 4541

中国 GB/T	俄罗斯 ГОСТ	日本 JIS	美国 ASTM 3	IOS 国际国标	欧洲 EN
45Cr14Ni14W2Mo S32590 (4Cr14Ni4W2Mo)	45Х14Н14Б2М	—	—	—	—
015Cr24Ni22Mo8Mn3CuN S32652	—	—	S32654	X1CrNiMoCuN 24 - 22 - 8	X1CrNiMoCuN24 - 22 - 8 1.4652
12Cr16Ni35 S33010 (1Cr16Ni35)	—	SUH330	—	—	X12CrNiSi35 - 16 1.4864
022Cr24Ni17Mo5MnNbN S34553	—	—	S34565	X2CrNiMnMoN 25 - 18 - 6 - 5	X2CrNiMnMoN25 - 18 - 6 - 5 1.4565
06Cr18Ni11Nb S34778 (0Cr18Ni11Nb)	08Х18Н12Б	SUS347	347 S34700	X6CrNiNb18 - 10	X6CrNiNb18 - 10 1.4550
07Cr18Ni11Nb S34779 (1Cr19Ni11Nb)	—	SUS347HTP	347H S34709	X7CrNiNb18 - 10	X7CrNiNb18 - 10 1.4912
06Cr18Ni13Si4 S38148 (0Cr18Ni13Si4)	—	SUSXM15J1	XM - 15 S38100	—	X1CrNiSi18 - 15 - 4 1.4361
16Cr20Ni14Si2 S38240 (1Cr20Ni14Si2)	20Х20Н14С2	—	—	X15CrNiSi20 - 12	X15CrNiSi20 - 12 1.4828
16Cr25Ni20Si2 S38340 (1Cr25Ni20Si2)	—	—	—	—	X15CrNiSi25 - 21 1.4841

附表 A-2　　　　奥氏体-铁素体型不锈钢及耐热钢牌号

中国 GB/T	俄罗斯 ГОСТ	日本 JIS	美国 ASTM	IOS 国际国标	欧洲 EN
14Cr18Ni11Si4AlTi S21860 (1Cr18Ni11Si4AlTi)	15Х18Н12С4ТЮ	—	—	—	—
022Cr19Ni5Mo3Si2N S21953 (00Cr18Ni5Mo3Si2N)	—	—	S31500	—	—

中国 GB/T	俄罗斯 ГОСТ	日本 JIS	美国 ASTM	IOS 国际国标	欧洲 EN
12Cr21Ni5Ti S22160 (1Cr21Ni5Ti)	12Х21Н5Т	—	—	—	—
022Cr22Ni5Mo3N S22253	—	SUS329J3L	S31803	X2CrNiMoN 22 - 5 - 3	X2CrNiMoN22 - 5 - 3 1.4462
022Cr23Ni5Mo3N S22053	—	—	2205 S32205	X2CrNiMoN 22 - 5 - 3	X2CrNiMoN22 - 5 - 3 1.4462
022Cr23Ni4MoCuN S23043	—	—	2304 S32304	X2CrNiN23 - 4	X2CrNiN23 - 4 1.4362
022Cr25Ni6Mo2N S22553	—	—	S31200	X3CrNiMoN 27 - 5 - 2	X3CrNiMoN27 - 5 - 2 1.4460
022Cr25Ni7Mo3WCuN S22583	—	SUS329J4L	S31260	—	—
03Cr25Ni6Mo3Cu2N S25554	—	SUS329J4L	255 S32550	X2CrNiMoCuN 25 - 6 - 3	X2CrNiMoCuN25 - 6 - 3 1.4507
022Cr25Ni7Mo4N S25073	—	—	2507 S32750	X2CrNiMoN 25 - 7 - 4	X2CrNiMoN25 - 7 - 4 1.4410
022Cr25Ni7Mo4WCuN S27603	—	—	S32760	X2CrNiMoWN 25 - 7 - 4	X2CrNiMoWN25 - 7 - 4 1.4501

附表 A - 3　　　　　　　　　　　　铁素体型不锈钢及耐热钢

中国 GB/T	俄罗斯 ГОСТ	日本 JIS	美国 ASTM 3	IOS 国际国标	欧洲 EN
06Cr13Al S11348 (0Cr13Al)	—	SUS405	405 S40500	X6CrAl13	X6CrAl13 1.4002
06Cr11Ti S11168 (0Cr11Ti)	—	SUH409	409 S40900	X6CrTi12	X6CrNiTi12 1.4516
022Cr11Ti S11163	—	SUH409L	409 S40900	X2CrTi12	X2CrTi12 1.4512
022Cr11NbTi S11173	—	—	S40930	—	—
022Cr12Ni S11213	—	—	S40977	X2CrNi12	X2CrNi12 1.4003

续表

中国 GB/T	俄罗斯 ГОСТ	日本 JIS	美国 ASTM 3	IOS 国际国标	欧洲 EN
022Cr12 S11203 (00Cr12)	—	SUS410L	—	—	X2CrNi12 1.4003
10Cr15 S11510 (1Cr15)	—	SUS429	429 S42900	—	X15Cr13 1.4024
10Cr17 S11710 (1Cr17)	—	SUS430	430 S43000	X6Cr17	X6Cr17 1.4016
Y10Cr17 S11717 (Y1Cr17)	—	SUS430F	430F S43020	X14CrS17	X14CrMoS17 1.4104
022Cr18Ti S11863 (00Cr17)	—	SUS430LX	439 S43035	X3CrTi17	X3CrTi17 1.4510
10Cr17Mo S11790 (1Cr17Mo)	—	SUS434	434 S43400	X6CrMo17 - 1	X6CrMo17 - 1 1.4113
10Cr17MoNb S11770	—	—	436 S43600	X6CrMoNb17 - 1	X6CrMoNb17 - 1 1.4526
022Cr18NbTi S11873	—	—	S43940	X2CrTiNb18	X2CrTiNb18 1.4509
019Cr19Mo2NbTi S11972 (00Cr18Mo2)	—	SUS444TP	444 S44400	X2CrMoTi18 - 2	X2CrMoTi18 - 2 1.4521
16Cr25N S12550 (2Cr25N)	—	SUH446	446 S44600	—	—
008Cr27Mo S12791 (00Cr27Mo)	—	SUSXM27	XM - 27 S44627	—	—

附表 A-4 马氏体型不锈钢及耐热钢

中国 GB/T	俄罗斯 ГОСТ	日本 JIS	美国 ASTM 3	IOS 国际国标	英国 EN
12Cr12 S40310 (1Cr12)	—	SUS403	403 S40300	—	—
06Cr13 S41008 (0Cr13)	08X13	SUS410S	410S S41008	X6Cr13	X6Cr13 1.4000
12Cr13 S41010 (1Cr13)	12X13	SUS410	410 S41000	X12Cr13	X12Cr13 1.4006
04Cr13Ni5Mo S41595	—	—	S41500	X3CrNiMo13-4	X3CrNiMo13-4 1.4313
Y12Cr13 S41617 (Y1Cr13)	—	SUS416	416 S41600	X12CrS13	X12CrS13 1.4005
20Cr13 S42020 (2Cr13)	20X13	SUS420J1	420 S42000	X2013	X2013 1.4021
30Cr13 S42030 (3Cr13)	30X13	SUS420J2	420 S42000	X30Cr13	X30Cr13 1.4028
40Cr13 S42040 (4Cr13)	40X13	—	—	X39Cr13	X39Cr13 1.4031
14Cr17Ni2 S43110 (1Cr17Ni2)	14X17H2	—	—	—	—
17Cr16Ni12 S43120	—	SUS431	431 S43100	X17CrNi16-12	X17CrNi16-12 1.4057
68Cr17 S44070 (7Cr17)	—	SUS440A	440A S44002	—	X70CrMo15 1.4109
85Cr17 S44080 (8Cr17)	—	SUS440B	440B S44003	—	—
108Cr17 S44096 (11Cr17)	—	SUS440C	440C S44004	X105CrMo17	X105CrMo17 1.4125

中国 GB/T	俄罗斯 ГOCT	日本 JIS	美国 ASTM 3	IOS 国际国标	英国 EN
Y108Cr17 S44097 （Y11Cr7）	—	SUS440F	440F S44020	—	—
95Cr18 S44090 （9Cr18）	95X18	—	—	—	—
12Cr5Mo S45110 （1Cr5Mo）	15X5M	—	—	—	—
102Cr17Mo S45990 （9Cr18Mo）	—	SUS440C	440C S4400C	X105CrMo17	X105CrMo17 1.4125
90Cr18MoV S46990 （9Cr18MoV）	—	SUS440B	440B S44003	—	X90CrMoV18 1.4112
14Cr11MoV S46010 （1Cr11MoV）	15X11MΦ	—	—	—	—
18Cr12MoVNbN S46250 （2Cr12MoVNbN）	—	SUH600	—	—	—
22Cr12NiWMoV S47220 （2Cr12NiWMoV）	—	SUH616	616 S42200	—	—
14Cr12Ni2WMoVNb S47410 （1Cr12Ni2WMoVNb）	13X14H3B2ΦP	—	—	—	—
42Cr9Si2 S48040 （4Cr9Si2）	40X9C2	—	—	—	—
45Cr9Si3 S48045	—	SUH1	—	—	—
40Cr10Si2Mo S48410 （4Cr10Si2Mo）	40X10C2M	SUH3	—	—	—
80Cr20Si2Ni S48380 （8Cr20Si2Ni）	—	SUH4	—	—	—

附表 A - 5   沉淀硬化型不锈钢及耐热钢

中国 GB/T	俄罗斯 ГОСТ	日本 JIS	美国 ASTM	IOS 国际国标	欧洲 EN
04Cr13Ni8Mo2Al S51380	—	—	XM - 13 S13800	—	—
022Cr12Ni9Cu2NbTi S51290	—	—	XM - 16 S45500	—	—
05Cr15Ni5Cu4Nb S15510		—	X5CrNiCu Nb16 - 4	—	X5CrNiCuNb16 - 4 1. 4542
05Cr17Ni4CuNb S51740 (0Cr17Ni4Cu4Nb)		SUS630	630 S17400	X5CrNiCuNb 16 - 4	X5CrNiCuNb16 - 4 1. 4542
07Cr17Ni7Al S51770 (0Cr17Ni7Al)	09Х17Н7Ю1	SUS631	631 S17700	X7CrNiAl17 - 7	X7CrNiAl17 - 7 1. 4568
07Cr15Ni7Mo2Al S51570 (0Cr15Ni7Mo2Al)	—	—	632 S15700	X8CrNiMoAl 15 - 7 - 2	
09Cr17Ni5Mo3N S51750	—	—	633 S35000	—	—
06Cr17Ni7AlTi S51778	—	—	635 S17600	X7CrNTi18 - 10	
06Cr15Ni25Ti2MoAlVB S51525 (0Cr15Ni25Ti2MoAlVB)	—	SUH660	660 S66286	X6NiCrTiMoVB 25 - 15 - 2	X6NiCrTiMoVB25 - 15 - 2 1. 4606

附表 A - 6   一般工程用铸造碳钢

中国 GB/T	俄罗斯 ГОСТ	日本 JIS	美国 ASME/ASTM	IOS 国际国标	欧洲 EN
ZG200 - 400 (ZG15)	15Л	200 - 400W	Grade U60 - 30 (415 - 205) J03000	200 - 400W	GP240GH 1. 0621
ZG230 - 450 (ZG25)	25Л	230 - 450W	Grade 65 - 35 (450 - 240) J03001	230 - 450W	GP240GR 1. 0621
ZG270 - 500 (ZG35)	35Л	270 - 480W	Grade 70 - 40 (485 - 275) J02501	270 - 480W	GP280GH 1. 0625
ZG310 - 570 (ZG45)	45Л	340 - 550W	Grade 80 - 50 (550 - 345) D50500	340 - 550W	—
ZG340 - 640 (ZG55)	50Л	340 - 550W	Grade 80 - 50 (550 - 345) D50500	340 - 550W	—

附表 A-7 焊接结构用碳素铸钢

中国 GB/T	俄罗斯 ГОСТ	日本 JIS	美国 ASME/ASTM	IOS 国际国标	欧洲 EN
ZG200-400H	15Л	SCW410 (SCW42)	Grade WCA J02502	200-400W	GP240GH 1.0621
ZG230-450H	20Л	SCW450 (SCW46)	Grade WCB J03002	230-450W	GP240GR 1.0621
ZG275-485H	20ГЛ	SCW480 (SCW49)	Grade WCC J02503	270-480W	GP280GH 1.0625
ZG340-500H	—	SCW550 (SCW56)	—	340-550W	—

附表 A-8 中、高强度不锈铸钢牌号

中国 GB/T	俄罗斯 ГОСТ	日本 JIS	美国 ASME/ASTM	IOS 国际国标	英国 EN
ZG15Cr13	15X13Л	SCS1X	CA-15 J91150	GX12Cr12	GX12Cr12 1.4011
ZG20Cr13	20X13Л	SCS2	CA-40 J92253	—	—
ZG15Cr13Ni1	—	SCS1	CA-15 J91150	—	GX8CrNi12 1.4107
ZG10Cr13Ni1Mo	—	SCS3	CA-15M J91151	GX8CrNiMo12-1	—
ZG05Cr13Ni4Mo	08X14H7МЛ	SCS6	CA-6NM J91540	GX4CrNi13-4	GX4CrNi13-4 1.4317
ZG06Cr13Ni5Mo	—	SCS6	CA-6N J91650	GX4CrNi13-4	GX4CrNi13-4 1.4317
ZG06Cr16Ni5Mo	09X17H3СЛ	SCS31	CA-6NM J91540	GX4CrNiMo16-5-1	GX4CrNiMo16-5-1 1.4406

附表 A-9 一般用途耐蚀铸钢

中国 GB/T	俄罗斯 ГОСТ	日本 JIS	美国 ASME/ASTM	IOS 国际国标	英国 EN
ZG15Cr12	15X13Л	SCS1X	CA-15 J91150	GX12Cr12	GX12Cr12 1.4011
ZG20Cr13	20X13Л	SCS2	CA-40 J92253	—	—

中国 GB/T	俄罗斯 ГОСТ	日本 JIS	美国 ASME/ASTM	IOS 国际国标	英国 EN
ZG10Cr12NiMo	10X12НДЛ	SCS3X	CA - 15M J91151	GX8CrNiMo12 - 1	GX7CrNiMo12 - 1 1.4008
ZG06Cr12Ni4 (QT1)	08X14H7МЛ	SCS6X	CA - 6NM J91540	GX4CrNi12 - 4 (QT1)	GX4CrNi13 - 4 1.4317
ZG06Cr12Ni (QT2)	08X14H7МЛ	SCS6X	CA - 6NM J91540	GX4CrNi12 - 4 (QT2)	GX4CrNi13 - 4 1.4317
ZG06Cr16Ni5Mo	09X17H3СЛ	SCS31	CA - 6NM J91540	GX4CrNiMo 16 - 5 - 1	GX4CrNiMo16 - 5 - 1 1.4405
ZG03Cr18Ni10	07X18H9Л	SCS36	CF - 3 J92500	GX2CrNi18 - 10	GX2CrNi19 11 1.4309
ZG03Cr18Ni10N	07X18H9Л	SCS36N	CF - 3 J92500	GX2CrNi18 - 10	GX2CrNi19 - 11 1.4309
ZG07Cr19Ni9	07X18H9Л	SCS13X	CF - 8 J92600	GX5CrNi19 - 9	GX5CrNi19 - 10 1.4308
ZG08Cr19Ni10Nb	10X18H11БЛ	SCS21X	CF - 8C J92710	GX6CrNiNb19 - 10	GX5CrNiNb19 - 11 1.4552
ZG03Cr19Ni11Mo2	07X18H10Г 2C2M2Л	SCS16AX	CF - 3M J92800	GX2CrNiMo 19 - 11 - 2	GX2CrNiMo19 - 11 - 2 1.4409
ZG03Cr19Ni11Mo2N	07X18H10Г 2C2M2Л	SCS16AXN	CF - 3MN J92804	GX2CrNiMoN1 9 - 11 - 2	GX2CrNiMoN19 - 11 - 2 1.4409
ZG07Cr19Ni11Mo2	07X18H10Г 2C2M2Л	SCS14X	CF - 8M J93000	GX5CrNiMo 19 - 11 - 2	GX5CrNiMo19 - 11 - 2 1.4408
ZG08Cr19Ni11Mo2Nb	07X18H10Г 2C2M2Л	SCS14XNb	—	GX6CrNiMoNb 19 - 11 - 2	GX5CrNiMoNb19 - 11 - 2 1.4581
ZG03Cr19Ni11Mo3	—	SCS35	CF - 3M J92800	GX2CrNiMo 19 - 11 - 3	—
ZG03Cr19Ni11Mo3N	—	SCS35N	CF - 3MN J92804	GX2CrNiMoN 19 - 11 - 3	GX2CrNiMoN17 - 13 - 4 1.4446
ZG07Cr19Ni11Mo3	07X18H10Г 2C2M2Л	SCS34	CG - 8M J93000	GX5CrNiMo 19 - 11 - 3	GX5CrNiMo19 - 11 - 3 1.4412
ZG03Cr26Ni5Cu3Mo3N	—	SCS32	—	GX2CrNiCuMoN 26 - 5 - 3 - 3	GX2CrNiCuMoN26 - 5 - 3 - 3 1.4517
ZG03Cr26NiMo3N	—	SCS33	—	GX2CrNiMoN 26 - 5 - 3	GX2CrNiMoN25 - 6 - 3 1.4468

附表 A - 10　　　　　　　　　　灰 铸 铁 牌 号

中国 GB/T	俄罗斯 ГОСТ	日本 JIS	美国 ASME/ASTM	IOS 国际国标	英国 EN
HT 100 (HT 10 - 26)	СЧ10	FC 100 (FC 10)	—	JC/100	GJL - 100 JL - 1010
HT 150 (HT 15 - 33)	СЧ15	FC 150 (FC 15)	150A (B, C, S)	JC/150	GJL - 150 JL - 1020
HT 200 (HT 20 - 40)	СЧ20	FC 200 (FC 20)	200B (A, C, S)	JC/200	GJL - 200 JL - 1030
HT 225	СЧ24	—	225C (A, B, S)	JC/225	—
HT 250 (HT 25 - 47)	СЧ25	FC 250 (FC 25)	250S (A, B, V)	JC/250	GJL - 250 JL - 1040
HT 275	—	—	275A (B, C, S)	JC/275	—
HT 300 (HT 30 - 54)	СЧ30	FC 300 (FC 30)	300A (B, C, S)	JC/300	GJL - 300 JL - 1050
HT 350 (HT 35 - 61)	СЧ35	FC 350 (FC 35)	350A (B, C, S)	JL/350	GJL - 350 JL - 1060

附表 A - 11　　　　　　　　　　球 墨 铸 铁 牌 号

中国 GB/T	俄罗斯 ГОСТ	日本 JIS	美国 ASTM	IOS 国际国标	欧洲 EN
QT 350 - 22L (QT - 130HBW)	ВЧ35	FCD350 - 22L	—	JS/350 - 22L	GJS350 - 22L JS1015
QT 350 - 22R (QT - 130HBW)	ВЧ35	—	—	JS/350 - 22R	GJS350 - 22R JS1014
QT 350 - 22 (QT - 130HBW)	ВЧ35	FCD350 - 22	—	JS/350 - 22	GJS350 - 22 JS1010
QT 400 - 18L (QT - 150HBW)	ВЧ40	FCD400 - 18L	—	JS/400 - 18L	GJS400 - 18L JS1025
QT 400 - 18R (QT - 150HBW)	ВЧ40	—	—	JS/400 - 18R	GJS400 - 18R JS1024
QT 400 - 18 (QT - H150HBW)	ВЧ40	FCD400 - 18	60 - 40 - 18 F32800	JS/400 - 18	GJS400 - 18 JS1020
QT 400 - 15 (QT - H155HBW)	ВЧ40	FCD400 - 15	60 - 42 - 10 F32900	JS/400 - 15	GJS400 - 15 JS1030
QT 450 - 10 (QT - H185HBW)	ВЧ45	FCD450 - 10	65 - 42 - 12 F33100	JS/450 - 10	GJS450 - 10 JS1040

365

中国 GB/T	俄罗斯 ГОСТ	日本 JIS	美国 ASTM	IOS 国际国标	欧洲 EN
QT 500 - 7 (QT - H200HBW)	ВЧ50	FCD500 - 7	70 - 50 - 05	JS/500 - 7	GJS500 - 7 JS1050
QT 550 - 5 (QT - 215HBW)	—	—	—	JS/500 - 5	—
QT 600 - 3 (QT - H230HBW)	ВЧ60	FCD600 - 3	80 - 60 - 03 F34100	JS/600 - 3	GJS600 - 3 JS1060
QT 700 - 2 (QT - H260HBW)	ВЧ70	FCD700 - 2	100 - 70 - 03 F34800	JS/700 - 2	GJS700 - 2 JS1070
QT 800 - 2 (QT H300HBW)	ВЧ80	FCD800 - 2	120 - 90 - 02 F36200	JS/800 - 2	GJS800 - 2 JS1080
QT 900 - 2 (QT - H330HBW)	ВЧ100	—	120 - 90 - 02 F36200	JS/900 - 2	GJS900 - 2 JS1090

附表 A - 12   可 锻 铸 铁 牌 号

中国 GB/T	俄罗斯 ГОСТ	日本 JIS	美国 ASTM	IOS 国际国标	欧洲 EN
KTH275 - 05	—	FCMB20 - 05	—	JMB/275 - 5	—
KTH300 - 06	КЧ30 - 06	FCMB30 - 06	—	JMB/300 - 6	GJMB300 - 6 JM1110
KTH330 - 08	КЧ33 - 08	FCMB31 - 08 (FCMB32)	22010	JMB/350 - 10	GJMB/350 - 10 JM1130
KTH350 - 10	КЧ35 - 10	FCMB35 - 10	32510 F22200	JMB/350 - 10	GJMB350 - 10 JM1130
KTH370 - 12	КЧ37 - 12	—	35018 F22400	—	—
KTB350 - 04	—	FCMW34 - 04 (FCMW34)	—	JMW/350 - 4	GJMW350 - 4 JM1010
KTB360 - 12	—	FCMW38 - 12	—	JMW/360 - 12	GJMW360 - 12 JM1020
KTB400 - 05	—	FCMW40 - 05	—	JMW/400 - 5	GJMW400 - 5 JM1030
KTB450 - 07	—	FCMW45 - 07 (FCMW45)	—	JMW/450 - 7	GJMW450 - 7 JM1040
KTB550 - 04	—	—	—	JMW/550 - 7	GJMW550 - 4 JM1050

中国 GB/T	俄罗斯 ГОСТ	日本 JIS	美国 ASTM	IOS 国际国标	欧洲 EN
KTZ450 - 06	КЧ45 - 7	FCMP45 - 06	310M6 (45006) F23131	JMB/450 - 6	GJMB/456 - 6 JM1140
KTZ500 - 05	КЧ50 - 5	FCMP50 - 05	340M5 (50005) F23530	JMB/500 - 5	GJMB/500 - 5 JM1150
KTZ550 - 04	КЧ55 - 4	FCMP55 - 04	410M4 (60004) F24130	JMB/550 - 4	GJMB/550 - 4 JM1160
KTZ600 - 03	КЧ60 - 3	FCMP60 - 03	480M3 (70003) F24830	JMB/600 - 3	GJMB/600 - 3 JM1170
KTZ650 - 02	КЧ65 - 2	FCMP65 - 02	550M2 (80002) F25530	JMB/650 - 2	GJMB/650 - 2 JM1180
KTZ700 - 02	КЧ70 - 2	FCMP70 - 02	620M1 (90001) F26230	JMB/700 - 2	GJMB/700 - 2 JM1190
KTZ800 - 01	КЧ80 - 1	FCMP80 - 01		JMB/800 - 1	GJMB/800 - 1 JM1200

附表 A - 13　　高硅耐蚀铸铁牌号

中国 GB/T	俄罗斯 ГОСТ	日本 JIS	美国 ASTM	IOS 国际国标	欧洲 EN
HTSSi11Cu2CrR	ЧС13	—	—	—	—
HTSSi15R	ЧС15	—	1 型	—	—
HTSSi15Cr4MoR	ЧС15М4	—	2 型	—	—
HTSSi15Cr4R	—	—	3 型	—	—

附表 A - 14　　蠕 墨 铸 铁

中国 GB/T	俄罗斯 ГОСТ	日本 JIS	美国 ASTM	IOS 国际国标	欧洲 EN
RuT420	—	—	450	—	—
RuT380	—	—	400	—	—
RuT340	—	—	350	—	—
RuT300	—	—	300	—	—
RuT260	—	—	250	—	—

附表 A‑15　　　　　　　　　　碳 素 结 构 钢

中国 GB/T	俄罗斯 ГОСТ	日本 JIS	美国 ASTM	IOS 国际国标	欧洲 EN
Q195 U11952	Ст2сп	SS330	Grade B Grade C	—	—
Q215A U12152	Ст2сп	SPHC	Grade 58 (220)	—	—
Q215B U12155	Ст2сп	SPHD	Grade 58 (220)	—	—
Q235A U12352	Ст3сп	SM400 B	Grade 65 (240)	E235A (Fe235A)	S235 JR 1.0038
Q235B U12355	Ст3сп	SM400 B	Grade 65 (240)	E235B (Fe360B)	S235 JR 1.0038
Q235C U12358	Ст3сп	SM400 B	Grade 65 (240)	E235C (Fe360C)	S235 J0 1.0114
Q235D U12359	Ст3Гсп	SM400B	Grade 65 (240)	E235D (Fe360D)	S235 J2 1.0117
Q275A U12752	Ст5Гсп	SS490	Grade 70 (290)	E275A (Fe430A)	S275 JR 1.0044
Q275B U12755	Ст5Гсп	SM490A	Grade 70 (290)	E275B (F3430B)	S275 JR 1.0044
Q275C U12758	Ст5Гсп	SM490B	Grade 70 (290)	E275C (Fe430C)	S275 J0 1.0143
Q275D U12759	Ст5Гсп	SM490B	Grade 70 (290)	E275D (Fe439D)	S275 J2 1.0145

附表 A‑16　　　　　　　　　　优 质 碳 素 结 构 钢

中国 GB/T	俄罗斯 ГОСТ	日本 JIS	美国 ASTM	IOS 国际国标	欧洲 EN
08F U20080	08кп	S09CK	1008 G10080	C10	C10E 1.1121
10F U20100	10кп	S09CK	1010 G10100	C10	C10E 1.1121
15F U20150	15кп	S15CK	1015 G10150	C15E4	C15E 1.1141
08 U20082	08	S10C	1008 G10080	C10	C10E 1.1121

续表

中国 GB/T	俄罗斯 ГОСТ	日本 JIS	美国 ASTM	IOS 国际国标	欧洲 EN
10 U20102	10	S10C	1010 G10100	C10	C10E 1.1121
15 U20152	15	S15C	1015 G10150	C15E4	C15E 1.1141
20 U20202	20	S20C	1020 G10200	C20E4	C22E 1.1151
25 U20252	25	S25C	1025 G10250	C25E4	—
30 U20302	30	S30C	1030 G10300	C30E4	—
35 U20352	35	S35C	1035 G10350	C35E4	C35E 1.1181
40 U20402	40	S40C	1040 G10400	C40E4	C40E 1.1186
45 U20452	45	S45C	1045 G10450	C45E4	C45E 1.1191
50 U20502	50	S50C	1050 G10500	C50E4	C50E 1.1206
55 U20552	55	S55C	1055 G10550	C55E4	C55E 1.1203
60 U20602	60	S58C	1060 G10600	C60E4	C60E 1.1221
65 U20652	65	S65C—CSP	1065 G10650	C60E4	C60E 1.1221
70 U20702	70	S70C—CSP	1070 G10700	FDC	C70D 1.0615
75 U20752	75	S70C—CSP	1075 G10750	DH	C76D 1.0614
80 U20802	80	SK5 - CSP	1080 G10800	DH	C80D 1.0622
85 U20852	85	SK5 - CSP	1084 G10840	DH	C86D 1.0616

附表 A - 17   低合金高强度结构钢

中国 GB/T	俄罗斯 ГОСТ	日本 JIS	美国 ASTM	IOS 国际国标	欧洲 EN
Q345A L03451	17Г1C	SEV245	Grade B	E355CC	S355N 1.0545
Q345B L03452	17Г1C	SEV245	Grade B	E355DD	S355N 1.0545
Q345C L03452	14Г2АФ	SEV245	Grade B	E355DD	S355N 1.0545
Q345D L03454	14Г2АФ	SEV245	Grade A	E355E	S355N 1.0545
Q345E L03455	14Г2АФ	SEV245	Grade A	—	S355N 1.0546
Q390A L03901	15Г2CФ	STKT540	Grade E K12202	P355GH	—
Q390B L03902	15Г2CФ	STKT540	Grade E K12202	P355GH	—
Q390C L03903	15Г2CФ	STKT540	Grade E K12202	P355GH	—
Q390D L03904	15Г2CФ	STKT540	Grade E K12202	P355GH	—
Q390E L03905	15Г2CФ	STKT540	Grade E K12202	P355GH	—
Q420A L04201	16Г2АФ	SEV345	HSLAS 钢 Grade 65 (450) 1 级	19MnMo 4 - 5	S420M 1.8825
Q420B L04202	16Г2АФ	SEV345	HSLAS 钢 Grade 65 (450) 1 级	19MnMo 4 - 5	S420M 1.8825
Q420C L04203	16Г2АФ	SEV345	HSLAS 钢 Grade 65 (450) 1 级	19MnMo 4 - 5	S420N 1.8902
Q420D L04204	16Г2АФ	SEV345	HSLAS 钢 Grade 65 (450) 1 级	19MnMo 4 - 5	S420N 1.8902
Q420E L04205	16Г2АФ	SEV345	HSLAS 钢 Grade 65 (450) 1 级	—	S420NL 1.8912

续表

中国 GB/T	俄罗斯 ГОСТ	日本 JIS	美国 ASTM	IOS 国际国标	欧洲 EN
Q460C L04603	16Г2АФ	—	HSLAS 钢 Grade 65 (450) 1 级	E450E	S460N 1.8901
Q460D L04604	16Г2АФ	—	HSLAS 钢 Grade 70 (480) 1 级	E460E	S460N 1.8901
Q460E L04605	16Г2АФ	—	HSLAS 钢 Grade 70 (480) 1 级	E460E	S460NL 1.8903
Q500C L05013	—	—	Type7	19MnMo 6 - 5	S500Q 1.8924
Q500D L05014	—	—	Type7	19MnMo 6 - 5	S500Q 1.8924
Q500E L05015	—	—	Type7	19MnMo 6 - 5	S500Q 1.8924
Q550C L05514	—	—	HSLAS - F 钢 Grade 80 (550)	E550E	S550Q 1.8904
Q550D L05514	—	—	HSLAS - F 钢 Grade 80 (550)	E550E	S550Q 1.8904
Q550E L05515	—	—	HSLAS - F 钢 Grade 80 (550)	E550E	S550Q 1.8904
Q620C L06213	—	—	P 级 150mm	P620Q	S620Q 1.8914
Q620D L06214	—	—	P 级 150mm	P620QL	S620Q 1.8914
Q620E L06215	—	—	P 级 150mm	P620QL	S620Q 1.8914
Q690C L06913	—	—	Q 级 65mm	E690E	S690Q 1.8931
Q690D L06914	—	—	Q 级 65mm	E690E	S690Q 1.8931
Q690E L06915	—	—	Q 级 65mm	E690E	S690Q 1.8931

附表 A‑18   合 金 结 构 钢

中国 GB/T	俄罗斯 ГОСТ	日本 JIS	美国 ASTM	IOS 国际国标	英国 EN
20Mn2 A00202	20Г	SMn420	1524 G15240	22Mn6	20Mn5 1.1133
30Mn2 A00302	30Г2	SMn433	1330 G13300	28Mn6	28Mn6 1.1170
35Mn2 A00352	30Г2	SMn433	1335 G13350	36Mn6	—
40Mn2 A00402	40Г2	SMn438	1340 G13400	42Mn6	—
45Mn2 A00452	45Г2	SMn433	1345 G13450	42Mn6	—
50Mn2 A00502	50Г2	—	1345 G13450	—	—
20MnV A01202	18Г2ФПС	—	Grade A K11430	19MnVS6	19MnVS6 1.1301
27SiMn A10272	27ГС	—	—	—	—
35SiMn A10352	35ГС	—	—	—	38Si7 1.5023
42SiMn A10422	—	—	—	—	46Si7 1.5024
40B A70402	—	SWRCHB237	50B44 G50441		38MnB5 1.5532
45B A70452	—	—	81B45 G81451	—	—
50B A70502	—	—	50B50 G50501	—	—
40MnB A71402	—	SWRCHB737	50B44 G50441	—	38MnB5 1.5532
45MnB A71452	—	—	81B45 G81451	—	38MnB5 1.5532
20MnMoB A72202	—	—	94B17 G94171	—	—
20MnTiB A74202	20ХГНТР	—	—	—	—

中国 GB/T	俄罗斯 ГОСТ	日本 JIS	美国 ASTM	IOS 国际国标	英国 EN
15Cr A20152	15Х	SCr415	5115 G51150	20Cr4	17Cr3 1.7016
15CrA A20154	15ХА	SCr415	5115 G51150	20Cr4	17Cr3 1.7016
20Cr A20202	20Х	SCr420	5120 G51200	20Cr4	17Cr3 1.7016
30Cr A20302	30Х	SCr430	5130 G51300	34Cr4	34Cr4 1.7033
35Cr A20352	35Х	SCr435	5135 G51350	37Cr4	37Cr4 1.7034
40Cr A20402	40Х	SCr440	5140 G51400	41Cr4	41Cr4 1.7035
45Cr A20452	45Х	SCr445	5145 G51450	41Cr4	41Cr4 1.7035
50Cr A20502	50Х	SCr445	5150 G51500	—	55Cr3 1.7176
38CrSi A21382	38ХС	—	—	—	—
12CrMo A30122	12ХМ	—	—	13CrMo4 - 5	13CrMo4 - 5 1.7335
15CrMo A30152	15ХМ	SCM 415	4118 G41180	13CrMo4 - 5	13CrMo4 - 5 1.7335
20CrMo A30202	20ХМ	SCM 418	4118 G41180	18CrMo4	18CrMo4 1.7243
30CrMo A30302	30ХМ	SCM 430	4130 G41300	25CrMo4	25CrMo4 1.7218
30CrMoA A30303	30ХМА	SCM 430	4130 G41300	25CrMo4	25CrMo4 1.7218
35CrMo A30352	35ХМ	SCM 435	4135 G41350	34CrMo4	34CrMo4 1.7220
42CrMo A30422	38ХМ	SCM 440	4140 G41400	42CrMo4	42CrMo4 1.7225
12CrMoV A31122	12Х1МФ	—	—	—	14MoV6 - 3

中国 GB/T	俄罗斯 ГОСТ	日本 JIS	美国 ASTM	IOS 国际国标	英国 EN
35CrMoV A31352	40ХМФА	—	—	—	31CrMoV9 1.8519
12Cr1MoV A31132	2Х1МФ	—	—	—	—
25Cr2MoVA A31253	25Х1МФА	—	—	—	—
25Cr2Mo1VA A31263	25Х1М1ФА	—	—	—	—
38CrMoAl A33382	38Х2МЮОА	SACM 645	E7140	41CrAlMo74	41CrAlMo7 1.8509
40CrV A23402	40ХФА	—	—	—	—
50CrVA A23502	50ХФА	SUP 10	6150 G61500	51CrV4	51CrV4 1.8159
15CrMn A22152	—	SMnC420	5115 G51150	16MnCr5	16MnCr5 1.7131
20CrMn A20222	18ХГ	—	5115 G51150	20MnCr5	20MnCr5 1.7141
40CrMn A22402	—	SMnC443	5140 G51400	41Cr4	41Cr4 1.7035
20CrMnSi A24202	20ХГСА	—	—	—	—
25CrMnSi A24252	25ХГСА	—	—	—	—
30CrMnSi A24302	30ХГС	—	—	—	—
30CrMnSiA A243030	30ХГСА	—	—	—	—
35CrMnSiA A24353	35ХГСА	—	—	—	—
20CrMnMo A34202	35ХГМ	SCM 421	4121 G41210	25CrMo4	25CrMo4 1.7218
40CrMnMo A34402	—	SCM 440	4140 G41400	42CrMo4	42CrMo4 1.7225

中国 GB/T	俄罗斯 ГОСТ	日本 JIS	美国 ASTM	IOS 国际国标	英国 EN
20CrMnTi A26202	18ХГТ	—	—	—	—
30CrMnTi A26302	30ХГТ	—	—	—	—
20CrNi A40202	20ХН	SNC 415	4720 G47200	20NiCrMo2	18NiCr5 - 4 1.5810
40CrNi A40402	40ХН	SNC 236	8650 G86400	36CrNiMo4	—
45CrNi A40452	45ХН	SNC 236	8645 G86450	—	—
50CrNi A40502	50ХН	—	8650 G86500	—	—
12CrNi2 A41122	12ХН2	SNC 415	—	—	10NiCr5 - 4 1.5805
12CrNi3 A42122	12ХН3А	SNC 815	—	—	15NiCr13 1.5752
20CrNi3 A42202	20ХН3А	SNC 815	—	—	15NiCr13 1.5752
30CrNi3 A42302	30ХН3А	SNC 631	—	—	—
37CrNi3 A42382	—	SNC 836	—	—	—
12Cr2Ni4 A43122	12Х2Н4А	SNC 815	—	—	15NiCr13 1.5752
20Cr2Ni4 A43202	20Х2Н4А	—	3316	—	—
20CrNiMo A50202	20ХН2М	SNCM 220	8720 G87200	20CrNiMo2	20NiMo2 - 2 1.6523
40CrNiMoA A50403	40ХН2МА	SNCM 439	4340 G43400	36CrNiMo4	—
18CrNiMnMoA A50183	20ХН2М	SNCM 420	4720 G47200	18CrNiMo7	17NiCrMo6 - 4 1.6566
45CrNiMoVA A51453	45ХН2МФ2А	—	—	—	41NiCrMo7 - 3 - 3 1.6563
18Cr2Ni4WA A52183	18Х2Н4ВА	—	—	—	—
25Cr2Ni4WA A52253	25Х2Н4ВА	—	—	—	—

附表 A - 19   保证淬透性结构钢

中国 GB/T	俄罗斯 ГОСТ	日本 JIS	美国 ASTM	IOS 国际国标	欧洲 EN
45H U59455	45（H）	S45C	1045H H10450	C45E4H	C45E4（H） 1.1191
15CrH A20155	14X（H）	SCr415H	5120H H51200	16MnCr5H	17Cr3（H） 1.7016
20CrH A20205	20X（H）	SCr420H	5120H H51200	20Cr4H	17Cr3（H） 1.7016
20Cr1H A20215	20X（H）	SCr420H	5120H H51200	20Cr4H	17Cr3（H） 1.7016
40CrH A20405	40X（H）	SCr440II	5140H H51400	41Cr4H	41Cr4（H） 1.7035
45CrH A20455	45X（H）	SCr440H	5145H H51450	41Cr4H	41Cr4（H） 1.7035
16CrMnH A22165	18XГ（H）	SMnC420H	5120H H51200	16MnCr5H	16MnCr5（H） 1.7131
20CrMnH A22205	18XГ（H）	SMnC420H	5120H H51200	20MnCr5H	20MnCr5（H） 1.7147
15CrMnBH A25155	—	—	—	—	16MnCrB5（H） 1.7160
17CrMnBH A25175	18XГР（H）	—	—	—	16MnCrB5（H） 1.7160
40MnBH A71045	40ГР（H）	—	15B41H	—	—
45MnBH A71455	—	—	15B48H H15481	—	—
15CrMoH A30155	15XM（H）	SCM 415H	4118H H41180	18CrMo4H	15CrMo5（H） 1.7262
20CrMoH A30205	20XM（H）	SCM420H	4118H H41180	18CrMo4H	18CrMo4（H） 1.7243
22CrMoH A30225	20XM（H）	SCM822H	4118H H41180	25CrMo4H	20CrMo5（H） 1.7264
42CrMoH A30425	38XM（H）	SCM440H	4140H H41400	42CrMo4H	42CrMo4（H） 1.7225
20CrMnMoH A34205	25XГM（H）	SCM420H	4118H H41180	20MnCr5H	20MnCr5（H） 1.7147

续表

中国 GB/T	俄罗斯 ГОСТ	日本 JIS	美国 ASTM	IOS 国际国标	欧洲 EN
20CrMnTiH　A26205	18ХГТ(H)	—	—	—	—
12Cr2Ni4H　A43125	12X2H4A(H)	SNC815H	—	—	—
20CrNi3H　A42205	20XH3A	SNC631H	9310H H93100	—	15NiCr3(H) 1.5752
20CrNiMoH　A50205	—	SNCM220H	8620H H86200	20NiCrMo2H	20NiCrMo2 - 2(H) 1.6523
20CrNi2MoH　A50215	20XH2M(H)	SNCM420H	4320H H43200	18CrNiMo7H	20NiCrMoS6 - 4(H) 1.6371

附表 A - 20　　　　　　　　　易 切 削 结 构 钢

中国 GB/T	俄罗斯 ГОСТ	日本 JIS	美国 ASTM	IOS 国际国标	欧洲 EN
Y08 U71082	A11	SUM23	1215	9S20	—
Y12 U71122	A12	—	1211 G12110	10S20	10S20 1.0721
Y15 U71152	A12	SUM22	1213 G12130	11SMn28	15s20
Y20 U70202	A20	—	1117 G11170	17SMn20	15S22 1.0723
Y30 U70302	A30	—	1132 G11320	35S20	35S20 1.0726
Y35 U70352	A35	—	1140 G11400	35SMn20	35S20 1.0726
Y45 U70452	—	—	1146 G11460	46S20	46S20 1.0727
Y08MnS	—	SUM23	1215 G12150	—	—
Y15Mn	—	SUM31	1117	17SMn20	15SMn13 1.0725
Y35Mn	—	SUM41	1139 G11390	35SMn20	36SMn14 1.0764

中国 GB/T	俄罗斯 ГОСТ	日本 JIS	美国 ASTM	IOS 国际国标	欧洲 EN
Y40Mn U20409	А40Г	SUM42	1139 G11390	35SMn20	46S20 1.0727
Y45Mn	АС45Г2	SUM43	1144 G11440	44MnS28	44SMn28 1.0762
Y45MnS	АС45Г2	—	1144 G11440	44SMn28	44SMn28 1.0762
Y08Pb	—	SUM23L	12L15	—	—
Y12Pb	АС14	SUM22L	12L14 G12144	10SPb20	10SPb20 1.0722
Y15Pb U72152	АС14	SUM24L	12L14 G12144	11SMnPb28	95MnPb28 1.0718
Y45MnSPb	АС45Г2	—	—	44MnS28	44MnPb28 1.7063

附表 A-21　　　　　　　　　冷镦及冷挤压用钢牌号

中国 GB/T	俄罗斯 ГОСТ	日本 JIS	美国 ASTM	IOS 国际国标	欧洲 EN
ML04Al U40048	08Ю	CC4A SWRCH6A	1005 G10050	CC4A (A1Al)	C4C 1.0303
ML08Al U40088	08Ю	CC8A SWRCH8A	1008 G10080	CC8A (A2Al)	C8C 1.0213
ML10Al U40108	10ЮА	CC11A SWRCH10A	1010 G10100	CC11A (A3Al)	C10C 1.0214
ML15Al U40158	15ЮА	CC15A SWRCH15K	1015 G10150	CC15A (A4Al)	C15C 1.0234
ML15 U40152	15	CC15K (SWRCH15K)	1015 G10150	CC15K (A4Si)	C15E2C 1.1132
ML20Al U40208	20ЮА	CC21A SWRCH20A	1020 G10200	CC21A (A5Al)	C20c 1.0411
Ml20 U40202	20	CC21K SWRCH20K	1020 G10200	CC21K (A5Si)	C20E2C 1.1152
ML18Mn U41188	20ЮА	CE16E4 SWRCH18A	1518 G15180	CE16E4 (B3)	C17C 1.0434
ML22Mn U41228	25ПС	CE20E4 SWRCH22A	1522 G15220	CE20E4	C20C 1.0411

续表

中国 GB/T	俄罗斯 ГОСТ	日本 JIS	美国 ASTM	IOS 国际国标	欧洲 EN
ML20Cr A20204	20X	20CrE4 SCr420RCH	5120 G51200	20CrE4 (B10)	17Cr3 1.7016
ML25 U40252	25	CE20E4 SWRCH25K	1025 G10250	CE20E4	C20E2C 1.1152
ML30 U40302	30	CE28E4 SWRCH30K	1030 G10300	CE28E4 (C2)	C35EC 1.1172
ML35 U40352	35	CE35E4 SWRCH35K	1035 G10350	CE35E4 (C3)	C35EC 1.1172
ML40 U40402	40	CE40E4 SWRCH40K	1040 G10400	CE40E4	C45EC 1.1192
ML45 U40452	45	CE45E4 SWRCH45K	1045 G10450	CE45E4 (C6)	C45EC 1.1192
ML15Mn U20158	15Г	CE16E4 SWRCH24K	1513 G15130	CE16E4 (B3)	C16E 1.1148
ML25Mn U41242	25Г	CE20E4	SWRCH27K	1525 G15250	CE20E4
ML30Mn U41302	30Г	CE28E4 SWRCH33K	1526 G15260	CE28E4 (C2)	—
ML35Mn U41352	35Г	CE35E4 SWRCH38K	1536 G15360	CE35E4 (C3)	C35E 1.1181
ML37Cr A20374	38XA	37Cr4E SCr435RCH	5153 G51530	37Cr4E (C15)	37Cr4 1.7034
Ml40Cr A20404	40X	41Cr4E SCr440RCH	5140 G51400	41Cr4E (C16)	41Cr4 1.7035
ML30CrMo A30304	30XMA	25CrMo4E SCM430RCH	4130 G41300	25CrMo4E (C30)	25CrMo4 1.7218
ML35CrMo A30354	35XM	34CrMo4E SCM435RCH	4135 G41350	34CrMo4E (C31)	34CrMo4 1.7220
ML42CrMo A30424	38XM	42CrMo4E SCM440RCH	4142 G41420	42CrMo4E (C32)	42CrMo4 1.7225
ML20B A70204	—	CE20BG1 SWRCHB223	94B17 G94171	CE20BG1 (E1)	18B2 1.5503
ML28B A70284	30XPA	CE28B	94B30 G94301	CE28B (E4)	28B2 1.5510

续表

中国 GB/T	俄罗斯 ГОСТ	日本 JIS	美国 ASTM	IOS 国际国标	欧洲 EN
ML35B A70354	30ХРА	CE35B SWRCH237	94B30 G94301	CE35B (E5)	38B2 1.5515
ML15MnB A71154	—	CE20BG2 SWRCHB620	94B17 G94171	CE20BG2 (E2)	20MnB5 1.5530
Ml20MnB A71204	—	CE20BG2 SWRCHB420	94B17 G94171	CE20BG2 (E2)	20MnB5 1.5530
ML35MnB A71354	30ХРА	35MnB5E SWRCHB734	94B30 G94301	35MnB5E (E7)	30MnB5 1.5531
ML37CrB A20378	—	37CrB1E SWRCHB237	—	37CrB1E (E10)	36CrB4 1.7077

附表 A-22　　耐候结构钢牌号

中国 GB/T	俄罗斯 ГОСТ	日本 JIS	美国 ASTM	IOS 国际国标	欧洲 EN
Q310GNH L53101	—	SPA-C	Type 4	—	—
Q355GNH L53551	C345K	SPAH	Type 1	S355WP	S355J0WP 1.8945
Q235NH L52350	—	SMA400AW SMA400BW SMA400CW	—	S235W	S234J2W 1.8961
Q355NH L53550	C375Д	SMA490AW	Grade K	S355W	S355J0W 1.8959
Q415NH L54150	—	—	Type 1V 60	S415W	S420N 1.8902
Q460NH L54600	—	SMA570W	Type 111 65	S460W	S460N 1.8901

附表 A-23　　非调质机械结构钢牌号

中国 GB/T	俄罗斯 ГОСТ	日本 JIS	美国 ASTM	IOS 国际国标	欧洲 EN
F30MnVS L22308	—	—	—	30MnVS6	—
F38MnVS L22388	—	—	—	38MnVS6	—

附表 A - 24   弹 簧 钢 牌 号

中国 GB/T	俄罗斯 ГОСТ	日本 JIS	美国 ASTM	IOS 国际国标	欧洲 EN
65 U20652	65	S65 - CSP	1065 G10650	C60E4	C600E 1.1221
70 U20702	70	S70 - CSP	1070 G10700	DC	C70D 1.0615
85 U20852	85	SK5 - CSP	1084 G10840	DC	C86D 1.0616
65Mn U21652	65Г	S65C - CSP	1566 G15660	C60E4	C60E 1.1221
60Si2Mn A11602	60С2	9260 G92600	—	61SiCr7	61SiCr7 1.7108
60Si2MnA A11603	60С2А	9260 G9260	—	61SiCr7	61SiCr7 1.7108
60Si2CrA A21603	60С2ХА	—	—	55SiCr6 - 3	54SiCr6 1.7102
60Si2CrVA A28603	60С2ХФА	—	—		60SiCrV7 1.8153
55SiCrA A21553	—	—	9254 G92540	55SiCr6 - 3	54SiCr6 1.7102
55CrMnA A22553	55ХГА	SUP9	5155 G51550	55Cr3	55Cr3 1.7176
60CrMnA A22603	—	SUP9A	5160 G51600	55Cr3	60Cr3 1.7177
50CrVA A23503	50ХФА	SUP10	6150 G61500	51CrV4	51CrV4 1.8159
60CrMnBA A22613	—	SUP11A	51B60 G51601	60CrB3	—

附表 A - 25   加工钛及钛合金牌号

中国 GB/T	俄罗斯 ГОСТ	日本 JIS	美国 ASTM	IOS 国际国标
TA1 ELI	—	—	—	1ELI
TA1	BT1 - 0	1级	Grade 1	—
TA1 - 1	BT1 - 00			
TA2 ELI	—	—	—	2级

中国 GB/T	俄罗斯 ГОСТ	日本 JIS	美国 ASTM	IOS 国际国标
TA2	—	2 级	Grade 2	
TA3 ELI	—	3 级	Grade 3	3 级
TA3	—	—	—	4B 级
TA4	—	4 级	Grade 4	—
TA7	BT5 - 1	YTAB5250	Grade 6	—
TA7 ELI	—	—	—	—
TA8	—	18 级	Grade 16	—
TA8 - 1	—	17 级	Grade 17	—
TA9	—	YTB 480Pd	Grade 7	—
TA9 - 1	—	YTB 340Pd	Grade 11	—
TA10	—	—	Grade 12	—
TA25	—	—	Grade 18	—
TA26	—	—	Grade 28	—
TB8	—	—	Grade 21	—
TB9	—	—	Grade 20	—
TC1	OT4 - 1	—	—	—
TC2	OT4	—	—	—
TC4	BT6	YTAB 6400	Grade 5	Ti - 6Al - 4V
TC4 ELI	BT6C	YATB 6400E	—	—
TC6	BT3 - 1	—	—	—
TC8	BT8	—	—	—
TC11	BT9	—	—	—
TC18	BT22	—	—	—
TC20	—	—	—	Ti - 7Al - 7Nb
TC22	—	—	Grade 34	—

附表 A - 26　　　　　　　铸造钛及钛合金牌号

中国 GB/T	俄罗斯 ГОСТ	日本 JIS	美国 ASTM
ZTA1	BT1Л	KS50 - C	C - 1 级
ZTA2	—	KS50 - LFC	C - 2 级
ZTA3	—	KS70 - C	C - 3 级
ZTA5	BT5Л	—	—
ZTA7	—	KS115AS - C	C - 6 级
ZTB32	—	—	—
ZTC4	BT6Л	KS130AV - C	C - 5 级
ZTC21	—	—	—

附表 A - 27   镁锭中外牌号对照

中国 GB/T	俄罗斯 ГОСТ	日本 JIS	美国 ASTM	IOS 国际国标	欧洲 EN
Mg9998	Mr98	MISA	9998A 19998	—	—
Mg9995	Mr95	M11	9995A 19995	99.95B	99.95 - B 10031
MG9990	Mr90	M12	9990A 19990	—	—
Mg9980	Mr80	M13	9980A 19980	99.80A	99.80 - A 10020

附表 A - 28   变形镁及镁合金牌号

中国 GB/T	俄罗斯 ГОСТ	日本 JIS	美国 ASTM	IOS 国际国标
AZ31B	MA2	MB1B	AZ31B M11311	—
AZ31S	MA2	MB1C	AZ31C M11312	MgAl3Zn1（A） WD21150
AZ31T	MA2	MB1C	AZ31C M11312	MgAl3Zn1（B） WD21151
AZ40M	MA2	—	—	—
AZ41M	M2－1	—	—	—
AZ61A	MB2	—	AZ61A M11610	—
AZ61M	MB2	—	AZ61A M11610	—
AZ61S	—	—	AZ61A M11610	MgAl6Zn1 WD21160
AZ80A	MA5	MB3	AZ80A M11800	—
AZ80M	MA5	MB3	AZ80A M11800	—
AZ80S	MA5	MB3	AZ80A M11800	MgAl8Zn WD21170
AZ91D	MA5	MB3	AZ80A M11800	—

中国 GB/T	俄罗斯 ГОСТ	日本 JIS	美国 ASTM	IOS 国际国标
M1C	MA8 пч	—	—	—
M2M	MA1	—	—	—
M2S	MA8	—	M1A M15100	MgMn2 WD43150
ZK61M	MA14	MB6	ZK60A M16600	—
ZK61S	MA14	MB6	ZK60A M16600	MgZn6Zr WD32260
ME20M	MA8	—	—	—

附表 A - 29   **铸造镁合金锭牌号**

中国 GB/T	俄罗斯 ГОСТ	日本 JIS	美国 ASTM	IOS 国际国标	欧洲 EN
AZ81A	МЛ5	—	—	—	—
AZ81S	МЛ5пч	MC12C	—	—	MgAl8Zn1 21110
AZ91D	—	MC12E	AZ91D M11917	MgAl9Zn1（A） 21120	MgAl9Zn1（A） 21120
AZ91S	МЛ6	—	—	MgAl9Zn1（B） 21121	MgAl9Zn1（B） 21121
AZ63A	МЛ4	—	AZ63A M11631	—	—
AM20S	МЛ3	—	—	MgAl2Mn 21210	MgAl2Mn 21210
AM50A	—	—	AM50A M10501	MgAl5Mn 21220	MgAl5Mn 21220
AM60B	—	MD2B （压铸用）	AM60B M10603	MgAl6Mn 21230	MgAl6Mn 21230
AM100A	—	—	AM100A M10101	—	—
AS21S	—	—	—	MgAl2Si 21310	MgAl2Si 21310
AS41B	—	—	AS41B M10413	—	—

续表

中国 GB/T	俄罗斯 ГОСТ	日本 JIS	美国 ASTM	IOS 国际国标	欧洲 EN
AS41S	—	MD3B （压铸用）	—	MgAl4Si 21320	MgAl4Si 21320
ZC63A	—	—	—	MgZn6Cu3Mn 32110	MgZn6Cu3Mn 32110
ZK51A	—	—	ZK51A M16511	—	—
ZK61A	—	—	ZK61A M16611	—	—
K1A	—	—	—	—	—
ZE41A	—	MC110	ZE41A M16411	MgZn4RE1Zr 35110	MgZn4RE1Zr 35110
ZE33A	—	MC18	EZ33A M12331	MgRE3Zn2Zr 65120	MgRE3Zn2Zr 65120
QE22A	—	MC19	QE22A M18221	—	—
QE22S	—	—	—	MgAg2RE2Zr 65210	MgAg2RE2Zr 65210
EQ21A	—	—	EQ21A M18330	—	—
EQ21S	—	—	—	MgRE2Ag1Zr 65220	MgRE2Ag1Zr 65220
WE54A	—	—	WE54A M18410	MgY5RE4Zr 95310	MgY5RE4Zr 95310
WE43A	—		WE43A M18431	MgY4RE3Zr 95320	MgY4RE3Zr 95320

附表 A-30　　　　　铸造镁合金牌号

中国 GB/T	俄罗斯 ГОСТ	日本 JIS	美国 ASTM	IOS 国际国标	欧洲 EN
ZMgZn5Zr （ZM1）	МЛ12	MC7	—	—	—
ZMgZn4RE1Zr （ZM2）	МЛ15	MC10	ZE41A M16411	MgZn4RE1Zr 35110	MgZn4RE1Zr 35110

中国 GB/T	俄罗斯 ГОСТ	日本 JIS	美国 ASTM	IOS 国际国标	欧洲 EN
ZMgRE3ZnZr （ZM3）	MЛ11	Mc8	—	—	—
ZMgRE3Zn2Zr （ZM4）	—	MC8	EZ33A M12331	MgRE3Zn2Zr 65120	MgRE3Zn2Zr 65120
ZMgAl8Zn （ZM5）	MЛ5	—	—	—	MgAl8Zn 21110
ZMgRE2ZnZr （ZM6）	MЛ10	—	—	—	—
ZMgZn8AgZr （ZM8）	—	—	—	—	—
ZMgAl10Zn （ZM10）	MЛ6	MC5	AZ91D M11917	MgAl9Zn1（A） 21120	MgAl9Zn1（A） 21120

附表 A - 31   加 工 铜 牌 号

中国 GB/T	俄罗斯 ГОСТ	日本 JIS	美国 ASTM	IOS 国际国标	欧洲 EN
T1	M1$_6$	1020	10200	Cu - OF	Cu - OF CW008A
T2	M1	C1100	C11000	Cu - ETP	Cu - ETP CW004A
T3	M2	C1221	C12210	—	—

附表 A - 32   无 氧 铜 牌 号

中国 GB/T	俄罗斯 ГОСТ	日本 JIS	美国 ASTM	IOS 国际国标	欧洲 EN
TU0 （C10100）	M00$_6$	C1011	C10100	—	—
TU1	M0$_6$	C1020	C10200	Cu - OF	Cu - OF CW008A
TU2	M1$_6$		C10200	Cu - OF	Cu - OF CW008A

附表 A - 33　　　　　　　　脱 氧 铜 牌 号

中国 GB/T	俄罗斯 ГОСТ	日本 JIS	美国 ASTM	IOS 国标	欧洲 EN
TP1 C12000	M1ₚ	C1201	C12000	Cu - DLP	Cu - DLP CW023A
TP2 C12200	M1ф	C1220	C12200	Cu - DHP	Cu - DHP CW024A

附表 A - 34　　　　　　　　银 铜 牌 号

中国 GB/T	俄罗斯 ГОСТ	日本 JIS	美国 ASTM	IOS 国际国标	欧洲 EN
TAg0.1	—	—	C11600	CuAg0.1	CuAg0.10 CR013A

附表 A - 35　　　　　　　　加 工 黄 铜 牌 号

中国 GB/T	俄罗斯 ГОСТ	日本 JIS	美国 ASTM	IOS 国际国标	欧洲 EN
H96	Л96	C2100	C21000	CuZn5	CuZn5 CW500L
H90	Л90	C2200	C22000	CuZn10	CuZn10 CW501L
H85	Л85	C2300	C23000	CuZn15	CuZn15 CW502L
H80	Л80	C2400	C24000	CuZn20	CuZn20 CW503L
H70	Л70	C2600	C26000	CuZn30	CuZn30 CW505L
H68	Л68	C2680	C26800	CuZn30	CuZn33 CW506L
H65	Л68	C2720	C27200	CuZn35	CuZn36 CW507L
H63	Л63	C2720	C27200	CuZn37	CuZn37 CW508L
H62	Л63	C2720	C27200	CuZn37	CuZn37 CW508L
H59	Л60	C2800	C28000	CuZn40	CuZn40 CW509L

附表 A - 36   镍黄铜、铁黄铜牌号

中国 GB/T	俄罗斯 ГОСТ	日本 JIS	美国 ASTM	IOS 国际国标	欧洲 EN
HFe59 - 1 - 1	ЛЖМц 59 - 1 - 1	—	—	—	—
HFe58 - 1 - 1	ЛЖС 58 - 1 - 1	—	—	—	—

附表 A - 37   铅 黄 铜 牌 号

中国 GB/T	俄罗斯 ГОСТ	日本 JIS	美国 ASTM	IOS 国际国标	欧洲 EN
HPb89 - 2 (C31400)	—	—	C31400	—	—
HPb66 - 0. 5 (C33000)	—	—	C33000	CuZn32Pb1	—
HPb63 - 3	ЛС63 - 3	C3560	C35600	CuZn34Pb2	CuZn35Pb1 CW660N
HPb63 - 9. 1	—	C4620	C46200	CuZn37Pb1	CuZn37Pb0. 5 CW604N
HPb62 - 0. 8	—	C3710	C37100	CuZn37Pb1	CuZn37Pb1 CW605N
HPb62 - 3 (C36000)	ЛС63 - 3	C3601	C36000	CuZn36Pb3	CuZn37Pb2 CW606N
HPb62 - 2 (C35300)	—	C3713	C35300	CuZn37Pb2	CuZn37Pb2 CW606N
HPb61 - 1 (C37100)	ЛС59 - 1B	C3710	C37100	CuZn39Pb1	CuZn39Pb1 CW611N
HPb60 - 2 (C37700)	ЛС59 - 2	C3771	C37700	CuZn38Pb2	CuZn39Pb2 CW612N
HPb59 - 3	ЛС58 - 3	C3561	—	CuZn39Pb3	CuZn39Pb2 CW612N
HPb59 - 1	ЛС59 - 1	C3710	C37000	CuZn39Pb1	CuZn39Pb1 CW611N
Hal77 - 2	ЛА77 - 2		C68700	CuZn20Al2	CuZn20Al2As CW702R
HAl60 - 1 - 1	ЛАЖ60 - 1 - 1	—	—	CuZn39AlFeMn	—
HAl59 - 3 - 2	ЛАН59 - 3 - 2	—	—	CuZn37Mn3Al2Si	CuZn37Mn3Al2PbSi CW713R

附表 A - 38 锰 黄 铜 牌 号

中国 GB/T	俄罗斯 ГОСТ	日本 JIS	美国 ASTM	IOS 国际国标	欧洲 EN
HMn58 - 2	ЛМц58 - 2	—	—	—	CuZn40Mn2Fe1 CW723R

附表 A - 39 锡 黄 铜 牌 号

中国 GB/T	俄罗斯 ГОСТ	日本 JIS	美国 ASTM	IOS 国际国标	欧洲 EN
HSn90 - 1	ЛО90 - 1	—	C41100	—	—
HSn70 - 1	ЛО70 - 1	C4430	C44300	CuZn28Sn1	—
HSn62 - 1	ЛО62 - 1	C4621	C46200	CuZn38Sn1	CuZn38Sn1As CW717R
HSn60 - 1	ЛО60 - 1	C4640	C46400	—	CuZn39Sn1 CW719R

附表 A - 40 加 砷 黄 铜 牌 号

中国 GB/T	俄罗斯 ГОСТ	日本 JIS	美国 ASTM	IOS 国际国标	欧洲 EN
H70A (C26130)	ЛОМш 7 - 1 - 0. 05	C26130	—	CuZn30As	CuZn30As CW707R
H68A	ЛМш 68 - 0. 05	—	—	—	—

附表 A - 41 硅 黄 铜 牌 号

中国 GB/T	俄罗斯 ГОСТ	日本 JIS	美国 ASTM	IOS 国际国标	欧洲 EN
HSi80 - 3	—	—	C69400	—	—

附表 A - 42 加 工 青 铜 牌 号

中国 GB/T	俄罗斯 ГОСТ	日本 JIS	美国 ASTM	IOS 国际国标	欧洲 EN
QSn1. 5 - 0. 2 (C50500)	БрОФ2 - 0. 25	—	C50500	CuSn2	—
QSn4 - 0. 3 (C51100)	БрОФ4 - 0. 25	—	C51500	CuSn4	CuSn4 CW450K
QSn4 - 3	БрОФ4 - 3	—	—	CuSn4Zn2	—

中国 GB/T	俄罗斯 ГОСТ	日本 JIS	美国 ASTM	IOS 国际国标	欧洲 EN
QSn4 - 4 - 2.5	БрОЦС 4 - 4 - 2.5	C5441	—	CuSn4Pb4Zn3	—
QSn4 - 4 - 4	БрОЦС 4 - 4 - 4	C5441	—	CuSn4Pb4Zn3	—
QSn6.5 - 0.1	БрОФ 6.5 - 0.15	C5191	—	CuSn6	CuSn6 CW452K
QSn7 - 0.2	БрОФ7 - 0.2	C5210	C52100	CuSn8	CuSn8 CW453K
QSn8 - 0.3 (C52100)	БрОФ8 - 0.3	C5210	C52100	CuSn8	CuSn8 CW453K
QAl5	БрА5	—	C60800	CuAl5	CuAl5As CW300G
QAl7	БрА7	—	C61000	CuAl7	—
QAl9 - 2	БрАМц9 - 2	—	—	CuAl9Mn2	—
QAl9 - 4	БрАЖ9 - 4	—	C61900	CuAl10Fe3	CuAl8Fe3 CW303G
QAl9 - 5 - 1 - 1	—	C6280	C63010	CuAl10Ni5Fe4	CuAl10Ni5Fe4 CW307G
QAl10 - 3 - 1.5	БрАМц 10 - 3 - 1.5	C6161	C62300	CuAl10Fe3	CuAl10Fe3Mn2 CW306G
QAl10 - 4 - 4	БрАЖН 10 - 4 - 4	C6301	C63010	CuAl9Fe4Ni4	CuAl10Ni5Fe4 CW307G
QAl10 - 5 - 5	БрАЖН 10 - 4 - 4	C6301	C63010	CuAl9Fe4Ni4	CuAl10Ni5Fe4 CW307G
QAl11 - 6 - 6	—	C6301	C63020	CuAl10Ni5Fe4	CuAl11Fe6Ni6 CW308G
QBe2	БрБ2	C1720	C17200	CuBe2	CuBe2 CW101C
QBe1.9 - 0.1	БрБНТ1.9	C1720	C17200	CuBe2	CuBe2 CW101C
QBe1.7	БрБНТ1.7	C1700	C17000	CuBe1.7	—
QB0.6 - 2.5 (C17500)	—	—	C17500	—	—
QBe0.4 - 1.8 (C17510)	—	—	C17500	—	—

中国 GB/T	俄罗斯 ГОСТ	日本 JIS	美国 ASTM	IOS 国际国标	欧洲 EN
QSi3 - 1	БрКМц3 - 1	—	C65500	—	—
QSi1 - 3	БрКН1 - 3	—	C64710	—	—
QCr0. 5	БрХ1	—	—	—	—
QCr0. 6 - 0. 4 - 0. 05	—	—	C18100	—	—
QCr1 (C18200)	БрХ1	—	C18200	—	—
QCd1 (C16200)	БрКД1	—	C16200	—	—

附表 A - 43　　　　　　　　铸 造 铜 合 金 牌 号

中国 GB/T	俄罗斯 ГОСТ	日本 JIS	美国 ASTM	IOS 国际国标	欧洲 EN
ZCuSn3Zn8Pb6Ni1	БрО3Ц7С5Н1	CAC401	C83800	CuSn3Zn8Pb5 - C CC490K	—
ZCuSn3Zn11Pb4	БрО3Ц12С5	—	C84400	—	—
ZCuSn5ZnPb5	БрО5Ц5С5	CAC406	C83600	—	CuSn5Zn5Pb5 - C CC491K
ZCuSn10P1	БрО10Ф1	—	—	—	CuSn11P - C CC481K
ZCuSn10Pb5	—	CAC602	—	—	—
ZCuSn10Zn2	БрО10Ц2	CAC403	C90500	—	CuSn10 - C CC480K
ZCuPb10Sn10	БрО10С10	CAC603	C93800	—	CuPb10Sn10 - C CC495K
ZCuPb15Sn8	БрО4Ц4С17	CAC604	C93800	—	CuSn7Pb15 - C CC496K
ZCuPb17Sn4Zn4	БрО4Ц4С17	—	—	—	—
ZCuPb20Sn5	БрО5С25	CAC605	C94100	—	CuSn5Pb20 - C CC497K
ZCuPb30	БрС30	—	C94300	—	—
ZCuAl8Mn13Fe3	—	CAC704	—	—	—
ZCuAl8Mn13Fe3Ni2	—	CAC704	—	—	—
ZCuAl9Mn2	БрА9Мц2Л	—	—	—	CuAl10Ni3Fe2 - C CC332G

中国 GB/T	俄罗斯 ГОСТ	日本 JIS	美国 ASTM	IOS 国际国标	欧洲 EN
ZCuAl9Fe4Ni4Mn2	БрА9Ж4Н4Мц1	CAC703	—	—	CuAl10FeNi5 - C CC333G
ZCuAl10Fe3	БрА9Ж3Л	CAC701	—	—	CuAl10Fe2 - C CC331G
ZCuAl10Fe3Mn2	БрА10Ж3Мц2	CAC702	—	—	CuAl10Fe2 - C CC331G
ZCuZn38	ЛЦ40С	CAC301	C85700	—	CuZn38Al - C CC767S
ZCuZn25Al6Fe3Mn3	ЛЦ23А6Ж3Мц2	CAC304	C86300	—	CuZn25Al5Mn4Fe3 - C CC762S
ZCuZn26Al4Fe3Mn3	ЛЦ23А6Ж3Мц3	CAC303	C83600	—	CuZn25Al5Mn4Fe3 - C CC762S
ZCuZn31Al2	ЛЦ30А3	—	—	—	—
ZCuZn35Al2Mn2Fe1	—	CAC302	—	—	CuZn35Mn2AlFe1 - C CC765S
ZCuZn38Mn2Pb2	ЛЦ38Мц2С2	—	—	—	—
ZCuZn40Mn2	ЛЦ40Мц1.5	—	C86500	—	—
ZCuZn40Mn3Fe1	ЛЦ40Мц3Ж	—	C86500	—	CuZn34Mn3Al2Fe1 - C CC764S
ZCuZn33Pb2	—	—	C85400	—	CuZn33Pb2 - C CC750S
ZCuZn40Pb2	ЛЦ40СД	—	C85700	—	CuZn39Pb1Al - C CC754S
ZCuZn16Si4	ЛЦ16К4	CAC802	C87400	—	CuZn16Si4 CS761S

附表 A - 44   **锌锭中外牌号对照**

中国 GB/T	俄罗斯 ГОСТ	日本 JIS	美国 ASTM	IOS 国际国标	欧洲 EN
Zn99.995	ЦВ0	Zn99.995	—	ZN - 1	Z1
Zn99.99	ЦВ	Zn99.99	Z13001	ZN - 2	Z2
Zn99.95	Ц1	Zn99.95	Z15001	ZN - 3	Z3
Zn99.5	—	Zn99.5	—	ZN - 4	Z4
Zn98.5	Ц2	Zn98.5	Z19001	ZN - 5	Z5

附表 A - 45　　　　　　　　铸造锌合金中外牌号对照

中国 GB/T	俄罗斯 ГОСТ	日本 JIS	美国 ASTM	IOS 国际国标	欧洲 EN
ZZnAl4Cu1Mg ZA4 - 1	ZnAl4Cu1A	1级	Z35530 AC41A	ZnAl4Cu1 ZL0410	ZnAl4Cu1
ZZnAl4Cu3Mg ZA4 - 3	ZnAl4Cu3A	—	Z35540 AC43A	ZnAl4Cu3 ZL0430	ZnAl4Cu3
ZZnAl6Cu1 ZA6 - 1	—	—	—	—	ZnAl6Cu1
ZZnAl8Cu1Mg ZA8 - 1	ЦА8М1	—	Z35635 ZA - 8	ZnAl8Cu1 ZL0810	ZnAl8Cu1
ZZnAl9Cu2Mg ZA9 - 2	ЦА8М1	—	Z35635 ZA - 8	ZnAl8Cu1 ZL0810	ZnAl8Cu1
ZZnAl11Cu1Mg ZA11 - 5	—	—	Z35630 ZA - 12	ZnAl11Cu1 ZL1110	ZnAl11Cu1
ZZnAl11Cu5Mg ZA11 - 5	—	—	—	—	—
ZZnAl27Cu2Mg ZA - 27	—	—	Z35840 ZA - 27	ZnAl27Cu2 ZL2720	ZnAl27Cu2

附表 A - 46　　　　　　　　压铸锌合金牌号

中国 GB/T	俄罗斯 ГОСТ	日本 JIS	美国 ASTM
YZZnAl4A YX040A	ZnAl4A	2级	AG - 40A Z35521
YZZnAl4B YX040B	—	—	AG - 40B Z35522
YZZnAl4Cu1 YX041	ZnAl4Cu1A	1级	AC41A Z35530
YZZnAl4Cu3 YX043	ЦАM4 - 3	—	AC43A Z35540

附表 A - 47　　　　　　　　铝及铝合金牌号中外对照

中国 GB/YS	俄罗斯 ГОСТ	日本 JIS	美国 AA/ASTM	IOS 国际国标	欧洲 EN
Al 99.90	—	特1级	P0507B	Al 99.9	—
Al 99.85	A85	特2级	P0610A	—	—
Al 99.70	A7	1级	P1020D	Al 99.7	Al 99.70

中国 GB/YS	俄罗斯 ГOCT	日本 JIS	美国 AA/ASTM	IOS 国际国标	欧洲 EN
Al 99.60	A6	—	P1520D	—	—
Al 99.50	A5	2 级	—	Al 99.5	—
Al 99.00	A0	3 级	990A	—	—
Al 99.7E	A7E	—	—	Al 99.7E	Al 99.7E
Al 99.6E		—	—	—	Al 99.6E
1035	—	—	1035	—	—
1040	—	—	1040	—	—
1045	—	—	1045	—	—
1050	—	1050	1050	—	—
1050A	АД01011	1050A	—	Al 99.5 1050A	Al 99.5 1050A
1060	—	—	1060	Al 99.6 1060	Al 99.6 1060
1065	—	—	1065	—	—
1070	—	1070	1070	—	—
1070A	АД001010	—	—	Al 99.7（A） 1070A	Al 99.7 1070A
1080	—	1080	1080	—	—
1080A	АД000	—	—	Al 99.8（A） 1080（A）	Al 99.8（A） 1080A
1085	—	1085	1085		Al 99.85 1085
1100	—	1100	1100	Al 99.0Cu 1100	Al 99.0Cu 1100
1200	АД	1200	1200	Al 99.0 1200	Al 99.0 1200
1200A	—	—	—	—	Al 99.0（A） 1200A
1230	—	1230	1230	—	—
1235	—	—	1235	—	1235
1435	—	—	1435	—	—
1145	—	—	1145	—	—
1345	—	—	1345	—	—
1350	АД0E 1011E	—	1350	E—Al 99.5 1350	E Al 99.5 1350

中国 GB/YS	俄罗斯 ГОСТ	日本 JIS	美国 AA/ASTM	IOS 国际国标	欧洲 EN
1450	—	—	—	—	1450
1260	—	—	1260	—	—
1370	АД00Е 1010Е	—	—	E—Al 99.7 1370	E Al 99.7 1370
1185	—	—	1185	—	—
1285	—	—	1285	—	—
2011	—	2011	2011	Al Cu6 Bi Pb 2011	AlCu6BiPb 2011
2014	АК8 1380	2014	2014	AlCu4SiMg 2014	AlCu4SiMg 2014
2014A	—	2014A	—	AlCu4SiMg（A） 2014A	AlCu4SiMg（A） 2014A
2214	—	—	2214	—	AlCu4SiMg（B） 2214
2017	Д1 1110	2017	2017	AlCu4MgSi 2017	—
2017A	—	2017A	—	AlCu4MgSi（A） 2017A	AlCu4MgSi（A） 2017A
2117	Д18 1180	2117	2117	AlCu2.5Mg 2117	AlCu2.5Mg 2117
2218	—	2218	2218	—	—
2618	АК4—1ч	2618	2618	—	—
2618A	—	—	—	—	AlCu2Mg1.5Ni 2618A
2519	—	—	2519	—	—
2219	1201	2219	2219	AlCu6Mn 2219	AlCu6Mn 2219
2024	Д16 1160	2024	2024	AlCu4Mg1 2024	AlCu4Mg1 2024
2124	Д16ч	—	—	—	AlCu4Mg1（A） 2124
2324	—	—	2324	—	—
2524	—	—	2524	—	—
3002	—	—	3002	—	AlMn0.2Mg0.1 3002

中国 GB/YS	俄罗斯 ГОСТ	日本 JIS	美国 AA/ASTM	IOS 国际国标	欧洲 EN
3102	—	—	3102	—	AlMn0. 2 3102
3003	АМц 1400	3003	3003	AlMn1Cu 3003	AlMn1Cu 3003
3103	—	—	—	AlMn1 3103	AlMn1 3103
3103A	—	—	—	—	AlMn1（A） 3103A
3203	—	3203	—	—	—
3004	Д12 1521	3004	3004	AlMn1Mg1 3004	AlMn1Mg1 3004
3204	—	—	3204	—	—
3104	—	3104	3104	—	AlMn1Mg1Cu 3104
3005	ММ 1403	3005	3005	AlMn1Mg0. 5 3005	AlMn1Mg0. 5 3005
3105	—	3105	3105	AlMn0. 5Mg0. 5 3105	AlMn0. 5Mg0. 5 3105
3105A	—	—	—	—	AlMn1Mg0. 5 3105A
3006	—	—	3006	—	—
3007	—	—	3007	—	—
3207	—	—	—	—	AlMn0. 6 3207
3207A	—	—	—	—	AlMn0. 6（A） 3207A
4004	—	—	4004	—	AlSi10Mg1. 5 4004
4032	—	4032	—	—	AlSi12. 5MgCuNi 4032
4043	—	—	—	4043	—
4043A	—	—	—	AlSi5（A） 4043A	AlSi5（A） 4043A
4343	—	—	—	—	AlSi7. 5 4343

中国 GB/YS	俄罗斯 ГОСТ	日本 JIS	美国 AA/ASTM	IOS 国际国标	欧洲 EN
4045	—	—	—	—	AlSi10 4045
4047	—	—	4047	AlSi12 4047	—
4047A	—	—	—	AlSi12（A） 4047A	AlSi12（A） 4047A
5005	AMr1 1510	5005	5005	All1Mg1（B） 5005	AlMg1（B） 5005
5005A	—	—	—	—	All1Mg1（C） 5005A
5205	—	—	5205	—	—
5006	—	—	5006	—	—
5010	—	—	5010	—	AlMg0.5Mn 5010
5019	—	—	—	AlMg5 5019	AlMg5 5019
5049	—	—	—	—	AlMg2Mn0.8 5049
5050	AMr1.5	—	5050	AlMg1.5（C） 5050	AlMg1.5（C） 5050
5050A	—	—	—	—	All1Mg1.5（D） 5050A
5154A	—	—	—	AlMg3.5（A） 5154A	AlMg3.5（A） 5154A
5251	AMr2 1520	—	—	AlMg2 5251	AlMg2 5251
5052	AMr2.5	5052	5052	AlMg2.5 5052	AlMg2.5 5052
5154	AMr3.5	5154	5154	AlMg3.5 5154	AlMg3.5（A） 5154A
5454	—	5454	5454	AlMg3Mn 5454	AlMg3Mn 5454
5554	—	—	5554	AlMg3Mn（A） 5554	AlMg3Mn（A） 5554

中国 GB/YS	俄罗斯 ГОСТ	日本 JIS	美国 AA/ASTM	IOS 国际国标	欧洲 EN
5754	AlMg3 5754	—	5754	AlMg3 5754	AlMg3 5754
5056	—	5056	5056	AlMg5Cr 5056	—
5356	—	—	5356	AlMg5Cr 5356	AlMg5Cr（A） 5356
5456	—	—	5456	AlMg5Cu1 5456	—
5082	—	5082	5082	AlMg4.5 5082	AlMg4.5 5082
5182	—	5182	5182	AlMg4.5Mn0.7 5182	AlMg4.5Mn0.7 5182
5083	AMr4.5	5083	5083	AlMg4.5Mn0.7 5083	AlMg4.5Mn0.7 5083
5183	—	—	5183	AlMg4.5 Mn0.7（A） 5183	AlMg4.5 Mn0.7（A） 5183
5383	—	—	—	—	AlMg4.5Mn0.9 5385
6101A	—	—	—	EAlMgSi 6101A	EAlMgSi（A） 6101A
5086	AMr4.0 1540	5086	5086	AlMg4 5086	AlMg4 5086
6101	АД31E 1310E	6101	6101	EAlMgSi 6101	EAlMgSi 6101
6101B	—	—	—	—	EAlMgSi（B） 6101B
6201	—	—	—	—	EAlMg0.7Si 6201
6005	—	—	6005	AlSiMg 6005	AlSiMg 6005
6005A	—	—	—	AlSiMg（A） 6005A	AlSiMg（A） 6005A
6105	—	—	6105	—	—

中国 GB/YS	俄罗斯 ГОСТ	日本 JIS	美国 AA/ASTM	IOS 国际国标	欧洲 EN
6106	—	—	—	—	AlMgSiMn 6106
6010	—	—	6010	—	—
6111	—	—	6111	—	—
6016	—	—	—	—	AlSi1.2Mg0.4 6016
6351	—	—	6351	—	AlSiMg0.5Mn 6351
6060	—	—	6060	AlMgSi 6060	AlMgSi 6060
6061	АД33 1330	6061	6061	AlMg1Si1Cu 6061	AlMg1Si1Cu 6061
6061A	—	—	—	—	AlMg1Si1Cu1（A） 6061A
6262	—	—	6262	AlMg1SiPb 6262	AlMg1SiPb 6262
6063	АД31 1310	6063	6063	AlMg0.7Si 6063	AlMg0.7Si 6063
6063A	—	—	—	—	AlMg0.7Si（A） 6063A
6463	—	—	6463	—	AlMg0.7Si（B） 6463
6463A	—	—	—	—	—
6070	—	—	6070	—	—
6181	—	—	—	AlMg0.8 6181	AlMg0.8 6181
6082	АД35 1350	—	—	AlSiMgMn 6082	AlSiMgMn 6082
6082A	—	—	—	—	AlSiMgMn（A） 6082A
7003	—	7003	—	—	AlZn6Mg0.8Zr 7003
7005	1915	—	7005	—	AlZn4.5Mg1.5Mn 7005

中国 GB/YS	俄罗斯 ГОСТ	日本 JIS	美国 AA/ASTM	IOS 国际国标	欧洲 EN
7020	—	—	—	AlZn4. 5Mg1 7020	AlZn4. 5Mg1 7020
7021	—	—	7021	—	AlZn5. 5Mg1. 5 7021
7022	—	—	—	—	AlZn5MgCu 7022
7039	—	—	7039	—	AlZn4Mg3 7039
7049	—	—	7049	—	—
7049A	—	—	—	AlZn8MgCu 7049A	AlZn8MgCu 7049A
7050	—	7050	7050	AlZn6CuMgZr 7050	AlZn6CuMgZr 7050
7150	—	—	7150	—	AlZnCuMgZr（A） 7150
7055	—	—	7055	—	—
7072	—	7072	7072	—	AlZn1 7072
7075	—	7075	7075	AlZn5. 5MgCu 7075	AlZn5. 5MgCu 7075
7175	—	—	7175	—	AlZn5. 5MgCu（B） 7175
7475	—	—	—	AlZn5. 5MgCu（A） 7475	AlZn5. 5MgCu（A） 7475
8006	—	—	8006	—	AlFe1. 5Mn 8006
8011	—	—	8011	—	—
8014	—	—	8014	—	AlFe1. 5Mn0. 4 8014
8021	—	8021	—	—	—
8079	—	8079	8079	—	AlFe1Si 8079
8090	—	—	—	—	AlLi2. 5Cu1. 5Mg1 8090

附表 A - 48 铸造铝合金锭牌号

中国 GB	俄罗斯 ГOCT	日本 JIS	美国 ASTM	IOS 国际国标	欧洲 EN
201Z. 1 (ZLD201)	AK5	AC1B. 1	A201. 1 (A201. 2)	AlCu4Ti	AlCu4Ti 21100
201Z. 2 (ZLD201A)	AK5	—	—	AlCu4Ti	AlCu4Ti 21100
201Z. 3 (ZLD210A)	AK4. 5KJI	—	—	AlCu4Ti	AlCu4Ti 21100
201Z. 4 (ZLD204A)	AK4. 5KJI	—	—	AlCu4Ti	AlCu4Ti 21100
201Z. 5 (ZLD205A)	AK4. 5KJI	—	—	AlCu4Ti	AlCu4Ti 21100
210Z. 1 (ZLD110)	AK5M7	AC2A. 1	—		
295Z. 1 (ZLD203)	—	—	295. 2 (195)	AlCu4MgTi	AlCu4MgTi 21000
304Z. 1	—	—	—	AlSi2MgTi	AlSi2MgTi 41000
312Z. 1 (ZLD108)	AK12M2	—	—	AlSi2 (Cu)	AlSi2 (Cu) 47000
315Z. 1 (ZLD115)	AK5M2	—	—	—	—
319Z. 1	AK6M2	—	319. 1 (319. A11cast)	AlSi6Cu4	AlSi6Cu4 45000
319Z. 2	AK8M	—	—	AlSi6Cu4	AlSi6Cu4 45000
319Z. 3	AK8M	—	—	AlSi6Cu4	AlSi6Cu4 45000
328Z. 1 (ZLD106)	AK9M2	—	328. 1 (Red x - 8)	AlSi9Cu1Mg	AlSi9Cu1Mg 46400
333Z. 1	—	AC4B. 1	333. 1 (333)	AlSi9Cu3 (Fe)	AlSi9Cu3 (Fe) 46000
336Z. 1 (ZLD109)	AK12MMrH	AC8A. 2	336. 2 (A332. 2, A132)	AlSi2CuMgNi	AlSi2CuMgNi 48000
336Z. 2	—	AC8A. 1	336. 1 (A332, A132)	AlSi2CuMgNi	AlSi2CuMgNi 48000

中国 GB	俄罗斯 ГОСТ	日本 JIS	美国 ASTM	IOS 国际国标	欧洲 EN
354Z. 1 (ZLD111)	—	—	354. 1 (354)	AlSi9Cu1Mg	AlSi9Cu1Mg 46400
355Z. 1 (ZLD105)	АК5Мч	AC4D. 1	355. 1 (355)	AlSi5Cu1Mg	AlSi5Cu1Mg 45300
355Z. 2 (ZLD105A)	АК5М	AC4D. 2	355. 2 (355)	AlSi5Cu1Mg	AlSi5Cu1Mg 45300
356Z. 1 (ZLD10)	—	AC4CH. 1	356. 1 (356)	AlSi7Mg	AlSi7Mg 42000
356Z. 2 (ZLD101A)	АК7ч	AC4CH. 2	356. 2 (356)	AlSi7Mg	AlSi7Mg 42000
356Z. 3	—	AC4C. 2	A356. 1	AlSi7Mg	AlSi7Mg 42000
356Z. 4	—	—	—	AlSi7Mg	AlSi7Mg 42000
356Z. 5	АК7пч	—	A356. 2 (A356)	AlSi7Mg	AlSi7Mg 42000
356Z. 6	—	AC4C. 1	—	AlSi7Mg	AlSi7Mg 42000
356Z. 7	—	AC4CH. 1	—	AlSi7Mg0. 6	AlSi7Mg0. 6 42200
356Z. 8 (ZLD116)	АК8Л	—	—	AlSi7Mg	AlSi7Mg 42000
A356. 2	—	AC4CH. 1	F356. 2	AlSi7Mg0. 3	AlSi7Mg. 0. 3 42100
360Z. 1	—	AC4A. 1	—	AlSi10Mg	AlSi10Mg (A) 43000
360Z. 2	—	—	—	AlSi10Mg (Fe)	—
360Z. 3	—	—	—	AlSi10Mg (Cu)	AlSi10Mg (Cu) 43200
360Z. 4	—	—	A360. 2 (A360)	AlSi10Mg (Cu)	AlSi10Mg (Cu) 43200
360Z. 5	АК8пч	—	—	AlSi9Mg	AlSi9Mg 43300
360Z. 6	—	—	—	AlSi10Mg	AlSi10Mg (B) 43100

中国 GB	俄罗斯 ГОСТ	日本 JIS	美国 ASTM	IOS 国际国标	欧洲 EN
360Y. 6 (YLD104)	—	—	—	AlSi10Mg（Fe）	AlSi10Mg（Fe） 43400
A360. 1	—	—	—	AlSi10Mg（Cu）	AlSi10Mg（Cu） 43200
A380. 1	—	AC8C. 1	A380. 1 （A380）	AlSi8Cu3	AlSi8Cu3 46200
A380. 2	—	AC8B. 2	A380. 2 （A380）	AlSi8Cu3	AlSi8Cu3 46200
380Y. 1 (YLD112)	—	—	C380. 1	AlSi8Cu3	AlSi8Cu3 46200
380Y. 2	—	AC8B. 1	D380. 1	AlSi8Cu3	AlSi8Cu3 46200
383. 1	AK8M3	—	383. 1	AlSi9Cu3 （Fe）（Zn）	AlSi9Cu3 （Fe）（Zn） 46500
383. 2	—	—	383. 2	AlSi11Cu2（Fe）	AlSi11Cu2（Fe） 46100
383Y. 1	—	—	A383. 1	AlSi11Cu3（F3）	AlSi11Cu2（Fe） 46100
383Y. 2	—	—	—	AlSi11Cu3（Fe）	AlSi11Cu2（Fe） 46100
383Y. 3	—	—	—	AlSi11Cu3（Fe）	AlSi11Cu2（Fe） 46100
390Y. 1 (YLD117)	—	—	—	AlSi17Cu4Mg	—
398Z. 1	—	AC9B. 1	—	—	—
411Z. 1	—	—	—	AlSi11	AlSi11 44000
411Z. 2	—	—	—	AlSi9	AlSi9 44400
413Z. 1 ZLD112	—	AC3A. 1	B413. 1	—	—
413Z. 2	—	—	B413. 1	AlSi12（B）	AlSi12（B） 44100
413Z. 3	—	—	—	AlSi12（A）	AlSi12（A） 44200

中国 GB	俄罗斯 ГOCT	日本 JIS	美国 ASTM	IOS 国际国标	欧洲 EN
413Z. 4	—	—	—	AlSi12 (Fe)	AlSi12 (Fe) 44300
413Y. 1	—	—	A413. 2 (A13)	—	—
413Y. 2	—	—	A413. 1 (A13)	—	—
A413. 1	—	—	A413. 1 (A13)	AlSi12 (Fe)	AlSi12 (Fe) 44300
A413. 2	—	—	A413. 2 (A13)	AlSi12 (B)	AlSi12 (B) 44100
443. 1	—	—	443. 1 (43)	AlSi5Cu1Mg	AlSi5Cu1Mg 45300
443. 2	—	—	443. 2	—	—
502Z. 1 (ZLD303)	AMr5K	—	—	AlMg5 (Si)	AlMg5 (Si) 51400
502Y. 1 (YLD302)	AMr5K	—	—	AlMg5 (Si)	AlMg5 (Si) 51400
508Z. 1 (ZLD305)	—	—	—	AlMg9	AlMg9 51200
515Y. 1 (YLD306)	—	—	515. 2 (L514. 2, L214)	AlMg3	AlMg3 (B) 51000
520Z. 1 (ZLD301)	AMr10	—	—	AlMg9	AlMg9 51200
701Z. 1 (ZLD401)	—	—	—	AlZn10Si8Mg	—
712Z. 1 (ZLD402)	—	—	712. 2 (D712. 2, D612, 40E)	AlZn5Mg	AlZn5Mg 71000

附表 A - 49　　　　　　　铸 造 铝 合 金 牌 号

中国 GB	俄罗斯 ГOCT	日本 JIS	美国 ASTM	IOS 国际国标	欧洲 EN
ZAlSi7Mg ZL101	AЛ9	AC4C	356. 0 A03560	AlSi7Mg	AlSi7Mg 42000
ZAlSi7MgA ZL101A	AЛ9	AC4C	356. 0 A13560	AlSi7Mg	AlSi7Mg 42000

中国 GB	俄罗斯 ГОСТ	日本 JIS	美国 ASTM	IOS 国际国标	欧洲 EN
ZAlSi12 ZL102	—	AC3A	—	AlSi12 (A)	AlSi12 (A) 44200
ZAlSi9Mg ZL104	АК4СУ	AC4A	359.0 A03590	AlSi9Mg	AlSi9Mg 43300
ZAlSi5Cu1Mg ZL105	АЛ5	AC4D	355.0 A03550	AlSi5Cu1Mg	AlSi5Cu1Mg 45300
ZAlSi5Cu1MgA ZL105A	АЛ5-1	AC4D	355.0 A03550	AlSi5Cu1Mg	AlSi5Cu1Mg 45300
ZAlSi8CuMg ZL106	АЛ32	AC4B	—	AlSi9Cu1Mg	AlSi9Cu1Mg 46400
ZAlSi7Cu4Mg ZL107	—	AC2B	319.0 A03190	AlSi7Cu3Mg	AlSi7Cu3Mg 46300
ZAlSi12Cu2Mg1 ZL108	АК12М2Р	AC3A	336.0 A03360	AlSi12Cu	AlSi12 (Cu) 47000
ZAlSi12Cu1Mg1Ni1 ZL109	—	—	336.0 A03360	AlSi12CuMgNi	AlSi12CuNiMg 48000
ZAlSi5Cu6Mg ZL110	АК5М7	—	308.0 A03080	—	—
ZAlSi9Cu2Mg ZL111	АЛ32	AC4B	—	AlSi9Cu1Mg	AlSi9Cu1Mg 46400
ZAlSi7Mg1A ZL114A	АК7	AC4C	357.0	AlSi7Mg0.6	AlSi7Mg0.6 42200
ZAlSi5Mg ZL115	—	AC4D	—	—	—
ZAlSi8MgBe ZL116	АЛ4		356.0 A03560	—	—
ZAlCu5Mn	АЛ19	AC1B	—	—	—
ZAlCu5MnA ZL201A	АЛ19	AC1B	—	—	—
ZAlCu4 ZL203	—	ACA1			
ZAlCu5MnCdA ZL204A	ВАЛ10	—			
ZAlMg10 ZL301	АЛ27	—	—	AlMg9	AlMg9 51200

中国 GB	俄罗斯 ГOCT	日本 JIS	美国 ASTM	IOS 国际国标	欧洲 EN
ZAlMg5Si ZL303	AJI12	—	—	AlMg5（Si）	AlMg5（Si） 51400
ZAlMg8Zn ZL305	AJI29	—	—	—	—
ZAlZn6Mg ZL402	—	—	—	AlZn5Mg	AlZn5Mg 71000

附录 B　金属材料主要理化检测试验项目

序号	试验项目名称	主要指标	单位/符号	常见设备	实验目的	主要检测方法标准
1	元素分析	元素种类及含量	wt%	X 射线荧光光谱仪、电火花直读光谱仪等	通过外部能量（X 射线或电弧）激发金属原子发射具有特征波长的 X 射线或光，通过分光计进行元素测定	GB/T 4336《碳素钢和中低合金钢 多元素含量的测定 火花放电原子发射》 GB/T 7999《铝及铝合金光电直读光谱仪分析》 GB/T 11170《不锈钢多元素含量的测定火花放电原子发射光谱法（常规法）》 DL/T 991《电力设备金属光谱分析技术导则》 YS/T 482《铜及铜合金分析方法光电发射光谱法》 YS/T 483《铜及铜合金分析方法 X 射线荧光光谱法（波长色散型）》
				化学试剂、滴定管等	根据各种元素及其化合物的独特化学性质，利用彼此间的化学反应，对金属材料进行定性及定量分析	GB/T 223《钢铁及合金化学分析方法》 GB/T 5121《铜及铜合金化学分析方法》 GB/T 20975《铝及铝合金化学分析方法》
2	拉伸性能试验	屈服强度（R_{eL} 或 R_{eH}）	MPa	拉伸试验机	通过测定拉伸试验中应力—应变曲线的屈服点得到，表征材料抵抗微量塑性变形的能力	GB/T 228.1《金属材料拉伸试验 第 1 部分：室温试验方法》
		抗拉强度（R_m）	MPa		通过测定拉伸试验中应力—应变曲线的最高点得到，表征材料在静拉伸条件下所能承受的最大应力值，是设计和选材的主要依据	
		断后伸长率（A）	%		通过测定拉伸前后标距的比值得到，表征材料的塑性，伸长率越大，表示材料塑性越好	
		断面收缩率（Z）	%		断面收缩率是试样拉断后，缩颈处横截面积的最大缩减量与原始横截面积的百分比，是金属材料的常用塑性指标之一	

序号	试验项目名称	主要指标	单位/符号	常见设备	实验目的	主要检测方法标准
3	冲击试验	冲击吸收动(A_K)	J	摆锤冲击试验机	通过测定材料在冲击载荷下发生塑性变形和断裂吸收的能量，鉴定材料的韧脆性。冲击试验可以反映原材料的冶金质量，即将 A_k 值作为质量控制指标使用；根据系列冲击试验（低温冲击试验）可得 A_k 值与温度的关系曲线，测定材料的韧脆转变温度	GB/T 229《金属材料夏比摆锤冲击试验方法》
4	弯曲试验	弯曲角度	°	支辊式弯曲装置、V型模具式弯曲装置、虎钳式弯曲装置等	主要是测定脆性和低塑性材料（铸铁、高碳钢、工具钢等）的抗弯能力	GB/T 232《金属材料弯曲试验》
5	硬度试验	布氏硬度	HBW	布氏硬度试验机	硬度是表征金属在表面局部体积内抵抗变形或破裂的能力	GB/T 231.1《金属材料 布氏硬度试验 第1部分：试验方法》
		洛氏硬度	HRA、HRB、HRC	洛氏硬度试验机		GB/T 230.1《金属材料 洛氏硬度试验 第1部分：试验方法》
		维氏硬度	HV	维氏硬度试验机		GB/T 4340.1《金属材料 维氏硬度试验 第1部分：试验方法》
		里氏硬度	HL	里氏硬度试验机		GB/T 17394.1《金属材料 里氏硬度试验 第1部分：试验方法》
6	金相试验	金相组织	—	金相显微镜	金相检验可以确定生产过程是否规范，并评价产品的质量。材料服役期间产生的许多变化也能够通过金相组织反映出来，通过检验可以了解材料的劣化程度。在发生事故时，也可以通过金相检验了解金属材料工作运行情况，观察裂纹的起始位置、扩展形态、分布特点等，为失效分析提供一定的判定依据	GB/T 13298《金属显微组织检验方法》
		晶粒度测定	—		晶粒度是表示晶粒大小的尺度，是材料性能的重要数据之一	GB/T 6394《金属平均晶粒度测定方法》

续表

序号	试验项目名称	主要指标	单位/符号	常见设备	实验目的	主要检测方法标准
7	电导率试验	电导率	(S/m)	电导率测试仪	表示物质传输电流能力的物理量	GB/T 11966 铝合金电导率涡流测试方法 GB/T 32791 同及铜合金导电率涡流测试方法
8	直流电阻试验	直流电阻	(Ω/km)	直流电阻测量仪	元件通上直流电所呈现出的电阻	GB/T 3048.4 电线电缆电性能试验方法 第4部分 导体直流电阻试验
9	腐蚀试验	—	—		腐蚀试验用于检测金属材料或表面涂镀层的耐蚀性能。 输变电设备检测中常见的腐蚀试验包括：输变电设备耐盐雾腐蚀试验、紧固件耐中性盐雾腐蚀试验、防腐涂镀层的中性盐雾试验等	GB/T 4334 金属和合金的腐蚀不锈钢晶间腐蚀试验方法 GB/T 7998 铝合金晶间腐蚀测定方法 GB/T 19746 金属和合金的腐蚀盐溶液周浸试验 GB/T 10125 人造气氛腐蚀试验盐雾试验 GB/T 15970.1 金属和合金的腐蚀盈利腐蚀试验 第1部分：试验方法总则 GB/T 36174 金属和合金的腐蚀固溶热处理铝合金的耐晶间腐蚀性的测定
10	耐磨性试验	磨损质量/磨损体积	kg/m³	磨损试验机	耐磨性试验用于测定材料在不同磨料及磨损机制作用下的耐磨性能，对评估摩擦件的失效时间有重要作用。 在电网中可应用于与金具等结构件连接处的耐磨性能评估	GB/T 26050 硬质合金 耐磨试验方法
11	高温蠕变试验	蠕变极限	Pa	高温蠕变试验机	高温蠕变试验可测定金属材料在恒温、恒载荷的长期作用下的缓慢塑性变形，对高温结构件的性能评估起着重要作用。 可用于电网中的特高压输电线、金具等大容量受力部件在长期高温工作下的性能评估	GB/T 2039 金属材料 单轴拉伸蠕变试验方法

附录 C 金属材料主要无损检测项目

序号	检测	基本原理	主要检测设备、器材	电网设备检测中主要用途	主要检测标准
1	射线检测	射线穿透物体时发生强度衰减，衰减的程度与物质的衰减系数和射线穿透的物体厚度有关。如果被检工件中局部存在缺陷而且构成缺陷的物质的衰减系数不同于工件本身，则穿透该局部区域射线的强度将与其他区域不同，通过适当的方式接收穿透被检工件的射线并对其进行处理、显示，就可以对被检工件中是否存在缺陷以及缺陷的位置、形状尺寸、性质等进行分析判断	X 射线机、γ 射线机、胶片、像质计、评片灯、黑度计等	射线检测主要用于金属部件内部结构和缺陷检测、焊接接头质量检测，在电网设备中主要应用于：结构检测，如电气设备内部结构检测、架空线路线夹压接质量检测；钢结构焊缝检测，如组合电器、铁塔的焊缝检测；绝缘件检测，如变压器内部绝缘件、组合电器绝缘件、电缆终端绝缘件；材料区分检测，如配电变压器线圈内部铜铝绕组材质鉴别等	GB/T 3323《金属熔化焊接接头射线照相》 GB/T 12605《无损检测 金属管道熔化焊环向对接接头射线照相检测》 DL/T 821《金属熔化焊对接接头射线检测技术和质量分级》 NB/T 47011.2《承压设备无损检测第 2 部分：射线检测》等 Q/GDW 117393《输电线路金具压接质量 X 射线检测技术导则》等
2	超声检测	由声源产生的超声波以一定的方法进入被检测工件，在工件中传播时由于与工件材料及其中的缺陷相互作用而发生传播方向及能量的改变，通过接收改变后的超声波并对其进行处理分析，从而判断工件中是否存在缺陷以及缺陷的特征。通常用于分析判断的信息主要是接收到的超声波（从工件反射回来的波或透过工件的波）的强度及其传播时间，强度可反映缺陷的大小，而时间则用于确定缺陷的位置	超声波检测仪、探头、试块、连接电缆、耦合剂点等	A 型脉冲反射超声检测主要用于金属部件内部和表面缺陷检测、金属部件焊接接头质量检测、金属部件厚度测量，在电网设备中主要用于 GIS 壳体焊缝检测、钢制电网设备焊缝检测、铜铝线夹超声检测、支柱绝缘子和瓷套表面及内部缺陷检测等	GB/T 3310《铜及铜合金棒材超声波探伤方法》 GB/T 6519《变形铝、镁合金产品超声波检验方法》 GB/T 11344《无损检测接触式超声脉冲回波法测厚方法》 GB/T 11345《焊缝无损检测超声检测 技术、检测等级和评定》 DL/T 694《高温紧固螺栓超声波检测技术导则》 DL/T 714《汽轮机叶片超声波检验技术导则》 DL/T 718《火力发电厂三通及弯头超声波检测》 DL/T 820《管道焊接接头超声波检验技术规程》 NB/T 47013.3《承压设备无损检测第 3 部分：超声波检测》等 Q/GDW 407《高压支柱绝缘子现场检测导则》等

续表

序号	检测	基本原理	主要检测设备、器材	电网设备检测中主要用途	主要检测标准
3	磁粉检测	磁粉检测的基础是缺陷处的漏磁场与磁粉的相互作用。利用磁性材料工件表面和近表面缺陷（如裂纹、夹渣、发纹等）磁导率与原材料磁导率的差异，磁化后这些工件不连续处的磁场将发生畸变，形成漏磁场吸引磁粉堆积形成磁痕，在适当的光照条件下，显现出缺陷的位置和形状	磁粉检测仪、灵敏度试片、磁悬液等	磁粉检测用于铁磁性材料制件表面和近表面缺陷的检测，在电网设备中主要用于铁磁性材料制件及其焊缝表面和近表面缺陷检测，如电力金具、钢管焊缝、塔脚焊缝等	GB/T 9444《铸钢件磁粉检测》 GB/T 15822《无损检测 磁粉检测》 GB/T 26951《焊缝无损检测 磁粉检测》 DL/T 9628《汽轮机叶片磁粉检测方法》 NB/T 47013.4《承压设备无损检测 第4部分：磁粉检测》等
4	渗透检测	对被检工件表面施涂含有荧光染料或着色染料的渗透液，在毛细管作用下，经过一定时间的渗透，渗透液可以渗进表面开口缺陷中；在去除工件表面多余的渗透液并干燥后，再在工件表面施涂吸附介质—显像剂，同样在毛细管作用下，渗进工件缺陷内部的渗透液回渗到显像剂中；在一定的光照条件下，缺陷处回渗的渗透液痕迹显示在覆盖有显像剂的工件表面，从而显现出缺陷的形貌及分布状态	渗透剂、清洗剂、显像剂、灵敏度试块等	渗透检测用于非多孔性材料表面开口缺陷的检测，在电网设备检测中常用于电网设备及其焊缝表面开口缺陷检测，如铜铝制件、线夹、管母焊缝等	GB/T 18851《无损检测 渗透检测》 JB/T 9218《无损检测渗透检测》 NB/T 47013.5《承压设备无损检测 第5部分：渗透检测》等
5	涡流检测	导电材料制成的工件在交变磁场作用下产生涡流。由于工件自身各种因素（如电导率、磁导率、形状、尺寸和缺陷等）的变化，会导致涡流的变化，因此根据检测到的工件中的涡流，可以取得关于工件材质、缺陷和形状尺寸等信息	涡流检测仪、探头、对比试块等	涡流检测用于导电材料表面及近表面缺陷的检测、非磁性基体金属上非导电覆盖层厚度测量以及材料电导率测试，在电网设备检测中主要用于铜和铝制件表面缺陷检测、开关柜铜排电导率测试、跌落式熔断器导电片电导率测试等	GB/T 4957《非磁性基体金属上非导电覆盖层覆盖层厚度测量涡流法》 GB/T 5126《铝及铝合金冷拉薄壁管材涡流探伤办法》 GB/T 5248《铜及铜合金无缝管涡流探伤方法》 GB/T 7735《无缝和焊接（埋弧焊除外）钢管缺欠的自动涡流检测》 GB/T 30565《无损检测 涡流检测 总则》 NB/T 47013.6《承压设备无损检测 第6部分：涡流检测》等

序号	检测	基本原理	主要检测设备、器材	电网设备检测中主要用途	主要检测标准
6	衍射时差法超声检测(TOFD)	TOFD技术是一种较新的超声检测技术,它利用在固体中声速最快的纵波在缺陷端部产生的衍射能量来进行检测。在工件两侧,将一对频率、尺寸和角度相同的纵波斜探头(发射探头和接收探头)相向对称放置。在无缺陷部位,接收探头会接收到沿工件表面的直通波和底面反射波,而有缺陷存在时,在上述两波之间,接收探头会接收到缺陷上端部和下端部的衍射信号,且这两束衍射波信号在时间上将是可分辨的,根据衍射波信号传播的时间差可判断缺陷的位置和自身高度 与常规超声波检测相比,TOFD有可靠性好、定量精度高、检测简单快捷等优点。但其局限性在于:工件上、下表面存在盲区;图像识别和判读难度大,数据分析需要丰富的经验	TOFD检测仪、探头、试块、耦合剂等	TOFD主要用于金属部件焊缝及内部缺陷位置和高度的确定,TOFD在电网设备检测中主要应用于在役GIS壳体、钢管结构等遗留缺陷的精确测量,为其断裂评定及寿命评估提供基础数据 TOFD检测仪、探头、试块、耦合剂等	GB/T 23902《无损检测 超声检测 超声衍射》 DL/T 330《水电水利工程金属结构及设备焊接接头衍射时差法超声检测》 DL/T 1317《火力发电厂焊接接头超声衍射时差检测技术规程》 NB/T 47013.10《承压设备无损检测 第10部分:衍射时差法超声检测》等
7	X射线数字成像检测	射线透照被检工件,衰减后的射线被数字探测器接收,经过一系列的转换变成数字信号,数字信号经放大和A/D转换,通过计算机处理,以数字图像的形式输出在显示器上	X射线机、成像板、PC、激光扫描仪等	X射线数字成像检测主要用于金属部件内部结构和缺陷检测、焊接接头质量检测,在电网设备中主要应用于:结构检测,如电气设备内部结构检测、架空线路线夹压接质量检测;钢结构焊缝检测,如组合电器、铁塔的焊缝检测;绝缘件检测,如变压器内部绝缘件、组合电器绝缘件、电缆终端绝缘件;材料区分检测,如配电变压器线圈内部铜铝绕组材质鉴别等	GB/T 35389《无损检测 X射线数字成像检测导则》 DL/T 1785《电力设备 X射线数字成像检测技术导则》 DL/T 1946《气体绝缘金属封闭开关设备 X射线透视成像现场检测技术导则》 NB/T 47011.11《承压设备无损检测 第11部分:X射线数字成像检测》 Q/GDW 11793《输电线路金具压接质量X射线检测技术导则》等

序号	检测	基本原理	主要检测设备、器材	电网设备检测中主要用途	主要检测标准
8	超声波相控阵检测	在常规超声波检测的基础上，超声波相控阵探头由按照一定系列排列的多个晶片组成，超声波相控阵检测是仪器按照一定的规则和时序激发探头晶片，通过调整激发晶片的序列、数量、时间来控制波束的形状、轴线偏转角度及焦点位置等参数的超声波电子扫查方式。 与常规超声波检测比较具有以下优点：相控阵同时可以拥有多个角度的超声波，相当于多种角度探头同时工作，无需锯齿扫查，只要沿着工件移动探头即可，检测效率高；相控阵具有聚焦功能，检测灵敏度和分辨率都比常规超声检测高；相控阵检测可以通过建模建立一个三维立体图形，缺陷显示直观，而常规超声只能通过波形来分辨缺陷；相控阵可达性好，可以检测复杂工件。而超声波相控阵检测局限性在于：对工件表面光滑度要求较高、对温度有一定的敏感性；仪器调节过程复杂，调节准确性对检测结果影响大；设备价格高等	相控阵检测仪、探头、试块、耦合剂等	相控阵用于金属部件、焊接接头等内部缺陷检测、复杂形状工件内部缺陷检测，相控阵在电网设备中的主要应用有：GIS壳体焊缝检测、支柱绝缘子检测、线夹液压检测、地锚螺栓检测等	GB/T 32563《无损检测 超声检测相控阵超声检测方法》 DL/T 1718《火力发电厂焊接接头相控阵超声检测技术规程》 DL/T 1801《水电金属结构及设备焊接接头相控阵超声检测》等

附录 D　电网设备失效案例分析

本附录向读者提供两个电网设备失效案例，旨在向读者展示如何在电网设备失效分析中使用本书。

案例一　某 110kV 变电站 1 号主变压器套管导电杆断裂

1. 案例简介

2012 年 3 月 9 日 7 时，某 110kV 变电站 1 号主变压器 35kV A 相套管接线座处导电杆发生断裂，断裂导电杆的现场形貌如附图 D-1 所示。向厂家咨询得知，导电杆材质为 HPb59-1，该设备于 2008 年 3 月 31 日投运。

2. 检测项目及结果

2.1　宏观检查

导电杆发生断裂的位置位于接线排和套管接线座铜螺母的结合面处，同时在接线排和铜螺母的局部表面留有电弧灼烧的黑色斑痕和熔化斑点，表明导电杆是在带电运行过程中突发断裂的。导电杆断口的形貌如附图 D-2 所示。断裂位置在导电杆的螺牙上，断口整体相对平整，断口附近无明显塑性变形。断面粗糙呈结晶状，颜色新鲜，为新断口。整个断面分为 3 个区域，裂纹源在图中断面的左侧；裂纹快速扩展区在断面的中间区域，占整个断面的绝大部分；瞬断区在断面的右侧靠外表面。断口整体呈脆性断裂特征。

附图 D-1　断裂导电杆的现场形貌

附图 D-2　导电杆的断口形貌

2.2　成分分析

对受检导电杆取样进行化学成分分析，分析结果见附表 D-1。对照本书表 5-2 中 HPb59-1 的成分，发现其中 Cu 元素含量偏低，Fe 元素和 Pb 元素含量偏高，可见该导电杆化学成分分析结果不符合技术要求。

附表 D-1　　　　　　　　　　受检导电杆的化学成分　　　　　　　　　　wt%

合金元素	Cu	Fe	Pb	Zn
导电杆	53.40	0.70	5.40	余量
表5-2成分要求	57.0~60.0	≤0.5	0.8~1.9	余量

2.3　力学性能试验

将导电杆加工成标准拉伸试样后进行拉力试验，试验结果见附表 D-2。对照本书表5-15中数据，抗拉强度 R_m 符合技术要求，但断后伸长率 A 明显偏低，表明受检导电杆材料的塑性较差。

附表 D-2　　　　　　　　　　导电杆的拉伸试验结果

拉伸性能指标	抗拉强度 R_m（N/mm²）	断后伸长率 A（%）
导电杆	460	5
表5-15技术要求	≥390	≥14

3. 综合分析

通过化学成分分析和力学性能检测结果，对比本书中的性能指标要求，可以得出以下结论。

由化学成分分析结果可知，受检导电杆材料的 Cu 元素含量偏低，Fe 元素含量偏高，特别是 Pb 元素含量严重偏高。这会引起基体材料强度升高，塑性明显降低，使得材料整体性能变脆。这一分析结果与力学性能试验的结果相符。

导电杆发生断裂的位置位于接线排和套管接线座铜螺母的结合面处，又是带有螺牙的区域，是最容易产生应力集中的地方，为整个导电杆性能最薄弱的位置。在运行中导电杆除了受到上方电缆产生的牵引力外，基本不受其他力的影响。

综合以上分析，导电杆材质不合格，塑性较差。从新鲜的断口推断，该导电杆近期受到突发外力的作用，超过导电杆所能承受的最大剪切力，于是在性能最薄弱部位（接线排和接线座铜螺母的结合面处）发生脆性断裂。

4. 结论

该 110kV 变电站 1 号主变压器 35kV A 相套管接线座处导电杆由于材质不合格，加上近期受到一次较大的外力作用，超过导电杆所能承受的最大剪切力，从而导致其应力集中部位发生脆性断裂。

案例二　某 500 kV 变电站水平管母线设备线夹断裂

1. 案例简介

2016 年 5 月 11 日，在某 500 kV 变电站 50122 隔离开关 C 类检修中发现 50122 隔离开关靠 TA 侧水平管母线设备线夹有裂纹，设备线夹断裂现场形貌如附图 D-3 所示。该线

管母线侧

接线板侧

附图 D-3　设备线夹断裂现场形貌

夹在拆除过程中，从裂纹处断裂为两半。水平管母线设备线夹型号为 MGP-130 型，接线板尺寸 150mm×150 mm。

2. 检测项目及结果

2.1　宏观检查

设备线夹的断口形貌如附图 D-4 所示。断裂线夹断裂位置在接线管与接线板的过渡连接处。观察管母线侧及接线板侧断口，发现断面均存在大面积黑灰色区域，初步判断为非金属夹杂物。后续取样进行拉伸试验后样品断口形貌可以清楚的看到大量非金属夹杂物存在。

(a)　　　　　　　　　　(b)　　　　　　　　(c)

附图 D-4　设备线夹的断口形貌

(a) 管母线侧；(b) 接线板侧；(c) 拉伸试验后样品断口

2.2　成分分析

对断裂线夹进行成分检测，其化学成分分析结果详见附表 D-5。查阅本书表 4-20，对比可推断其设计材质应为 ZL102。继续比对表 4-21，ZL102 合金中杂质 Fe 含量不得超过 0.7%，Zn 含量不得超过 0.1%，可判断断裂设备线夹材质不符合标准要求。

附表 D-5　　　　　　　　　受检线夹的化学成分分析结果（wt%）

元素	Si	Fe	Mn	Cu	Mg	Zn
试样	10.21	1.51	0.07	0.11	0.03	0.14
本书表 4-21 中要求	10.0～13.0	≤0.7	≤0.5	≤0.30	≤0.10	≤0.1

2.3　力学性能试验

从接线板上切取 3 根试样进行拉伸试验，其力学性能测试结果见附表 D-6。对比本书表 4-22 可见，接线板的抗拉强度远低于对 ZL102 合金要求，同时其延伸率也不合格。

附表 D-6 受检接线板的力学性能测试结果

试样编号	截面尺寸/（mm×mm）	抗拉强度/MPa	延伸率（％）
1	22.50×7.98	55.7	3
2	22.40×7.99	68.4	3
3	22.47×7.98	62.5	3
本书表4-22中要求	—	≥145	≥4

2.4 硬度检测

从接线板上切取样品进行布氏硬度检测，其布氏硬度检测结果见附表 D-7。结果表明，接线板的布氏硬度符合本书表 4-22 中对 ZL102 合金要求。

附表 D-7 接线板的布氏硬度检测结果/HBW

测点1	测点2	测点3	测点4	测点5	平均值	本书表4-22要求
66.8	66.5	66.2	66.5	66.2	66.4	≥50

2.5 显微组织分析

在管母线侧断口取样经打磨、抛光后进行显微组织分析，设备线夹的金相组织形貌如附图 D-5 所示。从图中可以发现，断口附近组织中存在大量疏松缺陷。设备线夹本体组织中存在大量的针状二次相。这些针状二次相的析出会极大降低设备线夹的抗拉强度及塑性。

(a)　　　　　　　　　　　　　　　(b)

附图 D-5 设备线夹的金相组织形貌
(a) 断口附近；(b) 本体金相组织

3. 综合分析

通过对设备线夹进行材质和力学性能检测，对比本书中相应材料的材质及性能要求可得出以下结论：

该管母设备线夹的材质不合格，杂质 Fe 含量严重超标，导致组织中有大量针状二次相 β-AlFeSi 析出，针状物降低了线夹的强度和延展性；同时，组织中存在大量的疏松和非金属夹杂物缺陷，进一步降低了线夹的强度，因此其抗拉强度只有标准值的 40％ 左右。

该管母设备线夹材质为铸造铝合金 ZL102，铸造铝合金通常使用再生材料来生产，原材料的质量难以保证，所以成分中有害杂质较多；同时，熔炼过程中工艺控制不严，一些原、辅材料中的油污、泥土、灰尘等没有去除干净容易成为非金属夹杂残留在组织中，严重破坏金属的连续性，极大降低线夹的力学性能，长期使用存在断裂风险。

4. 结论

设备线夹材质不合格以及铸造质量极差导致其承载可靠性急剧下降，长期使用存在断裂隐患。